JN246251

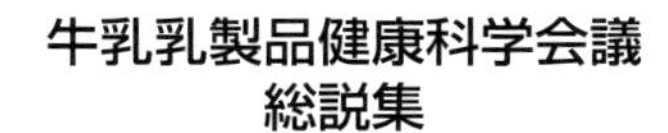

牛乳乳製品健康科学会議
総説集

牛乳と健康

わが国における研究の軌跡と将来展望

［編 集］
牛乳乳製品健康科学会議
折茂 肇・桑田 有・清水 誠・中村丁次・細井孝之・宮崎 滋
一般社団法人 Ｊミルク

牛乳乳製品健康科学会議
乳の学術連合

一般社団法人 Ｊミルク
Japan Dairy Association (J-milk)

序　文

本総説集は牛乳乳製品健康科学会議（2012 年設立）の前身である「牛乳栄養学術研究会」が実施した，過去 25 年間（1987 年〜2011 年）の委託研究（計 533 件）の成果をとりまとめて整理したものである。

牛乳栄養学術研究会は 1987 年に設立されたが，この機会にそのいきさつ，活動状況等について振り返ってみたい。設立のきっかけとなったのは，当時日本乳製品協会の会長であった雪印乳業（現：雪印メグミルク）の山本庸一社長（当時）が，協会の役員会の席で「近年，牛乳乳製品の消費が低迷しているが，その原因の一つに牛乳が血中コレステロールを上昇させるとの負のイメージがあるので，これを駆逐する活動をすべきである」と発言され，これに明治乳業（現：明治）の島村靖三社長（当時）が賛同したことが始まりであったとのことである。

その後，この事業の事務局が全国牛乳普及協会に置かれ，農林水産省や畜産振興事業団体等との折衝の結果，多額の費用が確保され，コレステロール対策活動を行うためのコレステロール委員会が設立されたのである。当時明治乳業の研究所所長であった土屋文安先生が発起人となり，内藤周幸先生を相談役に迎え，各企業の研究と広報関係者が招集され，活動の方向付けとして以下の２つの事項が決定された。

1）コレステロールに関する学術研究調査を医学および関連分野の学者に委託する

2）広報活動を医療と関連分野の関係者を対象に実施する

その結果，協会外組織，すなわち第三者機関として牛乳栄養学術研究会（コレステロール委員会を改組）が設立され，委員長に織田敏次先生が就任された。内藤周幸先生は研究会の中に以下の 5 部門を設け，それぞれに部門世話人を委嘱するとの運営方針を出された。すなわち，臨床部門：内藤周幸，栄養部門：畑谷憲政，疫学部門：簱野修一，小児科部門：大国眞彦，農学（酪農）部門：山内邦男の諸先生で，総合世話人を内藤先生，世話人補佐を寺本民生先生が務めることになった。

当初はコレステロールのマイナスイメージを消すためのさまざまな活動が行われたが，その後，牛乳のカルシウムは骨の健康維持に必要であるとのポジティブイメージを強調すべきであるとの意見が出され，さらにはスポーツ栄養としての牛乳の重要性も指摘され，研究課題が大幅に増えた。

この牛乳栄養学術研究会では学術活動として，牛乳の栄養に関するさまざまな研究の委託を行ってきた。2007 年からは研究分野が，①脂質（内藤周幸），②カルシウム（折茂肇），③栄養（細谷憲政），④牛乳乳製品（上野川修一），⑤小児（村田光範），⑥疫学（簱野修一），⑦スポーツ（黒田善雄）の 7 分野に細分化され（カッコ内は世話人），研究テーマは公募して集め，選考委員会（委員長：内藤周幸）により採択を決定することになった。さらにまた，広報活動として学術フォーラムの開催，全国各地における講演会などを行っている。

以上，牛乳栄養学術研究会の活動について駆け足でその概要を紹介した。今回刊行する総説集はこの研究会による25年間の委託研究の成果をまとめたもので，わが国における牛乳乳製品に関する研究の集大成ともいえる力作である。この作業に従事したのは2012年に設立された牛乳乳製品健康科学会議（委員長：折茂肇）のメンバー，一般社団法人Jミルクの職員である。まず533件の研究報告および研究論文を読破し，それぞれの要旨を作成した。そしてそれぞれの要旨を本総説集の各執筆者に送付し，そのまとめとしての総説を執筆していただくとの編集方針が立てられ，その方針のもとに作業が行われた。約2年間におよぶ作業の結果，やっとの思いで本総説集が刊行される運びとなった。ここに本総説集の刊行に関わった皆様の並々ならぬ情熱と御努力に心から感謝する次第である。

2015年1月

牛乳乳製品健康科学会議 代表幹事　折茂　肇

編者・執筆者一覧

【編集】

牛乳乳製品健康科学会議（五十音順）

折茂　肇　公益財団法人骨粗鬆症財団 理事長
桑田　有　人間総合科学大学大学院人間総合科学研究科 教授
清水　誠　東京農業大学応用生物科学部栄養科学科 教授
中村　丁次　神奈川県立保健福祉大学 学長／公益社団法人日本栄養士会 名誉会長
細井　孝之　医療法人財団健康院 健康院クリニック 副院長／予防医療研究所 所長
宮崎　滋　新山手病院 生活習慣病センター センター長

一般社団法人Ｊミルク

【執筆】（執筆順）

竹田　秀　東京医科歯科大学大学院医歯学総合研究科 細胞生理学分野 教授
君羅　好史　城西大学薬学部医療栄養学科 大学院薬学研究科医療栄養学専攻食品機能学 助手
真野　博　城西大学薬学部医療栄養学科 大学院薬学研究科医療栄養学専攻食品機能学 教授
山田　真介　大阪市立大学大学院医学研究科 代謝内分泌病態内科学 講師
稲葉　雅章　大阪市立大学大学院医学研究科 代謝内分泌病態内科学 教授
上西　一弘　女子栄養大学栄養生理学研究室 教授
細井　孝之　医療法人財団健康院 健康院クリニック 副院長／予防医療研究所 所長
中村　和利　新潟大学大学院医歯学総合研究科 地域疾病制御医学専攻地域予防医学 教授
太田　博明　国際医療福祉大学臨床医学研究センター 教授／山王メディカルセンター女性医療センター長
福岡　秀興　早稲田大学総合研究機構 研究院教授
伊木　雅之　近畿大学医学部公衆衛生学教室 教授
高田　和子　独立行政法人国立健康・栄養研究所栄養ケア・マネジメント研究室 室長
津川　尚子　神戸薬科大学衛生化学研究室 准教授
吉村　典子　東京大学医学部附属病院 22 世紀医療センター 関節疾患総合研究講座 特任准教授
柴田　博　人間総合科学大学保健医療学部 学部長
田中　司朗　京都大学大学院医学研究科 社会健康医学系専攻薬剤疫学分野 講師
宮崎　滋　新山手病院 生活習慣病センター センター長
中村　治雄　公益財団法人三越厚生事業団 顧問／防衛医科大学校 名誉教授
倉貫　早智　神奈川県立保健福祉大学保健福祉学部栄養学科 准教授
桑田　有　人間総合科学大学大学院人間総合科学研究科 教授
金子　哲夫　株式会社明治 食機能科学研究所 副所長
白川修一郎　睡眠評価研究機構 代表／国立精神・神経医療研究センター精神保健研究所 客員研究員
桐原　修　協同乳業株式会社 研究所
横越　英彦　中部大学応用生物学部食品栄養科学科 教授
戸塚　護　東京大学大学院農学生命科学研究科 准教授

目 次

CONTENTS

序文
編者・執筆者一覧

第I章　骨の健康・骨粗鬆症予防

1. 骨代謝の調節機構 …… 竹田　秀　2
2. 牛乳・乳製品と骨代謝 …… 10
(1) 基礎研究から …… 君羅　好史・真野　博　10
(2) 臨床研究から …… 山田　真介・稲葉　雅章　17
(3) 食品としての特徴 …… 上西　一弘　26
3. 各年代(ライフステージ)における骨代謝と牛乳・乳製品の意義 …… 34
(1) 幼児期・小児期 …… 細井　孝之　34
(2) 成人期(通常) …… 中村　和利　38
(3) 更年期 …… 太田　博明　43
(4) 妊娠期・授乳期 …… 福岡　秀興　54
(5) 高齢期 …… 伊木　雅之　64
4. 骨に対する牛乳・乳製品の効果に影響する因子 …… 70
(1) 運　動 …… 高田　和子　70
(2) 栄養素(ビタミンD，ビタミンK)の影響 …… 津川　尚子　77
(3) 飲酒，喫煙 …… 伊木　雅之　84
5. 牛乳・乳製品の骨に対する効果に関する国際比較 …… 吉村　典子　91
6. 牛乳・乳製品と骨の健康—今後の課題 …… 細井　孝之　95

第Ⅱ章　生活習慣病予防

1. 日本人の健康寿命と牛乳・乳製品 …… 柴田　博　98

2. 牛乳・乳製品摂取と生活習慣病 …… 106

（1）牛乳・乳製品と肥満 …… 田中　司朗　106
（2）メタボリックシンドロームの概念と診断・治療 …… 宮崎　滋　112
（3）メタボリックシンドローム …… 上西　一弘　119
（4）血　圧 …… 田中　司朗　127
（5）脂質代謝 …… 中村　治雄　131
（6）糖代謝 …… 倉貫　早智　139

3. 牛乳・乳製品の生活習慣病予防・改善効果 …… 宮崎　滋　145

4. 生活習慣病に対する運動の効用 …… 桑田　有　149

5. 牛乳・乳製品と生活習慣病予防―過去16年間の委託研究のまとめ …… 金子　哲夫　155

6. 牛乳・乳製品と生活習慣病―今後の課題 …… 上西　一弘　165

第Ⅲ章　健康の維持と睡眠，睡眠に対する食生活の影響

1. 睡眠とはどのような生命現象か …… 白川　修一郎　170

2. 睡眠の評価法 …… 白川　修一郎　183

3. 牛乳・乳製品のリラックス・安眠効果 …… 桐原　修　196

4. 発酵乳の脳神経機能に及ぼす影響 …… 横越　英彦　205

第Ⅳ章　免疫調節

牛乳・乳製品と免疫調節 …… 戸塚　護　212

索引 …… 219

第Ⅰ章
骨の健康・骨粗鬆症予防

1. 骨代謝の調節機構

竹田　　秀　東京医科歯科大学大学院医歯学総合研究科 細胞生理学分野

要　約

- 骨では胎児から成人に至るまで，骨芽細胞による骨形成と破骨細胞による骨吸収が絶え間なく営まれる。骨芽細胞は間葉系幹細胞に由来し，Runx2，Osterix（OSX）をはじめとする転写因子やBMP2，Wntなどの液性因子により，巧妙にその分化が調節されている。
- 破骨細胞は単球，マクロファージ系の細胞に由来する骨貪食能を有する多核の巨細胞であり，RANKLなどのサイトカインの作用により分化が調節されている。
- 古くから，生体では骨形成と骨吸収のバランスが一定に保たれていること（骨代謝のカップリング）が知られているが，その分子機構は不明であった。最近，成熟破骨細胞が分泌する液性因子がいくつか同定され，骨代謝のカップリングを担う分子として注目されている。
- 近年，従来の液性因子に加え，臓器間のネットワークを介して神経系や血管系が骨芽細胞の分化や骨形成に重要な働きをすることが明らかとなり，新たな骨形成調節機構として注目されている。

Keywords　骨芽細胞，破骨細胞，RANKL，骨形成，骨吸収

1　骨芽細胞とは

骨量は，骨芽細胞による骨形成と破骨細胞による骨吸収のバランスが保たれることで一定に維持される。骨芽細胞は間葉系幹細胞を起源とする20～30 μm程度の細胞で，Ⅰ型コラーゲンのほか，オステオカルシン，オステオポンチン，骨シアロタンパク質などの非コラーゲン性タンパク質，デコリンなどのプロテオグリカン等の骨基質タンパク質を合成，分泌するとともに，石灰化を司り，骨形成において中心的な役割を果たす。

骨を形成する間葉系幹細胞は骨膜直下の細長い線維芽細胞様の細胞として存在するが，次第に骨表面へと移動するとともに分化を遂げ，骨表面に一列に並んで接着した立方体様の骨芽細胞へと形質を変える。その後，骨芽細胞の多くはアポトーシスにより死滅するが，一部は自らの産生した石灰化基質に埋もれ，骨細胞へと終末分化を遂げる。

骨細胞は骨に存在する最も数の多い細胞で，骨1 mm^3あたり25,000個を数える。骨細胞は長い突起を伸ばし，隣接する骨小腔同士を連結するが，こうして形成された骨細管を通して栄養分やさまざまなシグナルが伝達されると考えられている。また，骨細胞は骨形成抑制因子として知られるスクレロスチンを分泌する[1]。

発生時，四肢，体幹などの生体の大半の骨は，胎生期に間葉系細胞が凝集し，一度軟骨が作られ，これが次に骨組織で置き換えられる内軟骨性骨化により形成される。一方，頭蓋冠，上顎骨，鎖骨などでは，間葉系細胞が凝集した後，直接，骨芽細胞が形成される膜性骨化により骨が形成される[2]。これらの2種の経路によって形成された骨芽細胞は極めて類似した細胞であると考えられている。

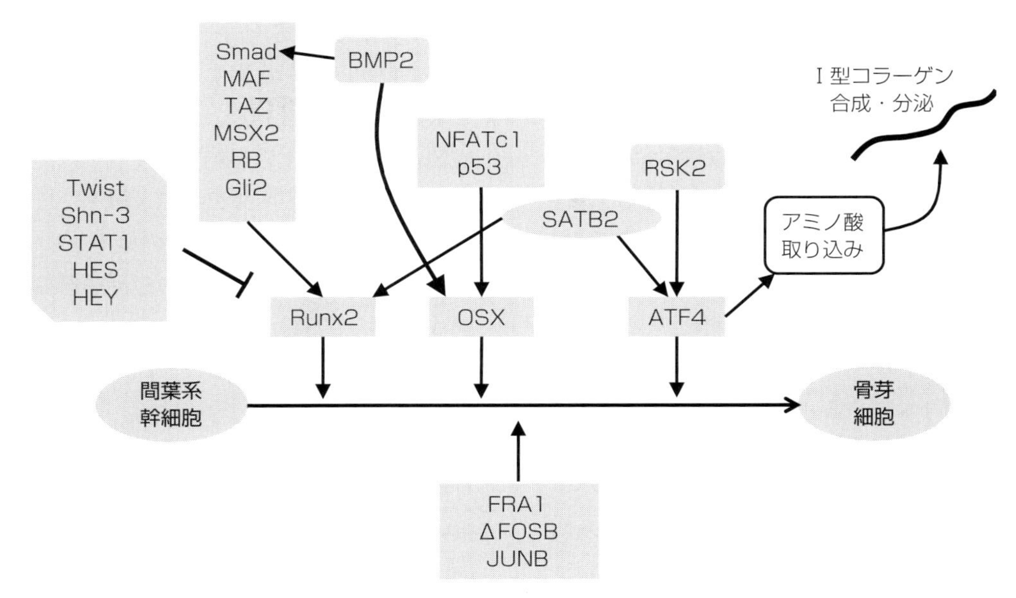

図1　骨芽細胞分化調節機構

成体における骨芽細胞の起源には不明な点が多い。骨髄内に，間葉系幹細胞様の細胞が存在し，培養条件により脂肪細胞，骨芽細胞，軟骨細胞などに分化し，さらに，ラットの皮下に移植することで異所性に骨を形成することが示されている。また，最近では脂肪や筋肉にも間葉系幹細胞様細胞が存在することが報告されているが，骨形成における生理的な意義は明らかでない。

2　転写因子による骨芽細胞分化調節

2.1　Runx2

骨芽細胞の分化は種々の転写因子により巧妙に制御されている（**図1**）。Runx2は骨芽細胞に特異的に発現する転写因子として同定され，骨に豊富に存在するオステオカルシン，Ⅰ型コラーゲン，オステオポンチンのプロモーター領域に核内で結合し，それらの転写を活性化する[3)]。また，Runx2欠損マウスは骨芽細胞を完全に欠失し，ヒトやマウスではRunx2のヘテロ変異により，頭蓋と鎖骨の異常を示す頭蓋鎖骨異形成症を発症することからも，Runx2は骨芽細胞の分化に必須の転写因子と考えられている。さらに，Runx2は成熟骨芽細胞の機能や軟骨細胞の肥大化にも重要な役割を果たす[4)]。

Smad，MAF，TAZ，MSX2，RB，Gli2などのさまざまな転写因子は，Runx2の機能を活性化したり，Runx2自体の発現を誘導することで骨形成を促進する。一方，Twistは主に間葉系細胞で発現するbHLH型の転写因子で，冠状縫合早期癒合，顔面の奇形を呈するSaethre–Chotzen症候群の原因遺伝子であるが，Runx2に直接結合し，その転写活性を抑制することで骨芽細胞分化を抑制する[5)]。また，アダプタータンパク質であるSchnurri–3（Shn–3）は，E3ユビキチンリガーゼWWP1と協調してRunx2をユビキチン化し分解することで，骨芽細胞分化を抑制する[6)]。さらに，STAT1，ZPF521，Notchシグナルに関わるHESやHEYといった転写因子もRunx2の作用を抑制する。このように，数多くの転写因子がRunx2と協調的に骨芽細胞分化の調節に関わる（**図1**）。

2.2　ATF4

basic leucine–zipper（bZIP）型の転写因子であるATF4は，オステオカルシン遺伝子のプロモーター領域に結合し，Runx2とともにオステオカルシンの転写を調節することで，骨芽細胞の分化を促進し，機能を調節する[7)]。また，ATF4は骨芽細胞においてCREBに結合し，receptor activator of nuclear factor–κB ligand（RANKL）の転写を促進することで破骨細胞分化も促進する。実際にATF4欠損マウスは骨形成，骨吸収が低下した低回転型の骨粗鬆症と成長障害を示す。

ATF4はセリン/スレオニンキナーゼであるRSK2によりリン酸化を受け活性化される。RSK2は，骨量の減少と，精神遅滞を示すCoffin-Lowry症候群の原因遺伝子として知られているが，興味深いことに，RSK2欠損マウスおよびATF4欠損マウスでは，Runx2やOsterix（OSX）の発現量は野生型と同等であるにもかかわらず，骨形成の低下による骨量減少を示す[7]。そのため，ATF4はこれらの転写因子より後の段階で骨芽細胞分化に関わるものと考えられる（図1）。

一方，ATF4は細胞内へのアミノ酸の取り込みの促進にも関与している。RSK2欠損マウスおよびATF4欠損マウスから採取し培養した骨芽細胞では，I型コラーゲン遺伝子のmRNAの発現量には変化が認められないにもかかわらず，I型コラーゲンのタンパク質合成量は有意に低下している。その培養液中にアミノ酸を添加することによりタンパク質合成は改善したことから，ATF4は骨芽細胞内へのアミノ酸の取り込みを促進することでも，骨芽細胞の機能を調節していると考えられる[7]（図1）。また，核マトリックスの一部を形成する転写因子SATB2は，Hox遺伝子の転写を抑制するとともに，Runx2およびATF4と直接結合し，それらの活性を増強することで，骨格の発生や骨芽細胞分化を調節する[8]。このようにATF4はRunx2とともに，骨形成に重要な役割を担っている。

2.3　OSX

OSXは骨芽細胞分化を促進するサイトカインのBMP2により誘導される転写因子である。OSX欠損マウスは，Runx2の発現がほぼ正常であるにもかかわらず，骨芽細胞を完全に欠損する[9]。一方，Runx2欠損マウスではOSXの発現がほとんどみられない。したがって，OSXはRunx2の下流に位置するものと考えられる。また，他の転写因子と同様に，OSXもnuclear factor of activated T cells c1（NFATc1）やp53といった転写因子と協調的に骨芽細胞分化を調節する（図1）。

OSXは発生時の骨芽細胞分化作用に加え，出生後の骨芽細胞や骨細胞の機能にも重要な作用を果たす。最近，マウス新生児期のOSX陽性細胞が間葉系幹細胞へと分化転換することで多能性を獲得し，成体における脂肪細胞，軟骨細胞などのさまざまな細胞へと再分化しえることが明らかとなった[10]。

2.4　AP1ファミリー

AP1ファミリーに属する転写因子も，骨芽細胞分化において重要な作用を担う。FOSBのアイソフォームであるΔFOSB，またFRA1の過剰発現マウスは，いずれも骨形成の亢進による骨量の増加を示す（図1）。一方，FRA1あるいはJUNB欠損マウスは骨形成の低下を示す。しかしながら，AP1ファミリー転写因子による骨芽細胞分化調節の分子機構は未だに不明な点が多い。

2.5　PPARγ

老化に伴い，骨髄中の間葉系幹細胞の分化が骨芽細胞よりも脂肪細胞へとシフトし，骨髄中の脂肪が増加する。PPARγは脂肪細胞分化のマスター遺伝子であり，PPARγの過剰発現は骨芽細胞分化を抑制して脂肪細胞分化を促進する[11]。一方*PPARγ*遺伝子ヘテロ欠損マウスでは，骨髄内の骨芽細胞数の増加，脂肪細胞数の減少が認められ，骨形成亢進に伴い骨量が増加することが報告されており[12]，生体でのPPARγ発現量が脂肪細胞と骨芽細胞の分化に重要であると考えられる。

転写因子Mafは，Runx2と協調的に骨芽細胞分化を促進するが，Maf遺伝子欠損マウスでは，骨芽細胞分化の抑制と同時に，PPARγの発現増加により脂肪細胞への分化が亢進している[13]。Mafの発現は加齢に伴い骨髄間葉系幹細胞で減少することから，加齢により骨髄において骨芽細胞分化が抑制され脂肪細胞分化が亢進する一因が，Mafの発現の変動である可能性も考えられている。

3　液性因子による骨芽細胞分化調節

3.1　BMP

骨形成タンパク質（BMP）はTGF-βスーパーファミリーに属し，さまざまな生理作用を発揮する。なかでもBMP2やBMP4は強い骨形成作用を示す。BMP2，BMP4は骨芽細胞に存在するBMP I型受容体に結合し，II型受容体とヘテロダイマーを形成する。すると，転写因子Smad1，Smad5あるいはSmad8がリン酸化され，Smad4との結合による複合体形成が促進される。こうして形成されたSmad複合体は核内に移行し，骨芽細胞で発現する種々の遺伝子の転写を転写因子Runx2と協調的に促進する（図

1)。さらにBMP2は骨芽細胞分化に必須の転写因子OSXの発現を誘導し，複合的に骨芽細胞分化を促進する[4]。間葉系幹細胞特異的にBMP2を欠損したマウスでは骨折治癒が遅延することからも，骨芽細胞分化におけるBMPの重要性が裏付けられる。

3.2 Wnt

Wntは発生やガン化に重要なタンパク質であり，Wnt3aをはじめとする古典的WntとWnt5aなどの非古典的Wntに分類される。骨において，古典的WntはWnt受容体のFrizzledおよびWnt共受容体であるLRP5に結合し，glycogen synthase kinase-3β（GSK-3β）を抑制し，ユビキチン化/プロテオソーム経路による転写因子β-カテニンの分解を阻害する[14]。その結果，活性化されたβ-カテニンは核へと移行し，間葉系細胞から骨芽細胞への分化を促進する。ヒトではLRP5遺伝子の不活性型，活性型の遺伝子変異により，それぞれ骨粗鬆症・偽神経膠腫症候群（OPPG）あるいは骨量増多症を発症し，LRP5欠損マウスでは骨形成が低下して骨量が減少する。

また，古典的Wnt経路のアンタゴニストとしてDKKやsFRPが同定され，骨代謝における作用が明らかとなるなど，古典的Wnt-LRP5の骨形成における重要性が注目されている。骨細胞が分泌するスクレロスチンはWntシグナルを抑制することで骨形成を低下させる。スクレロスチンはvan Buchem病など骨量の増加，骨硬化を特徴とする疾患の原因遺伝子として同定されたSOSTがコードするタンパク質であるが，興味深いことに，骨形成促進薬として使用される1-34副甲状腺ホルモン（PTH）をマウスに投与するとスクレロスチンの発現が低下する[15]。また，メカニカルストレスに呼応して骨形成は活性化するが，この際も同様に骨細胞におけるスクレロスチンの発現が低下する。さらに*SOST*遺伝子欠損マウスにおいては，通常認められる荷重の低下による骨量減少が生じない。最近では，OVXモデルを用いた検討において，抗スクレロスチン中和抗体の投与で，皮質骨，海綿骨の骨形成が著明に亢進することが示されており，新しい強力な骨形成促進薬として臨床試験が行われている[16,17]。

3.3 Notch

Notchシグナルは細胞間の情報伝達を担う経路の一つである。隣接する細胞表面に発現するDeltaやJaggedといったリガンドにNotch受容体が結合し，Notchシグナルが活性化されると，Notch受容体の細胞内ドメイン（NICD）は切断され，核へと移行する。この切断の際に，γセクレターゼがプレセニリン1（PS1）やプレセニリン2（PS2）と協調的に作用することが知られている。核へと移行したNICDは，標的となる転写因子HESやHEYを活性化する。引き続いて，HESやHEYはRunx2の転写活性を抑制する（図1）。

Notchシグナルが抑制されたPS1，PS2二重欠損マウスやNotch受容体欠損マウスでは，骨形成が亢進し，骨量が増加する[18]。また，これらのマウスでは間葉系幹細胞の減少を伴うことから，Notchシグナルは間葉系幹細胞から骨芽細胞への初期の分化において重要な機能を担っているものと考えられる[18]。ヒトにおいても，Notch受容体の点突然変異により骨形成の異常が惹起されることが示されている。

4 破骨細胞とRANKL

破骨細胞とは，単球・マクロファージ系の破骨細胞前駆細胞がケモカインや他の因子によって骨表面に誘引され，分化，融合し，骨を吸収する機能を獲得した多核の巨細胞である。破骨細胞の分化や機能が阻害されると，びまん性の骨硬化病変を特徴とする大理石骨病を，逆にその分化や機能が過剰になると，骨破壊が促進され骨粗鬆症を発症する[17]。破骨細胞の分化ではmacrophage colony-stimulating factor（M-CSF）と，RANKLの2つのサイトカインが重要な役割を果たしている[17]（図2）。

M-CSFは骨芽細胞や間質細胞によって産生され，破骨細胞前駆細胞に発現するM-CSF受容体に作用し，growth factor receptor-bound protein 2（Grb-2）/extracellular signal-regulated kinase（ERK）やphosphoinositide 3-kinase（PI3K）/Aktシグナルを活性化し，破骨細胞前駆細胞や破骨細胞の増殖や分化，生存などを調節する。また，M-CSF受容体の発現は転写因子PU.1によって誘導され，M-CSFやPU.1の変異マウスはいずれも破骨細胞が欠損した大理石骨病を呈する[19]。

RANKLは破骨細胞分化のあらゆる段階を調節する因子

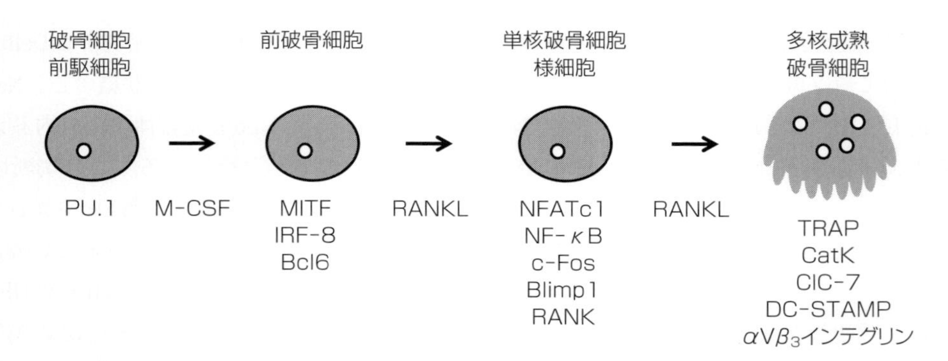

図２　破骨細胞分化調節機構

として，1998年に同定された。PTH，活性型ビタミンD，インターロイキン6（IL-6）などの骨吸収を促進するホルモン，サイトカインは，いずれも骨芽細胞などの間葉系細胞に作用し，RANKLの発現を誘導することでその作用を発揮する[20]（**図2**）。RANKLは膜貫通ドメインをもち細胞の膜表面に発現するが，近年，骨芽細胞だけでなく骨細胞もRANKLを産生すること，骨細胞におけるRANKLの発現が消失すると軽度ではあるものの大理石骨病を呈することが明らかとなり，生理的なRANKL供給源として骨細胞の重要性が示された[1]。

一方，関節リウマチなどの炎症性疾患では，炎症部位に集積したTh17細胞がIL-17を産生することで骨芽細胞上のRANKL発現を誘導し，破骨細胞による骨破壊を促進する。とくに，制御性T細胞に由来するが，炎症性サイトカインによってFoxp3の発現が消失し，IL-17陽性のTh17細胞へと分化転換したexFoxp3 Th17細胞が，RANKLの高発現を示し，強力に破骨細胞を誘導することが示された[21]。

また，前述のM-CSFはRANKLの受容体であるRANKの発現を誘導する。近年，骨芽細胞から分泌される非古典的Wntリガンドである Wnt5aが，破骨細胞前駆細胞上の受容体receptor tyrosine kinase-like orphan receptor 2（Ror2）に結合して，RANKの発現を誘導することも明らかとなった[22]。

骨芽細胞や間質細胞が産生する破骨細胞抑制因子であるオステオプロテジェリン（OPG）は，RANKに構造が類似しているが，膜貫通ドメインをもたない分泌性タンパク質である。OPGはRANKLの“おとり受容体”としてRANKのシグナルを遮断し，骨吸収を抑制する。RANKLあるいはRANKを欠損するマウスやヒトは，破骨細胞の欠損した大理石骨病を呈することから，破骨細胞形成におけるRANKL-RANK経路の種を超えた重要性が裏付けられる。さらに，RANKLは破骨細胞の骨吸収活性やアポトーシスにも重要な作用を果たす。

5　破骨細胞分化の分子機構

RANKLは，破骨細胞前駆細胞上のRANKと結合し，破骨細胞分化に必須の転写因子NF-κB，c-Fos，NFATc1などの発現を誘導する（**図2**）。なかでも，破骨細胞特異的NFATc1欠損マウスが重篤な大理石骨病を呈することから，NFATc1は破骨細胞分化に最も重要と考えられる[20]。また，ATF4や，CCAAT/enhancer binding protein α（C/EBPα），c-Fos，c-Mafなど，さまざまな転写因子がNFATc1の活性を誘導，あるいはNFATc1と協調的に破骨細胞分化を促進する。また，NF-κBを構成するp50とp52の二重欠損マウスは破骨細胞形成不全による顕著な大理石骨病を呈することから，両者も破骨細胞分化に必須の転写因子であると考えられる[20]。

一方，interferon regulatory factor-8（IRF-8）やMafB，Bcl6などの転写因子は，破骨細胞で高発現するNFATc1，OSCAR，カテプシンKなどの遺伝子の発現を抑制し，破骨細胞分化を阻害する。興味深いことに，RANKLによって誘導される転写因子B lymphocyte-induced maturation protein 1（Blimp1）は破骨細胞抑制因子であるIRF-8，MafBやBcl6の発現を抑制し，破骨細胞分化を促進する[23]（**図2**）。

破骨細胞分化がさらに進むと，単核の破骨細胞は融合して多核の巨細胞となり，骨吸収能が増大する。この融合の過程には dendritic cell-specific transmembrane protein（DC-STAMP）や osteoclast stimulatory transmembrane protein（OC-STAMP），ATPase, H^+ transporting, lysosomal V0 subunit D2 などが重要である[24,25]（**図 2**）。

また，近年ビタミン E が p38 を介して転写因子 MITF を活性化し，DC-STAMP の発現を誘導することで破骨細胞の融合を促進し，骨量低下を惹起することが明らかとなった。そのため，サプリメントで摂取される量のビタミン E が骨粗鬆症の発症につながる可能性も考えられている[26]。

6 破骨細胞による骨吸収

こうして形成された成熟破骨細胞は，$\alpha V\beta_3$インテグリンを用いて骨表面に接着する。そして，接着により Src 依存性シグナル伝達経路が活性化され，アクチンリングや波状縁の形成が促進される。引き続いて，形成された吸収窩にカテプシン K などのタンパク質分解酵素や H^+イオンが分泌され，骨吸収が始まる。その際，pleckstrin homology domain containing family M member 1（Plekhm1），sorting nexin 10（Snx10）などが，タンパク質分解酵素などを含有した小胞の輸送に重要であり，これらの遺伝子変異により，常染色体劣性の大理石骨病を発症する。

また，H^+イオンは Cl^-イオンとともに，V 型 ATPase や chloride channel protein-7（ClC-7）/osteopetrosis associated transmembrane protein 1（Ostm1）の働きによって波状縁から分泌され，骨を脱灰する。現在，判明しているヒト大理石骨病の原因の多くは，V 型 ATPase のサブユニットをコードする遺伝子 TCIRG1 と，ClC-7 をコードする CLCN7 の変異によることが知られている[27]。

7 骨吸収，骨形成のカップリング

従来から，破骨細胞による骨吸収と骨芽細胞による骨形成は，相関すること（カップリング）が知られている。その分子機構として，破骨細胞による骨吸収の過程で，骨に埋め込まれた transforming growth factor-β1（TGF-β1）や insulin-like growth factor-1（IGF-1）などはコラーゲンとともに放出される。すると，TGF-β1 は間葉系前駆細胞を骨吸収部位に誘引し，IGF-1 は骨芽細胞分化を誘導し，いずれも骨形成を促進することが考えられていた。

最近，カテプシン K 欠損マウスや破骨細胞特異的カテプシン K 欠損マウスでは，骨吸収が低下している一方で骨形成の抑制が認められないこと，すなわち骨代謝のカップリングが阻害されていることが報告された。興味深いことに，カテプシン K を欠損する破骨細胞では sphingosine-1-phosphate（S1P）の発現が増加しており，このことで骨形成が促進されている可能性が示されている[28]。また，破骨細胞は S1P 以外にもセマフォリン 4D[29]，Cthrc1[30]や C3q などの液性因子を分泌し，骨芽細胞分化を調節するといった報告など，カップリングを担う分子の本体が次第に解明されている。

8 臓器連関による骨形成調節

近年，臓器同士が互いの代謝調節に関わることが明らかにされたが，骨においては神経系と骨の関係が注目されている。交感神経は骨芽細胞の近傍に分布し，また，骨芽細胞は交感神経 β_2受容体（Adrb2）を発現する[31]。カテコラミンの作用が遮断されたドーパミン β 水酸化酵素（DBH）欠損マウス，Adrb2 欠損マウス，および交感神経 β 遮断薬（プロプラノロール）を投与したマウスでは，骨形成，骨量がともに増加しており，交感神経系は骨形成の抑制因子と考えられる[32]（**図 3**）。

また，Adrb2 欠損マウスでは骨形成の亢進に加え骨吸収の低下も認められ，骨芽細胞培養液中に β 刺激薬を添加すると骨芽細胞での RANKL 産生が増加し，破骨細胞の分化，骨吸収が促進されることから，交感神経系は骨吸収の調節にも関わる（**図 3**）。

一方，副交感神経系は交感神経系と拮抗して骨形成を促進するとともに，破骨細胞に直接作用して骨吸収を抑制する。また，神経反発因子として知られる Sema3A を神経特異的に欠損したマウスでは感覚神経系の骨への投射が低下し，そのために骨形成が低下することから，感覚神経系の骨における重要性も明らかとなった[33]（**図 3**）。

最近，長管骨の骨幹部では endomucin 陽性の特殊なタイプの血管が豊富に存在し，骨芽細胞の支持に重要な役割を果たしていることが示された。加齢に伴い，endomucin 陽

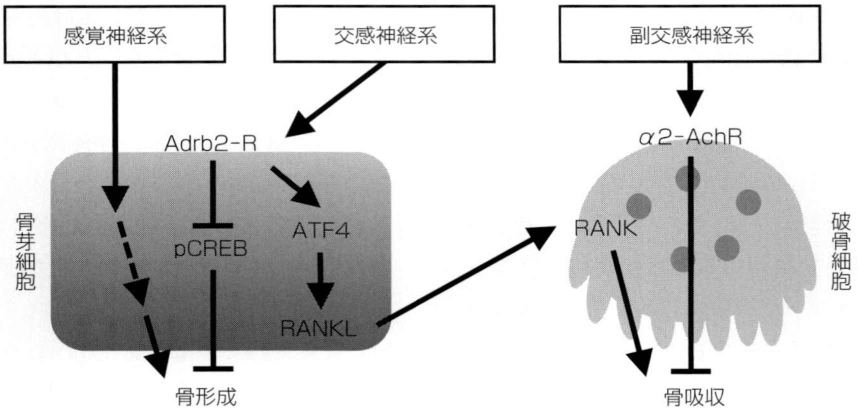

図３　神経系による骨代謝調節機構

性血管は減少するが，このendomucin陽性血管の減少を抑制することで骨量が増加することが明らかとなり，血管系と骨の関連も注目されている[34]。

文　献

1) O'Brien CA, Nakashima T, Takayanagi H：Osteocyte control of osteoclastogenesis. Bone 54：258-63, 2013
2) Karsenty G, Wagner EF：Reaching a genetic and molecular understanding of skeletal development. Dev Cell 2：389-406, 2002
3) Long F：Building strong bones：molecular regulation of the osteoblast lineage. Nat Rev Mol Cell Biol 13：27-38, 2011
4) Nishimura R, et al.：Regulation of bone and cartilage development by network between BMP signalling and transcription factors. J Biochem 151：247-54, 2012
5) Bialek P, et al.：A twist code determines the onset of osteoblast differentiation. Dev Cell 6：423-35, 2004
6) Jones DC, et al.：Regulation of adult bone mass by the zinc finger adapter protein schnurri-3. Science 312：1223-7, 2006
7) Yang X, et al.：ATF4 is a substrate of RSK2 and an essential regulator of osteoblast biology；implication for Coffin-Lowry Syndrome. Cell 117：387-98, 2004
8) Dobreva G, et al.：SATB2 is a multifunctional determinant of craniofacial patterning and osteoblast differentiation. Cell 125：971-86, 2006
9) Nakashima K, et al.：The novel zinc finger-containing transcription factor osterix is required for osteoblast differentiation and bone formation. Cell 108：17-29, 2002
10) Mizoguchi T, et al.：Osterix marks distinct waves of primitive and definitive stromal progenitors during bone marrow development. Dev Cell 29：340-9, 2014
11) Lecka-Czernik B, et al.：Inhibition of Osf2/Cbfa1 expression and terminal osteoblast differentiation by PPARgamma2. J Cell Biochem 74：357-71, 1999
12) Akune T, et al.：PPARgamma insufficiency enhances osteogenesis through osteoblast formation from bone marrow progenitors. J Clin Invest 113：846-55, 2004
13) Nishikawa K, et al.：Maf promotes osteoblast differentiation in mice by mediating the age-related switch in mesenchymal cell differentiation. J Clin Invest 120：3455-65, 2010
14) Baron R, Kneissel M：WNT signaling in bone homeostasis and disease：from human mutations to treatments. Nat Med 19：179-92, 2013
15) Keller H, Kneissel M：SOST is a target gene for PTH in bone. Bone 37：148-58, 2005
16) McClung MR, et al.：Romosozumab in postmenopausal women with low bone mineral density. N Engl J Med 370：412-20, 2014
17) Nakashima T, Takayanagi H：New regulation mechanisms of osteoclast differentiation. Ann N Y Acad Sci 1240：E13-8, 2011
18) Hilton MJ, et al.：Notch signaling maintains bone marrow mesenchymal progenitors by suppressing osteoblast differentiation. Nat Med 14：306-14, 2008
19) Teitelbaum SL, Ross FP：Genetic regulation of osteoclast development and function. Nat Rev Genet 4：638-49, 2003
20) Nakashima T, Hayashi M, Takayanagi H：New insights into osteoclastogenic signaling mechanisms. Trends Endocrinol Metab 23：582-90, 2012
21) Komatsu N, et al.：Pathogenic conversion of Foxp3＋T cells into TH17 cells in autoimmune arthritis. Nat Med 20：62-8, 2014
22) Maeda K, et al.：Wnt5a-Ror2 signaling between osteoblast-lineage cells and osteoclast precursors enhances osteoclastogenesis. Nat Med 18：405-12, 2012
23) Miyauchi Y, et al.：The Blimp1-Bcl6 axis is critical to regulate osteoclast differentiation and bone homeostasis. J Exp Med 207：751-62, 2010

24) Yagi M, et al.：DC-STAMP is essential for cell-cell fusion in osteoclasts and foreign body giant cells. J Exp Med 202：345-51, 2005
25) Lee SH, et al.：v-ATPase V0 subunit d2-deficient mice exhibit impaired osteoclast fusion and increased bone formation. Nat Med 12：1403-9, 2006
26) Fujita K, et al.：Vitamin E decreases bone mass by stimulating osteoclast fusion. Nat Med 18：589-94, 2012
27) Sobacchi C, et al.：Osteopetrosis：genetics, treatment and new insights into osteoclast function. Nat Rev Endocrinol 9：522-36, 2013
28) Lotinun S, et al.：Osteoclast-specific cathepsin K deletion stimulates S1P-dependent bone formation. J Clin Invest 123：666-81, 2013
29) Negishi-Koga T, et al.：Suppression of bone formation by osteoclastic expression of semaphorin 4D. Nat Med 17：1473-80, 2011
30) Takeshita S, et al.：Osteoclast-secreted CTHRC1 in the coupling of bone resorption to formation. J Clin Invest 123：3914-24, 2013
31) Takeda S, et al.：Leptin regulates bone formation via the sympathetic nervous system. Cell 111：305-17, 2002
32) Takeda S, Karsenty G：Molecular bases of the sympathetic regulation of bone mass. Bone 42：837-40, 2008
33) Fukuda T, et al.：Sema3A regulates bone-mass accrual through sensory innervations. Nature 497：490-3, 2013
34) Kusumbe AP, Ramasamy SK, Adams RH：Coupling of angiogenesis and osteogenesis by a specific vessel subtype in bone. Nature 507：323-8, 2014

2. 牛乳・乳製品と骨代謝

（1）基礎研究から

君羅　好史　城西大学薬学部医療栄養学科 大学院薬学研究科医療栄養学専攻 食品機能学
真野　　博　城西大学薬学部医療栄養学科 大学院薬学研究科医療栄養学専攻 食品機能学

要　約

- 実験動物・培養細胞を用いた研究で，牛乳・乳製品の骨代謝に及ぼす作用とその分子機構が明らかになりつつある。
- ビタミンDは骨形成と骨吸収を促進し，ビタミンKは骨形成を促進し骨吸収を抑制する。
- カゼインホスホペプチド（CPP）はカゼイン部分分解物で，腸管でのカルシウム吸収を促進する。
- 乳塩基性タンパク質（MBP）は塩基性乳清タンパク質画分で，骨芽細胞を活性化し，破骨細胞を不活性化する。
- ラクトフェリンはMBPの構成タンパク質の一つで，骨芽細胞を活性化し，破骨細胞を不活性化する。

Keywords　骨代謝調節因子，ビタミンD，ビタミンK，カゼインホスホペプチド（CPP），乳塩基性タンパク質（MBP），ラクトフェリン

1　骨細胞学

1.1　骨の細胞

骨組織は，骨の細胞群と石灰化した骨基質から構成されている。骨の細胞群のなかでは，骨基質タンパク質を合成・分泌し，石灰化に関与する骨芽細胞（osteoblast）と，この骨芽細胞が最終分化し，骨基質に埋まる骨細胞（osteocyte），さらに石灰化した骨基質を吸収する破骨細胞（osteoclast）が主要な細胞である[1)]。

骨基質は，骨芽細胞が合成・分泌するコラーゲンやビタミンK依存性グラタンパク質のオステオカルシン（bone Gla protein：BGP），オステオポンチン，マトリックスグラタンパク質（matrix Gla protein：MGP）などの骨基質タンパク質とリン酸カルシウムで構成される。骨芽細胞が分泌した骨基質タンパク質に，アルカリホスファターゼ（ALP）の作用で，リン酸カルシウム（ヒドロキシアパタイトとよばれている結晶構造）が沈着し，石灰化すると考えられている[2〜4)]。

1.2　骨代謝調節因子

骨形成系の骨芽細胞と骨吸収系の破骨細胞が骨代謝に大きな役割を果たしている。正常状態では，骨形成と骨吸収のバランスが保たれ，骨の強度と機能が維持されている[1)]。閉経後骨粗鬆症では，エストロゲンなど女性ホルモンが減少するため，骨吸収が骨形成を上回り骨量が減少する。また，高齢者の骨粗鬆症では，老化により骨形成および骨吸収とも低下し，全体的な骨代謝が低下していることがある[5)]。

骨の細胞群はミネラル，ビタミン，ホルモンあるいは細胞増殖因子などによって制御されている。特に血清カルシウムは骨代謝制御に重要である。ビタミンD，副甲状腺ホルモン（parathyroid hormone：PTH），カルシトニンはカ

ルシウム調節ホルモンとして知られている。また，血清リン濃度調節ホルモンとしてFGF23が注目されている[6]。ビタミンAやビタミンKは骨代謝を促進する。最近，ビタミンEの過剰摂取が骨粗鬆症の原因となる可能性を示した報告もある[7]。

インスリン様成長因子（IGF），トランスフォーミング増殖因子β（TGF-β），骨形成タンパク質（BMP）などはいずれも骨形成を促進する作用を有している[8～10]。さらに，骨吸収を促進するreceptor activator of nuclear factor-κB ligand（RANKL）や，このRANKLの作用を抑制するオステオプロテジェリン（osteoprotegerin：OPG）などの重要性が指摘されている[11,12]。

これら以外にも線維芽細胞成長因子（FGF），副甲状腺ホルモン関連タンパク質（PTHrP），血管内皮細胞増殖因子（VEGF）などの細胞増殖因子も骨代謝調節として重要である[13～15]。

2 骨代謝研究法

2.1 *in vivo*（実験動物を用いた研究）

マウスやラットを用いた*in vivo*骨代謝研究は，消化・吸収過程や全身のホルモンシステムを考慮可能である。従来は，給餌量の測定や糞・尿などの採集が容易なラットが主に使用された。トランスジェニックやノックアウト（KO）など特定遺伝子改変が比較的容易となり，現在では栄養学的な研究においてもマウスがよく用いられる。

栄養素の制限，薬物の投与，手術，遺伝的樹立などで作製された病態モデル動物もよく用いられる。骨代謝研究においては，カルシウムやビタミンDの制限，リンの過剰投与，卵巣摘出などの骨代謝病態モデルがよく知られている[16～18]。

臨床的検査法と同様，血中・尿中の骨代謝マーカーの測定，骨の軟エックス線解析，CTあるいはマイクロCT解析，摘出組織を用いた骨組織切片の解析や3点折り曲げ法などによる力学的パラメーターの解析，さらに骨やその他の組織での特定の遺伝子の解析が行われる[17]。骨組織切片も一般的な染色法や骨形態計測のみならず，特定の遺伝子の発現解析や電子顕微鏡解析なども行われている[19]。

2.2 *in vitro*（培養細胞を用いた研究）

培養細胞を用いた*in vitro*研究は作用メカニズムの解明のため，シンプルな実験系を構築できる。骨形成系では，実験動物やヒトから取り出した初代骨芽細胞やMC3T3-E1など多くの細胞株が利用されている[20]。骨吸収系では，実験動物から単離した初代成熟破骨細胞や，骨髄細胞に破骨細胞形成因子（RANKLなど）を作用させ誘導した破骨細胞，同様にRAW264にRANKLなどを作用させた培養破骨細胞様細胞を用いた研究が盛んである[21,22]。骨細胞に関しても，初代培養やMLO-Y4などを用いた研究が進められている[23,24]。

骨形成はALP活性や石灰化，骨吸収系では酒石酸抵抗性酸ホスファターゼ（TRAP）活性や骨吸収活性（ピットアッセイ）を評価する。

最近ではそれぞれの細胞の増殖・分化に関わる遺伝子群が明確になり，骨形成系ではRunx2やSox9やコラーゲン1A1など，骨吸収系ではNFATc1やカテプシンKなど，さらに骨代謝制御システムとしてOPG/RANKL/RANKシグナルが注目されている[25～30]。

3 牛乳・乳製品中の脂溶性骨代謝調節因子

3.1 ビタミンD

ビタミンDはカルシウム調節ホルモンとして重要な脂溶性ビタミンである。「日本食品標準成分表2010」では，普通牛乳に0.3 μg/100 g，各種チーズには0.1～0.3 μg/100 g含まれている。「日本人の食事摂取基準（2010年版）」によると，成人男性のビタミンDの摂取目安量は5.5 μg/日である。

ビタミンDは，動物性食品由来のビタミンD_3と植物性食品由来のビタミンD_2があるが生理的な差はほとんどない。ヒトの体内（皮膚中）でもプロビタミンD_3（7-デヒドロコレステロール）から紫外線の作用を受けてプレビタミンD_3となり，さらにビタミンD_3となる。食事由来あるいは体内で生成したビタミンDは肝臓で水酸化され，25-ヒドロキシビタミンDに代謝され，さらに腎臓で1α,25-ジヒドロキシビタミンD（活性型ビタミンD）に水酸化される。この活性型ビタミンDは，核内受容体スーパーファミリーに属する核内受容体のビタミンD受容体（vitamin D receptor：VDR）と結合し，標的遺伝子発現を制御してビタミンDの作用を発揮する[31〜34]。

ビタミンDは小腸（特に十二指腸）の粘膜上皮細胞に作用してカルシウムの吸収を促進し，また腎臓の遠位尿細管細胞に作用してカルシウムの再吸収を促進する[31〜34]。

骨代謝へのビタミンDの作用は直接・間接作用がある[35]。骨組織に関しては，VDRは骨芽細胞，骨細胞に発現しているが，破骨細胞には存在しない[36]。ビタミンDは直接骨芽細胞に作用して骨形成を促進する[37]。しかし，ビタミンDはPTHやRANKLなどいくつかの細胞増殖因子などを介し，破骨細胞に間接的に作用して骨吸収を制御している[38,39]。

3.2　ビタミンK

ビタミンKは血液凝固系で重要な脂溶性ビタミンであるが，近年は骨代謝への作用が注目されている。「日本食品標準成分表2010」によると，普通牛乳には2 μg/100 g，各種チーズには1〜15 μg/100 g含まれている。「日本人の食事摂取基準（2010年版）」では，成人男性のビタミンKの摂取目安量は75 μg/日である。

ビタミンKには，植物性食品由来のフィロキノン（ビタミンK_1），動物性食品・微生物由来のメナキノン-n（ビタミンK_2）がある。ビタミンKは，タンパク質のグルタミン酸残基をγ-カルボキシル化する補酵素として作用する[40]。

ビタミンKはプロトロンビンやその他の血液凝固因子のほか，骨基質のBGP，MGPのグラ化にも関与し，石灰化（骨形成）に作用する[41]。一方，ビタミンKは破骨細胞のアポトーシスを誘導し，骨吸収を抑制する[42]。また，ビタミンKは卵巣摘出実験動物の骨密度と骨強度を上昇させる[43]。

なお，ビタミンKは骨形成を促し，骨吸収を抑えて骨密度と骨強度を高めるため，骨粗鬆症における骨量・疼痛の改善に用いられている[44]。

3.3　ビタミンA

ビタミンAは正常な発育や代謝に重要な脂溶性ビタミンである。「日本食品標準成分表2010」によると，レチノール当量として普通牛乳には38 μg/100 g，各種チーズには37〜330 μg/100 g含まれている。「日本人の食事摂取基準（2010年版）」では，成人男性のビタミンAの摂取推奨量はレチノール当量で800〜850 μg/日である。

ビタミンAは，植物性食品由来のプロビタミンAのα-カロテン，β-カロテン，β-クリプトキサンチンが小腸吸収上皮細胞内で開裂してレチノールとなったものと，動物性食品由来のレチノール，あるいはレチノール脂肪酸エステルがレチノールに加水分解されたものがある。それぞれレチノールへの変換効率や腸管からの吸収効率が異なるため，食品ではレチノール当量が用いられる。一般的にはレチノイドとも呼ばれている[45]。

体内に取り込まれたレチノールは，レチナール，レチノイン酸へと活性化され，all-*trans*-レチノイン酸は核内受容体のRARのリガンドとなり，9-*cis*-レチノイン酸はRXRのリガンドとなる[45,46]。RAR，RXRはビタミンAの標的遺伝子の発現を制御するのみならず，RXRはVDRや甲状腺ホルモン受容体TRやペルオキシソーム増殖剤応答性受容体PPARなどともヘテロダイマーを形成することから，ビタミンAは，ビタミンD，甲状腺ホルモンの生理作用ともクロストークする[45]。

ビタミンAは，骨の形態形成や成長に不可欠である[47]。骨芽細胞，破骨細胞にはRARやRXRが発現し，ビタミンAはそれぞれの骨形成，骨吸収の作用を促進する[48,49]。そのため実験動物に多量のレチノイン酸を投与すると骨量が減少する[50]。

3.4　ステロイドホルモン

牛乳中にエストロゲン（エストロン，エストラジオール，エストリオール）は60〜200 pg/mL，エストラジオールは1 pg/mL含まれている[51]。血中エストラジオール基準値は男性では20〜60 pg/mL，女性では性周期で大きく異なるが，10〜366 pg/mLである。

プロゲステロンは牛乳中に13 ng/mL含まれている[51]。女性の血中プロゲステロン基準値は0.1〜25 ng/mLである。

副腎皮質ホルモンには，炎症，炭水化物代謝，タンパク質代謝，ミネラル代謝に関わる糖質コルチコイドと鉱質コルチコイドがある。牛乳中には副腎皮質ホルモンとしては8〜18 ng/mL含まれている[51]。糖質コルチコイドは初乳では2〜6 ng/mL，末期乳では3〜5 ng/mL含まれる[52]。副腎皮質ホルモンのヒトの血中基準値は4〜24 μg/mLで，人乳では20〜136 ng/mLである。

閉経後骨粗鬆症との関連からエストロゲンの骨への作用が最も調べられている。卵巣摘出したエストロゲン低下動物は，骨粗鬆症のモデル動物としてよく利用されている[53,54]。エストロゲンは核内エストロゲン受容体（ER）を介した標的遺伝子発現制御，すなわち genomic action によってその作用を発揮するが，エストロゲンが MAP キナーゼの活性制御に関わる nongenomic action も知られている[55]。また，骨芽細胞や破骨細胞に ER が発現することも明らかである[56,57]。

しかし，エストロゲンは直接骨の細胞に作用するのみならず，IL-6 などのインターロイキンや OPG/RANKL/RANK 系を介して骨代謝を制御していることも事実である[58]。すなわちエストロゲンは直接・間接的に骨形成を促進し，骨吸収を抑制することが明らかになっている。また，エストロゲン欠乏においても摂取タンパク質の質と量を改善することで骨基質タンパク質の合成量は増加する[59]。

なお，牛乳・乳製品から摂取したステロイドホルモンが体内のホルモン濃度に影響するかどうかは不明であり，牛乳・乳製品摂取が閉経後でホルモン補充療法を行っていない集団に対してわずかに子宮内膜がん発症リスクを高めるという報告もあるが，乳がん発症リスクを下げるという報告もある[60,61]。

4 牛乳・乳製品中の水溶性骨代謝調節因子

4.1 カルシウム

カルシウムは骨や歯の基質として，また身体の様々な機能を調節するミネラルである。「日本食品標準成分表2010」によると，普通牛乳には 110 mg%，各種チーズには 55～1,300 mg% 含まれている。「日本人の食事摂取基準（2010 年版）」では，成人男性のカルシウムの摂取推奨量は 600～800 mg/日である。

体内のカルシウムの 99% が硬組織に存在し，これはリン酸カルシウムとして存在している。骨にリン酸カルシウムが沈着することを石灰化（calcification または mineralization）という[62]。骨のリン酸カルシウムは，ヒドロキシアパタイト $Ca_{10}(PO_4)_6(OH)_2$ という組成の六方晶である[63]。骨芽細胞などが分泌したコラーゲン，BGP，MGP などを核に，ALP の作用によって石灰化がおこる[64]。

カルシウムは骨基質の材料として重要であるのみならず，血中カルシウム濃度が厳密に制御されていることからも，カルシウムが細胞の様々な機能に重要であることが予想できる。細胞外のカルシウム濃度感知機構としては，G タンパク質共役型の細胞外カルシウム感知受容体（CaSR）が知られている。CaSR は副甲状腺細胞，軟骨細胞，骨芽細胞，破骨細胞，尿細管細胞などに発現している。すなわち，カルシウムは骨基質の材料のみならず，シグナル（骨代謝調節因子）としても骨の細胞の機能を調節している[65,66]。

4.2 カゼインホスホペプチド（CPP）

カゼインは，牛乳に含まれる乳タンパク質の約 80% を占め，α_{s1}-カゼイン，α_{s2}-カゼイン，β-カゼイン，κ-カゼインの 4 つのサブユニットからなる。カゼインはセリンに由来する部分（セリン残基）の多くにリン酸が結合した，リンタンパク質（リン酸化タンパク質）である。この特徴のため，カゼインは分子全体としてマイナスの電荷を帯びており，カルシウムイオンなどと結びつきやすい性質をもつ。

カゼインホスホペプチド（CPP）は，カゼインを部分分解（トリプシン処理）して得られるホスホセリン残基を含むペプチドの総称であり，工業的に製造されるほか，腸管内で乳カゼインの消化によっても生成される。CPP は α_{s1}-カゼイン，α_{s2}-カゼイン，β-カゼインから生成し，アミノ酸配列は異なるが 35 アミノ酸程度のペプチドで，SerP-SerP-SerP-Glu-Glu の配列をもち，腸管のみならず糞中からも検出されている[67]。

CPP の作用メカニズムは完全には明らかになっていないが，腸管でカルシウムイオンが不溶性の塩を形成するのを抑制していると考えられている。このような作用から鉄の吸収にも CPP が作用する[68]。さらに近年では，骨芽細胞の分化と石灰化を制御するという *in vitro* の報告もある[69]。ラットを用いた *in vivo* 研究においても CPP がカルシウムの吸収を促進することが認められている[70]。

現在では CPP を関与成分とし，「カルシウム等の吸収を高める」旨の表示が可能な特定保健用食品が許可されている。

4.3 乳塩基性タンパク質（MBP）

乳塩基性タンパク質（milk basic protein：MBP）は，牛

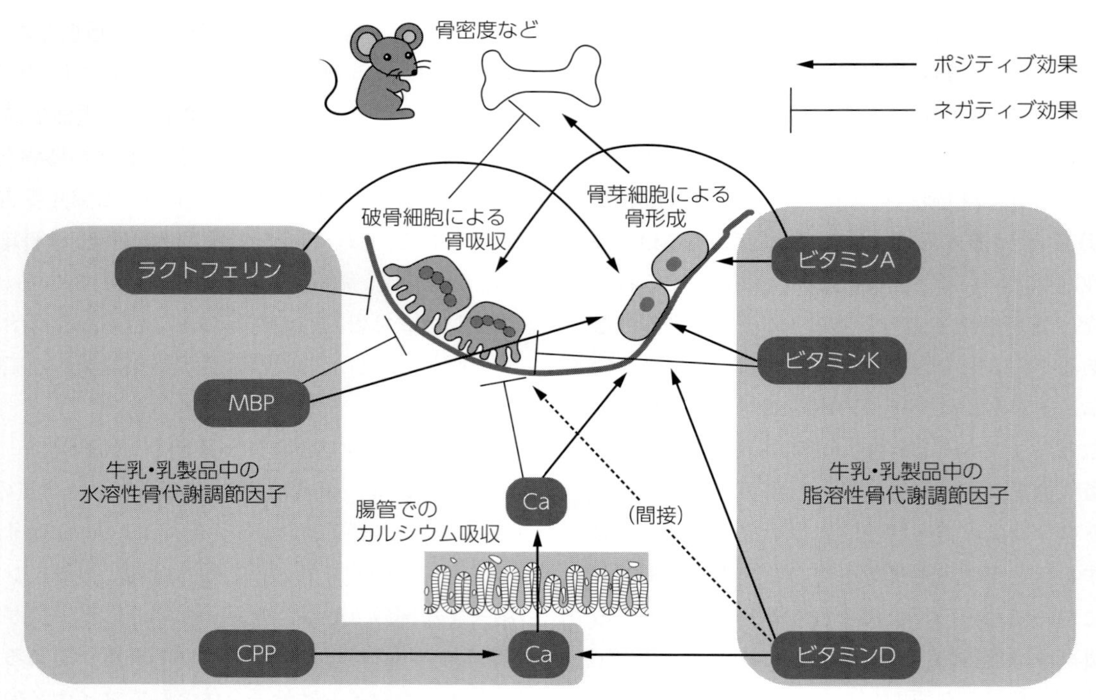

図 1　牛乳・乳製品中の骨代謝調節因子と骨の細胞

乳の乳清（ホエイ）タンパク質のうち，カチオン交換樹脂に吸着する塩基性のタンパク質の総称であり，一つの分子種を示すものではない。牛乳には約 3%のタンパク質が含まれ，このうち約 20%がホエイタンパク質である。このホエイタンパク質中に微量（約 1%程度）に含まれている塩基性のタンパク質の混合物が，MBP である[71)]。後述するラクトフェリンや，アンジオジェニン，VEGF なども含まれている。

MBP は卵巣摘出したラットの骨密度を上昇させ，海綿骨の構造も回復させ，さらに尿中デオキシピリジノリンの排泄も正常に戻す[72)]。さらに，MBP は培養骨芽細胞の増殖とコラーゲン合成を促進し，培養破骨細胞の形成と骨吸収を低下させる[73,74)]。また，近年では，MBP 画分中のいくつかの特定のタンパク質が骨代謝に関わる可能性が指摘されている。HMG 様タンパク質は，培養骨芽細胞の細胞増殖を促進する[75)]。シスタチン C は，培養破骨細胞の骨吸収を阻害する[76)]。キニノーゲンは，培養骨芽細胞の増殖を誘導する[77)]。アンジオジェニンは，培養破骨細胞の基質接着能とカテプシン K mRNA 発現を低下させることで骨吸収を阻害する[78)]。ラクトパーオキシダーゼは，破骨細胞形成抑制作用を示す[79)]。

このような *in vitro* の作用は明らかであるが，経口摂取された MBP の作用機構を説明するには，腸管からのこれら高分子タンパク質の吸収を考えた場合，15 アミノ酸以下の小さなペプチドが血液中に取り込まれていることを証明する必要があると考えられる。

また，実験動物を使用した経口毒性試験において，MBP の安全性が確認されている[80)]。現在では MBP を関与成分とし，「骨の健康が気になる方に適する」旨の表示が可能な特定保健用食品が許可されている。

4.4　ラクトフェリン

ラクトフェリンは，ホエイタンパク質の一つであり鉄結合性の糖タンパク質である。分子量は約 80 kDa で，N 末端と C 末端に 1 つずつ合計 2 個の鉄イオンと結合する。近年，ラクトフェリンは鉄結合性に関する機能以外に抗菌性，抗ウイルス性，さらに免疫や骨代謝への作用が注目されている[81)]。

ラクトフェリンは，卵巣摘出ラットの骨密度と骨微細構造を改善し，そのメカニズムとしては OPG/RANKL/RANK 系を介している[82)]。ラクトフェリンはシクロオキシゲナーゼ 2（COX2）と骨芽細胞分化決定転写因子の NFATc1 を介して培養骨芽細胞の増殖を促進する[83]。さらに，ラクトフェリンは，免疫制御に関わるTNF receptor associated factor 6（TRAF6）を抑制することで，培養破骨細胞の形成を阻害する[84]。

また，骨代謝ではないが，抗生物質としての活性をもつペプチドとしてラクトフェリンの1-11残基のGRRRRSVQWCAが高い活性を示すことが明らかになっている[85]。ラクトフェリンが体内に吸収され，直接骨芽細胞や破骨細胞に作用する可能性を考えると，骨代謝（骨芽細胞，破骨細胞）へ作用するラクトフェリン中の短いペプチドの同定が期待される。

まとめ

実験動物，培養細胞を用いた研究で，牛乳・乳製品中の骨代謝調節因子の作用やその分子機構が明らかになりつつある（図1）。特に，ビタミンDは骨形成と骨吸収を促進し，ビタミンKは骨形成を促進し骨吸収を抑制することで骨代謝を改善する。また，CPPは腸管でのカルシウム吸収を促進し，MBPは骨芽細胞を活性化して破骨細胞を不活性化し，ラクトフェリンは骨芽細胞を活性化し破骨細胞を不活性化することで，骨代謝を改善する。今後，さらに詳しい作用機序の解明が望まれる。

文 献

1) Raggatt LJ, Partridge NC：J Biol Chem 285：25103-8, 2010
2) Hoshi K, Ejiri S, Ozawa H：J Bone Miner Res 16：289-98, 2001
3) Hoshi K, et al.：J Bone Miner Res 14：273-80, 1999
4) Hoshi K, Ozawa H：Calcif Tissue Int 66：430-4, 2000
5) Demontiero O, Vidal C, Duque G：Ther Adv Musculoskel Dis 4：61-76, 2012
6) Donate-Correa J, et al.：Cytokine Growth Factor Rev 23：37-46, 2012
7) Fujita K, et al.：Nat Med 18：589-94, 2012
8) Mochizuki H, et al.：Endocrinology 131：1075-80, 1992
9) Horiuchi K, et al.：J Bone Miner Res 14：1239-49, 1999
10) Hoshi K, et al.：Bone 21：155-62, 1997
11) Yamamoto M, et al.：Endocrinology 139：4012-5, 1998
12) Mizuno A, et al.：Biochem Biophys Res Commun 247：610-5, 1998
13) Amizuka N, et al.：Microsc Res Tech 41：313-22, 1998
14) Nakajima M, et al：J Bone Miner Metab 18：9-17, 2000
15) Nakagawa M, et al.：FEBS Lett 473：161-4, 2000
16) Mano H, et al.：J Biol Chem 269：1591-4, 1994
17) Nakatani S, et al.：Osteoarthritis and Cartilage 17：1620-7, 2009
18) Kimira Y, et al.：Biosci Biotechnol Biochem 76：1018-21, 2012
19) Hiraga T, et al.：Eur J Cancer 34：230-9, 1998
20) Shiokawa-Sawada M, et al.：J Bone Miner Res 12：1165-73, 1997
21) Mano M, et al.：Calcif Tissue Int 67：85-92, 2000
22) Bendixen AC, et al.：Proc Natl Acad Sci U S A 98：2443-8, 2001
23) Kamioka H, et al.：Biochem Biophys Res Commun 204：519-24, 1994
24) Kato Y, et al.：J Bone Miner Res 12：2014-23, 1997
25) Andrade AC, et al.：Endocr Dev 21：52-66, 2011
26) Komori T, et al.：J Cell Biochem 112：750-5, 2011
27) Edwards JR, Weivoda MM：Discov Med 13：201-10, 2012
28) Atkins GJ, Findlay DM：Osteoporos Int 23：2067-79, 2012
29) Hoshi K, et al.：Bone 25：639-51, 1999
30) Nakamura H, et al.：J Bone Miner Metab 15：184-92, 1997
31) Wimalawansa SJ：Curr Osteoporos Rep 10：4-15, 2012
32) Iida K, et al.：Proc Natl Acad Sci U S A 92：611-6, 1995
33) Miyamoto Y, et al.：J Biol Chem 272：14115-9, 1997
34) Sato K：Bone 21：57-64, 1997
35) St-Arnaud R：Arch Biochem Biophys 15：225-30, 2008
36) Langub MC, et al.：Bone 27：383-7, 2000
37) Miyamoto Y, et al.：J Biochem 118：1068-76, 1995
38) Amizuka N, et al.：J Clin Invest 103：373-81, 1999
39) Baldock PA：J Bone Miner Res 21：1618-26, 2006
40) Ferland G：Ann Nutr Metab 61：213-8, 2012
41) Yamaguchi M, et al.：Mol Cell Biochem 223：131-7, 2001
42) Kameda T, et al.：Biochem Biophys Res Commun 220：515-9, 1996
43) Sasaki H, et al.：J Bone Miner Metab 28：403-9, 2010
44) Iwamoto J, et al.：Curr Pharm Des 10：2557-76, 2004
45) D'Ambrosio DN, et al.：Nutrients 3：63-103, 2011
46) Mark M, et al.：Nucl Recept Signal 7：1-15, 2009
47) Mellanby E：J Physiol 105：382-99, 1947
48) Nagasawa H, et al.：J Nutr Sci Vitaminol 51：311-8, 2005
49) Saneshige S, et al.：Biochem J 309：721-4, 1995
50) Rohde CM, DeLuca H：J Nutr 133：777-83, 2003
51) Renner E, Schaafsma G, Scott KJ：Micronutrients in milk and milk-based food products, pp.58-9, Elsevier Applied Science, 1989
52) Alexandrova M, Macho L：Endocrinol Exp 17：183-9, 1983
53) Yamamura K, et al.：J Biomed Mater Res 29：1249-53, 1995
54) Tanaka M, et al.：J Dent Res 79：1907-23, 2000
55) Kato S：Science 270：1491-4, 1995
56) Gruber R, et al.：Bone 24：465-73, 1999
57) Mano H, et al.：Cytotechnology 36：17-23, 2001
58) Zallone A：Ann NY Acad Sci 1068：173-9, 2006
59) Higashi Y, et al.：Br J Nutr 75：811-23, 1996
60) Ganma, D, et al.：Int J Cancer 130：2664-71, 2011
61) Bao PP, et al.：Nutr Cancer 64：806-19, 2012

62) Aaseth J, et al.: J Trace Elem Med Biol 26：149–52, 2012
63) Bonjour JP：J Am Coll Nutr 5：438s–48s, 2011
64) Ahmadieh H, Arabi A：Nutr Rev 69：584–98, 2011
65) Godwin SL, Soltoff SP：Bone 30：550–66, 2002
66) Kameda T, et al.: Biochem Biophys Res Commun 245：419–22, 1998
67) 小野伴忠：ミルクサイエンス 54：53–62, 2005
68) Ait-Oukhatar N, et al.: J Lab Clin Med 140：290–4, 2002
69) Donida BM, et al.: Peptides 30：2233–41, 2009
70) Mora-Gutierrez A, et al.: J Dairy Res 74：356–66, 2007
71) Kumegawa M：Clin Calcium 31：1624–31, 2006
72) Toba Y, et al.: Bone 27：403–8, 2000
73) Takada Y, et al.: Biochem Biophys Res Commun 223：445–9, 1996
74) Takada Y, et al.: Int Dairy J 7：821–5, 1997
75) Yamamura J, et al.: Biochem Biophys Res Commun 261：113–7, 1999
76) Matsuoka Y, et al.: Biosci Biotechnol Biochem 66：2531–6, 2002
77) Yamamura J, et al.: J Biochem 140：825–30, 2006
78) Morita Y, et al.: Bone 42：380–1, 2008
79) Morita Y, et al.: J Dairy Sci 94：2270–9, 2011
80) Kruger CL, et al.: Food Chem Toxicol 45：1301–7, 2007
81) Yogel H J：Biochem Cell Biol 90：233–44, 2012
82) Hou JM, et al.: Acta Pharmacol Sin 33：1277–84, 2012
83) Naot D, et al.: Bone 49：217–24, 2011
84) Inubushi T, et al.: J Biol Chem 287：23527–36, 2012
85) Brouwer CPJ, et al.: Peptides 32：1953–63, 2011

2. 牛乳・乳製品と骨代謝

(2) 臨床研究から

山田　真介　大阪市立大学大学院医学研究科代謝内分泌病態内科学
稲葉　雅章　大阪市立大学大学院医学研究科代謝内分泌病態内科学

要　約

- 牛乳はカルシウム含有量が多いだけでなく，その吸収効率にも優れている。
- わが国におけるカルシウム推奨量は，特に高齢女性においては不十分である可能性がある。
- 閉経後におけるカルシウム付加は骨吸収を抑制する可能性があり，また十分量のカルシウム摂取は閉経後の骨密度の低下を抑制しうる。
- 若年女性ではより高い最大骨量を獲得するために，妊娠・産褥期では喪失した骨量を取り戻すために，積極的な牛乳・乳製品の摂取が必要であると考えられる。
- レジスタンス運動は骨吸収を抑制するだけでなく，尿中カルシウム排泄を抑制することでカルシウム体内貯留を高める可能性がある。

Keywords　カルシウム推奨量，最大骨量，閉経後骨粗鬆症，レジスタンス運動，遺伝子多型

1　ヒトでの骨・カルシウム代謝

動物は陸に生息するようになると，海で暮らしていた時と異なりカルシウム欠乏状態での環境下で暮らすことになる。血清カルシウムはその重要性のために極めて狭い範囲に厳格にコントロールされており，その制御のためのカルシウム調節ホルモンと呼ばれる特異的ホルモン群が存在する。

海ではカルシウム過剰のために血清カルシウムを下げるホルモンであるカルシトニンが発達した。そのため，現在でもウナギやサケカルシトニンの破骨細胞抑制による血清カルシウム低下作用は，1分子あたりでヒトカルシトニンよりはるかに強力である。この強力な破骨細胞抑制作用を利用して，これらカルシトニンは骨粗鬆症治療薬として用いられている。逆に，陸に上がったヒトをはじめとする哺乳類では，カルシウム欠乏環境下での生息となる。したがって血清カルシウム低下を防ぐために副甲状腺ホルモン(parathyroid hormone：PTH)とビタミンD系が発達した。PTHはビタミンDと共同して骨吸収促進作用，腎尿細管でのカルシウム再吸収促進作用を示すこと，および腎臓でのビタミンD活性化を刺激することで血清カルシウムを上昇させる。ビタミンDはその最終活性型である1,25水酸化ビタミンD(1,25(OH)$_2$D)となった形でPTHと協調して，骨吸収促進作用，腎尿細管でのカルシウム再吸収促進作用を示すとともに，腸管に単独で作用してカルシウム吸収を促進する。

経口でのカルシウム摂取が多ければ生体のカルシウムバランスが正となり，骨からのカルシウム放出に依存せず血清カルシウムを正常に維持できる。反対に，カルシウム摂取が減少すると，体内のカルシウムバランスが負に傾くことで血清カルシウムが低下し，副甲状腺からのPTH分泌が亢進し，骨吸収が促進されることで骨粗鬆症が惹起される。したがって，食品からのカルシウム摂取を積極的に行うことでカルシウムバランスが負に傾くことを避けること

ができ，結果として骨吸収が抑制されることで骨の健康を維持することが可能となる。なかでも牛乳・乳製品のカルシウムは吸収率が高く生体利用率が高いとされていることから，積極的な乳製品の摂取が勧められている。

2　牛乳・乳製品が骨代謝に及ぼす効果

2.1　牛乳・乳製品のカルシウム

牛乳・乳製品はカルシウム供給源として最も代表的な食品である。牛乳はカルシウム含有量のみでなく，カゼインや乳糖などの吸収促進成分を含有していることから，カルシウム吸収率という観点においても優れている。牛乳 200 mL にはカルシウム約 200 mg が含まれている。日常生活で推奨量（**表 1**）のカルシウム摂取を牛乳なしに行うことは困難である。カルシウム摂取量を多くすることが体のカルシウムバランスを正に保つために重要であり，牛乳・乳製品は吸収性に優れたカルシウムを豊富に含むことから骨の健康維持に有効であることは周知の事実である。実際，日本人女子大学生で食事中のカルシウム摂取量に影響を及ぼす因子を検討すると，牛乳の摂取と乳製品の摂取が有意な正の関連を示し，欠食が有意な負の関連を示したことから[1]，日常生活におけるカルシウム摂取において牛乳・乳製品の摂取が重要な位置を占めることは明らかである。

牛乳は成長期の動物が順調に成長するために必須の栄養組成物であり，ヒトの健康にとっても重要な種々の栄養素を多く含む。12，13 歳の成長期の日本人中学生を対象とした研究では，牛乳摂取と運動習慣は思春期の骨の発育に積極的な影響を及ぼし，観察 2 年後の腰椎および大腿骨骨密度を上昇させることが報告されている[2]。さらに，19〜25 歳の若年日本人女性において，カルシウム摂取量は大腿骨頸部骨量・骨密度の正の予測因子となることが示されており，少ないカルシウム摂取量の結果として生じる程度の軽い副甲状腺機能亢進症が，大腿骨頸部のみならず腰椎の骨量・骨密度低下の独立した予測因子として報告されている[3]。

骨密度が急速に低下する閉経前後の女性においても，カルシウム摂取の重要性は証明されている。閉経前の 30 歳代女性でカルシウム摂取量の骨量への影響を調べた 2 年間の観察研究では，意識的に牛乳・乳製品や緑黄色野菜などカルシウム含量の多い食品摂取を心掛けていた例で骨密度上昇率がより高かったと報告されている[4]。閉経後女性でのカルシウム摂取量と骨密度との関連を検討した研究では，閉経後 1〜5 年の女性では測定時点でのカルシウム摂取量が 800 mg/日以上，牛乳摂取量 900 mL/週以上の被験者で，高い骨密度が得られたという[5]。また，カルシウム摂取量が習慣的に少ない閉経期や閉経後女性に 1 日量 500 mg のカルシウムを補充投与すると腰椎骨密度の低下を有意に軽減できたとの報告もみられる[6]。

表 1　日本人のカルシウムの推奨量（mg/日）

年　齢	男　性	女　性
12〜14 歳	1,000	800
15〜17 歳	800	650
18〜29 歳	800	650
30〜49 歳	650	650
50〜69 歳	700	650
70 歳以上	700	600

耐容上限量は成人男女とも 2,300 mg/日（厚生労働省：日本人の食事摂取基準 2010 年版）

2.2　乳塩基性タンパク質（MBP）

牛乳には，カルシウム代謝のみならず栄養改善を通じて骨代謝に直接影響を及ぼす成分も含まれている。その代表的な成分が乳塩基性タンパク質（MBP）である。MBP とは，ホエイタンパク質のうち等電点が塩基性であるタンパク質の総称であり，牛乳中に微量しか存在しないが多くの生理活性物質が含まれている。*in vitro* 試験で，MBP は骨をつくる骨芽細胞の増殖と分化を促進し，骨を壊す破骨細胞による骨吸収を抑制することが示されている。ヒトでも，成人男性 30 人（平均年齢 36.2 歳）に MBP（300 mg/日）飲料を摂取させたところ，摂取前後において，骨形成マーカーである血清オステオカルシン濃度は有意に増加し，骨吸収マーカーである尿中 I 型コラーゲン架橋 N–テロペプチド（NTX）は有意に減少した[7]。この結果から，ヒトにおいても MBP は骨のリモデリングのバランスを保ちつつ，骨形成を促進し骨吸収を抑制することが示唆される。

実際，健康な成人女性を対象に MBP を配合した清涼飲料の 6 ヵ月間の飲用試験で，カルシウムとは関係しない直接的な骨の保護効果が観察されている[8]。被験者をMBP摂取群とプラセボ群に分け，二重盲検プラセボ試験を行った。骨代謝マーカーを測定した結果，3ヵ月後および6ヵ月後に，NTXの尿中排泄量が有意に低下していることが明らかとなった。また6ヵ月後の骨密度上昇率がMBP摂取群で有意に高くなった。一方，食事からのカルシウム，マグネシウム，ビタミンDおよびビタミンK摂取量と骨密度の上昇には相関がなかった。したがってMBPそのものに骨密度上昇作用のあることが判明した。MBP成分の詳細な解析で，分子量13 kDaのシスタチンが同定された。シスタチンはカテプシンK阻害作用を認め，これによる破骨細胞活性の抑制が骨吸収抑制作用に関与していると考えられる。

3 牛乳・乳製品におけるカルシウム吸収の優位性

前述のごとく，牛乳は非常に優れたカルシウム吸収率を誇る食品であるが，カルシウムは種々の食物に様々な形で存在しており，実はそれぞれ食物中のカルシウムの吸収性の差異は必ずしも明らかではない。そこで，健康なボランティア12人（男性7人，女性5人，平均年齢33.3歳）を対象に，乳製品・魚類・海藻にそれぞれ含まれるカルシウムの吸収性の差異についてパイロット試験を施行した報告がある[9]。

早朝第1尿を排尿後，300 mgのカルシウムを含有する食物を摂取させ，以降5時間蓄尿して尿中カルシウムを測定することによりカルシウム吸収度を算定した。カルシウムの投与方法は，乳製品は牛乳あるいはヨーグルト，魚類はチリメンジャコ，海藻はひじきを用い，それぞれ3日間ずつ摂取した。初めの3日間は対照期として朝を絶食とした。対照期の尿中カルシウム排泄量は18.8±2.1 mgであったが，カルシウム負荷後は乳製品で41.2±3.4 mg，魚類で55.8±4.8 mg，海藻で35.6±3.6 mgで，いずれも有意に増加していた。

尿中カルシウム排泄量だけで判断すると魚類が最も吸収されやすい結果となるが，尿中ナトリウム排泄量と尿中カルシウム排泄量との間に正の相関を認めていたため，ナトリウム排泄量で補正を行うと塩分の多いチリメンジャコよりも，乳製品摂取後のカルシウム吸収度が大きくなった。ナトリウムを過剰摂取すると，尿中ナトリウム排泄増加とともにカルシウム排泄も増加するため，結果として体内カルシウムは喪失されることになる。したがってカルシウムの吸収性および喪失性を考慮すると，カルシウムは乳製品で摂取することが最も理想的であると考えられる。

表2　米国におけるカルシウムの推奨量(mg/日)

年　齢	男　性	女　性
9～13歳	1,300	1,300
14～18歳	1,300	1,300
19～50歳	1,000	1,000
51～70歳	1,000	1,200
71歳以上	1,200	1,200

（Institute of Medicine, 2010）

4 カルシウム推奨量の検討

4.1　高齢女性のカルシウム推奨量

米国におけるカルシウムの1日推奨量（recommended dietary allowance：RDA）（**表2**）は1,000 mg以上に設定されているのに対し，わが国における1日推奨量はかなり低めに設定されている。しかし，米国人と比較して日本人の全身骨塩量は低値であることを考慮すると，わが国における推奨量はもうすこし高い水準に設定されるべきであると考えられる。さらに，閉経とともに骨粗鬆症を発症することや加齢に伴い小腸からのカルシウム吸収能が低下することなどを考慮すると，高齢になるほどカルシウム推奨量は高いことが予想される。

そこで，60歳以上の女性（$n=6$）を対象に，高齢者におけるカルシウムのRDAを推算した報告がある[10]。カルシウム摂取量から排泄量（尿および便中のカルシウム）を引いた値をカルシウムバランスとし，カルシウムバランスが0となる値をRDAとした。結果，RDAは470～830 mg（673±148 mg）であり，ほとんどの被験者において正バランスの維持に必要と思われるカルシウム摂取量は600 mg以上であった。さらに，高齢者では25(OH)D_3と24,25(OH)$_2$$D_3$が低値であり，このこともRDAを上昇させる一因であることが示唆された。

60 歳以上の日本人女性を骨粗鬆症群（n=6，75.3 歳）と対照群（n=7，72.1 歳）に分け，さらに詳細に検討した報告もある[9,11]。同様に，カルシウム摂取量，尿中および便中カルシウムを測定，摂取量から排泄量（尿および便）を引いた値をカルシウムバランスとし，カルシウムバランスが 0 となる値を daily requirement of calcium（DRC）とした。さらに，Whedon や Nordin らが提唱した方法に従い，RDA を測定した（RDA＝DRC 平均値＋1.65×標準偏差）。

その結果，日本人高齢女性の DRC は 595±144（Mean±SD）mg であり，RDA は 832 mg と推定された。特に，骨粗鬆症患者群の DRC は 640±138 mg であり，対照群（543±166 mg）に比し高値を示した。この検討で得られた RDA 値は 832 mg と現在の設定値よりかなり高値であり，少なくとも高齢女性では厚生労働省推奨量の再考が必要な状況であると考えられる。

4.2　カルシウム摂取量測定のための食物摂取頻度調査票の開発

食物由来のカルシウム摂取量を推量するには，栄養士あるいは保健師による詳細な食事調査が必要となる。しかしその作業は煩雑で，結果として RDA が臨床的に活用されにくく，また大規模なカルシウム研究を妨げる要因となっている。そこで，有効で単純な食事摂取頻度調査票（food-frequency questionnaire：FFQ）の開発が試みられている[12]。15～79 歳の女性 74 人を対象に，代表的な共通のカルシウム源である 26 品目を含むように FFQ を作成し，それぞれの食事品目について消費頻度と通常の 1 人前の量（大中小）について回答させた。

その結果と，1 日の食事記録から食物由来のカルシウム摂取量を算定し比較したところ，FFQ に基づいたカルシウム摂取量は 655 mg で，1 日の食事記録に基づいた値は 638 mg であり，それらの間には統計学的に有意差はなく，相関係数も 0.512 と高かった。簡易な FFQ の臨床的必要性は高く，また大規模集団にも用いやすいことから，今後の疫学調査にも効果的に利用されうるものと考えられる。

5　カルシウム摂取の意義

5.1　若年女性

若年期，特に思春期においては骨へのカルシウム沈着は 1 日に 220 mg にも及ぶといわれている[13]。すなわち，この時期のカルシウム摂取は最大骨量の獲得に非常に大きな影響を与えることが推察される。実際，横断研究では牛乳を多く摂取することで骨量が高くなることが示されているが[14]，若年期における牛乳摂取と骨量の関係につき縦断的に検討した報告は少ない。そこで，若年女性における日常生活の範囲内での牛乳摂取が骨の健康に与える効果を検討した報告がある[15]。18～19 歳の女子学生 9 人に，牛乳 1 パック 200 mL を朝夕眠前に 1 週間飲用させ，またその前後 1 週間はカルシウムを含まないプラセボカプセルを服用させて，骨代謝に対する影響を調べた。

結果，600 mL の牛乳（カルシウム 600 mg）を補給した週でも，血清カルシウム・リン・マグネシウム・PTH・オステオカルシンは変化がなかったが，カルシウム吸収を反映する尿中カルシウムは有意に増加し，骨コラーゲンの特異的分解物であるクロスラップスが減少していた。すなわち，600 mL の牛乳（カルシウム 600 mg）を補給することで骨コラーゲンの分解を抑制したと考えられ，若年期からカルシウム補給することで最大骨量を上昇させうる可能性があることが示唆された。

しかし，若年者のカルシウム摂取量を増加させて最大骨量を増大させようとする臨床試験はほとんど行われていない。また経口摂取するカルシウムをどれくらい増加させれば，最大骨量がどれくらい増大するかも知られていない。現在，看護学生を対象に摂取カルシウム量と骨量および骨代謝の関連につき検討がなされている[16]。最大骨量を十分量まで増加させることで，閉経後の骨粗鬆症を予防しうる可能性があり，若年女性における牛乳・乳製品摂取と最大骨量の関係についての検討は，非常に興味深い。

5.2　妊娠・産褥期

妊娠・産褥期のカルシウム摂取量が不足すると，母体の骨吸収亢進によっておこるカルシウム動員により胎児へのカルシウム輸送が確保されるため，母体での骨喪失が著明となる。実際，妊娠回数と骨密度とは逆相関するとのデータもみられる。したがって，妊娠中および産褥期では，非妊娠時にみるエストロゲンと骨代謝では理解できない特異な骨代謝動態にあることが想定される。そこで，妊婦（胎児の正常な発育が確認された合併症のない），正常な褥婦，同年代の健常非妊女性を対象に，妊娠中および産褥期の骨代謝マーカーを経時的に解析した報告がある[17]。

結果，遊離デオキシピリジノリン（DPD）および酒石酸抵抗性酸ホスファターゼ5b（TRACP-5b）などの骨吸収マーカーは妊娠中に上昇し産褥期に低下する傾向があり，骨型アルカリホスファターゼ（BAP）およびインタクトオステオカルシンなどの骨形成マーカーは産褥期に著明に上昇する傾向を認めた。すなわち，妊娠中は骨吸収が亢進するが，産褥期になると骨形成優位な骨代謝を示すということであり[18]，妊娠・産褥期は骨のリモデリングが常時アンカップリングな状態にあることが示唆された。さらに，産褥期の骨代謝マーカーの推移を授乳婦と非授乳婦に分けて観察すると，いずれの骨代謝マーカーも6ヵ月頃までは差なく経過するが，それ以降では非授乳婦は低下していくのに対し，授乳婦は高値のまま推移した。

これらの結果から，産褥期は妊娠中に喪失した骨量を取り戻す時期であり，できるだけ多くの良質なカルシウムを含む牛乳・乳製品を摂取することが望ましいと考えられた。また，授乳期間中は高回転型の骨代謝状態にあるため[19]，それ以上に積極的な牛乳・乳製品の摂取が重要であると考えられる。

6 カルシウム摂取量と骨粗鬆症の関係

6.1 閉経後女性

古くから，閉経期には骨吸収が亢進しているためカルシウム付加の効果は乏しく[20]，カルシウム摂取量を増加させても骨量低下に対してあまり効果を期待できないもの[21]と考えられてきた。そのため，日本人閉経後女性のカルシウム摂取の骨への影響を明らかにした疫学研究は少なく，介入研究はみられない。そこで，50〜74歳の閉経後女性425人を対象に，ランダム化比較試験（randomized controlled trial：RCT）を行い，カルシウムの骨粗鬆症予防効果について検討した研究がある[22]。

被験者を1日にカルシウム250 mgを服用させる群，カルシウム500 mgを服用させる群，プラセボ群の3群に無作為に割り付け，2年間の骨密度の変化につき比較した。結果，腰椎骨密度の変化において，カルシウム500 mg服用群の2年後の骨密度低下は対照群に対して小さかった。インタクトPTHの変化において，カルシウム250 mgおよび500 mg服用群における1年後の低下は対照群に対して大きかった。すなわち，閉経後女性に対するカルシウム付加は骨吸収を抑制し，特に500 mgの付加は腰椎骨密度低下を抑制する可能性が示唆された。

日本人閉経後女性におけるカルシウム摂取量が骨代謝に与える影響についても，不明な点が多い。そこで，55〜74歳の自立した閉経後女性595人を対象に，骨吸収マーカーである血中NTXと骨形成マーカーであるオステオカルシンを指標として，閉経後女性におけるカルシウム摂取状況が骨代謝状態に与える影響を検証した報告がある[23]。結果，NTXに対する有意な関連因子として年齢・体重・カルシウム摂取量・インタクトPTHが，オステオカルシンに対する有意な関連因子として，body mass index（BMI）・インタクトPTHがあげられた。さらにカルシウム摂取量に基づいて4つの群に分けて解析したところ，最もカルシウム摂取量が低い群(1日摂取量が400 mg未満)においてNTXが有意に上昇していた。この結果から，自立した閉経後女性において低カルシウム摂取は骨吸収を促進させることが示唆された。

6.2 一般女性

一方で，カルシウム摂取が少ないことは骨粗鬆症に対してそれほど強い影響を与えるものではないとする報告もある[24]。比較的均一なライフスタイルを継続している長野県在住女性16,325人を対象に食習慣に関するアンケート調査を行い，そのうちの356人に対して詳細なカルシウム摂取量を調査し，カルシウム摂取状況が骨密度に与える影響について検討した。

結果，小食であると回答した例はそうでない例と比べ，ほぼすべての年代で骨密度は有意に低値を示した。また，牛乳が嫌いあるいは下痢のため飲まないと回答した例では飲用していると回答した例と比較し，一部の年代を除き骨密度が低値であった。小食かつ牛乳摂取歴のない例では骨粗鬆症と診断される確率が小食でなく牛乳を飲用している群の約2倍であったが，おのおの単独では骨粗鬆症である確率は有意に高値となることはなかった。腰椎骨密度やそのＺスコア（年齢・性を一致させた健常人の平均値からの標準偏差値）とカルシウム摂取量の間には関連がなかった。

すなわち，高カルシウム摂取習慣をもつことは骨粗鬆症にならない確率を高めるが，カルシウム摂取が習慣的に低いことは，それ単独では骨粗鬆症危険因子としてそれほど強力なものではないことが推論された。骨粗鬆症の発症は多様な危険因子の集積のうえに成立するものと推論され，たとえカルシウム摂取が低くても人体は極めて効率よくカルシウムを吸収し利用していることが推察された。

また，すでに骨密度が低い例においては，カルシウム摂取量を増やしてもあまり効果がないとする報告もある[25]。35歳以上の一般女性を対象に経年的に骨密度を追跡し，骨密度変化とカルシウム摂取量の関連を検討した。骨密度測定を1，2年の間隔をあけて2回行い，1回目と2回目のL2〜4の骨密度測定値を比較した。また，初回骨密度測定時のカルシウム摂取量を食事調査で算定し，骨密度変化との関連を検討した。1回目の測定値について，低密度群：age-matched controlの90％未満（17人），正常群：age-matched controlの96〜109％未満（38人），高密度群：age-matched controlの110％以上（19人）に分類した。さらに，各群において1日カルシウム摂取量によって，800 mg以上，600〜800 mg，600 mg以下の群に層別し，骨密度低下者率を求めた。

結果，正常群では800 mg以上で9.1％，600〜800 mgで30.8％，600 mg以下で64.3％であり，高密度群では800 mg以上で0％，600〜800 mgで33.3％，600 mg以下で70％であり，カルシウム摂取量が多い群で骨密度低下者率は低かった。一方で，低密度群ではこのような関係は認めず，800 mg以上で50％，600〜800 mgで62.5％，600 mg以下で20％であった。すなわち，カルシウム摂取を強化することにより高密度群では骨減少を防ぎえたが，低密度群ではそのような効果が得にくかった。

この研究結果から，カルシウム摂取をはじめとする骨粗鬆症予防の効果は，個々の骨密度や骨代謝状況によって大きく左右されるものと考えられ，骨密度のみでなく骨代謝マーカーなどの活用によって総合的に判断し，より効果的な予防対象者の選定および予防法の選定を行うべきであると考えられた。

7　運動の影響

7.1　骨代謝に与える影響

骨塩量を増加させるには，長距離走のようなエアロビック型の競技よりも，ウエイトリフティングや投てき種目のようなレジスタンス型の運動のほうが有効であることが示されている。レジスタンス型の運動では血中オステオカルシンが増加することから骨形成が促進されることが示唆されているが，骨吸収に対する影響については十分に明らかにされていない。

そこで，男子大学陸上競技部員10人（長距離選手5人，投てき選手5人）と運動習慣のない男子大学生5人を対象に，レジスタンス型の運動が骨吸収に及ぼす影響を検討した報告がある[26]。結果，体重は長距離選手および非運動者と比較して投てき選手で有意に大きく，体脂肪は長距離選手に比べて投てき選手で有意に大きかったが，尿中クレアチニン値は各群に差はなかった。骨吸収マーカーである尿中DPD排泄量は，長距離選手および非運動者と比較して，投てき選手で少ない傾向にあった。すなわち，若年成年男子においてレジスタンス運動は骨吸収を抑制するが，エアロビック運動は抑制しない可能性が示唆された。

7.2　カルシウム代謝に与える影響

運動は人生の最大骨量，および閉経後の骨量喪失を規定することが示されており，カルシウム付加以上に運動習慣が骨量維持に大きな影響をもつことは以前から指摘されている。しかし，運動がカルシウム代謝に与える影響について検討した報告は少ない。そこで，レジスタンス運動により骨吸収が抑制されることで尿中カルシウム排泄が抑制されカルシウム体内貯留が高まるか否かを明らかにしようとした報告がある[27]。対象はパワーリフティング部男子学生6人。高カルシウム摂取（1,000 mg/日）条件下では運動による尿中カルシウム排泄の抑制効果を確認し難いことから，本研究は低カルシウム摂取（300 mg/日）条件下で検討されている。

6人には対照食（600 mg/日）および低カルシウム食をそれぞれ6日間与えた。それぞれ4日間に1時間のウエイト運動負荷を加えた。結果，尿中カルシウム排泄はカルシウム摂取量に関係なく運動負荷日に上昇したあと，翌日に低下した。カルシウムが骨から溶け出す前に出現する尿中ヒドロキシプロリン排泄は，カルシウム摂取量に関係なく，運動負荷日と翌日に低下した。成長ホルモンは運動負荷にて血中に増加し，負荷日の尿中排泄も増大した。ウエイト負荷運動は，成長ホルモンの分泌を増大させることなどを介して，カルシウムの体内貯留を高める作用がある可能性が示唆された。

運動習慣のない男子大学生5人を対象に，同様の検討を行った報告がある[28]。1日あたり800 mgのカルシウムを含む実験食を運動4日前から摂取させ，運動は疲労困憊となるまで負荷した。結果，尿中カルシウム排泄量は安静日に比較し運動日では20％増加したが，その後は減少する傾向がみられた。運動後3日目も尿中カルシウム排泄は低下傾向を持続した。すなわち，単発的なレジスタンス運動でもカルシウムの体内貯留を高める作用がある可能性が示唆された。一方で，ピリジノリン（PYD）とDPD排泄量は大きな変動を示さなかった。運動日における一過性の尿中カルシウムの増加については，骨由来のカルシウムの尿中への排泄と考えられるが，骨吸収マーカーの変動を伴っていないことから，運動時の尿酸蓄積に伴う代謝性アシドーシスにより，non-cell-mediated physicochemical mineral dissolutionが引き起こされているものと考えられた。

8 ビタミンDの影響と個人差

8.1 ビタミンD充足状態が骨密度に与える影響

ビタミンDは，腸管でのカルシウム吸収効率を高め，骨のリモデリングを促進したり，筋力の増強を通じて骨代謝に良い影響を及ぼすとされる栄養素である。そこで，カルシウム吸収に重要な役割を担うビタミンDの充足状態と骨密度の関係に着目した研究がある。女子大学生105人を対象に，陰膳法を用いて若年女性のカルシウム摂取量を推定し，カルシウム摂取量およびビタミンDの栄養状態と腰椎および大腿骨頸部の骨密度との関連を検討した[29]。被験者のカルシウム摂取量は380 mg/日，25(OH)D_3は35.7 nmol/Lであった。ビタミンD充足条件である30 nmol/Lを下回ったのは34人（32.4％）であった。カルシウム摂取量は腰椎および大腿骨頸部の骨密度と有意に関連していたが，25(OH)D_3との関連は明らかではなかった。

一方，高齢者では日光への暴露が低下することで皮膚のビタミンD合成が低下する。そこで高齢者においても同様の検討がなされている。自立した70歳以上の女性775人を対象に，カルシウムおよびビタミンDの栄養状態を中心に骨粗鬆症性骨折の栄養学的リスク要因をコホート研究のデザインを用いて検討した[30]。平均年齢は74.6歳，カルシウム摂取量は577 mg/日，25(OH)D_3は23.6 ng/mLであった。若年者の検討結果と同様に，カルシウム摂取量と骨密度は有意に関連していたが，25(OH)D_3と骨密度との関連は明らかではなかった。

世代を問わずカルシウム摂取が骨密度維持に重要であることは示されたが，ビタミンDが骨密度に与える影響については明らかにならなかった。しかし，注目すべきことは若年成人女性，高齢女性とも，カルシウム摂取量およびビタミンDの充足状態が極めて不十分な状況にあるということである。カルシウム摂取推奨量を600 mg/日と設定した際の日本人のカルシウムの平均充足率は88％程度といわれている。なかでも体重減少目的の食事制限が多い10歳代後半から20歳までの女性が最も低く，また本来なら800 mg程度は必要と思われる高齢者でも充足率は低い。

その理由として，牛乳・乳製品摂取量の少ないことがあげられる。野菜，海藻，豆類，魚介類からは比較的多くのカルシウムがとられているが，ホウレンソウやピーナッツに多いシュウ酸，穀類や豆類に多いフィチン酸，その他の食物繊維はカルシウムと結合しその吸収を低下させることが知られている。やはり，カルシウム含有量が多くその吸収性の高い牛乳・乳製品の摂取を励行することが必要と考えられる。

一方，ビタミンDは魚介類，卵などの食品に多く含有されている。特にビタミンD合成が低下する高齢者では経口摂取に依存することになる。ビタミンDはカルシウム代謝に強く関わる栄養素であり，骨密度との関連を明らかにするには，ビタミンD充足，非充足に群別して解析するなどの検討が必要と考えられる。

8.2 骨代謝関連遺伝子と個人差に関する検討

カルシウム補充が骨代謝に及ぼす影響の個人差に注目し，骨密度ならびに骨代謝マーカーと骨代謝関連遺伝子の多型性との関連を検討した報告がある[31]。対象は，骨代謝に影響を与える薬剤を服用しておらず，続発性骨粗鬆症の原因となる疾患に罹患していない，乳製品摂取量が比較的均一と思われる 50～91 歳の互いに血縁関係のない閉経後女性である。

結果，ビタミン D 受容体遺伝子，エストロゲン受容体遺伝子，副甲状腺ホルモン遺伝子，アポリポタンパク質 E（ApoE）遺伝子において，遺伝子的素因の差により骨代謝状態ならびに骨量の個人差がもたらされていることが示唆された。遺伝子危険因子としての遺伝子多型性が加齢に伴う骨量変化のどの部分に影響するのか，最大骨量の達成に影響を及ぼしているのか，骨量減少速度に影響があるのか，薬物療法に対する反応性の多様性に関連するのか，遺伝子多型性を用いた治療効果判定予測は可能かなど，検討項目が多いが，今後の発展が期待される研究である。

また，女子大学生 108 人を対象に，若年女性のカルシウム摂取量およびビタミン D の栄養状態とビタミン D 受容体遺伝子多型の骨密度に対する交互作用を検討した報告では[32)]，大腿骨頸部骨密度に対してカルシウム摂取量とビタミン D 受容体遺伝子多型の交互作用が見いだされた。すなわち，ある種のビタミン D 受容体遺伝子型をもつ例では，特に十分なカルシウムまたはビタミン D の摂取を推奨すべき可能性があるということである。

まとめ

カルシウムと骨の関係について，特に一般社団法人 J ミルクの研究（牛乳栄養学術研究会委託研究）結果に基づき概説した。若年期には最大骨量を維持するために，妊娠・産褥期には失われた骨量を取り戻すために，閉経期には骨量低下を抑制するためにと，世代により目的は異なるが，いずれにせよ骨の健康維持のためにはカルシウム摂取が重要であることは明らかである。牛乳・乳製品はカルシウム含有量が多いだけでなく，その吸収性にも優れる。牛乳・乳製品を積極的に摂取することで，骨粗鬆症の発症を予防しうる可能性は十分に考えられる。

文 献

1）Ueno K, et al.：Intake of calcium and other nutrients related to bone health in Japanese female college students：A study using the duplicate portion sampling method. Tohoku J Exp Med 206：319–26, 2005

2）Naka H, et al.：A two-year longitudinal study on the effects of lifestyle factors to bone mass gain in Japanese boys and girls：Kyoto kids bone health study. Calcif Tissue Int 74：s77, 2004

3）Nakamura K, et al.：Nutrition, mild hyperparathyroidism, and bone mineral density in young Japanese women. Am J Clin Nutr 82：1127–33, 2005

4）西田弘之，ほか：30 歳代女性における 2 年間の骨密度推移と生活習慣との関係．民族衛生 66：28–37，2000

5）Ishikawa K, et al.：Relation of lifestyle factors to metacarpal bone mineral density was different depending on menstrual condition and years since menopause in Japanese women. Eur J Clin Nutr 54：9–13, 2000

6）Nakamura K, et al.：Effect of low-dose calcium supplements on bone loss in perimenopausal and postmenopausal Asian women：a randomized controlled trial. J Bone Miner Res 27：2264–70, 2012

7）Toba Y, et al.：Milk basic protein promotes bone formation and suppresses bone resorption in healthy adult men. Biosci Biotechnol Biochem 65：1353–7, 2001

8）鳥羽保宏，ほか：ヒトにおける乳塩基性タンパク質（MBP）の骨形成促進および骨吸収抑制効果．日農化会誌 77：36–7，2003

9）折茂肇：高齢者におけるカルシウム必要量の検討．昭和 63 年度 牛乳栄養学術研究会委託研究報告書：166–70，1988

10）折茂肇，ほか：牛乳飲用と骨粗鬆症．昭和 62 年度 牛乳栄養学術研究会委託研究報告書：27–9，1988

11）折茂肇：高齢者におけるカルシウム一日所要量の検討：平成元年度 牛乳栄養学術研究会委託研究報告書：127–8，1990

12）Sato Y, et al.: Development of a Food-Frequency Questionnaire to Measure the Dietary Calcium Intake of Adult Japanese Women. Tohoku J Exp Med 207: 217–22, 2005

13）Key JD, Key LLJr：Calcium needs of adolescents. Curr Opin Pediatr 6：379–82, 1994

14）Hirota T, et al.：Effect of diet and lifestyle on bone mass in Asian young women. Am J Clin Nutr 55：1168–73, 1992

15）藤田拓男，藤井芳夫，扇谷茂樹：牛乳及びカルシウムの摂取と骨粗鬆症の予防に関する研究．平成 7～9 年度牛乳栄養学術研究会委託研究報告書（I）：157–9，1998

16）内藤周幸，鈴木正成：骨粗鬆症の予防に関する研究．平成 5 年度 牛乳栄養学術研究会委託研究報告書：141–44，1994

17）福岡秀興：特異な骨代謝回転状態にある妊娠・産褥期の解析及び Ca 摂取の意義．平成 7～9 年度 牛乳栄養学術研究会委託研究報告書（I）：308–20，1998

18）Manabe M, et al.：Changes in bone mineral content and bone metabolism during pregnancy and puerperium. Nihon Sanka Fujinka Gakkai Zasshi 48：399–404, 1996

19）Yamaga A, et al.：Changes in bone mass as determined by ultrasound and biochemical markers of bone turnover during pregnancy and puerperium：a longitudinal study. J Clin Endoclinol Metab 81：752–6, 1996

20）Lewis RD, Modlesky CM：Nutrition, physical activity, and bone health in women. Int J Sport Nutr 8：250–84, 1998

21) Hosking DJ, et al.: Evidence that increased calcium intake does not prevent early postmenopausal bone loss. Clin Ther 20：933-44, 1998
22) 中村和利，ほか：ランダム化比較試験によるカルシウムの骨粗鬆症予防効果の解明．平成22年度 牛乳栄養学術研究会委託研究報告書：45-56，2011
23) 中村和利：閉経後女性における低カルシウム摂取の骨質への影響．平成19年度 牛乳栄養学術研究会委託研究報告書：82-90，2008
24) 白木正孝，ほか：骨粗鬆症の発症に対するカルシウム摂取量と遺伝体質に関する疫学的研究．平成10年度 牛乳栄養学術研究会委託研究報告書．195-223，1999
25) 折茂肇：骨粗鬆症の危険因子としてのCa不足に関する研究(III)．平成5年度 牛乳栄養学術研究会委託研究報告書：93-6，1994
26) 鈴木正成：運動が骨形成と骨吸収に及ぼす影響 (II)．平成5年度 牛乳栄養学術研究会委託研究報告書：173-6，1994
27) 鈴木正成：運動の尿中カルシウム排泄抑制作用とカルシウム摂取レベルの関係．平成4年度 牛乳栄養学術研究会委託研究報告書：184-5，1993
28) 鈴木正成：運動が骨形成と骨吸収に及ぼす影響 (III)．平成6年度 牛乳栄養学術研究会委託研究報告書：175-8，1995
29) 中村和利：若年女性のカルシウム及びビタミンD摂取量と骨密度の関連について—陰膳法 (Duplicate Portion Sampling) を用いて．平成14年度 牛乳栄養学術研究会委託研究報告書：22-30，2003
30) 中村和利：骨粗鬆症性骨折予防を目指したカルシウムおよびビタミンDの栄養状態に関するコホート研究：ベースライン調査．平成15年度牛乳栄養学術研究会委託研究報告書：1-10，2004
31) 細井孝之：乳製品摂取が高齢者の骨代謝に及ぼす影響における個人差に関する検討．平成7〜9年度牛乳栄養学術研究会委託研究報告書 (II)：605-6，1998
32) 中村和利：若年女性の最大骨量獲得に対するカルシウム摂取量とビタミンD受容体遺伝子多型との交互作用：陰膳法 (Duplicate Portion Sampling) を用いて．平成16年度 牛乳栄養学術研究会委託研究報告書：127-35，2005

2. 牛乳・乳製品と骨代謝

（3）食品としての特徴

上西　一弘　女子栄養大学栄養生理学研究室

要　約

・カルシウム必要量に対する牛乳１本（200 mL）の寄与率は34.9％であり，牛乳を飲むことで，１日に必要なカルシウム量の約1/3を摂取することができる。

・牛乳・乳製品には，カゼインホスホペプチド，乳糖などカルシウム吸収を高める様々な成分が多く含まれており，その吸収率は小魚，野菜と比べて高い。

・乳に含まれる糖タンパク質ラクトフェリンは，骨代謝調節作用を有し，骨の健康に有用と考えられている。

・乳塩基性タンパク質（MBP）は，骨代謝マーカーの改善，骨密度の増加など骨の健康に対する有効性が報告されている。

・カルシウムの吸収には，栄養素などの食品側の因子のほかに，摂取する生体側の因子（成長期，妊娠，授乳など）や運動，日照暴露などが影響する。

Keywords　栄養素密度，ラクトフェリン，乳塩基性タンパク質（MBP），機能性ペプチド，乳糖（ラクトース），ラクチュロース

はじめに

「牛乳・乳製品の摂取は骨の健康に有効か」，これは古くて新しい課題といえる。牛乳・乳製品摂取と骨量・骨密度，骨折の関係を検討した報告については，本書の他稿でも紹介されているが，有効であるとの報告が多い。牛乳・乳製品にはカルシウムはもちろん，それ以外にも様々な栄養素，成分が含まれており，これらが骨の健康に良好な影響を与えていることが考えられる。本稿では，牛乳・乳製品の成分を検討したうえで，骨代謝における食品としての特徴を主にその成分から検討してみたい。

1　牛乳・乳製品の特徴

1.1　栄養素密度

表1は「日本食品標準成分表2010」[1]に示された，牛乳・乳製品のエネルギーおよび栄養素量である。比較のために，その他の代表的な食品として鶏卵，大豆，精白米，牛肉の数値を併記した。

普通牛乳とヨーグルトは，エネルギーおよびその他の栄養素ともにほぼ同じ数値であるが，これら２つの食品と他の食品とでは大きな差がみられる。これは食品の特徴とともに，食品成分表の数値が食品100 gあたりで示されていることや，大豆や精白米は調理前の重量で示されているという理由もある。したがって，実際には１回に使用する量

表1 牛乳・乳製品の成分（文献1より作成）

（100 g あたり）

	普通牛乳	ヨーグルト	プロセスチーズ	鶏卵	大豆	精白米	牛肉
エネルギー（kcal）	67	62	339	151	417	356	209
水分（g）	87.4	87.7	45.0	76.1	12.5	15.5	65.8
タンパク質（g）	3.3	3.6	22.7	12.3	35.3	6.1	19.5
脂質（g）	3.8	3.0	26.0	10.3	19.0	0.9	13.3
炭水化物（g）	4.8	4.9	1.3	0.3	28.2	77.1	0.4
灰分（g）	0.7	0.8	5.0	1.0	5.0	0.4	1.0
ナトリウム（mg）	41	48	1100	140	1	1	49
カリウム（mg）	150	170	60	130	1900	88	330
カルシウム（mg）	110	120	630	51	240	5	4
マグネシウム（mg）	10	12	19	11	220	23	22
リン（mg）	93	100	730	180	580	94	180
鉄（mg）	Tr	Tr	0.3	1.8	9.4	0.8	1.4
亜鉛（mg）	0.4	0.4	3.2	1.3	3.2	1.4	4.5
ビタミンA（μgRE）*	38	33	260	150	1	0	3
ビタミンD（μg）	0.3	0	Tr	1.8	0	0	0
ビタミンE（mg）	0.1	0.1	1.1	1.0	1.8	0.1	0.6
ビタミンK（μg）	2	1	2	13	18	0	5
ビタミンB_1（mg）	0.04	0.04	0.03	0.06	0.83	0.08	0.08
ビタミンB_2（mg）	0.15	0.14	0.38	0.43	0.30	0.02	0.20
ナイアシン（mg）	0.1	0.1	0.1	0.1	2.2	1.2	4.9
ビタミンB_6（mg）	0.03	0.04	0.01	0.08	0.53	0.12	0.32
ビタミンB_{12}（μg）	0.3	0.1	3.2	0.9	0	0	1.2
葉酸（μg）	5	11	27	43	230	12	9
ビタミンC（mg）	1	1	0	0	Tr	0	1

*：レチノール当量，Tr：微量

などで比較する必要がある。

ここでは，最近使用されることの多くなってきた「栄養素密度」という視点で比較をしてみたい。栄養素密度は単位エネルギーあたりの栄養素量を示す指標であり，主に食品の質を比較する考え方ともいえる。ここでは100 kcalあたりの数値を示した（**表2**）。

これらの食品の栄養素密度をみると，牛乳とヨーグルトは非常に似た食品ということができるが，同じ乳製品でもチーズは少し趣の異なる食品ということができる。これには製造時の過程に添加されたり，取り除かれたりする栄養素があるという理由が大きい。

牛乳，ヨーグルト，チーズ，そして大豆は，タンパク質（protein），脂質（fat），炭水化物（carbohydrate）の比率，すなわちPFC比率が良好な食品といえる。

牛乳・乳製品の特徴は栄養素密度でみても，やはりカルシウムが多いということである。日本人のカルシウム摂取水準は依然として低く，牛乳・乳製品の摂取量を少しでも増やすことが，カルシウム摂取量の増加につながるといえる。その他，ビタミンA，ビタミンB_1，灰分などの量も多いことがわかる。鶏卵や大豆，精白米，牛肉などの良い点

表 2　牛乳・乳製品の栄養素密度

（100 kcal あたり）

	普通牛乳	ヨーグルト	プロセスチーズ	鶏卵	大豆	精白米	牛肉
タンパク質（g）	4.93	5.81	6.70	8.15	8.47	1.71	9.33
脂質（g）	5.67	4.84	7.67	6.82	4.56	0.25	6.36
炭水化物（g）	7.16	7.90	0.38	0.20	6.76	21.66	0.19
灰分（g）	1.0	1.29	1.47	0.66	1.20	0.11	0.48
ナトリウム（mg）	61.2	77.4	324.5	92.7	0.2	0.3	23.4
カリウム（mg）	223.9	274.2	17.7	86.1	455.6	24.7	157.9
カルシウム（mg）	164.2	193.5	185.8	33.8	57.6	1.4	1.9
マグネシウム（mg）	14.9	19.4	5.6	7.3	52.8	6.5	10.5
リン（mg）	138.9	161.3	215.3	119.2	139.1	26.4	86.1
鉄（mg）	–	–	0.1	1.2	2.3	0.2	0.7
亜鉛（mg）	0.6	0.6	0.9	0.9	0.8	0.4	2.2
ビタミン A（μgRE）*	56.7	53.2	76.7	99.3	0.2	0	1.4
ビタミン D（μg）	0.4	0	–	1.2	0	0	0
ビタミン E（mg）	0.1	0.2	0.3	0.7	0.4	0	0.3
ビタミン K（μg）	3.0	1.6	0.6	8.6	4.3	0	2.4
ビタミン B_1（mg）	0.06	0.06	0.01	0.04	0.20	0.02	0.04
ビタミン B_2（mg）	0.22	0.23	0.11	0.28	0.07	0.01	0.10
ナイアシン（mg）	0.15	0.16	0.03	0.07	0.53	0.34	2.34
ビタミン B_6（mg）	0.04	0.06	0	0.05	0.13	0.03	0.15
ビタミン B_{12}（μg）	0.45	0.16	0.94	0.60	0	0	0.57
葉酸（μg）	7.5	17.7	8.0	28.5	55.2	3.4	4.3
ビタミン C（mg）	1.5	1.6	0	0	Tr	0	0.5

*：レチノール当量

表 3　牛乳 200 mL のエネルギー，栄養素寄与率

（%）

エネルギー	6.9	ビタミン A	11.1
タンパク質	13.6	ビタミン D	10.9
脂質	17.6	ビタミン E	3.1
カルシウム	**34.9**	ビタミン K	6.3
リン	21.3	ビタミン B_1	7.3
ナトリウム	2.9	ビタミン B_2	25.8
カリウム	15.5	ビタミン B_{12}	25.8
亜鉛	8.9	パントテン酸	22.8

30〜49 歳の女性，身体活動レベルⅡ
必要量は「日本人の食事摂取基準 2010 年版」[2]，エネルギーおよび栄養素量は「日本食品標準成分表 2010」[1]を使い作成。

を併せ持っているともいえる。一方，牛乳・乳製品からの摂取が期待できない栄養素としては，ビタミン C，鉄，食物繊維などがあげられる。

表 3 は牛乳を 1 本（200 mL）摂取した際の，エネルギーおよび栄養素の寄与率を，30〜49 歳の女性，身体活動レベルⅡ（ふつう）を対象に算出したものである。カルシウムの寄与率は 34.9%であり，牛乳を 1 本飲むことで，1 日に必要なカルシウム量の約 1/3 を摂取することができる。その他，ビタミン B_2，B_{12}，パントテン酸，リンなどの供給源としても牛乳は有用であることがわかる。ビタミン D も約 10%供給されており，カルシウムとともに骨の健康に寄与していることがわかる。

2　牛乳・乳製品の成分

2.1　カルシウム

a．吸収率

表 1〜3 でも紹介したように牛乳・乳製品の特徴の一つとして，カルシウムが多く含まれているということがあげられる。カルシウムは骨の重要な成分であり，牛乳・乳製品が骨の健康に良い理由の第一は「カルシウム含量が多い」ということができる。

牛乳・乳製品のカルシウムの特徴は，腸管からの吸収率が高いということである。ここで，1998 年当時の全国牛乳普及協会（現Ｊミルク）の委託研究として行われた，「日本人若年成人女性における牛乳，小魚（ワカサギ，イワシ），野菜（コマツナ，モロヘイヤ，オカヒジキ）のカルシウム吸収率」[3]について紹介する。

食品別のカルシウム吸収率については，わが国では，1953 年に報告された兼松重幸の研究[4]の結果が長く引用されてきた。しかし，1953 年当時に比べ，現在は国民の栄養状態も向上し，国民 1 人あたりの 1 日の平均カルシウム摂取量も 370 mg から 585 mg へと増加した[1,3]（2011 年の国民健康・栄養調査の報告では 507 mg[5]）。また，代表的なカルシウムの供給源である牛乳・乳製品が入手しやすくなり，これらの摂取量が増加してきた。その一方で，骨ごと食べることのできる小魚の摂取量が減少するなど摂取する食品の構成も変化している[1,3]。さらにカルシウムの分析技術も進歩している。そこで著者らは兼松の報告に準じた試験を行い，現在の日本人を対象とし，食品および食品群別のカルシウム吸収率を再検討した[3]。

健康な成人女性 9 人を対象に出納法による食品および食品別のカルシウム吸収比較試験を行った。被験者にカルシウム約 200 mg を含む基本食を 3 日間摂取させた後，基本食にカルシウム約 400 mg を含む添加食を加えた試験食を 4 日間摂取させた。添加食は牛乳，小魚，野菜の 3 種類のいずれかであり，1 月経周期以上の間隔をおいてランダムに摂取させた。試験期間中は毎日，採尿，採便を行い，尿中，便中および食事中のカルシウム量を測定し，カルシウム出納を算出した。また，各試験開始時と試験食移行時，試験終了時に採血を行い，血清のカルシウム関連物質を測定した。

表 4　カルシウムのみかけの吸収率（文献 3 より作成）

（%）

食品	吸収率
牛乳（普通牛乳）	39.8±7.7
小魚（イワシ，ワカサギ）	32.9±8.4
野菜（コマツナ，モロヘイヤ，オカヒジキ）	19.2±10.8

その結果，カルシウム出納は基本食摂取時にはマイナスとなったが，試験食摂取時にはプラスとなった。各食品および食品群別のカルシウム吸収率は牛乳 39.8%，小魚 32.9%，野菜 19.2%となった（**表 4**）。

b．カルシウム吸収に影響するもの

牛乳タンパク質の主成分であるカゼインが消化される過程で生成されるカゼインホスホペプチド（CPP）および乳糖がカルシウム吸収に影響していると考えられる。CPP はカルシウムとリン酸の結合による不溶化を防ぐことにより，カルシウムの吸収を促進することが明らかにされている[6]。一方，乳糖によるカルシウム吸収促進作用については完全に解明されているわけではないが，小腸の絨毛組織のカルシウム透過性を強めるともいわれている[7,8]。また消化管の細菌叢により乳糖から乳酸菌が増殖し，この乳酸菌の存在に基づく酸性の環境が，カルシウムの吸収を促進するのではないかとする説[9]もある。CPP，乳糖以外に，牛乳のカルシウムとリンの比が 1：1 に近い値（100：90 mg/100 g）であることが吸収率を促進しているという説[10]や，牛乳タンパク質に多く含まれているリジンにカルシウム吸収促進作用があるという指摘[9]，牛乳に含まれるカルシウム結合タンパク質が小腸下部からのカルシウムの吸収を促進するという報告[11]もある。また，牛乳に存在するカルシウムの形態がミセル性リン酸カルシウムである点も吸収率が高い理由の一つと考えられている[12]。

試験の際に小魚として用いたイワシ，ワカサギのカルシウムの吸収率は牛乳に次いで高かった。小魚のカルシウムはリン酸カルシウムや炭酸カルシウムの形で存在している。カルシウム塩の違いによる吸収率の差については多くの報告があるが，大きな違いはないとするものが多い[10,13]。また，これまでのところ，特に小魚中のカルシウム吸収率に影響する成分に関する報告は見あたらない。

野菜のカルシウム吸収率を検討するにあたり，コマツナ，モロヘイヤ，オカヒジキを用いた。これらは野菜の中

ではカルシウム含量が多く，カルシウムの供給源として取り上げられているものである。その結果カルシウムの吸収率は19.2%と今回の試験の中では低い値となった。これはこれらの野菜に多く含まれるシュウ酸，食物繊維がカルシウム吸収を阻害するためと考えられる[14〜16]。

シュウ酸やフィチン酸はカルシウムと強く結合し，不溶性の塩を形成することで吸収を阻害するとされている。一方でシュウ酸含量の少ない野菜（ケール）のカルシウム吸収率は，シュウ酸含量の多い野菜（ホウレンソウ）に比べ高く，牛乳と同程度であることが報告されている[14,17]。このように野菜のカルシウム吸収率には食品によって差がみられ，食品群としてまとめて取り上げることには問題が残るが，吸収阻害因子から考えれば相対的には他の食品群に対して，カルシウム吸収率は低いと考えられる。

以上は，われわれが行った牛乳と小魚，野菜のカルシウムの吸収率の比較試験結果およびその考察である。その他，海外で行われた食品群別のカルシウム吸収率比較試験の結果を**表5**に示す[18]。これらをみると，シュウ酸の多いホウレンソウ以外のカルシウム吸収率はそれほど大きな違いはないともいえる。われわれは特定の食品を単独で摂取することはなく，食事として様々な食品を同時に摂取する。その際に，カルシウムの吸収率を高める成分が多く含まれている牛乳・乳製品を加えることは有効であると考えられる。

2.2　タンパク質

牛乳には3.0〜3.5 g/100 mLのタンパク質が含まれており，そのタンパク質はカゼインとホエイ（乳清）に分けることができる。カゼインは牛乳タンパク質の約80%を占め，4種類に分けられる。カゼインの多くは，リン酸カルシウムとともにカゼインミセルを形成している。一方，ホエイタンパク質は牛乳タンパク質の約20%を占め，チーズ製造後のホエイに含まれる。

牛乳中のタンパク質はアミノ酸組成も良好で，良質のタンパク質ということができる。特にリジン，フェニルアラニン，チロシン，ロイシンなどの含量が多い。先にも述べたように，リジンにはカルシウム吸収促進効果があるとの報告もある。

a. ラクトフェリン

ラクトフェリンは乳に含まれる糖タンパク質で，鉄の輸送，抗菌活性，免疫機能，抗酸化作用，抗がん作用など様々な働きがあることが知られている[19]。最近では，骨代謝調節作用を有し，骨の健康に有用と考えられている。すなわち，ラクトフェリンは骨芽細胞の増殖や分化を促進するとともに，破骨細胞による骨吸収を抑制することで骨形成を促進すること[20]，骨粗鬆症のモデルラットにラクトフェリンを経口投与すると骨密度が上昇すること[21]，などが報告されている。

b. 乳塩基性タンパク質（MBP）

乳塩基性タンパク質（MBP）は牛乳中のタンパク質のうち，等電点が塩基性であるタンパク質の集合体であり，牛乳200 mL中に約10 mg含まれる。MBPは骨に対して様々な効果のあることが，細胞レベル，動物レベルの研究，ヒトでの有効性試験で証明されている[22]。細胞レベルの研究では，骨芽細胞の増殖，および骨基質増加による骨形成促進効果を有すること，破骨細胞の骨吸収活性の抑制による骨吸収抑制効果を有することが示されている。動物実験では成長期ラットの骨量増加効果，閉経後モデル動物での骨量減少抑制効果などが報告されている。

ヒトを対象とした研究では，成人男性，成人女性，若年女性，高齢女性において，骨代謝マーカーの改善，骨密度の増加など，骨の健康に対する有効性が報告されている。

c. 機能性ペプチド

カゼインやホエイなど牛乳のタンパク質の特定の分画には，機能性を有するペプチドが存在することが報告されている[23]。これらのペプチドは，牛乳・乳製品摂取後に消化管内でタンパク質が消化される過程で生成し，生体調節作

表5　カルシウム吸収率（海外の報告）（文献18より引用）

	平均（%）	対象者
牛乳	31.0	成人男性
牛乳	27.6	成人男女
ホウレンソウ	5.1	
牛乳	32.1	成人女性
ケール	40.9	
牛乳	31.0	成人女性
大豆（高フィチン酸）	41.4	
大豆（低フィチン酸）	37.7	
チーズ	37.7〜42.2	成人女性

用を発揮すると考えられている（表6）。

オピオイドペプチドはモルヒネ様の鎮痛作用を有する生理活性ペプチドである。β-カゾモルフィン，α-カゼインエキソルフィン，セルロフィンなどが同定されている。

CPP は α_{s1}-カゼインや β-カゼインから生じる高リン酸化ペプチドであり，リン酸化されたセリンを多く含むという特徴がある。小腸のタンパク質消化酵素トリプシンの働きにより，カゼインから生成された CPP は，消化酵素に対して抵抗性があり，小腸下部にまで到達する。CPP はカルシウムイオンを分子内のリン酸基に緩やかに結合させ，不溶化を防ぐ，すなわち消化管内での沈殿を防ぐことで，カルシウムの吸収を促進する。カルシウム以外にも鉄の吸収も促進することが知られている。

牛乳タンパク質から生成するペプチドの中には，アンジオテンシン I 変換酵素（angiotensin I converting enzyme：ACE）阻害活性を示すものが報告されている。これらのうち動物実験などで，血圧低下作用が確認されたものが「降圧ペプチド」と呼ばれる。カゼインドデカペプチド，ラクトトリペプチドなどが報告されている。これらのペプチドはその有効性がヒトでも確認されており，特定保健用食品の関与する成分として認められ，これらのペプチドを含む食品が特定保健用食品として販売されている。

その他，抗菌ペプチドであるラクトフェリシン，コレステロール吸収阻害ペプチドであるラクトスタチン，ビフィズス菌増殖ペプチド，血小板凝集阻害ペプチド，腸管バリア機能促進ペプチドなど，様々な機能を有するものが発見されてきている。

2.3 その他の成分

a. 乳糖（ラクトース）

牛乳の糖質含量は 4.8 g/100 g であるが，その 99.8%は乳糖（ラクトース）である。乳糖は D-ガラクトースと D-グルコースが β1,4 結合した二糖類である。ラクトースは消化管内でラクターゼの働きにより，ガラクトースとグルコースに分解されて吸収される。成長に伴いラクターゼの分泌が減少し，分解されなかった乳糖が大腸に到達すると，下痢やガスの産生，腹痛などの不快症状を呈する場合もある（乳糖不耐症）。一方，乳糖は大腸において，乳酸桿菌やビフィズス菌によって利用され，乳酸や酢酸などを生成して，腸内細菌叢のバランスを改善し，整腸作用をもたらす。乳糖はカルシウムの吸収を促進するとされているが，それには 2 つの作用が考えられる。一つは乳糖が小腸上皮細胞のタイトジャンクションを開くこと，そしてもう一つの理由が，先に述べた機序により，大腸内の pH を低下させることにより，カルシウムの可溶化を促進し，その吸収を促進するというものである。

表6 機能性ペプチド（文献 23 より作成）

機能性ペプチド
オピオイドペプチド 　β-カゾモルフィン　ほか
ミネラル吸収促進ペプチド 　カゼインホスホペプチド
血圧調節ペプチド 　カゼインドデカペプチド，ラクトトリペプチド，カゾキシン C，κ-カゼノシン
抗菌ペプチド 　ラクトフェリシン
コレステロール吸収阻害ペプチド 　ラクトスタチン
その他

b. ラクチュロース

ラクチュロースは，ガラクトースとフラクトースからなる二糖類であり，肝性昏睡の治療薬としても用いられる。このラクチュロースはカルシウムやマグネシウムの吸収を促進する作用があることが，ヒトを対象とした試験でも証明されている[24]。

Seki らはカルシウムとマグネシウムの安定同位体を用いて，ラクチュロースのカルシウム，マグネシウム吸収促進効果を検討している。対象は 24 人の健康な日本人成人男性で，ラクチュロース 0 g，2 g，4 g とカルシウム 300 mg（うち 20 mg は ^{44}Ca），マグネシウム 150 mg（うち 28 mg が ^{25}Mg）を含む試験食品を，二重盲検試験で単回投与し，尿中への安定同位体の排泄量を測定している。安定同位体の尿中への排泄量が多いということは，カルシウムやマグネシウムの吸収量が多いと推定することができる。その結果，図 1，2 のようになった。尿中排泄された安定同位体は，食品由来のものであり，ラクチュロース量が多くなるほど，尿中排泄量が多くなる，すなわち吸収量が多くなることが示された。この際，骨吸収マーカーには変化はみられなかった。またラクチュロース摂取量が増えることによる有害事象も観察されていない。

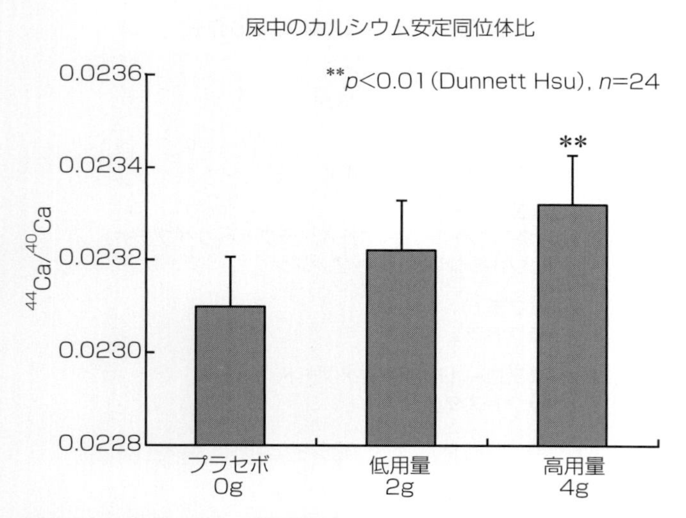

図1　ラクチュロース摂取によるカルシウム吸収促進効果
（文献24より引用改変）

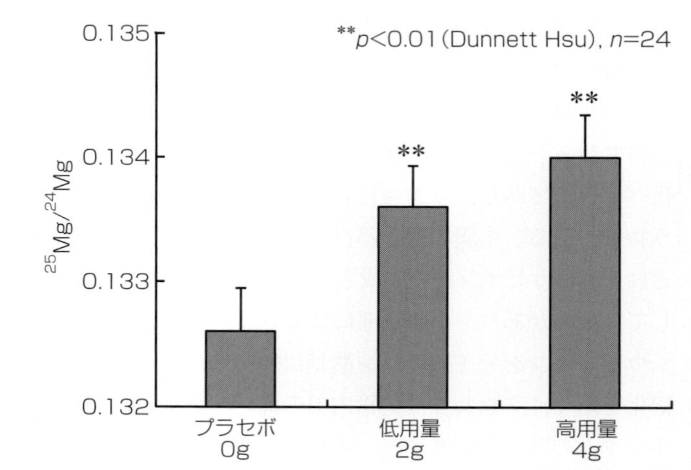

図2　ラクチュロース摂取によるマグネシウム吸収促進効果
（文献24より引用改変）

c. ビタミンD

牛乳にはビタミンDが含まれている。ビタミンDは脂溶性ビタミンの一種であり，ビタミンDの骨に対する作用は，小腸におけるカルシウム吸収の促進作用，骨へのカルシウムの沈着作用に代表され，骨量を高める，あるいは維持する働きがある。

ビタミンDには，そのほかに免疫調節作用，がん予防作用，循環器疾患の発症などとも関連が認められつつある。近年，ビタミンDが筋力に重要な働きをしていることがわかってきた。ビタミンDと転倒の関係を検討したメタアナリシスの結果によると，ビタミンDの投与（1日800 IU（20 μg）以上）は，非投与の対照群に比べて，転倒発生率が30％程度減少することが示されている[25]。

d. リン

消化管からのカルシウムの吸収には摂取したカルシウムとリンの比率も関わっていると考えられている[9]。カルシウムに対してリンが過剰に存在すると，リン酸カルシウムを形成し小腸からの取り込みが低下すると考えられている。近年は加工食品中へのリン添加物の使用により，私たちが摂取している食事のカルシウム対リン比は低下していると予想されている。

牛乳のカルシウム対リン比はほぼ1：1であり，単独の食品としてみた場合には大きな問題はないといえる。

カルシウムの吸収には含まれる栄養素などの食品側の因子のほかに，摂取する生体側の因子も影響する。たとえば成長期や妊娠・授乳期には吸収率は上昇することが知られている。また，運動や日照暴露もカルシウムの吸収率を高めるためには有効である。

文　献

1) 文部科学省 科学技術・学術審議会資源調査分科会：日本食品標準成分表 2010
http://www.mext.go.jp/b_menu/shingi/gijyutu/gijyutu3/houkoku/1298713.htm
2) 厚生労働省：日本人の食事摂取基準（2010年版）
http://www.mhlw.go.jp/shingi/2009/05/s0529-4.html
3) 上西一弘，ほか：日本人若年成人女性における牛乳，小魚（ワカサギ，イワシ），野菜（コマツナ，モロヘイヤ，オカヒジキ）のカルシウム吸収率．日本栄養・食糧学会誌 51：259-66，1998
4) 兼松重幸：成人に於ける各種食品中のカルシウム利用並びにカルシウム所要量に関する研究．栄養と食糧 6：135-47，1953
5) 厚生労働省：平成23年 国民健康・栄養調査結果の概要
http://www.mhlw.go.jp/stf/houdou/2r9852000002q1st-att/2r9852000002q1wo.pdf
6) 内藤博：カゼインの消化時生成するホスホペプチドのカルシウム吸収促進機構．日本栄養・食糧学会誌 39：433-9，1986
7) 土屋文安：食事カルシウムの吸収率：牛乳カルシウムの吸収性

をめぐって．中京短期大学論叢 26：135-46，1995
8) Allen LH：Calcium bioavailability and absorption：a review. Am J Clin Nutr 35：783-808, 1982
9) 江澤郁子：腸管のカルシウム吸収に影響を及ぼすビタミンD以外の諸因子．CLINICAL CALCIUM 2：1662-5，1994
10) 中嶋洋子，江指隆年：カルシウム源の差によるカルシウム吸収率の比較検討（1）：各種カルシウム源のカルシウム利用率（カルシウム化合物および乳・乳製品）．臨床栄養 84：793-8，1994
11) 奥恒行．小腸におけるカルシウム吸収．THE BONE 4：73-9，1990
12) 川上浩：ミネラル．畜産物利用学（齋藤忠夫，根岸晴夫，八田一 編），pp.26-7，文永堂出版，2011
13) Sheikh MS, et al.：Gastrointestinal absorption of calcium from milk and calcium salts. N Engl J Med 317：532-6, 1987
14) Heaney RP, Weaver CM, Recker RR：Calcium absorbability from spinach. Am J Clin Nutr 47：707-9, 1988
15) Kelsay JL, Behall KM, Prather ES：Effect of fiber from fruits and vegetables on metabolic responses of human subjects, II. Calcium, magnesium, iron, and silicon balances. Am J Clin Nutr 32：1876-80, 1979
16) Slavin JL, Marlett JA：Influence of refined cellulose on human bowel function and calcium and magnesium balance, Am J Clin Nutr 33：1932-9, 1980
17) Heaney RP, Weaver CM：Calcium absorption from kale. Am J Clin Nutr 51：656-7, 1990
18) 上西一弘：カルシウム・リンの吸収に関連する因子．THE BONE 14：425-28，2000
19) 川上浩：ラクトフェリン．畜産物利用学(齋藤忠夫，根岸晴夫，八田一 編)，pp.25-6，文永堂出版，2011
20) 高山喜晴：ウシラクトフェリンによる骨芽細胞の分化促進と骨組織再生への応用．畜産技術 639：2-6，2008
21) 野村義宏・清水健二・久原徹哉：骨粗鬆症モデルラットへのラクトフェリン投与による骨密度改善効果．ラクトフェリン2007：ラクトフェリン研究の新たな展望と応用へのメッセージ(第2回ラクトフェリンフォーラム実行委員会 編)，pp.195-9，日本医学館，2007
22) 上西一弘：乳塩基性タンパク質（MBP)．機能性食品の安全性ガイドブック（津志田藤二郎，ほか編)，サイエンスフォーラム，2007
23) 田辺創一：機能性アミノ酸とペプチド．畜産物利用学（齋藤忠夫，根岸晴夫，八田一 編)，pp.93-7，文永堂出版，2011
24) Seki N, et al.：Effect of lactulose on calcium and magnesium absorption：a study using stable isotopes in adult men. J Nutr Sci Vitaminol（Tokyo）53：5-12, 2007
25) Bischoff-Ferrari HA, et al.：Effect of Vitamin D on falls：a meta-analysis. JAMA 291：1999-2006, 2004

3. 各年代(ライフステージ)における骨代謝と牛乳・乳製品の意義

(1) 幼児期・小児期

細井　孝之　医療法人財団健康院 健康院クリニック/予防医療研究所

要　約

・幼児期の検討では，牛乳摂取頻度が高いことが偏りのない食品摂取をする食生活に関連することが示された。
・小児期ではカルシウム摂取量と腰椎骨密度との相関が確認され，カルシウム摂取量の約３分の１を牛乳が占めていることが示された。
・6～18 歳の検討では高校生のカルシウム摂取量が少ないことが判明し，学校給食での牛乳提供の意義がうかがわれた。
・中学１年生男女の４年間の追跡研究では，カルシウム摂取量が骨密度に及ぼす影響は，運動や第二次性徴，体重に比較して顕著なものではなかったが，牛乳摂取頻度が高い生徒は骨密度が高い傾向にあった。
・10 代における牛乳・乳製品摂取は骨密度上昇に影響し，その効果は後年にも及ぶ。

Keywords　最大骨量（peak bone mass)，骨密度，生活習慣，第二次性徴

はじめに

幼児期・小児期はこの時期における骨折予防が重要であるのみならず，骨粗鬆症予防の観点からは最大骨量（peak bone mass）をより高くするための時期であり，一次予防対策のターゲットでもある。ここでは，幼児期・小児期における骨代謝と牛乳・乳製品との関連について，Ｊミルクによる助成を受けた研究成果を中心に考えてみたい。

1　幼児期における検討

幼児期の検討では，牛乳・乳製品が健康な骨のみならず，全身の健康づくりに重要なことが示唆されている。高野は，小児用の脛骨皮質骨超音波伝播速度計測システムを用いて 3～5 歳の 700 例について生活習慣と骨量の関連を検討した[1)]。この集団では，牛乳摂取頻度が高いことが偏りのない食品摂取をする食生活に関連することが示された。また，肉類や果物の摂取頻度が高い家庭の子供の脛骨皮質骨超音波伝播速度が高いことも示された。

これらの結果は，牛乳・乳製品の摂取は食生活を含む生活習慣と深く関連しながら骨の健康に寄与していることをうかがわせる。一方，牛乳・乳製品と骨の健康との関連を検討すべく研究を立案する時や，そのような研究成果を評価する際には，牛乳・乳製品摂取と交絡する因子に関する解析に十分注意を払うべきであることも示している。

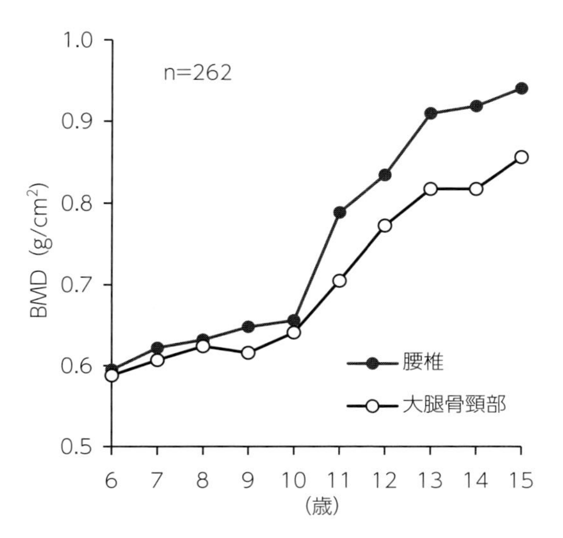

図1　日本人女児の腰椎と大腿骨頸部骨密度（文献2より引用改変）

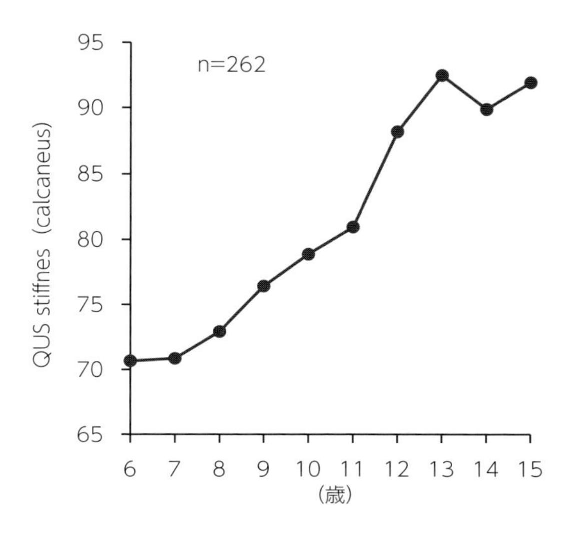

図2　日本人女児の踵骨骨密度（文献2より引用改変）

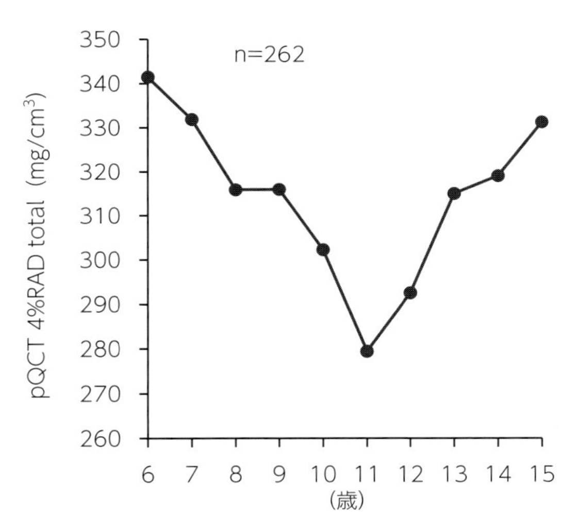

図3　日本人女児の橈骨遠位端骨密度（文献2より引用改変）

2　小児期の骨密度と牛乳・乳製品

骨粗鬆症の予防として，より高い骨密度を得ることは重要な第一歩である。生涯における最も高い骨量を，最大骨量というが，これを規定する因子を同定することは骨粗鬆症予防に貢献するはずである。

時田らは小学生と中学生を対象に複数の方法を用いて骨密度を測定し，カルシウム摂取量とそのうちに占める牛乳摂取量の割合などを検討した[2]。対象は小中学生の女子であり，骨密度測定はDXA（dual energy X-ray absorptiometry）による腰椎ならびに大腿骨頸部，QUS（quantitative ultrasound）による踵骨，pQCT（peripheral quantitative computed tomography）による橈骨で行われた。その結果，6歳から15歳の小児期における，腰椎，大腿骨頸部，踵骨の骨密度は年齢とともに上昇することが確認された（図1，2）。一方，橈骨遠位端（4％）は11歳までの間は低下して，そこを底値として上昇に転ずることが判明し，小児期における骨密度上昇はすべての部位で一様に起こるのではないことが示唆された（図3）。

また，この研究では，QUSによる踵骨のstiffness値が小児期における骨密度スクリーニングに適していることも示唆した。さらに，カルシウム摂取量と腰椎骨密度との相関が小学生において確認され，カルシウム摂取量の約3分の1は牛乳に由来することも示された。

Nakagiらは1364例の6〜18歳の集団についてさらに詳細な検討を行っている[3]。この研究では前腕骨の骨密度（BMD）をDXAで測定し，身体計測値（握力を含む）や質問票を用いた生活習慣との関連が解析された。この報告では中学生，高校性の男女におけるBMDの個人差が大きいことや，BMDと握力との有意な相関が示されている。また，同年齢でも第二次性徴が発来している者は，まだ発来していない者に比べてBMDが高いことも確認されている。さらに，検討された集団の中で高校生におけるカルシウム摂取量が少ないことが判明し，小中学校の給食で牛乳が提供されることの意義がうかがわれた。

カルシウム摂取量とBMDとの関連をみると，高校生男子と中学生女子において弱いながらも正の相関が認められた。この研究はこの年齢層におけるカルシウム不足や体重減少に対する警鐘を鳴らすものでもある。

3　縦断研究の成果より

幼児期・小児期という成長期は身体的パラメーターの動きも大きく，それらの個人差は大きい。この時期における牛乳・乳製品の骨の健康に及ぼす影響を検討するためには，縦断的な調査が望ましいものの報告事例は少ない。伊木らは，中学1年生を対象として4年間前向きに追跡する研究を行った[4]。この研究は中高一貫教育の私立学校の協力を得ることによって成し遂げられた。男女合わせて400例余りを対象として，身体測定，DXAによる腰椎と大腿骨頸部の骨密度測定，生活習慣のアンケート調査(運動習慣，睡眠時間，牛乳・乳製品の摂取および食事などに関する食習慣，ダイエット経験，第二次性徴，骨折，現在・過去の病気など）を行った。さらにカルシウム摂取量については専用の調査票を用いて詳細な計算を行った。

その結果，中学1年生から高校2年生までの4年間で男女ともに骨密度の上昇が認められ，その程度は男子のほうが大きかった。このことは女子においては骨密度の急激な上昇時期を過ぎていることが要因の一つと考えられ，最大骨量を増やすための啓発や介入はより低年齢を対象に行うべきであることが示唆された。また，カルシウム摂取量が骨密度や骨密度変化に及ぼす影響は，運動の実施状況や第二次性徴，体重の変化に比較して顕著なものではなかった。なお，部分的にはカルシウム摂取量が多い生徒で骨密度が高い傾向がうかがわれた。本研究に参加した学校では学校給食がなく，カルシウム摂取量が少ない集団が存在していたことが理由の一つと考えられた。

また，牛乳摂取については1日に1杯以上飲んでいる生徒は，2，3日に1杯以下あるいは週に1杯以下の生徒よりも高い骨密度を示す傾向があった，と報告されている。

4　小児期の牛乳・乳製品摂取が成人期の骨の健康に及ぼす影響

幼児期や小児期の牛乳・乳製品摂取が将来の骨粗鬆症予防に結び付くであろうことは容易に想像がつくものの，この時期から成人期，特に骨粗鬆症の発症率が上昇する閉経期まで追跡する縦断調査は“超”長期の調査となり実現性は乏しい。この問題を十分ではないものの解決する方法として，中高齢者に小児期の牛乳・乳製品摂取状況を聞き取り調査し，現在の骨の状況との関連を検討することが考えられる。

足立らはこの手法を用いて，10代における牛乳・乳製品の摂取は骨密度上昇に効果があり，その効果が後年現れることを報告した[5]。彼らは骨密度集団検診を受けた30歳代および60歳以上の女性約3000例を対象に骨折の既往歴，出産・授乳歴，食品摂取頻度を調査した。食品摂取頻度は骨密度集団検診時と検診受診者が10代であった時の両方について調査したことが特徴である。この研究では最大骨量を獲得する世代である10代における牛乳・乳製品の重要性を示した上で，骨密度の低さが腰痛や骨折のみならず多くの疾病罹患率に関連していることも示唆している。

上記のようなデザインの研究報告は欧米からも出されているが[6]，牛乳・乳製品の摂取量を独立変数とした調査ならびにその結果を解析し，論議する場合には人種差を十分に考慮する必要がある。

おわりに

幼児期・小児期は最大骨量を得るために重要な時期であり，牛乳・乳製品の果たす役割は大きなものであることが示されてきた。特に小学生くらいまでの時期に十分なカルシウム摂取を含む適切な食習慣や運動習慣を身に付けることが，将来の健康長寿につながることをより広く啓発していくべきであろう。

文献

1）高野健人：小学校低学年児の脛骨皮質骨超音波伝播速度に影響を及ぼすスポーツと栄養ならびにライフスタイル要因．平成11年度 牛乳栄養学術研究会委託研究報告書：115-21，2000
2）時田章史，山城雄一郎，藪田敬次郎：最大骨密度を規定する因子に関する研究．平成10年度 牛乳栄養学術研究会委託研究報告書：257-64，1999
3）Nakagi Y, et al.：Association between lifestyle habits and bone mineral density in Japanese juveniles. Environ Health Prev Med 15：222-8, 2010
4）伊木雅之，中比呂志，佐藤裕保：推定体積骨密度によって中学1年男女の中軸骨の発達・充実に対する牛乳・乳製品摂取の影響を評価する追跡研究4年間の完遂．平成16年度 牛乳栄養学術研究会委託研究報告書：76-126，2004
5）足立進，山本玲子，中塚晴夫：栄養摂取パターンと骨折に関する疫学的研究：乳および乳製品の摂取と骨折発生率を中心として．平成7年度 牛乳栄養学術研究会委託研究報告書：472-514，1996
6）Kalkwarf HJ, Khoury JC, Lanphear BP：Milk intake during childhood and adolescence, adult bone density, and osteoporotic fractures in US women. Am J Clin Nutr 77：257-65, 2003

3. 各年代(ライフステージ)における骨代謝と牛乳・乳製品の意義

(2) 成人期(通常)

中村　和利　新潟大学大学院医歯学総合研究科 地域疾病制御医学専攻地域予防医学

要　約

・最大骨量（peak bone mass）の最大化の観点から，20 歳代において乳製品を十分摂取することが特に重要である。
・サンプルサイズの大きな横断研究により，牛乳・乳製品を毎日摂取すると骨量増加につながることが示唆される。
・縦断研究においても牛乳・乳製品摂取が骨量維持に有効であり，週 3 回以上の摂取が有益であることが示唆される。
・成人における牛乳のカルシウム吸収率は約 40%と最も優れている。
・今後，牛乳・乳製品摂取増加の骨量への影響を検証する介入研究や，牛乳・乳製品摂取と遺伝要因の相互作用を解明する研究が求められる。

Keywords　横断研究，カルシウム吸収率，骨量，縦断研究，最大骨量（peak bone mass）

はじめに

成人期（通常）として，主に 20～40 歳代における牛乳・乳製品摂取の意義について述べる。20～30 歳代は骨量が増加する時期であるのに対し，30～40 歳代は骨量維持の時期である。いずれの時期においても十分なカルシウム摂取が必要とされるが，最大骨量（peak bone mass）を最大にするという観点から 20～30 歳代における牛乳・乳製品摂取が特に重要であると考えられる。この考え方は，白人女性において乳製品の摂取は 30 歳未満において最も有益であるというエビデンス[1]と一致している。ここでは，日本人成人を対象に行われた研究を基に，牛乳・乳製品摂取の効果を検証し，その効用を考察する。

日本人における牛乳・乳製品摂取と骨の健康指標の関連性を明らかにするため，これまでに公表されている論文でこのテーマの考察に値する論文を**表 1** に示した。全 27 論文のうち，横断研究が 21 件，縦断研究が 6 件であった。

1　横断研究

横断研究 21 論文のうち，牛乳・乳製品摂取が骨の健康に有益であるという結果の論文は 9 件，牛乳・乳製品摂取と骨の健康指標との間に関連を見いださなかった論文は 12 件であった。サンプルサイズの小さい研究は関連を見いだすための統計学的パワーが足りないと考えられる。サンプル数が 100 未満の 5 つの論文は全て「関連なし」であり，それらを除いた 16 論文中では 9 論文が「関連あり」であった。以下に比較的大きいサンプルサイズで牛乳・乳製品摂取と骨量の関連性を調べた研究結果について概説する。

表1 日本人における牛乳・乳製品摂取と骨の健康指標の関連性を調査した研究の一覧

著者(年)	デザイン	対象者	予測因子/結果因子(交絡因子の調整)	結果	効果
Lacey ら (1991)[2]	横断	35〜40 歳の女性 89 人	牛乳摂取量(g/日)/橈骨 BMD(+)	牛乳摂取量と BMD に関連はみられなかった。	− *1
Hirota ら (1992)[3]	横断	19〜25 歳の女子大学生 161 人	乳製品由来のカルシウム摂取量/前腕骨 BMD(−)	乳製品由来のカルシウム摂取量と BMD に有意な相関(r=0.24)がみられた。	+
Yoshida ら (1995)[4]	横断	30〜69 歳の女性 4,280 人,男性 13,141 人	牛乳摂取の有無/血中アルカリホスファターゼ(+)	牛乳を 1 杯以上飲む群は血中アルカリホスファターゼ活性が低下していた。	+
Sone ら (1996)[5]	横断	27〜83 歳の男性 965 人	牛乳摂取頻度/大腿骨頸部・腰椎・橈骨 BMD(+)	牛乳をよく飲む群の腰椎・橈骨 BMD は飲まない群より有意に高かった。	+
土屋ら (1998)[6]	横断	20 歳以上の女性 463 人(平均 49.9 歳)	牛乳・乳製品の摂取頻度/超音波法による踵骨骨強度(−)	閉経前女性(n=223)では牛乳・乳製品摂取頻度と骨強度に関連はみられなかった。	−
土岐ら (1999)[7]	横断	20〜69 歳の男性 885 人	牛乳・乳製品摂取頻度/橈骨 BMD(+)	牛乳・乳製品摂取頻度と BMD に有意な関連はみられなかった。	− *2
Komine ら (1999)[8]	横断	15〜83 歳の女性 11,252 人(平均 35.6 歳)	乳製品摂取頻度/橈骨 BMD(−)	20 歳代(n=3,925),30 歳代(n=3,742)では,毎日乳製品をとる群の BMD は時々とる群,とらない群より有意に BMD が高かった。	+
Masatomi ら (1999)[9]	横断	34〜59 歳の女性 61 人	牛乳由来のカルシウム摂取量/尿中 NTX(+)	牛乳由来のカルシウム摂取量と尿中 NTX に関連はみられなかった。	− *1
長瀬ら (1999)[10]	横断	20 歳以上の閉経前女性 1,016 人	乳製品の摂取頻度(回/週)/超音波法による踵骨骨強度(+)	乳製品をほぼ毎日とる群の骨強度が他の群より高かった。	+
Tsuchida ら (1999)[11]	横断	40〜49 歳の女性 995 人	牛乳・乳製品摂取頻度(回/週)/中手骨骨量(−)	牛乳・乳製品摂取頻度と骨量に有意な関連はみられなかった。	− *3
Ishikawa ら (2000)[12]	横断	閉経前女性 113 人(平均 46.6 歳)	牛乳,乳製品摂取頻度(回/週)/中手骨骨量(+)	摂取頻度別の BMD に有意差はみられなかった。	−
Hara ら (2001)[13]	横断	20〜39 歳の女性 91 人	牛乳摂取量(カップ/週)/全身・腰椎・橈骨 BMD(−)	牛乳摂取量と BMD に有意な相関はみられなかった。	− *1
澤ら (2001)[14]	横断	女子大学生 147 人(平均 19.7 歳)	牛乳・乳製品摂取頻度(回/週)/様々な部位の BMD(−)	牛乳の摂取頻度と BMD に有意な相関はみられなかった。	−
Egami ら (2003)[15]	横断	18〜22 歳の男子大学生 163 人	牛乳・乳製品摂取量(g/日)/中手骨骨量(+)	牛乳・乳製品摂取量と中手骨骨量とに有意な正の関連がみられた。	+ *3
Zhang ら (2004)[16]	横断	20〜34 歳の女子医学生 82 人(日本人 36 人,内モンゴル自治区中国人 46 人)	牛乳摂取の有無/超音波法による踵骨骨強度(−)	牛乳を飲む習慣と骨強度に有意な相関はみられなかった。	− *1
三好ら (2005)[17]	横断	23〜71 歳の女性 645 人	牛乳・乳製品摂取頻度(回/週)/前腕骨 BMD(−)	乳製品を毎日摂取する例はほとんど摂取しない例に比べて有意に BMD が高かった。牛乳摂取頻度と BMD に関連はみられなかった。	+ *4
奥秋ら (2006)[18]	横断	19〜23 歳の女子大学生 158 人	牛乳摂取頻度(回/週)/腰椎 BMD(−)	牛乳摂取 2 回/週以下の群は摂取 3 回/週以上群より有意に BMD が低かった。	+
Yoshii ら (2007)[19]	横断	19〜80 歳の女性 1,252 人	牛乳,チーズ,ヨーグルトの摂取頻度(回/週)/超音波法(踵骨)(−)	牛乳,チーズ,ヨーグルトの摂取頻度別の骨強度に有意差はみられなかった。	− *2
寺口 (2008)[20]	横断	40〜60 代の女性 183 人	牛乳摂取頻度(回/週)/橈骨 BMD(−)	閉経前女性(n=73)では牛乳の摂取頻度と BMD に関連はみられなかった。	− *1
Tsuchihara ら (2009)[21]	横断	18〜58 歳の海上自衛隊員男性 1,510 人	牛乳摂取量(/日)/超音波法による踵骨骨強度(−)	牛乳を 200 mL/日以上摂取した群で有意に骨強度が高かった。	+

表 1（つづき）

著者（年）	デザイン	対象者	予測因子/結果因子（交絡因子の調整）	結果	効果
門利ら(2010)[22]	横断	18，19 歳の男子学生 114 人	牛乳の摂取頻度/前腕骨 BMD（−）	牛乳摂取頻度別の BMD に有意差はみられなかった。	−
西田ら(2000)[23]	縦断(2年)	30 歳代女性 127 人(平均 33.8 歳)	牛乳・乳製品の摂取頻度（回/週）/橈骨 BMD の変化（−）	BMD 上昇群（11 人）では，中間群（72 人）に比べて有意に牛乳・乳製品の摂取量が増加した。	+
Ishikawa-Takata ら(2003)[24]	縦断(1年)	20〜39 歳の若年女性 136 人	牛乳・乳製品摂取頻度（回/週）/超音波法による踵骨骨強度の変化（+）	乳製品高摂取頻度群の骨強度が他の群より有意に上昇した。	+
横内ら(2006)[25]	縦断(2年)	女子大学生 128 人(平均 18.3 歳)	乳製品の摂取頻度（回/週）/超音波法による踵骨骨強度の変化（−）	乳製品の摂取頻度別の骨強度の変化に有意差はみられなかった。	−
小宮ら(2006)[26]	縦断(7年)	25〜49 歳の働く女性 147 人	牛乳・乳製品摂取頻度/橈骨 BMD の変化（+）	全体では牛乳・乳製品摂取と BMD の変化に有意な相関はみられなかったが，30 歳未満のサブグループでは有意な相関がみられた（r=0.258）。	+
池山ら(2007)[27]	縦断(5年)	35〜60 歳の主婦 619 人	牛乳・乳製品摂取頻度（回/週）/超音波法による踵骨骨強度低下（<90% YAM）（+）	牛乳摂取 2 回/週以下の群の摂取 3 回/週以上に対するハザード比は 1.41（95% 信頼区間 1.04-1.93）と有意に上昇していた。	+ *4
Yasaku ら(2009)[28]	縦断(1年)	40〜69 歳の 269 人	牛乳・乳製品摂取頻度（回/週）/中手骨骨量の変化（−）	閉経前の女性（n=92）では，牛乳摂取頻度と骨量変化に有意な差はみられなかった。	− *3, *5

BMD：骨密度，NTX：I 型コラーゲン架橋 N-テロペプチド（骨吸収マーカー），*1：サンプル数が少ない，*2：対象年齢が広い，*3：骨量測定方法が最新でない，*4：対象者に閉経後女性も含まれる，*5：閉経前女性のサンプル数が少ない

Sone ら[5]は 27〜83 歳の男性 965 人を対象に横断研究を行い，交絡因子を調整後，牛乳を毎日 180 mL 以上飲む群の腰椎および橈骨骨密度（BMD）は，飲まない群より有意に高いことを報告した。長瀬ら[10]は，20 歳以上の閉経前女性 1,016 人を対象として超音波法による骨強度の横断研究を行い，乳製品を毎日摂取する群の骨強度が毎日摂取しない群より高いことを報告した。Komine ら[8]は大規模な橈骨 BMD の疫学調査を行い，20 歳代（n=3,925）および 30 歳代（n=3,742）の女性において，毎日乳製品を摂取する群は時々摂取する群や摂取しない群より有意に BMD が高いことを報告した。三好ら[17]は 23〜71 歳の女性 645 人を調査し，乳製品を毎日摂取する例ではほとんど摂取しない例に比べて有意に橈骨 BMD が高いことを報告した。Tsuchihara ら[21]は 18〜58 歳の海上自衛隊員男性 1,510 人の踵骨骨強度を測定し，牛乳を 200 mL/日以上摂取した群で有意に骨強度が高く，かつ 200 mL/日より摂取量が増えるほど骨強度は上昇した（量−影響関係）ことを報告した。最後の 3 つの研究は交絡因子を調整していないことが弱点であるものの，上記の 5 つの研究では牛乳・乳製品摂取と骨量との正の関連性が確認された。

一方，土岐ら[7]は，20〜69 歳の男性 885 人の橈骨 BMD を年代別に多変量解析を行い，牛乳・乳製品の摂取頻度（毎日とる，時々とる，とらない）と BMD に有意な関連を見いださなかった。年代別に層別化して解析したことで，関連性を見いだすための統計学的パワーが不十分であったと考えられる。Yoshii ら[19]は 19〜80 歳の女性 1,252 人の踵骨骨強度を測定し，牛乳，チーズ，ヨーグルトの摂取頻度別の骨強度に有意差を見いださなかった。

サンプルサイズの大きい横断研究では 7 論文中 5 論文で牛乳・乳製品の摂取の効果が確認され，特に牛乳・乳製品を毎日摂取すると骨量増加につながることが示唆された。

2 縦断研究

縦断研究は因果関係を見いだす，より優れた研究デザイ

ンであり，6つの縦断研究がみられた。小宮ら[26]は25～49歳の働く女性147人の橈骨BMDの変化（7年間）を観察し，全体での牛乳・乳製品摂取頻度とBMDの変化に有意な相関はなかったが，30歳未満のサブグループでは有意な相関（r=0.26）を見いだした。この研究は長期変動が安定しているDXA法によるBMDを結果因子として用いている点が優れている。Ishikawa-Takataら[24]は若年女性136人の踵骨骨強度の変化（1年間）を観察したところ，乳製品高摂取頻度群（週3回以上摂取）の骨強度が他の群より有意に上昇した。

池山ら[27]は35～60歳の主婦619人を対象として，5年間に踵骨骨強度が若年成人平均値（YAM）の90％未満に低下した例を骨量減少と定義し，Cox比例ハザードモデルで解析した結果，牛乳摂取2回/週以下の群の摂取3回/週以上に対する骨量減少の相対リスクが1.4と有意に上昇していた。一方，横内ら[25]は女子大学生128人の踵骨骨強度の変化（2年間）を観察し，乳製品の摂取頻度別の骨強度変化に有意差を見いださなかった。6つの縦断研究の中で西田らの研究[23]の統計解析方法は通常行われる手法ではなく，またYasakuら[28]の用いたcomputed X-ray densitometry（CXD）による中手骨骨量測定方法の妥当性には異論があり，これら2つの研究の評価は難しい。

3 その他の研究

Nakamuraら[29]の研究は牛乳・乳製品を予測因子としていないが，この集団のカルシウム低摂取は牛乳・乳製品の摂取が少ないことが確認されている（集団の62％は調査期間である3日間にまったく牛乳を飲んでいない）[30]ため，参考として取り上げる。この研究は，女子大学生108人のカルシウム摂取量を陰膳法で評価し（カルシウム摂取量の平均値＝380 mg/日），大腿骨頸部および腰椎BMDとの関連性を調査した。カルシウム摂取量と大腿骨頸部BMDとの間には有意な相関がみられ（調整後r=0.29），その寄与は体重と同程度であった。若年女性の乳製品によるカルシウム摂取の重要性が示唆された。

骨代謝に関連すると予想される遺伝子領域の単一塩基多型（SNPs）を解析し，牛乳・乳製品と遺伝要因との相互作用を探索する研究がいくつか報告されている。しかしながら，現時点で確立された所見はないものの，今後の研究の発展が期待される。

4 日本人成人における牛乳のカルシウム吸収率

成人を対象としてカルシウム吸収率を検討する出納試験が行われた。兼松[31]は成人の牛乳，小魚，野菜のカルシウム吸収率をそれぞれ52.7％，38.7％，17.8％と報告した。近年，上西ら[32]は女子大学生を対象により精度の高いカルシウム出納試験を行い，牛乳，小魚，野菜のカルシウム吸収率をそれぞれ39.8％，32.9％，19.2％と報告した。いずれの報告においてもカルシウム吸収の面からは，牛乳の吸収率が最も優れている。**(Ⅰ章2項（3）参照)**

まとめ

牛乳・乳製品摂取の効果を検証する複数の研究が行われていた。大規模な横断研究や縦断研究の結果から判断すると，牛乳・乳製品の十分な摂取は成人の骨量増加・維持に一定の効果があると結論付けられる。しかしながら，研究デザインの観点から質の高い研究が十分行われているとは言い難い。今後，優れた結果因子（アウトカム）を評価した縦断研究や介入研究を行うことにより，牛乳・乳製品の詳細な効果を明らかにする研究が必要である。

文献

1) Weinsier RL, Krumdieck CL：Dairy foods and bone health：examination of the evidence. Am J Clin Nutr 72：681-9, 2000
2) Lacey JM, et al.：Correlates of cortical bone mass among premenopausal and postmenopausal Japanese women. Bone Miner Res 6：651-9, 1991
3) Hirota T, et al.：Effect of diet and lifestyle on bone mass in Asian young women. Am J Clin Nutr 55：1168-73, 1992
4) Yoshida H, et al.：Milk consumption decreases activity of human

serum alkaline phosphatase：a cross-sectional study. Metabolism 44：1190-3, 1995
5) Sone T, et al.：Influence of exercise and degenerative vertebral changes on BMD：a cross-sectional study in Japanese men. Gerontology 42 (Suppl 1)：57-66, 1996
6) 土屋久幸，ほか：飲料水の成分並びに日常生活習慣等と骨密度の関連．民族衛生 64：313-25，1998
7) 土岐岳子，ほか：日本人成人男性の骨密度とライフスタイルの関連．民族衛生 65：273-81，1999
8) Komine Y, et al.：Relationship between radial bone mineral density and lifestyle in Japanese women. Nihon Univ J Med 41：283-302, 1999
9) Masatomi C, et al.：Urinary excretion of type I collagen cross-linked N-telopeptides, bone mass and related lifestyle in middle-aged women. Acta Med Okayama 53：133-40, 1999
10) 長瀬博文，ほか：超音波式踵骨骨量測定装置を用いた骨量とその関連要因についての横断的研究．日本公衆衛生雑誌 46：799-810，1999
11) Tsuchida K, et al.：Dietary soybeans intake and bone mineral density among 995 middle-aged women in Yokohama. J Epidemiol 9：14-9, 1999
12) Ishikawa K, et al.：Relation of lifestyle factors to metacarpal bone mineral density was different depending on menstrual condition and years since menopause in Japanese women. Eur J Clin Nutr 54：9-13, 2000
13) Hara S, et al.：Effect of physical activity during teenage years, based on type of sport and duration of exercise, on bone mineral density of young, premenopausal Japanese women. Calcif Tissue Int 68：23-30, 2001
14) 澤純子，ほか：女子学生における全身及び各部位骨密度に及ぼす生活活動と食習慣の影響．栄養学雑誌 59：285-93，2001
15) Egami I, et al.：Associations of lifestyle factors with bone mineral density among male university students in Japan. J Epidemiol 13：48-55, 2003
16) Zhang M, et al.：Bone mass and lifestyle related factors：a comparative study between Japanese and Inner Mongolian young premenopausal women. Osteoporos Int 15：547-51, 2004
17) 三好美生，ほか：秋田市における成人女性の骨密度と生活習慣の関連について．秋田県公衆衛生学雑誌 2：47-52，2005
18) 奥秋保，ほか：若年成人女性における骨密度に影響を及ぼす因子の検討．骨・関節・靱帯 19：435-40，2006
19) Yoshii S, et al.：Cross-sectional survey on the relationship between dairy product intake and bone density among adult women and high school students. Nutr Res 27：618-24, 2007
20) 寺口顕子：体格と生活習慣が中高年女性の骨塩量に及ぼす影響．順天堂医学 54：82-9，2008
21) Tsuchihara T, et al.：Bone mass assessment in naval crew members by quantitative ultrasound technique. J Orthop Sci 14：693-8, 2009
22) 門利知美，ほか：カルシウム含量の多い食品摂取と青年期男子の骨量との関連について．医学と生物学 154：336-45，2010
23) 西田弘之，ほか：30 歳代女性における 2 年間の骨密度推移と生活習慣との関係．民族衛生 66：28-37，2000
24) Ishikawa-Takata K, Ohta T：Relationship of lifestyle factors to bone mass in Japanese women. J Nutr Health Aging 7：44-53, 2003
25) 横内樹里，ほか：女子大学生における 2 年間の骨量変化に対する体格・生活習慣因子の影響．体力科学 55：331-40，2006
26) 小宮康裕，ほか：30 歳前後の就労女性における 7 年間の橈骨骨密度変化とその影響要因の解析．日本衛生学雑誌 61：327-31，2006
27) 池山真治，ほか：専業主婦の 5 年間における音響的骨評価値：比例ハザードモデル解析．医学検査 56：159-64，2007
28) Yasaku K, et al.：One-year change in the second metacarpal bone mass associated with menopause nutrition and physical activity. J Nutr Health Aging 13：545-9, 2009
29) Nakamura K, et al.：Nutrition, mild hyperparathyroidism, and bone mineral density in young women. Am J Clin Nutr 82：1127-33, 2005
30) Ueno K, et al.：Intakes of calcium and other nutrients related to bone health in Japanese female college students：a study using the duplicate portion sampling method. Tohoku J Exp Med 206：319-26, 2005
31) 兼松重幸：成人に於ける各種食品中のカルシウムの利用並にカルシウム所要量に関する研究．栄養と食糧 6：135-47，1953
32) 上西一弘，ほか：日本人若年成人女性における牛乳，小魚（ワカサギ，イワシ），野菜（コマツナ，モロヘイヤ，オカヒジキ）のカルシウム吸収率．日本栄養・食糧学会誌51：259-66，1998.

3. 各年代(ライフステージ)における骨代謝と牛乳・乳製品の意義

(3) 更年期

太田　博明　国際医療福祉大学臨床医学研究センター／山王メディカルセンター女性医療センター

要　約

・更年期とは性成熟期から老年期への移行の期間を指し，エストロゲンの急激な低下を来す閉経前後の各5年間，計10年間の期間を指す。
・更年期の骨代謝はエストロゲンの低下により，骨形成も骨吸収も亢進した高代謝回転を示す。骨代謝は骨代謝マーカーによって評価可能である。骨吸収の亢進を骨形成が補填しきれず，その結果，骨量の低下を来す。
・更年期以降，エストロゲンの低下ばかりでなく，加齢，生活習慣の乱れにより，酸化ストレスおよび糖化ストレスは亢進する。これらのストレスは骨芽細胞数の減少を主体としたコラーゲン線維への影響により骨質を劣化させ，骨脆弱性を高める。
・カルシウムは生命維持に必要であり，体内のカルシウムの99%が骨に蓄積されている。カルシウムの豊富な健康な骨は，軟骨や筋肉など運動器全体の健康に直結し，各種生活習慣病の罹患阻止にも寄与する。
・カルシウム摂取の基本はサプリメントによる補完ではなく，食事からの摂取である。なかでもカゼインホスホペプチドや乳糖を含む牛乳・乳製品は吸収率が最もよく，鉄や亜鉛など他のミネラルの吸収も促進する。特にカルシウムやビタミンDを強化した牛乳は，複数の報告によって骨代謝マーカー値の低下，骨量の増加，骨強度の維持に有効であることが示されている。

Keywords　更年期，骨代謝，骨密度，カルシウム，牛乳・乳製品

はじめに

数年前から超高齢社会を迎えたわが国では高齢者の健康維持のために骨の健康を守る意義は極めて大きい[1)]。骨の健康を守るということは関節である軟骨と，骨と関節を動かす筋肉の健康にも通じる。さらにこれらの運動器の健康を守るということは自身での移動が可能となり，生活習慣の維持・向上に結びつき，各種の生活習慣病の阻止などあらゆる健康を守ることにも関連する。

骨の恒常性を司る骨代謝は，骨量が増大する乳児期・小児期や思春期と，骨量が維持される成人期では異なる。また，同じ成人期であっても妊娠中や授乳期の骨代謝には変動がある。一方，骨量の低下を余儀なくされる女性ホルモンの緩徐な低下を来す更年期以降，高齢期に至るまで類似した骨代謝を呈する。

そこで，本稿では成人期から高齢期への移行期であり，骨代謝の面で急激な変化を呈し，特に配慮を要する更年期

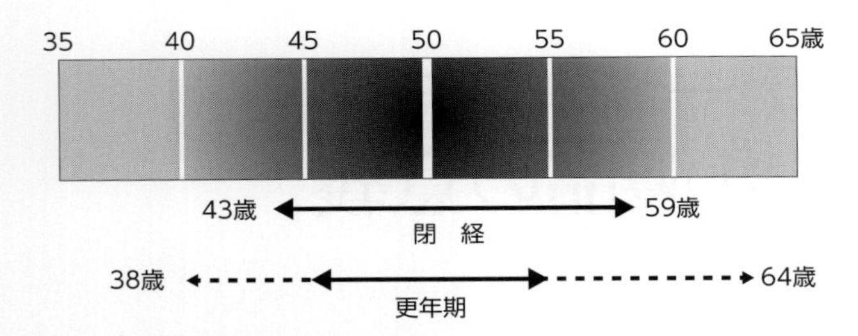

図 1　通常閉経の時期と更年期の期間

における骨代謝と牛乳・乳製品摂取の意義について述べてみたい。

1　ライフステージにおける更年期

更年期とは性成熟期である成人期から老年期である高齢期への移行の時期を指す（図 1）[2]。日本人女性における閉経年齢の 50 パーセンタイル値は 50.54 歳であり，50〜51 歳の間までに 50％の女性が閉経を迎える。更年期とは閉経前後の 10 年間を指し，通常 45 歳から 55 歳までをいう。つまり，女性ホルモンの主体をなすエストロゲン（卵胞ホルモン）のうち，最も生物活性の強いエストラジオール（estradiol：E2）が激減し，ついには枯渇するまでの期間を指す。ここで重要なことは，早発閉経を含まない通常の閉経年齢は 43 歳から 59 歳を指すので，閉経前後の 5 年間ずつを更年期とすると，43 歳で閉経を迎えた女性は 38 歳から 48 歳までの 10 年間であり，59 歳で閉経を迎えた女性は 54 歳から 64 歳までとなり，人によって更年期の年代が異なる[2]ということである。

一方，更年期における代表的な症状として，「のぼせ・ほてり・発汗・抑うつ・不眠」の 5 大症状からなる更年期障害がある。次に閉経に一致するがごとく，LDL-コレステロールと中性脂肪の上昇を主体とする脂質異常症（hyperlipidemia）を呈する。そのあと経時的に血管系では動脈硬化から高血圧となり，耐糖能異常，骨代謝異常を呈するようになる（図 2）。

このように，性ホルモンの低下，加齢，生活習慣の揺るぎが関与し，更年期は酸化ストレスの亢進による影響を最初に受ける年代である。

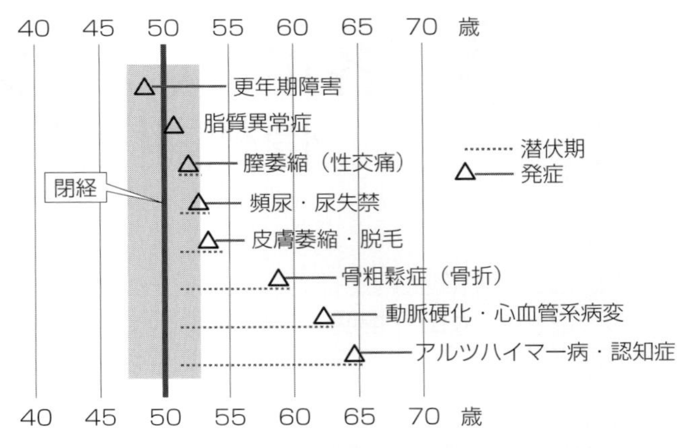

図 2　女性ホルモンの低下と加齢，生活習慣に伴う症状と疾患

2　更年期における骨代謝

骨は硬くて壊れないというイメージを有するが，それは身体の支持組織として，また各臓器の保護組織としての意味である。しかし，その一方で血液などと同様に絶えず新陳代謝が営まれており，古い骨は破壊され，新しい骨が形成され，終始入れ替わっている。成長期の骨では 2 年間で全てが入れ替わり，成人でも 5 年間で入れ替わるといわれており，常時 3〜5％の骨が入れ替わっている[3]。

この入れ替わりが骨代謝である。骨における材質構成は無機成分のミネラルであるカルシウムと，リンからなるヒドロキシアパタイト結晶といわれる骨塩と，有機成分であるタンパク質からなる I 型コラーゲンを主体とした骨基質が同じ割合で構成されている。骨基質は内部応力と外からの機械的刺激に対して合理的な構築を示し，新たな骨基質に置換するという代謝が営まれている[3]。

このような骨の代謝は骨リモデリング（bone remodeling）に基づいて行われており，担当細胞である破骨細胞と骨芽細胞の細胞間相互作用と局所因子やカルシウム調節ホルモンによって，その代謝回転が調節されている。骨リモデリングとは破骨細胞が骨吸収を行った骨基質上に骨芽細胞が移動・定着し，新しい骨基質へ改造する現象をいう。骨リモデリングにおける細胞の動向は単純ではなく，破骨細胞による骨吸収が行われている時期，骨吸収から骨形成に転じる時期，骨芽細胞による骨形成が行われている時期に分けて考えることができる。これらの過程において，破骨細胞と骨芽細胞との間で細胞関連（カップリング）をし

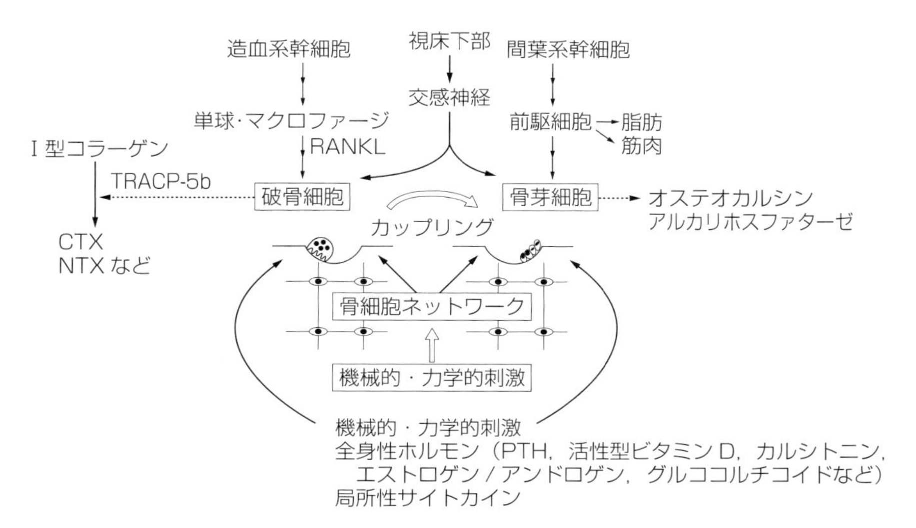

図 3 骨リモデリングの調節因子(文献 3 より引用改変)

骨リモデリングは新しい骨基質への改造をいい，その担当細胞である造血系幹細胞由来の破骨細胞と間葉系幹細胞由来の骨芽細胞によるカップリングにより行われている。その調節因子としては各種の骨代謝調節ホルモンと局所性サイトカインが考えられている。

ながら機能していることが明らかにされている(**図 3**)。なお，骨吸収期は通常約 4 週間といわれ，骨形成期はそれよりも 4 倍長い約 4 ヵ月で，骨の入れ替わりには約 5 ヵ月間を要するとされている。

骨量の増減は主に個々のリモデリング部位における骨吸収と骨形成のアンバランスによって起こる。すなわち，骨吸収の亢進によって失われた骨量を骨形成が上回れば骨量が増加し，逆に下回れば骨量が減少する。骨吸収の制御要因としては，エストロゲンなどの性ホルモンの分泌量，カルシウムおよびビタミン D の充足度による副甲状腺ホルモンの作用状況などがある。

このなかで，カルシウムは先に述べたごとく骨の主要な構成成分であるとともに生命維持に不可欠であるため，カルシウム不足が起こるとそれを回避すべく，二次性副甲状腺機能亢進症を惹起し，骨を溶解してカルシウム不足を補填する。一方，ビタミン D 不足は腸管からのカルシウム吸収が十分になされなくなり，骨の石灰化障害を来すとともに易転倒性を高めるので，骨折の直接的なリスクとなる。従来は骨の外的要因である栄養面から骨代謝が論じられることが多く，その場合にはカルシウムとビタミン D が主体であった。

しかし，近年はビタミン D ばかりでなく，各種ビタミン，特にビタミン B 群，ビタミン C の不足も問題とされている。これらのビタミンの不足は骨基質の合成に支障を来すものである。さらにこれらのビタミンに加えて，ビタミン K の重要性が示唆されている。ビタミン K は主要な非コラーゲンタンパク質であるオステオカルシン(osteocalcin：OC)の合成やコラーゲンアッセンブリータンパク質の合成を介して骨折を予防している。ビタミン K はカルシウムを骨に沈着させることに役立つという。

3 骨代謝を評価する骨代謝マーカー

骨代謝マーカーは骨芽細胞や破骨細胞の産生する酵素やコラーゲンの代謝産物から形成され，骨吸収や骨形成の程度の指標となる(**図 4**)。

動的な骨代謝の把握は骨粗鬆症の臨床に不可欠である。1999 年から骨代謝の指標である骨代謝マーカーの測定が保険収載された。骨粗鬆症診療の各段階において骨代謝マーカーの測定は重要な判断根拠となる。骨密度測定もまた重要であるが，測定手段が限定され，測定部位，測定方法も多様であることが難点となっている。一方，骨代謝マーカーはいかなる施設であっても，測定することによって簡単にその数値を知ることができる。また，骨代謝マーカーは骨密度，骨折，QOL に比べてより早期に変化し，またその変化の程度も著しいという特徴をもつ。

骨代謝マーカーの高値に反映される骨代謝回転の亢進

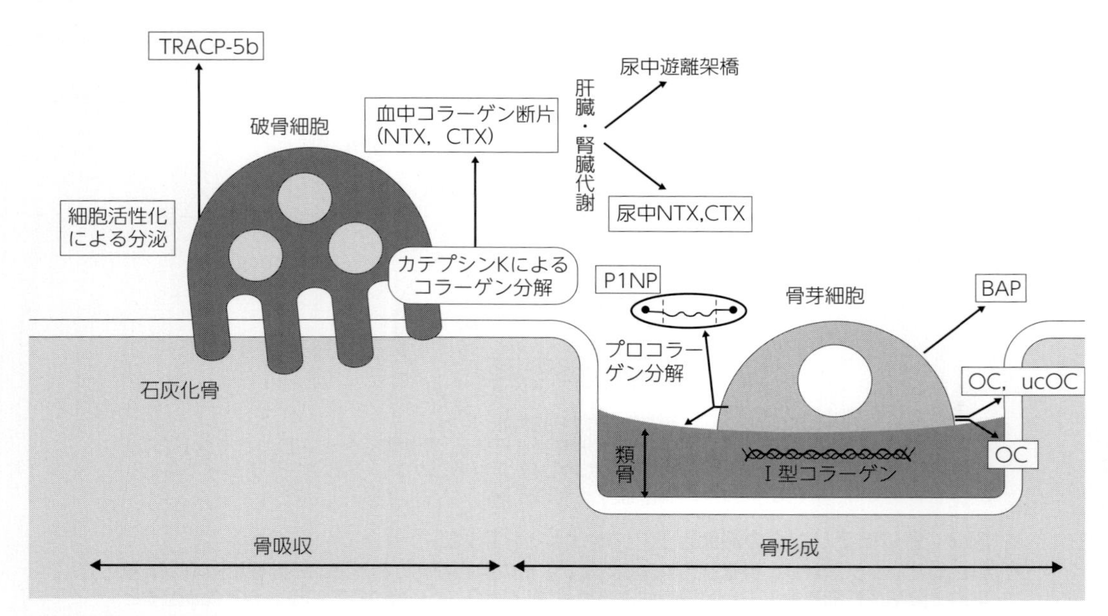

図 4　骨代謝の概念図

（日本骨粗鬆症学会 骨代謝マーカー検討委員会：骨代謝マーカーの適正使用ガイドライン（2012 年版）に準拠した骨代謝マーカー早わかり Q & A，ライフサイエンス出版，2012 より引用）

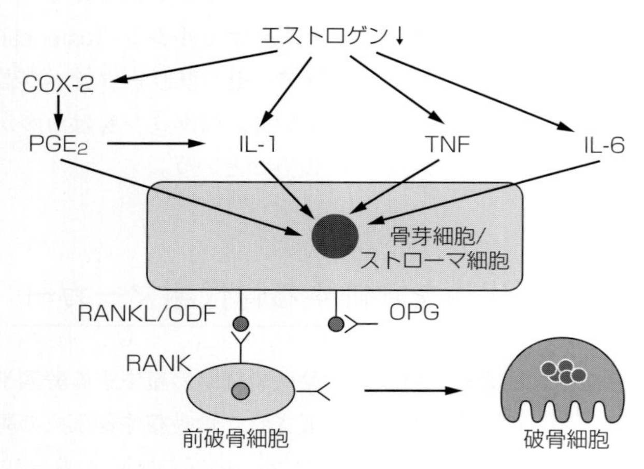

COX：cyclooxygenase, PG：prostaglandin, IL：interleukin, TNF：tumor necrosis factor, RANKL：receptor activator of nuclear factor-κB ligand, ODF：osteoclast differentiation factor（破骨細胞分化誘導因子），OPG：osteoprotegerin

図 5　RANKL，サイトカイン，COX-2，プロスタグランジンを介するメカニズム

エストロゲン欠乏は各種サイトカインを介して骨芽細胞における RANKL の発現を誘導し，破骨細胞の分化機能を促進することが示されている。

は，骨量や他の骨粗鬆症の危険因子とは独立した将来の骨量低下と関連する。骨形成マーカーの基準値上限以上の値，骨吸収マーカーの健常閉経前女性の平均値＋1.0 SD 以上の値は，測定時以降の骨量低下のリスクが大きいことを示している。一方，骨量がすでに低下している骨粗鬆症患者において，骨代謝マーカーの値から将来の骨量値が推測可能であるかについては証明されていない。また，骨代謝マーカーの高値は前向き疫学的調査で骨粗鬆症に関連した骨折（臨床椎体骨折や大腿骨頸部骨折）のリスク増加と関連し，骨吸収マーカーが健常閉経前女性の平均値＋1.96 SD，すなわち基準値の上限以上の値を示すものは将来の骨折リスクが高いという報告[4)]があるが，十分なコンセンサスが得られていない。

これらの一連の骨代謝マーカーの測定により，閉経後の骨吸収の亢進による高代謝回転がエストロゲン欠乏からもたらされることが明らかとなった。すなわち，エストロゲン欠乏により破骨細胞の活性が亢進し，骨吸収が亢進することで，二次石灰化時間が短縮し，骨密度が低下するというエストロゲン主因説が永らく受け入れられてきた（図 5）。骨代謝回転が高まると骨吸収過程が長期化し，石灰化過程の二次石灰化が追いつかないことを意味する。事実，破骨細胞活性を抑制する骨吸収抑制薬では，破骨細胞をアポトーシス化して骨吸収を抑制することによって二次石灰化時間が延長され，骨量が増加する[5)]。この過程は抗 RANKL 抗体（デノスマブ）でもほぼ同様であるが，その骨

表 1　骨粗鬆症診療に用いられる骨代謝マーカー

マーカー	略語	検体	測定方法	備　考
骨形成マーカー				
オステオカルシン	OC	血清	IRMA・ECLIA	IRMA：intact OC：未承認 ECLIA：N-Mid OC：未承認
骨型アルカリホスファターゼ	BAP	血清	EIA・CLEIA	
I 型プロコラーゲン-N-プロペプチド	P1NP※	血清	RIA・ECLIA	RIA（intact P1NP） ECLIA（total P1NP）：未承認
骨吸収マーカー				
ピリジノリン	PYD	尿	HPLC	未承認
デオキシピリジノリン	DPD	尿	HPLC・EIA・CLEIA	HPLC：未承認
I 型コラーゲン架橋 N-テロペプチド	NTX	血清・尿	EIA・CLEIA	CLEIA（尿）：未承認
I 型コラーゲン架橋 C-テロペプチド	CTX	血清・血漿・尿	EIA・ECLIA	ECLIA（血清）：開発中
酒石酸抵抗性酸ホスファターゼ-5b	TRACP-5b	血清・血漿	EIA	
骨マトリックス関連マーカー				
低カルボキシル化オステオカルシン	ucOC	血清	ECLIA	
ペントシジン※※	—	血漿・尿	HPLC・EIA	HPLC：未承認 EIA：開発中
ホモシステイン※※	HCY	血漿・尿	HPLC・酵素・CLIA	HPLC・酵素・CLIA：未承認

IRMA：immunoradiometric assay, ECLIA：electrochemiluminescent immunoassay, EIA：enzyme immunoassay, CLEIA：chemiluminescent enzyme immunoassay, RIA：radio immunoassay, HPLC：high performance liquid chromatography, CLIA：chemiluminescent immunoassay
酵素：一般的に幅広く臨床検査で利用されている汎用自動分析機に対応可能。
ホモシステイン：「タンパク結合型＋遊離酸化型＋遊離還元型」の総ホモシステインを示す。HPLC では保険適用（ホモシスチン尿症，葉酸・ビタミン B_{12} 欠乏）：保険点数 320 点。
※ PINP・ICTP は，最近 P1NP・1CTP と，ローマ数字「I」がアラビア数字「1」として記載されることが多い。
※※骨量減少や骨折リスクとなるエビデンスがさらに集積されれば，将来の骨折リスク評価が可能となることを期待される骨マトリックス関連マーカー。
（日本骨粗鬆症学会 骨代謝マーカー検討委員会：骨粗鬆症診療における骨代謝マーカーの適正使用ガイドライン 2012 年版. Osteoporosis Jpn, 20：38, 2012 より引用改変）

吸収抑制メカニズムは骨芽細胞から分泌される RANK と RANKL の結合によって破骨細胞が活性化されることから，この RANKL を抑制することによって同様に骨吸収を抑制し，二次石灰化が亢進し，骨量が増加する。さらに最近では，破骨細胞から分泌され，骨基質タンパク質を溶解する酵素であるカテプシン K の，阻害薬の臨床応用が可能となりつつある。

これら破骨細胞を主因としてなされる骨吸収を評価する骨代謝マーカーとしては尿中のデオキシピリジノリン（deoxypridinoline：DPD）にはじまり，I 型コラーゲン架橋 N-テロペプチド（NTX）がもっぱら使用されていたが，クレアチニン（creatinine）で補正する必要があることから，腎機能の影響を受けるので，血清の NTX がより頻用されるようになった。さらに近年では，破骨細胞自体の活性を評価しうるとされている酒石酸抵抗性酸ホスファターゼ-5b（TRACP-5b）が破骨細胞の骨吸収をより特異的に評価しうるとされている（**表 1**）。

しかし，骨代謝は骨吸収と骨形成のバランスを評価する必要があることから，骨形成マーカーの活用も重要である。骨細胞から分泌される骨形成阻害因子であるスクレロスチン（sclerostin）が Wnt 受容体に結合して，Wnt シグナル伝達経路を阻害することによって骨形成を阻害して低骨密度を来す。この Wnt シグナルが伝達されると，細胞内の β-カテニンを安定化し，この β-カテニンは核受容体と結合して，骨芽細胞の分化や骨形成を促進する（**図 6**）。したがって，新たに見出された抗スクレロスチン抗体は，スクレロスチンを抑制することによって Wnt シグナルが伝達されるので骨形成を亢進させる。この抗体も現在，開発途上にある。これらの骨芽細胞の Wnt や骨細胞のスクレロスチンの機能を直接評価することは，OC や骨型アルカリホスファターゼ（BAP）など従来の骨形成マーカーでは不可能である。

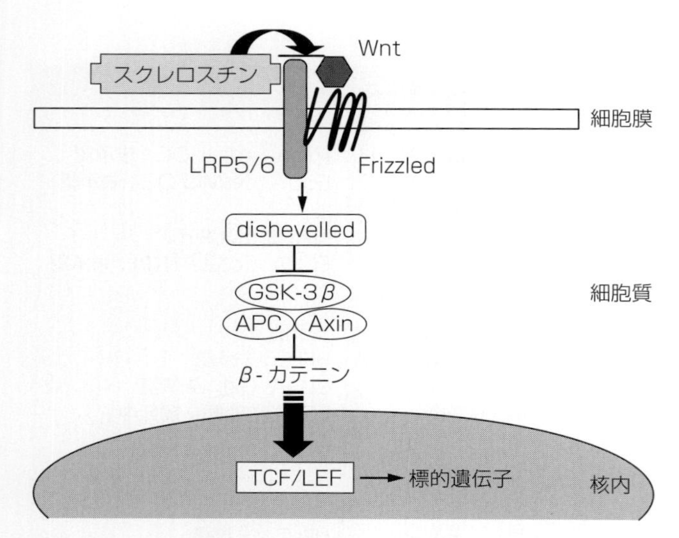

LRP5/6：low density lipoprotein receptor- related protein 5/6, GSK-3β：glycogen synthase kinase-3β, APC：adenomatous polyposis coli, TCF/LEF：T-cell factor/lymphoid enhancer factor

図6　スクレロスチンとカノニカル Wnt 系

スクレロスチンは，LRP5/6 に結合することにより，カノニカル Wnt 系を抑制する。スクレロスチンがない場合，Wnt が受容体 Frizzled および共受容体 LRP5/6 に結合すると，dishevelled を介して，GSK-3β による β-カテニンのリン酸化を阻害する。その結果，細胞室内に蓄積した β-カテニンは核内に移行し，転写因子である TCF/LEF と複合体を形成し，標的遺伝子の転写を抑制する。Wnt が作用しない場合，β-カテニンは GSK-3β/APC/Axin によりリン酸化され，プレテオソームにより分解される。

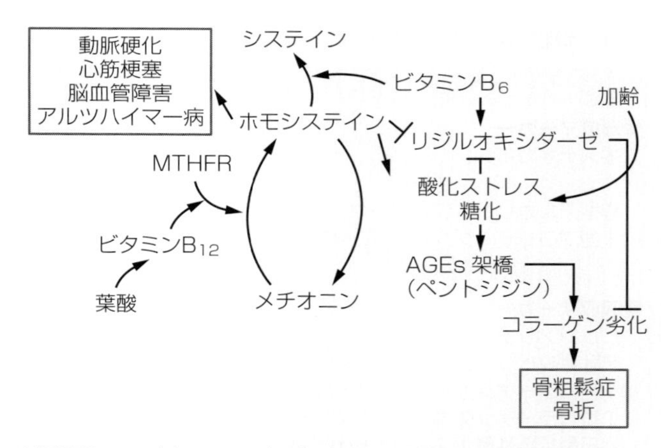

MTHFR：methlenetetrahydrofolate reductase（メチレンテトラヒドロ葉酸還元酵素）

図7　葉酸・コラーゲン代謝の血管・骨への影響

血中ホモシステインと尿中ペントシジン高値は血管と骨にネガティブに影響する。

4　骨強度に対する酸化ストレスおよび糖化ストレスの関与

従来は骨芽細胞と破骨細胞の連動によって骨代謝は営まれていると考えられていたが，骨基質内の奥に存在する第3の細胞である骨細胞も先のスクレロスチンの分泌に関わることから，骨芽細胞と破骨細胞間の連携ばかりでなく，骨細胞との連携があることが明らかにされつつある。この連携に関与するものとして活性酸素（reactive oxygen species：ROS）がある[6]。生活習慣病に関連した骨折は骨密度依存性が低いといわれているが，ROS による骨芽細胞数の減少が骨代謝回転を低下させるため，骨密度は低下しなくても骨質が劣化して骨脆弱性が高まり，骨折を来すとされている。

また，コラーゲン線維による変形に呼応しうる骨強度はコラーゲン架橋のあり方に左右される[7]ことも判明している。酵素的に形成される生理的架橋では変形に耐えるしなやかさを有しているが，非酵素的反応産物であるペントシジンに代表される AGEs（advanced glycation end products）は，しなやかさが低下しているため，コラーゲン線維としての骨強度が低下して脆弱化し，骨折しやすくなる。

前者のコラーゲン線維におけるしなやかさの根源となる，酵素的に形成された生理的架橋形成酵素としては，リジルオキシダーゼ（lysyloxidase：LOX）がある。一方，脆弱化の根源をなす非生理的架橋は，グルコースやペントースによる糖化架橋である AGEs 架橋である。生理的架橋形成に悪影響を及ぼすのが，メチオニン代謝の中間代謝産物であるホモシステインである。ホモシステインの蓄積は LOX の活性低下を来す。このメチオニン代謝を円滑にしてホモシステインの蓄積を防止するものは，ビタミン B_{12} やビタミン B_6 および葉酸である（図7）。

5　更年期における骨密度変化

基礎エストロゲン値が一定である性成熟期後半の 40 歳代前半までは骨量は維持され，この骨量値を若年成人平均値（young adult mean：YAM：腰椎では 20～44 歳，大腿骨近位部では 20～29 歳）と称する。

ところが，閉経前の更年期から卵巣機能は衰退し始め，エストロゲン値は一過性であるが低下する。そのため平均

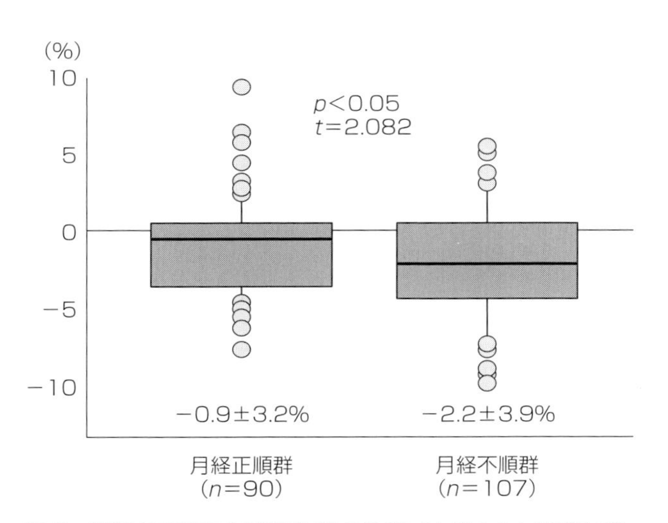

図8 腰椎骨密度の年間変化率の比較(文献8より引用改変)

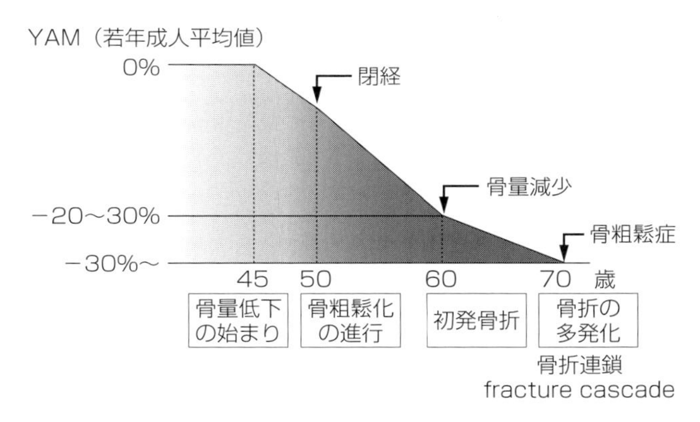

図9 女性のライフステージと骨粗鬆症の発症および骨折の進行

的日本人女性では,閉経前の45歳頃から骨量の減少が始まる。筆者らの研究[8]では,閉経前であっても月経不順となると,同世代の月経正順者に比べて,基準値内であるがエストロゲン分泌の有意な低下を認める。エストロゲン分泌の低下により,これも基準値内の変化ではあるが月経不順者では血清カルシウム,アルカリホスファターゼ,OCはいずれも有意な上昇を示す。すなわち,骨・カルシウム代謝は亢進し,骨吸収の亢進に対して骨形成の十分な代償がなされなくなり,その結果,年間の腰椎骨密度変化率は負となり,月経不順者では平均約2%の低下となる。月経正順者においても平均約1%の低下を来すが,両者間には有意差を認める(**図8**)[8]。このように月経周期が不順となると,エストロゲン欠乏を生じ,閉経前であっても骨量の低下が始まる。このことは,月経不順で骨量の低下のない性成熟期から更年期直前などで骨量値がYAMを呈することと矛盾はない。平均的日本人の閉経年齢は約50歳であり,この間の5年間で骨量は平均1〜2%低下するので,YAMから計5〜10%の低下となることが推計される。

閉経を迎えるとエストロゲン分泌の低下は恒常的となる。筆者らの横断検討により,日本人女性では50〜60歳の閉経後10年間に約20%[9],縦断研究では約15%[10]低下することが判明している。したがって閉経後約10年経過した60歳では,YAMから20〜30%の低下となり,平均的日本人女性は低骨量(low bone mass)を呈することとなる(**図9**)。閉経によるエストロゲン分泌の低下はほとんど一律であると考えられるが,骨量の低下には個体差がある。このことは,仮に栄養摂取や身体活動などのライフスタイルに大きな個体差がないとすると,骨代謝の相違は酸化ストレスの亢進に起因するものと考えられる。

筆者らは閉経後約10年経った60歳から70歳までの10年間に,骨量は5〜10%低下すると推計しており,平均的日本人女性の骨量は70歳になるとYAMから30%以上の低下となり,骨密度値からも骨粗鬆症が認められる(**図9**)。そして骨折ハイリスク者では60歳前後で初発椎体骨折を来し,70歳前後にはその多発化が認められる。

6 骨に対するカルシウム摂取の効能

カルシウムは骨のミネラル部分の重要な構成成分であり,骨粗鬆症の予防と治療に不可欠な栄養素である。カルシウム摂取量を増やすことは骨粗鬆症の予防と治療に有効であるが,腸管からの吸収量は,ある摂取量以上ではプラトーになる。このことを示すものとして中国からの報告[11]がある。閉経後10年以上経過した49〜64歳の中国人女性21例に炭酸カルシウムを0,500,1,000 mg与え,食物カルシウムと併せて1日に391,880,1,382 mg摂取した場合のカルシウムの体内への吸収率を測定した。さらに同時にカルシウム・アイソトープを投与して,体内のカルシウム保持量および吸収効率を求めた。その結果,投与量が増加するにつれて,体内に吸収される比率である吸収効率は減少し,体内の保持量は投与量が1,300 mgに到達するまでは増加した。この報告はカルシウム投与量の一つの目安となるものと考えられる。

表 2 骨粗鬆症の治療時に推奨される食品，過剰摂取を避けたほうがよい食品（文献 20〜22 より引用改変）

推奨される食品	過剰摂取を避けたほうがよい食品
カルシウムを多く含む食品（牛乳・乳製品，小魚，緑黄色野菜，大豆，大豆製品） ビタミン D を多く含む食品（魚類，きのこ類） ビタミン K を多く含む食品（納豆，緑色野菜） 果物と野菜 タンパク質（肉，魚，卵，豆，穀類など）	リンを多く含む食品（加工食品，一部の清涼飲料水） 食塩 カフェインを多く含む食品（コーヒー，紅茶） アルコール

表 3 骨粗鬆症治療における栄養素摂取量の評価と推奨（文献 22 より引用改変）

栄養素	摂取量
カルシウム	食品から 700〜800 mg （サプリメント，カルシウム薬を使用する場合には注意が必要）（グレード B）
ビタミン D	400〜800 IU（10〜20 μg）（グレード B）
ビタミン K	250〜300 μg（グレード B）

また，腸管からのカルシウム吸収はビタミン D の栄養状態によっても影響を受ける。さらに吸収されたカルシウムが骨に沈着するかどうかは骨形成の状態によって決まる。成人男性では体内に約 1,000 g のカルシウムを有し，その 99%は骨に存在するが，骨の健康に関わる栄養素は多数ありカルシウムだけが重要というわけではない。したがって，骨の健康を考えるとき，カルシウム摂取量のみではなく栄養素全体を考えることが重要である。

カルシウムの推奨量は，健康な人を対象に策定されており，わが国の「日本人の食事摂取基準（2010 年版）」では成人期以降の値は低めに設定されている。これは成長期に推奨量を摂取し，十分な骨量獲得があると想定したうえでの値である。成人期以降は成熟期に十分に獲得された骨量が維持されているものとして数値が算出されている。しかし，実際には一般的に成長期にも成人期以降にもカルシウム摂取量は不十分であることが多いので，この推奨量には約 100 mg の上乗せをする必要がある。

カルシウム摂取と骨密度・骨折に関するメタ解析では，カルシウム摂取量と大腿骨近位部骨折の発生率とは関連しないと報告[12]されている。しかし，小児の骨密度に対してはカルシウム摂取量によってわずかな増加効果がみられ[13]，摂取量が少ないと骨折の発生が多いこと[14,15]，カルシウムとビタミン D を組み合わせることにより，骨密度の増加効果と骨折抑制効果があること[16〜18]が示されている。これらの結果から，骨粗鬆症の治療のために必要なカルシウムの摂取量は 700〜800 mg である。ただし，同時に食事からのビタミン D の摂取も考慮すべきである。

一方，近年カルシウム薬やカルシウムサプリメントによる健康リスクとして，カルシウム摂取と心血管系疾患との関係が報告[19]されている。これはカルシウムサプリメントの使用により，心血管系疾患のリスクが高まる可能性があるというものである。しかし，同じ量のカルシウムを食事から摂取した場合にはそのようなリスクの上昇はなく，このことは栄養素としてのカルシウムと，薬やサプリメントは異なることを表す。

カルシウムの健康リスクに対する報告は海外の報告であり，わが国とは摂取量，血清脂質値，肥満度などが異なるので，その結果をそのまま当てはめることはできない。しかし，カルシウム薬あるいはサプリメントを 1 回に 500 mg 以上摂取しない注意は必要であろう。特にビタミン D のそれらとの併用時には高カルシウム血症にも注意が必要である。

骨粗鬆症の治療のためにはカルシウムのほかにビタミン D，ビタミン K が不可欠であり，食事で十分摂取できない場合には薬物としての投与も考慮する必要がある。**表 2** に骨粗鬆症の治療時に推奨される食品と過剰摂取を避けたほうがよい食品を示す[20〜22]。骨粗鬆症の治療時の食事は，エネルギーおよび栄養素をバランスよく摂取することが基

表 4　部位別骨密度の変化（文献 24 より引用改変）

	ベースライン		12ヵ月後		12ヵ月後の変化率（%）		p 値
	Mean	SE	Mean	SE	Mean	95%CI	
腰椎（L2〜L4）骨密度（g/cm²）							0.346
対照群	1.052	0.033	1.043	0.030	−0.8	−3.1, 3.3	
カルシウムサプリメント投与群	1.089	0.053	1.092	0.048	0.3	−3.2, 4.6	
強化牛乳・ヨーグルト投与群	1.091	0.028	1.113	0.026	2.0	0.5, 3.5	
p 値	0.643		0.222				
骨盤骨密度（g/cm²）							0.040
対照群	1.071	0.016	1.068	0.016	−0.3	−1.6, 1.1	
カルシウムサプリメント投与群	1.032	0.025	1.037	0.025	0.5	−1.5, 2.4	
強化牛乳・ヨーグルト投与群	1.100	0.014	1.110	0.014	0.9	0.1, 2.3	
p 値	0.061		0.026				
全脊椎骨密度（g/cm²）							<0.001
対照群	1.134	0.025	1.089	0.027	−4.0	−6.6, −1.1	
カルシウムサプリメント投与群	1.055	0.039	1.063	0.041	0.8	−2.5, 4.5	
強化牛乳・ヨーグルト投与群	1.122	0.022	1.175	0.023	4.7	2.5, 7.2	
p 値	0.219		0.019				

本であり，特に避けるべき食品はない。しかし，リン，食塩，カフェイン，アルコールの過剰摂取は控えるように心がける必要がある。「骨粗鬆症の予防と治療のガイドライン 2011 年版」[22]では，食事指導における各種栄養素の摂取量に関する評価と推奨が**表 3** のごとく示されている。

7　骨に対する牛乳・乳製品摂取の意義

牛乳には 0.7%前後のミネラルが含まれており，含有量が多いのはカリウム，ナトリウム，カルシウム，マグネシウム，リン，イオウ，塩素で，なかでも注目されるのはカルシウムである。飽食の時代であっても，日本人には不足している栄養素であるカルシウムはヒトの体内に体重の 1.5〜2.0%あり，その 99%は骨と歯に，残りの 1%は血液，筋肉，神経などの組織にある。しかし，この 1%のカルシウムは生命維持のために重要な役割を果たしており，血中の濃度が下がれば，自動的に骨からカルシウムが溶出して補う仕組みが備わっている。そこで，カルシウム摂取量の不足が続くと，骨密度が低下して骨粗鬆症の発症を招く。骨粗鬆症は高齢になるほど増加し，その病態の終末像としては大腿骨近位部骨折を来し，寝たきりの要因となる。超高齢社会となったわが国では，カルシウム不足の解消は今や国家的な課題となっている。

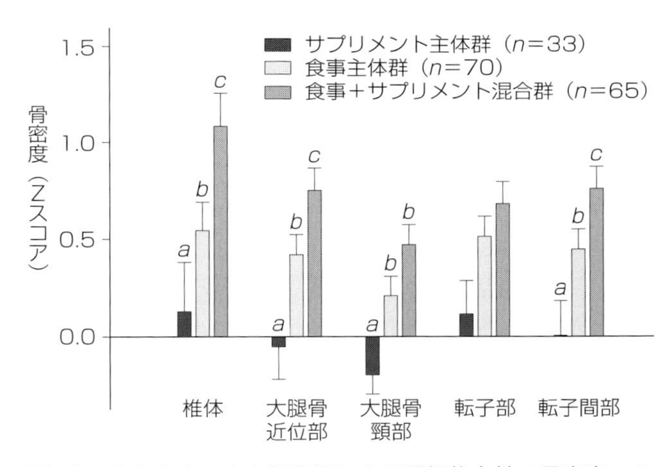

図 10　主なカルシウム摂取源による閉経後女性の骨密度への影響（文献 25 より引用改変）

Mean±SE，骨密度 Z スコアは年齢で補正，群間比較は ANCOVA で行い，BMI，閉経後年数，カルシウム 1 日平均摂取量によって補正，$p<0.05$（転子部を除く），$p=0.07$（転子部），a，b，c それぞれの平均値は有意差があった（$p<0.05$，ボンフェローニ法多重比較検定による事後解析）
骨密度 Z スコアは，食事主体群と混合群では，サプリメント主体群より椎体（$p=0.012$），大腿骨頸部（$p=0.02$），大腿骨近位部（$p=0.003$），転子間部（$p=0.005$）で高値であった。

牛乳および乳製品はカルシウム補給の最適な食品の一つである。カルシウムは消化吸収されにくい栄養素で，吸収率は牛乳 40%，小魚 33%，野菜 19%といわれている。牛乳の吸収率が高い理由としては，カルシウムが可溶性になっているため，そのまま吸収されることにある。牛乳のタンパク質の80％を占めるカゼインは，腸管で消化される過程でカゼインホスホペプチド（casein phosphopeptide：CPP）を生成し，これが結合するとカルシウムが可溶化されるので吸収されやすくなる。さらに，牛乳に含まれる乳糖が腸管壁のカルシウムの透過性を高めることも指摘されている。CPPや乳糖のこれらの働きは，牛乳だけでなく食事全体のカルシウム吸収率も高め，鉄や亜鉛など他のミネラルの吸収も促進する。

カルシウムとビタミンDを強化した牛乳を投与することによって，骨代謝マーカー値の低下や骨量の増加，骨強度の維持が可能であるとの海外報告が複数存在する。健康な閉経後10年以上経過した49〜70歳の80例の女性に対するRCT[23]にて，カルシウムとビタミンDを強化した牛乳を6ヵ月間750 mL/日投与し，対照群にはビタミンDのみを強化した牛乳を同期間に同量投与した。カルシウム強化牛乳投与群のカルシウム摂取量は1,200 mg/日，対照群では900 mg/日となり，ビタミンD摂取量は両群とも5.7 μg/日であった。カルシウムをさらに強化された群では骨代謝マーカー値の低下が認められるものがあったが，骨量値には有意差はなかった。閉経後女性にビタミンDばかりでなくカルシウム強化牛乳を飲ませることにより，骨吸収の抑制が認められたという。

ギリシャの閉経後平均9.5年経過した女性101例を対象とした報告[24]では，カルシウムとビタミンDを強化した牛乳とヨーグルトを与えた群（Ca 1,200 mg/日，ビタミンD 7.5 μg/日摂取），カルシウムサプリメント600 mg/日投与群，サプリメントを投与しない群（対照群）の3群に分けて検討した。DXA（dual-energy X-ray absorptiometry）で測定した結果，強化牛乳とヨーグルト投与群ではサプリメントの投与群および非投与群よりも腰椎で2.0％，骨盤で0.9％，全脊柱で4.7％の骨密度の上昇が認められたという（**表4**）。ただし，超音波での測定では有意差がなかった。

これらの一連の報告から，閉経後女性にとって牛乳・乳製品およびカルシウムやビタミンDの積極的な摂取は骨の健康にとって有効であることを示している。

カルシウムを食事から摂取するか，サプリメントから摂取するかで，尿中エストロゲン代謝物や骨量に対する影響が異なるかどうかを検討した報告[25]がある。閉経後1年以上経過している白人女性168例への聞き取り調査により，7日間の食事とサプリメントからの摂取量を推計し，尿中のエストロゲン値と脊椎および大腿骨骨密度を測定した。その結果，カルシウムを主として食事から，または食事とサプリメントの両方からとっている女性のほうが，主としてサプリメントからとっている女性よりも，尿中のエストロゲン値が異常を示す率が有意に低かったという。加えて，骨密度についても主として食事から摂取する群のほうが，サプリメントから主として摂取する群よりも有意に高かったという（**図10**）。このことから閉経後女性の骨の健康のためには食事からカルシウムを多く摂取するほうが，サプリメントで補うよりも有効であるといえる。

おわりに

人類にとってミネラルは各ライフステージを通じて，終生必須のものである。特にカルシウムは生命維持に必要なばかりでなく，人体にある206個の骨に99％が蓄積されており，非常時には骨を削って不足を補う。骨量の発育スパートは1〜4歳と初経前後の10〜14歳であり，その時期に人生で最も多量のカルシウムの摂取が推奨されている。

カルシウムの摂取はサプリメントで補うよりは，食事からの摂取がより効果的である。さらに摂取量にも上限があり，1,300 mg以上摂取しても体内に保持される量はプラトーに達する。またカルシウムは消化吸収されにくい栄養素であるが，牛乳はCPPや乳酸の働きにより吸収率が40％と最も高い。以上のことを総合すると，カルシウム摂取はサプリメントより食品が，食品のうちでも乳糖不耐症やアレルギーがないかぎり，牛乳ないしは乳製品での摂取が好ましいと思われる。

骨の健康に対しても，牛乳ないし乳製品の効能は食品の中では最も優れている。しかも最も安定して供給されており，加えて費用的にみてもわが国では値上がりが少なく，廉価なことから費用対効果にも優れている。

文　献

1) 太田博明：骨粗鬆症発症の一次予防と二次予防―産婦人科医の観点から．Olive 2：51-5，2012
2) 太田博明：更年期障害．NEW エッセンシャル産科学・婦人科学 第3版（池ノ上克ほか編），pp.266-70，医歯薬出版，2004
3) 太田博明：女性のライフサイクルにおける骨の発育と老化．Clinical Calcium 21：9-16，2011
4) Greenspan SL, et al.：Early changes in biochemical markers of bone turnover predict the long-term response to alendronate therapy in representative elderly women：a randomized clinical trial. J Bone Miner Res 13：1431-8, 1998
5) Cranney A, et al.; Osteoporosis Methodology Group and The Osteoporosis Research Advisory Group：Meta-analyses of therapies for postmenopausal osteoporosis. IX：Summary of meta-analyses of therapies for postmenopausal osteoporosis. Endocr Rev 23：570-8, 2002
6) Manolagas SC：From estrogen-centric to aging and oxidative stress：a revised perspective of the pathogenesis of osteoporosis. Endocr Rev 31：266-300, 2010
7) Saito M, Marumo K：Collagen cross-links as a determinant of bone quality：a possible explanation for bone fragility in aging, osteoporosis, and diabetes mellitus. Osteoporos Int 21：195-214, 2010
8) Komukai S, et al.：One-year spinal bone change in pre- and perimenopausal Japanese women. A prospective observational study. Horm Res 59：79-84, 2003
9) 太田博明，野澤志朗：閉経後骨粗鬆症―エストロゲンの低下と骨吸収の亢進を中心に．医学のあゆみ 175：131-5，1995
10) 水口弘司，ほか：生殖・内分泌委員会報告　本邦婦人における退行期骨粗鬆症予防のための管理方法．日産婦誌 45：603-14，1993
11) Chen YM, et al.：Calcium absorption in postmenopausal Chinese women：a randomized crossover intervention study. Br J Nutr. 97：160-6, 2007
12) Bischoff-Ferrari HA, et al.：Calcium intake and hip fracture risk in men and women：a meta-analysis of prospective cohort studies and randomized controlled trials. Am J Clin Nutr 86：1780-90, 2007
13) Winzenberg TM, et al.：Calcium supplementation for improving bone mineral density in children. Syst Rev 19：CD005119, 2006
14) Xu L, et al.：Does dietary calcium have a protective effect on bone fractures in women? A meta-analysis of observational studies. Br J Nutr 91：625-34, 2004
15) Nakamura K, et al.：Japan Public Health Centre-based Prospective Study Group：Calcium intake and the 10-year incidence of self-reported vertebral fractures in women and men：the Japan Public Health Centre-based Prospective Study. Br J Nutr 101：285-94, 2009
16) Shea B, et al.; Osteoporosis Methodology Group and The Osteoporosis Research Advisory Group：Meta-analyses of therapies for postmenopausal osteoporosis. VII. Meta-analysis of calcium supplementation for the prevention of postmenopausal osteoporosis. Endocr Rev 23：552-9, 2002
17) Tang BM, et al.：Use of calcium or calcium in combination with vitamin D supplementation to prevent fractures and bone loss in people aged 50 years and older：a meta-analysis. Lancet 370：657-66, 2007
18) Boonen S, et al.：Need for additional calcium to reduce the risk of hip fracture with vitamin d supplementation：evidence from a comparative metaanalysis of randomized controlled trials. J Clin Endocrinol Metab 92：1415-23, 2007
19) Bolland MJ, et al.：Effect of calcium supplements on risk of myocardial infarction and cardiovascular events：meta-analysis. BMJ 341doi：2010
20) Prevention and management of osteoporosis. World Health Organ Tech Rep Ser 921：1-164, back cover, 2003
21) International Osteoporosis Foundation：Osteoporosis & Musculoskeletal Disorders-Osteoporosis-Prevention-Nutrition. Available from URL：http://www.iofbonehealth.org/nutrition
22) 骨粗鬆症の予防と治療ガイドライン 2011 年版（骨粗鬆症の予防と治療ガイドライン作成委員会編），pp.65，ライフサイエンス出版，2011
23) Palacios S, et al.：Changes in bone turnover markers after calcium-enriched milk supplementation in healthy postmenopausal women：a randomized, double-blind, prospective clinical trial. Menopause 12：63-8, 2005
24) Moschonis G, Manios Y：Skeletal site-dependent response of bone mineral density and quantitative ultrasound parameters following a 12-month dietary intervention using dairy products fortified with calcium and vitamin D：the Postmenopausal Health Study. Br J Nutr 96：1140-8, 2006
25) Napoli N, et al.：Effects of dietary calcium compared with calcium supplements on estrogen metabolism and bone mineral density. Am J Clin Nutr 85：1428-33, 2007

3. 各年代(ライフステージ)における骨代謝と牛乳・乳製品の意義

(4) 妊娠期・授乳期

福岡 秀興 早稲田大学総合研究機構

要 約

・妊娠期・授乳期は非妊娠時とは異なるカルシウム代謝動態にあり，骨量は減少するが，離乳後に骨量は増加する。
・カルシウムを推奨量摂取している場合，妊娠期・授乳期のカルシウム付加は必要ないが，推奨量が確保できていない場合は，カルシウムサプリメントのみでなく牛乳・乳製品を含めた食品でカルシウム摂取を行う。
・カルシウム摂取量を増やしても妊娠高血圧症候群の予防効果はないが，発症した場合はカルシウム摂取量を増やすことが必要である。
・分娩回数が多くなると骨粗鬆症リスクは低くなる。
・カルシウムを推奨量以上摂取しても，妊娠期・授乳期はその有効性が少ない。

Keywords 妊娠性・授乳性骨粗鬆症，尿管結石，PTHrP，1,25(OH)$_2$D，分娩回数と骨粗鬆症

はじめに

「第6次改定日本人の栄養所要量」(2000年度)までは，妊娠期と授乳期はカルシウムを多く摂取すべきとされ，付加量（300～400 mg）が必要とされてきた。その後，カルシウム代謝の特殊性が明らかにされ，2005年版，2010年版の「日本人の食事摂取基準」[1,2]ではカルシウムの付加は必要ないとされるに至った(**表1**)。その根拠として推奨量を摂取している場合には，①妊娠中に推奨量より多くカルシウムを摂取しても，母児の予後には影響がない，②分娩回数が多い女性は骨粗鬆症による骨折リスクはむしろ低い，③カルシウム摂取量が多くても少なくても，妊娠中のカルシウム代謝はそれに応じた変化をして母児に必要なカルシウムが維持できる，ということが明らかになった背景がある。

表1 妊娠期・授乳期のカルシウム，ビタミンDの摂取基準[2)]

	カルシウム推奨量(mg/日)	ビタミンD目安量(μg/日)
18～49歳	650	5.5
妊婦付加量	0	+1.5
授乳婦付加量	0	+2.5

しかし，その前提としてカルシウム推奨量を摂取している場合にのみ，付加量が必要でないことに十分注意しなければいけない。妊娠中のカルシウム代謝は極めて特殊といえる。それ故，その特殊な代謝を十分理解して妊娠・授乳期のカルシウムの栄養指導が行われるべきである。

妊娠・授乳期は非妊娠時と全く異なる骨代謝動態にあり，骨量が大きく減少する。妊娠性・授乳性骨粗鬆症は比較的多い。若年女性はカルシウムを十分量摂取していない

ため不足している例が多い現況を考えると，この妊娠・授乳期のカルシウム推奨量の摂取はぜひ必要である。推奨量がとれていない女性は，妊娠中こそ不足しているカルシウムを摂取する習慣をつけるよいチャンスといえる。

また，摂取するカルシウムは単独よりも，牛乳にみられるごとく他の栄養素を多く含むカルシウム含量の多い食物が骨代謝には望ましい。牛乳を含めた乳製品を中心として推奨量のカルシウムを摂取する習慣をつけるべきといえる。しかし，前述のとおりこの推奨量を超えてカルシウムの摂取量を増やすことはあまり意味がない。妊娠・授乳中は骨量が減るが，離乳後には驚くべき速さで骨量は回復し，妊娠前以上の骨量に達する。それ故，妊娠・授乳および子育ては骨粗鬆症発症のリスクを抑制する効果がある。

また，ビタミンDもカルシウム同様に注意する必要がある（**表 1**）。ビタミンDの生理的意義として，骨カルシウム代謝に加えて，免疫系，細胞分化，中枢発育に極めて重要であることも明らかとなってきた。日本ではビタミンD不足の妊婦が多い。そうした母親が母乳哺育している場合には，児のくる病リスクが増えたり，ビタミンDの不足した乳幼児が増える。

1　妊娠中の骨カルシウム代謝

1.1　カルシウムの動態と関与するホルモン

a. カルシウム動態

胎盤を介する胎児へのカルシウム移行量は，妊娠末期には1日350 mgという大量に達しており，満期の正常体重児では約30 gのカルシウムが蓄積されている。母親の腸管からのカルシウム吸収量は，摂取量が少ないと多くなり，多い場合は相対的に少なくなるという，母児へのカルシウムの必要量が確保できる代謝系が形成されている。

例えば，消化管からのカルシウム吸収率を比較すると，カルシウムを多く摂取している妊婦（1,171 g/日）では，妊娠中期は57%，末期は72%であるのに対し，カルシウム摂取量が少ない妊婦（438～514 g/日）では，それぞれ69%，87%にまで達している[3]。ところが，1日500 mg以下の摂取量では，腸管からの吸収量が増えたとしても，母児への必要なカルシウムは不足するといわれており，推奨量の摂取は必要であり，カルシウムの摂取量が少なくてよいということではない。

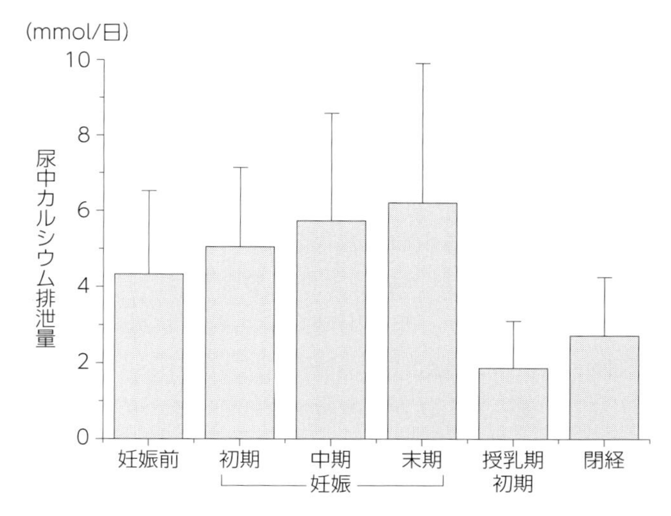

図 1　妊娠期・授乳期の1日尿中カルシウム排泄量（文献3より引用改変）

妊娠中は尿中カルシウム排泄量の著しい増加があるが，分娩後は逆に著しく排泄量が減少する。妊娠末期には，尿管結石が生じても不思議でないほど増加するが，結石の形成を阻止する多様な機構が働いている。

また，妊娠進行とともに，尿中カルシウム排泄量は著しく増加する（**図 1**）。その理由は，エストロゲンと高1,25$(OH)_2D$血症とによる腸管からのカルシウム吸収量の著増が起こっていること，さらに一方で，生理的な骨吸収の亢進が起こっていることで，血中のカルシウム量は増加する。その結果血中のカルシウム濃度を維持するために腎臓から大量のカルシウムが排泄されるのであり，尿中排泄量の増加は生理的な現象と考えられる。また，妊娠中は循環血液量が増加するので，腎糸球体濾過量（GFR）が約50%増加することによっても，尿中へのカルシウム排泄量が増加する。

これらの現象が重なり，尿中カルシウム排泄量が増えるため，推奨量のカルシウムを摂取している場合には，それ以上にカルシウム摂取量を増やしても尿中へのカルシウム排泄量を増やすのみとなる。妊娠中は「生理的カルシウム吸収増加性高カルシウム尿症」の状態にあるといえる[4]。

一部，妊娠中にカルシウム尿中排泄量は増えないとする説もあるが，それはクレアチニン補正によると排泄量が増加していない結果に基づくものである。妊娠中はクレアチニンの排泄量は増加するので，クレアチニン補正ではなく1日排泄量をみることが必要となる。

b. 1,25(OH)$_2$D

非妊娠時に比べ，妊娠末期には約2倍にも達する高1,25(OH)$_2$D血症が生じている[5]。この1,25(OH)$_2$Dは，増加するビタミンD結合タンパク質に結合している部分もあるが，フリーの生理活性を有するものも増加しており，これが消化管からのカルシウム吸収を著しく促進している。

それでは，妊娠中の高1,25(OH)$_2$D血症は，どこに由来するのであろうか。非妊娠時には，副甲状腺ホルモン(PTH)依存性に腎臓近位曲尿細管で1α(OH)ase活性が上昇して，1,25(OH)$_2$D$_3$が転換産生されている。それに対し1,25(OH)$_2$Dは，母体の副甲状腺のPTHプロモーター域に作用してその発現を抑制するので，特殊な場合以外，妊娠中に二次性副甲状腺機能亢進症が生ずることはない。しかし，母体乳腺では副甲状腺ホルモン関連タンパク質（PTH-related protein：PTHrP）が産生されており，このホルモンが妊娠末期には母体の腎臓に作用して1,25(OH)$_2$D$_3$の増加の一部に関与している。

さらに母体の腎臓以外の臓器，すなわち胎児胎盤系に由来する1,25(OH)$_2$D$_3$が母体に移行して高1,25(OH)$_2$D血症を起こしている。胎盤絨毛，脱落膜には大量の1α(OH)aseが発現しており，大量の1,25(OH)$_2$Dが転換産生されて母体へ移行している。妊娠中は母体のカルシウム代謝調節は，胎児胎盤系が中心的に機能しているともいうべき特殊な代謝系が形成されている。ところが，妊娠高血圧症候群では胎盤機能が低下しているので，胎盤絨毛，脱落膜での1,25(OH)$_2$D転換産生が抑制されて，母体血中1,25(OH)$_2$D濃度は低下する。このように胎盤機能の低下している場合は，1,25(OH)$_2$D$_3$が低く，消化管からのカルシウム吸収量が少なくなるので，カルシウム摂取量を多くしなければならない。

c. PTHとPTHrP

古くは，妊娠は生理的な二次性副甲状腺機能亢進状態にあるといわれてきた。しかし，妊娠初期はむしろPTHは基準範囲下限にまで低下し，それ以降は上昇していくが，基準範囲以上の高値に達することはなく，副甲状腺機能亢進状態にはない[6]。その理由としては，増加する1,25(OH)$_2$DがPTHプロモーター域に作用して遺伝子発現を抑制するためである。また，母体乳腺と胎児組織でPTHrPが産生されており，PTH受容体に結合してPTHに類似した作用を発現している[7]。腎臓尿細管に対しては，カルシウムの吸収促進，リン酸再吸収の抑制，腎性cAMPを増やす。また，PTHrPは胎盤を介するカルシウムの胎児側への移行を促進する作用がある。さらに胎児の海綿骨，皮質骨の骨形成を促進する。

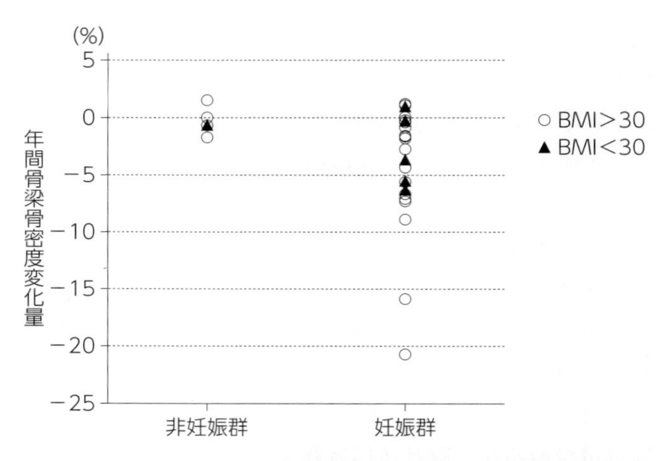

図2　pQCTで分析した橈骨遠位端の骨梁骨密度の年間変化量（文献9より引用改変）

平均変化量は非妊娠群−0.20%に対し，妊娠群では−3.124%にまで達していた。$p<0.026$

d. IGF-1

インスリン様成長因子1（IGF-1）も重要な骨カルシウム代謝に関与するホルモンである。IGF-1濃度の変化は，骨代謝回転とよく一致しており，妊娠中は増加していく[8]。安定同位体元素を使った実験では，IGF-1の血中濃度は骨吸収量とよく相関しており，骨吸収促進に作用している。特にカルシウム摂取量が少ない場合には，その傾向が強く認められる。

以上より，IGF-1，1,25(OH)$_2$D，カルシウム摂取量が妊娠中のカルシウム代謝を制御する重要なホルモンといえる。

2　妊娠中の骨代謝

2.1　骨密度の推移

妊娠中は，高エストロゲン状態にありながら骨吸収が亢進し，骨形成の抑制された特殊な骨代謝動態にある。妊娠中はエストラジオール（E2）が0.5〜3.7 ng/mLにも達する高エストロゲン状態にあり，骨量の減少はないと思われがちであるが，骨代謝マーカーの推移をみると，骨吸収の亢進と骨形成の抑制された骨代謝回転の状態にある。

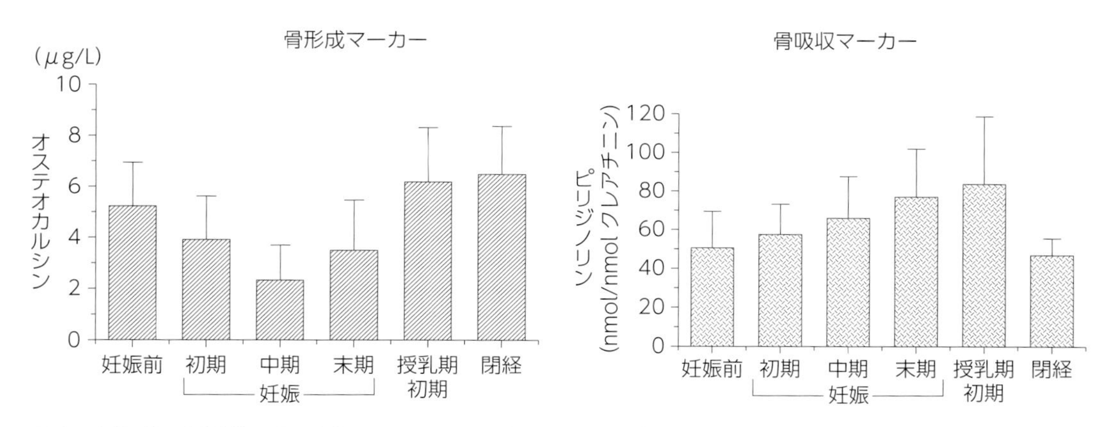

図 3　妊娠期・授乳期の骨形成マーカー，骨吸収マーカーの推移（文献 3 より引用改変）
骨形成マーカーとしてのオステオカルシンは，妊娠中に減少して末期に軽度上昇する。分娩後は妊娠前以上に高値となっている。閉経後の高値は，骨吸収マーカーも同時に高くなる高代謝回転状態である。授乳期には骨形成が上昇するので減少した骨量の上昇が期待される。妊娠中は，骨吸収マーカーが増加しており，骨吸収の亢進が生じている。骨形成の抑制があることで妊娠中は著しい骨量の減少が生じる。

骨量測定は放射線を用いることから，妊娠中は難しいので，妊娠前と分娩後に DXA（dual-energy X-ray absorptiometry）による測定が多く行われてきた。これらの報告では妊娠中の骨量減少が認められており，腰椎骨では 3～4.5%にも達する著しい骨量減少が生じている。それ故，妊娠中のマイナートラブルと考えられている妊娠性腰痛には，腰椎の骨量減少によるものが含まれている可能性があることにも注意すべきである。

橈骨遠位端の海綿骨をより詳しく分析できる pQCT での骨密度測定[9]では，皮質骨は全く変化しないけれども，骨梁は平均 3.19%の減少を示し，多い例では 20.7%にまで達する著しい減少を示す例すら存在していた（**図 2**）。後述する妊娠性骨粗鬆症は，必ずしも特殊な疾患ではないことが理解できる分析結果といえる。

2.2　骨代謝回転

骨代謝回転をみると，妊娠全期間を通じ，骨芽細胞機能は破骨細胞機能に比べ 40～50%抑制されており，metabolic uncoupling of bone turnover with high resorption and low formation というべき特異な骨代謝動態[5,10]がみられ，骨の形成が抑制されている状態にある（**図 3**）。これからも妊娠中の骨量の減少は当然生ずる現象であることが理解できる。

それに対し，閉経・卵巣摘除などの急激な低エストロゲン状態では，末梢血単球・骨髄間質細胞からのサイトカイン過剰分泌により，骨吸収マーカーおよび骨形成マーカーともに亢進した高代謝回転型の骨吸収亢進が起こる。ところが妊娠中には，骨吸収マーカー（デオキシピリジノリン，ピリジノリン，酒石酸抵抗性酸ホスファターゼなど）と，骨吸収性サイトカイン（IL-1α，TNFα，IL-6，GM-CSF など）の末梢血単球からの分泌量は，低エストロゲン状態と同様に増加しているにもかかわらず，骨形成マーカーが抑制されているという骨代謝状態にある[11]。

2.3　妊娠中のカルシウム摂取

以前の「栄養所要量」にみるごとく，妊娠中，母体は多くのカルシウムを摂取する必要があると考えられてきた。しかし，これは慎重に考えるべきである。腸管からのカルシウム吸収量が著しく増加し，生理的骨量減少が起こっていることで尿中カルシウム排泄量の増加がある。したがってカルシウム摂取量を増やすと，尿中へのカルシウム排泄をさらに増加させることになる。そのよい例として，妊娠中の食事摂取直後は，尿中へのカルシウム排泄が著しく増加する。これはまさに，消化管から吸収されたカルシウムがそのまま排泄される現象を示しているといえる[12]。

一方，カルシウム摂取量の少ない妊婦に対しては，やはり摂取量を増やすべきであるとの報告が多い。カルシウム摂取量 500 mg/日以下の低カルシウム摂取群に対し，カルシウムを投与した介入実験があるが，それは胎児の骨形成に良い影響があり，推奨量のカルシウム摂取が望ましい。

低摂取者に投与するカルシウムは，サプリメントがよいのか，牛乳のように他の栄養素を含んだものを摂取すべきかも大きな問題である。中国では，低カルシウム摂取の妊婦（1 日 550 mg 以下のカルシウム摂取）に対し，カルシウムサプリメントと牛乳粉末製剤を与えた群とサプリメント単独投与群とを比較したランダム化比較試験（RCT）を行った[13]。それによると，カルシウムサプリメントと牛乳粉末製剤を与えた群の腰椎の骨密度減少が抑制され，骨吸収マーカーの低下と骨形成マーカーの上昇をみている。そこで，カルシウムを摂取する場合は，牛乳粉末製剤のカルシウムを加えるほうが，骨量減少に対してはより抑制効果があるとの成績を得ている。それ故，カルシウム摂取の不足している妊婦には，牛乳や乳製品，またはカルシウムサプリメント単独でなく，牛乳を粉末化した乳製品の併用がより効果があり，勧められるといえる。

日本では，カルシウムを推奨量摂取している女性は少ないので，妊娠中は牛乳・乳製品でカルシウム推奨量を確保する習慣をつけるとよいといえる。

3　妊娠合併症とカルシウム

3.1　妊娠高血圧症候群

妊娠高血圧症候群は妊婦の約 5％にみられる，重篤な妊娠合併症である。妊娠高血圧症候群の場合，カルシウム摂取量が少ないと（500 mg/日以下），PTH 分泌を促進し，細胞内カルシウム移行を促進する。その結果さらに血圧の上昇が生じる。また，それはレニンを増加させ血管収縮，ナトリウム貯留を増悪させる結果となる。それ故，妊娠高血圧症候群ではカルシウムの摂取量を多くしなくてはならない。特に摂取量 500 mg/日以下の例では注意が必要といえる。

妊娠高血圧症候群の予防には，カルシウムの大量摂取がよいとする考え方がある。アンデス地方にみられるごとく極端にカルシウム摂取量の少ない地域では，1,500〜2,000 mg/日の大量カルシウム投与に，妊娠高血圧症候群の予防効果あるいは血圧降下作用があったとの報告がある[14]。

一方，米国ボストン地域で約 5,000 人を対象として，1 日 2,300 mg という大量のカルシウムを投与した群と投与しない群（980 mg/日）とを比較する大規模な介入実験が行われた[15]。その結果，カルシウムには妊娠高血圧症候群発症の予防効果は認められなかった。また，世界保健機関（WHO）はカルシウム摂取量 600 mg/日以下の妊婦を対象に，20 週以降に 1 日 1,500 mg のカルシウム投与を行って，その効果をみる RCT を行った。その結果，妊娠高血圧症候群の発症率は投与群 4.5％に対し非投与群は 4.1％であって，発症率には有意差はなかった[16]。これら 2 つの RCT の結果からは，極端な低カルシウム摂取妊婦でないかぎり，高カルシウム摂取に妊娠高血圧症候群の予防効果はないといえる。しかし，妊娠高血圧症候群が生じた場合には，高カルシウム摂取によって重症の高血圧，子癇の発症リスクは低下していた。妊娠高血圧症候群が発症している場合は，カルシウム摂取を増やすことが必要である。妊娠高血圧症候群では胎盤機能が低下しており，$1,25(OH)_2D$ の産生量は低下しているので，消化管からのカルシウム吸収量は少なく，当然であるがカルシウム摂取量を増やさなくてはならない。この違いを認識して，胎盤機能の低下する疾患の存在の有無を考えて，カルシウム摂取を指導する必要がある。

3.2　妊娠性骨粗鬆症

妊娠性骨粗鬆症は，原因が不明なまれな疾患とされてきた。多発性骨折を含めた本疾患（重症例では 40％以上の骨量減少が起こる）は，特殊な疾患と考えられるかもしれないが，妊娠中は生理的に骨量が減少し，その重症例が妊娠性骨粗鬆症であると考えられる[17]。妊娠前に低骨塩量（BMC）である母親は妊娠性骨粗鬆症のリスクが高い。

閉経後の骨量減少パターンには，急速に減少する fast looser と，減少速度の遅い slow looser の 2 型が存在しており，ホルモン補充療法に対して骨量が反応性に増加する responder と，補充療法を行っても減少していく non-responder が存在しているが，これらはエストロゲンに対する反応性に遺伝的背景差のあることが想定されている。それ故，妊娠中の高エストロゲン暴露により生じる骨量減少の程度には，個人差や遺伝的背景があり，妊娠性骨粗鬆症の発症例には遺伝的素因がある可能性も考慮すべきである。

3.3　尿管結石

妊娠中，カルシウムの過剰摂取で起こる障害として，尿管結石，高カルシウム血症（10.5 mg/dL 以上）がある。高カルシウム血症が続くと腎機能障害が生じる場合もある。これはカルシウムとビタミンD過剰摂取により起こるものである。しかし，時に副甲状腺機能亢進症またはPTHrP産生腫瘍が原因で生ずることもある。それ故，高カルシウム血症，尿管結石をみた場合は，PTH（場合によるとPTHrP）の測定を行う必要がある。

妊娠中にカルシウム摂取量を増やすと，尿管結石を発症する可能性がある。女性は男性より尿管結石の発症頻度は低いが，妊娠中は1,500例に1例という高頻度で尿管結石を発症しており，それは初産婦より経産婦で多い[18]。約2/3は保存的治療により結石は自然に排泄されるが，痛みが強い場合には早産を引き起こす可能性があるので，管理には注意が必要である。

正常妊娠末期のカルシウム排泄量（243±23 mg/日）（**図1**）は，シュウ酸カルシウムによる結石患者の排泄量（194±5 mg/日）より多い[3]。結石の形成因子となるシュウ酸カルシウムおよび1-水酸化リン酸カルシウム（brushite）の尿中濃度も相当高いので，妊娠中に微小結石が生じても不思議でない状況にある。しかし，妊娠中の尿管結石発症は意外に少ない。その理由として，妊娠中はクエン酸とマグネシウムの排出が上昇していないことと，高プロゲステロン血症により過呼吸が起こることによる呼吸性アルカローシスの状態があって，尿のpHが上昇していることなどが結石の形成を抑制していると説明されている[19]。

実際妊娠中は下肢のけいれんが比較的起こりやすいが，その理由は過呼吸による呼吸性アルカローシスが原因である。そのほかにも結石を阻止する多様な因子が尿中へ排出されていて，結石の形成を妨げている。しかし，カルシウムの多量排泄がある場合には尿管結石が起こる可能性がある。カルシウム推奨量を確保するため，妊娠中には牛乳・乳製品の摂取は勧められるが，カルシウム強化牛乳はあまり望ましくないと考えられる。以上，妊娠中は尿管結石の発症の可能性があるとして注意するとともに，過剰なカルシウム摂取は行うべきではない。

4　授乳期の骨代謝

4.1　授乳期のカルシウム代謝

分娩後は妊娠中とは異なった代謝動態が出現する。まず胎盤排出により，1,25(OH)$_2$Dは著しく低下し，消化管からのカルシウム吸収量は低下する。ところが胎盤娩出による急激な低エストロゲン血症により，母体骨量は減少し続ける。尿中カルシウム排泄量も極端に低下する。同時に母乳へは大量のカルシウムが移行していく。母乳へのカルシウム移行量は280～400 mg/日であり，時に1,000 mg/日を超える。日本人の授乳婦の調査では，母乳カルシウム濃度は27.2～29.3 mg/dLであり，産褥6ヵ月間の母乳量は平均して1日780 mLで，1日の母乳へ分泌されるカルシウムは平均すると220 mgである[20]。

この母乳中のカルシウムは大部分が母体の骨に由来している。非妊娠時のカルシウム代謝はPTH，1,25(OH)$_2$D$_3$が中心的に機能しているが，授乳中はPTHrPがカルシウム代謝を支配している。妊娠中から授乳中へとカルシウム代謝は大きく変化する[7]（**表2**）。

PTHは妊娠中は正常の上限近い高値を持続して分娩後に急速に減少し，授乳中は低値が持続する。しかし，離乳期になると上昇し，さらに正常範囲を超えて上昇する。授乳中に骨は相等量が吸収されて，血中へ多量のリン酸とカルシウムの移行が起こる。食事からのリン酸吸収量は増加し，PTH分泌が低下しているので腎臓でのリン酸の再吸収量は増加する。その結果，血中の無機リン濃度は高値を示す。総1,25(OH)$_2$Dおよび，フリーの1,25(OH)$_2$Dは，妊娠中は高値であるが，分娩後に急激に低下し，授乳中はさらに低下して低値を持続する。それは，1,25(OH)$_2$D$_3$を産生する胎盤が消失することによる減少である。離乳期はPTHが上昇して，腎臓での1,25(OH)$_2$D$_3$産生量が増え，乳腺由来のPTHrPが増加する。尿中へのカルシウム排泄量は極端に減少して，時に50 mg/日以下にまで達する。

授乳中はPTHrPの高値が持続する。PTHrPは乳腺組織で産生されており，母乳中の濃度は高カルシウム血症を呈する悪性腫瘍でみられる血中濃度の約1,000倍にも達している。そのため母体血中濃度は，乳児の吸啜（きゅうてつ）ごとに上昇する。また，授乳中は，PTHrP濃度とイオン化カルシウム濃度は正，PTHとは負の関係にあり，PTHrPがカルシウム代

表２　６ヵ月間の授乳および GnRH アゴニスト投与による低エストロゲン血症の骨カルシウム代謝の比較（文献７より引用改変）

	授乳	GnRH 投与
血清カルシウム	上昇	上昇
血清無機リン	上昇	上昇
PTH	下降	下降
1,25(OH)$_2$D$_3$	正常範囲内の推移	低下傾向
24 時間尿中 Ca 排泄量	減少	増加
尿中 Ca/Cr 比	減少	増加
尿中 HYP/Cr 比	増加	増加
骨密度変化量（DXA）	3〜8％減少（海綿骨）皮質骨不変	2〜4％減少（海綿骨）
6ヵ月後の骨量	回復	回復？

Ca：カルシウム，Cr：クレアチニン，HYP：ヒドロキシプロリン

謝に重要な機能を発揮している[7)]。

母乳カルシウムは腸管より吸収されたカルシウムに由来すると考えられてきた。しかし 1,25(OH)$_2$D 濃度は低下しており，カルシウム吸収は亢進しない。実際カルシウム安定同位元素（^{42}Ca，^{44}Ca）を用いたカルシウム代謝動態の解析によると，腸管からのカルシウム吸収率は，妊娠中は高く，授乳中は低い。すなわち，乳汁中へ大量に分泌されるカルシウムは多くが母体の骨に由来しているのである。この内分泌環境があるので，授乳中にカルシウム摂取量を増やしても，母体骨量の減少を阻止する効果はないし，乳中カルシウム濃度も影響を受けないのである[21)]。

母体の骨を吸収して，乳汁中へカルシウムは分泌される。骨吸収マーカー（Ⅰ型コラーゲン架橋 C-テロペプチド：CTX，Ⅰ型コラーゲン架橋 N-テロペプチド：NTX，デオキシピリジノリン：DPD，酒石酸抵抗性酸ホスファターゼ：TRACP など）は妊娠末期に比較しても，約 2〜3 倍まで増加する。同じく骨形成マーカーは妊娠末期に比較して高値であり，授乳中の骨代謝は高代謝回転状態にある。

4.2　授乳中の骨量の変化と授乳性骨粗鬆症

骨密度の推移は，100 日間の授乳で 2.2%，6ヵ月間の授乳で腰椎では 4〜7%の低下，6ヵ月以上では大腿骨頸部では 4.8%，腰椎で 5.1%の低下が生理的に生じる。主として海綿骨の著しい減少が起きる[22)]。それに対し皮質骨はほとんど変化がない。海綿骨の閉経後の骨密度低下速度は年 1.0〜3.0%であるのに対し，授乳中は月に 1〜3%にまで達する低下が起こっており，10 倍以上の著しい減少が生じている。授乳ラットでの骨形態計測では，授乳 2〜3 週間で海綿骨では 35%にも達する低下がみられている。

このような授乳中の著しい骨密度の低下によって，頻度は少ないけれども授乳性骨粗鬆症による骨折が生ずることがある。妊娠後期と授乳中の 9ヵ月間のカルシウム減少量を比較すると，後者が約 4 倍にまで達しており，カルシウムが母体より著しく減少していく。また，妊娠中・授乳中の骨粗鬆症の発症頻度はそれぞれ 41%，56%と，授乳中の発症がやや多いことには注意しておく必要がある。その骨折部位は，胸椎，腰椎が多いが，大腿骨頸部骨折もまれに報告されている。しかし，著しく低下した骨密度であっても，離乳の 1 年後には完全に妊娠前の骨密度にまで回復する。

授乳性骨粗鬆症のリスク要因としては，長期の授乳，低骨密度状態での妊娠に引き続いた授乳が考えられる。長期間母乳を与え続けることで，乳汁分泌の持続，無月経（低エストロゲン状態），子宮萎縮を示す乳汁漏出・無月経症候群（Chiari-Frommel 症候群）が起こり，骨量の減少が生ずる。それ故，母乳哺育に対してこの視点からの指導も必要といえる。また，ダイエットなどにより卵巣機能が低下して，骨密度の低い状態で妊娠した妊婦および褥婦では，妊娠産褥の骨代謝からみてもリスクは高いというべきである。そのほかにリスクを上げるものとしては，非分画のヘ

パリンやステロイド薬，抗てんかん薬などの薬剤がある。

カルシウムの摂取量を増やすと授乳中の骨量減少を阻止しうるか否か興味深い点である。授乳中にカルシウム1,000 mg/日を投与する介入試験が行われたが，6ヵ月後の母体の腰椎骨量の減少を阻止する効果はなかった。それに対し対照群として非授乳者は骨量が増加していた。母体の骨から乳汁中へのカルシウム移行量がいかに大きいかが想像される。このように大量のカルシウム投与を行っても乳中のカルシウム濃度はほとんど影響を受けていなかった。そのため授乳期にカルシウムを多く摂取することには意味があるか疑問視されている。しかし，離乳後の骨量回復過程でカルシウムを多く摂取することは，回復速度を高めるのに有効である。カルシウム摂取の効果が最も期待されるのは離乳後の1年間であり，分娩後半年以降からの積極的なカルシウム摂取が重要である。

4.3 離乳後の骨代謝

離乳後の骨量回復は速やかであり，授乳中止後約3～6ヵ月で妊娠前の骨量にまで回復する。その回復速度は，0.5～2.0%/月と著しく速く[23]，この驚くべき増加速度はいかなる骨粗鬆症の治療でもなし得ないものである。閉経後骨粗鬆症治療でも，年間で13%程度が最大の治療効果であり，離乳期の回復速度は想像を超えるものである。その著しい回復が何により起こっているのか詳細は不明である。PTHと活性型ビタミンDの急激な上昇があるので，この2つの物質が関与している可能性はある。この急激な回復現象があるので，授乳中に骨量が減っていても十分な回復が期待できる。女性のみが可能な骨量増加のチャンスである。分娩回数の多い女性の骨粗鬆症リスクが低いのもこの特殊な代謝状態が関与していると想定される。

5 妊娠・育児と骨粗鬆症

5.1 妊娠回数，最終分娩年齢と骨粗鬆症

妊娠中・授乳中は骨量が減少するので，分娩回数が多いと骨粗鬆症になる可能性が高いといわれてきた。しかし，妊娠中の骨吸収マーカーのヒドロキシプロリン(HYP)は，初産婦に比べ経産婦では約58%以上値が高く，骨吸収がより高い[24]。これは妊娠の回数が増えるにしたがい，生体

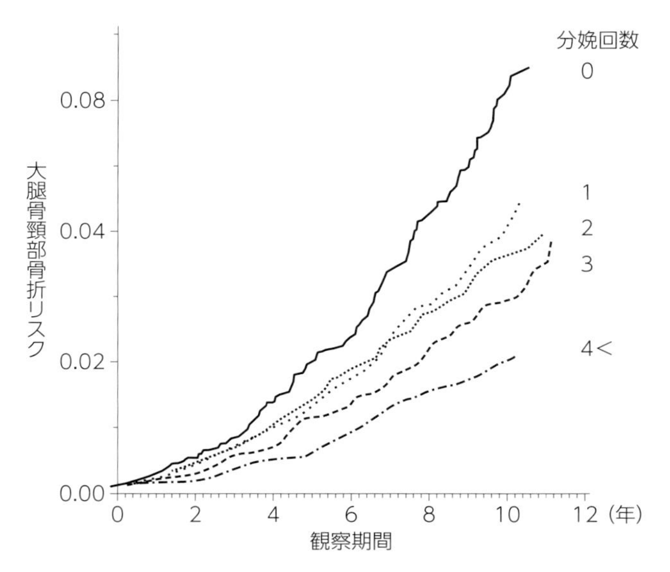

図4 分娩回数と閉経後骨折リスクの推移(文献25より引用改変)

分娩回数ごとに，閉経後の骨折リスクを経年的に観察した。分娩0：1,835人，1回：1,430人，2回：2,632人，3回：1,927人，4回以上：1,875人。
分娩回数が1回増えるごとに，大腿骨頸部骨折リスクは13%低下する。

が妊娠に対し順応して骨吸収量が多くなるためではないかと想定されている。

経産回数と骨折リスクについては興味深い研究がある。閉経前の骨密度と分娩回数との関係について検討したところ，分娩回数の多いほうが橈骨骨密度が高く，大腿骨頸部骨折リスクが低いとの報告がある。また65歳以上の女性97,004人を対象にした検討で，非分娩経験者は大腿骨頸部骨折リスクが44%高く，経産回数が1回増えるごとに骨折は9%減少するという結果であった[25](**図4**)。これは妊娠・授乳期の生理的骨量減少が刺激となって，離乳期に骨量のリバウンド的な増加が起こり，妊娠前以上に骨量が増えることと，妊娠中の体重増加や子育てという骨への力学的負荷が加わって生ずる現象と考えられている。

人口の少産少死が進行している日本では，妊娠前の女性の痩せもあり，今後，女性の骨粗鬆症が増える可能性が危惧される。現在，分娩年齢は上昇傾向にある。最終分娩年齢が30～33歳の場合に大腿骨頸部骨折リスクは最も低く(オッズ比0.34，95%信頼区間0.16～0.75)，38歳以降になると生殖年齢の高齢化による卵巣機能のエイジングから骨折リスクが高くなる[22]。

5.2　妊娠期・授乳期のビタミンDの重要性

児の出生体重と乳児期の体重増加は最大骨量を規定する一つの因子である。出生体重が小さく小児期の体重増加量が少ない場合は，60歳以降の大腿骨頸部骨折リスクがそうでない場合の2倍以上高くなる[26)]。出生体重を規定する因子には，母親の栄養，体格，喫煙の有無，運動量，ライフスタイル，出生順位など多様な因子が関与している。それに加えて，母体のビタミンD濃度は，出生児の身長，体格に関係せず，骨量・BMCを規定する因子となる。ビタミンDは小児期の骨発育に重要であって，未熟児に対し生後1年間のビタミンD投与は小児期の骨発育を促進し，12歳の骨量を規定するといわれている。ところが現在，世界的に妊婦のビタミンD不足は増加している[24)]。ビタミンD摂取不足と日焼け止めクリームの多用による妊婦のビタミンD不足は，その児の骨量低下を引き起こし，将来の骨粗鬆症を起こす原因の一つとなる。日本でも日焼け止めクリームの影響や日照時間の少ない地域でのビタミンD不足が増加しており，くる病児または潜在的なくる病患者が増えていることにも注意を払う必要がある。

ビタミンDは，胎児にとっても骨カルシウム代謝に加えて，免疫系，細胞分化，中枢の発育に不可欠な物質である。それ故母体から胎児に移行する25(OH)Dは極めて重要な物質であり，妊婦はビタミンDを多く摂取するとともに，日光紫外線にあたって血中ビタミンD濃度を高く維持することが重要である。

1991～92年に英国サウザンプトンで，妊娠中の母体のビタミンDを測定し，生まれた児198人を経過観察して9歳までの骨発育をみた研究がある[27)]。それによると，妊娠末期の母体の約半数は血中25（OH）D濃度が低値であった。また，血中25(OH)D濃度が低値であった母親から生まれた児を9歳で骨量測定したところ，骨量は低く，腰椎骨密度も低いという結果であった。逆に，母親が妊娠中に日光に十分あたる，あるいはビタミンDサプリメントを服用していた場合，25(OH)D濃度は高く，児の骨量も高いとの結果であった。母親の栄養不足で生じる遺伝子発現制御系の胎児期の変化により，生活習慣病の素因が形成されることが明らかとなった（生活習慣病胎児期発症起源説）。ビタミンD不足はエピゲノム変化を引き起こす可能性が示唆される。日光にあたること，ビタミンDを食品から摂取すること，場合によってはサプリメント摂取を考慮していく必要がある。

5.3　DOHaDと骨粗鬆症

多くの代謝性疾患，精神疾患と同様に，胎生期，新生児期の環境は将来の骨粗鬆症発症に大きく関連している。それはこの時期のエピゲノム変化がこれら疾患の素因となって，マイナスの生活環境との相互作用で疾患が発症するためである。これはDOHaD（developmental origins of health and disease）説といい，疾病の発症機序として重要な概念である。妊娠中のカルシウム摂取量と9歳の時点での骨密度・骨量については関連があるとの報告や，関連がないとの報告もあり，一致した結果が得られていない。しかし，カルシウムとビタミンD摂取量との間には明確な関連が認められている[27)]。特にビタミンDは，エピゲノム変化を通じて，骨粗鬆症予防に作用するといわれている。さらにそれに加えて，小児期の運動量が9歳時の骨量を決める要因となる。それ故，現在多くの妊婦で不足しているビタミンDの摂取と小児期の運動が，骨量を高くして，将来の骨粗鬆症の予防に繋がるといえる。

おわりに

妊娠・授乳期の骨カルシウム代謝は不明な点が多いが，従来の考え方が正当か否かについて，ようやく光があたりつつある。カルシウムとビタミンDの重要性はもっと認識されねばならない。くる病ハイリスク児が増加していることや，母体の低ビタミンD状態は胎児の骨代謝系にエピゲノム変化を起こし，児の骨粗鬆症発症リスクを高めることが明らかとなりつつある。

妊娠・授乳期にカルシウム摂取量を増やす必要はない。しかし，現在多くの若年女性のカルシウムの摂取量は推奨量に到達していない。それ故，妊娠はカルシウムの推奨量を摂取する良い機会と捉えて，これからのカルシウム摂取の習慣を作るべきであろう。

文 献

1) 厚生労働省：日本人の食事摂取基準（2005 年版）
http://www.mhlw.go.jp/houdou/2004/11/h1122-2.html
2) 厚生労働省：日本人の食事摂取基準（2010 年版）
http://www.mhlw.go.jp/shingi/2009/05/s0529-4.html
3) Ritchie LD, et al.：A longitudinal study of calcium homeostasis during human pregnancy and lactation and after resumption of menses. Am J Clin Nutr 67：693-701, 1998
4) Gartner JM, Coustan DR：Pregnancy as a state of physiologic absorptive hypercalcemia. Am J Med 81：451-6, 1986
5) Zeni SN, et al.：Interrelationship between bone turnover markers and dietary calcium intake in pregnant women：a longitudinal study. Bone 33：606-13, 2003
6) Gallacher SJ, et al.：Changes in calciotrophic hormones and biochemical markers of bone turnover in normal human pregnancy. Eur J Endocrinol 131：369-74, 1994
7) Kovacs CS：Calcium and bone metabolism during pregnancy and lactation. J Mammary Gland Biol Neoplasia 10：105-18, 2005
8) O'Brien KO, et al.：Bone calcium turnover during pregnancy and lactation in women with low calcium diets is associated with calcium intake and circulating insulin-like growth factor 1 concentrations. Am J Clin Nutr 83：317-23, 2006
9) Wisser J, et al.：Changes in bone density and metabolism in pregnancy. Acta Obstet Gynecol Scand 84：349-54, 2005
10) Fukuoka H, Haruna M：Placental vitaminD regulates maternal calcium metabolism during pregnancy. Calcium Metabolism：Comparative Endocrinology (Danks J, et al. ed), pp.173-8, Bio-Scientifica, 1999
11) Pacifici R, et al.：Effect of surgical menopause and estrogen replacement on cytokine release from human blood mononuclear cells. Proc Natl Acad Sci USA 88：5134-8, 1991
12) Kovacs CS, Kronenberg HM：Maternal-fetal calcium and bone metabolism during pregnancy, puerperium, and lactation. Endocr Rev 18：832-72, 1997
13) Liu Z, et al.：Effect of milk and calcium supplementation on bone density and bone turnover in pregnant Chinese women：a randomized controlled trail. Arch Gynecol Obstet 283：205-11, 2011
14) Hofmeyr GJ, Duley L, Atallah A：Dietary calcium supplementation for prevention of pre-eclampsia and related problems：a systematic review and commentary. BJOG 114：933-43, 2007
15) Levine Rj, et al.：Trial of calcium to prevent preeclampsia. N Engl J Med 337：69-76, 1997
16) Villar J, et al.：World Health Organization randomized trial of calcium supplementation among low calcium intake pregnant women. Am J Obstet Gynecol 194：639-49, 2006
17) Maliha G, Morgan J, Vrahas M：Transient osteoporosis of pregnancy. Injury. 43：1237-41, 2012
18) Heaney RP, Skillman TG：Calcium metabolism in normal human pregnancy. J Clin Endocrinol 33：661-70, 1971
19) Maikranz P, Holly JL, Coe F：Nephrolithiasis in pregnancy Clin Obstet Gynecol 8：375-86, 1994.
20) 井戸田正，ほか：最近の日本人人乳組成に関する全国調査：一般成分およびミネラル成分について．日児栄消誌 5：145-58, 1991
21) Sowers M, et al.：Changes in bone density with lactation. JAMA 269：3130-5, 1993
22) Polatti F, et al.：Bone mineral changes during and after lactation. Obstet Gynecol 94：52-6, 1999
23) Petersen HC, et al.：Reproduction life history and hip fractures. Ann Epidemiol 12：257-63, 2002
24) Donangelo C, et al.：Calcium homeostasis during pregnancy and lactation in primiparous and multiparous women with sub-adequate calcium intakes. Nutr Res 16：1631-40, 1996
25) Hillier TA, et al.：Nulliparity and fracture risk in older women：the study of osteoporotic fractures. J Bone Miner Res 18：893-9, 2003
26) Javaid MK, et al.：Maternal vitamin D status during pregnancy and childhood bone mass at age 9 years：a longitudinal study. Lancet 367：36-43, 2006.
27) Cooper C, et al.：Review：Developmental origins of osteoporotic fracture. Osteoporos Int 17：337-47, 2006

3. 各年代（ライフステージ）における骨代謝と牛乳・乳製品の意義

（5）高齢期

伊木　雅之　近畿大学医学部公衆衛生学教室

要　約

- 高齢期男女では，1日量でカルシウム 800 mg を含む脱脂粉乳の摂取や，サプリメントによるカルシウム 500 mg の服用により骨密度低下の抑制が期待できる。
- 骨折の抑制にはカルシウム 800 mg/日よりさらに大量の摂取が必要だが，サプリメントによるカルシウム 1,200 mg/日摂取で全骨折のリスクが 10％程度低減することが期待できる。
- カルシウムサプリメントの骨に対する効果は食事からのカルシウム摂取量が少ないほど大きく，また，高齢で体重が少ないほど大きいと考えられる。
- サプリメントでカルシウムを1日 1,000 mg 服用すると心筋梗塞のリスクが 20％程度上昇する可能性は否定できないが，乳製品による摂取ではこのような懸念は報告されておらず，逆に脳血管疾患の発生やそれによる死亡は抑制される。
- 食事からのカルシウム摂取量が 500 mg/日程度の日本人高齢者では，骨折・骨粗鬆症予防のために，500 mg/日のカルシウムを牛乳・乳製品から摂取することが望まれる。

Keywords　高齢者，牛乳・乳製品，カルシウムサプリメント，骨密度，骨折

1　高齢期の骨代謝の特徴

骨粗鬆症は原発性であっても，多因子疾患であり，遺伝要因に加えて多くの生活習慣（食事，運動，喫煙，飲酒など）が複雑に絡み合って発症し，また経過を変える。以前は，原発性骨粗鬆症を閉経後（Ⅰ型）骨粗鬆症と老人性（Ⅱ型）骨粗鬆症に分類していたが[1]，最近はこのように峻別するのではなく，原発性骨粗鬆症の一連の経過として捉えられている[2]。すなわち，閉経前後から 10 年程度の間には，エストロゲン欠乏による骨吸収の亢進で，急速な骨密度の低下とともに，骨梁に深い吸収窩が多く残って骨の力学的強度が低下する。これに加えて加齢が進むと，カルシウム・ビタミン D の摂取不足，ビタミン D 合成や活性化の低下によるカルシウム吸収の低下などから血清カルシウム濃度の低下が起こり，副甲状腺ホルモン（PTH）の分泌が亢進して二次性副甲状腺機能亢進状態となり，骨吸収がさらに進んで一層の骨量の低下と骨構造の劣化が進行する。

一方，骨の重要な構成成分であるコラーゲンは前述の骨リモデリングとは別の加齢影響を受ける。コラーゲンは三重螺旋構造をもち，ピリジノリン架橋がこの構造を安定させ，強度と弾性を保っている。しかし，ペントシジンに代表される加齢架橋物質，advanced glycation end-products（AGEs）がコラーゲン中に蓄積し，コラーゲンの弾性を落として，骨強度を低下させる[3]。AGEs は糖尿病や腎不全によって増加し，ビタミン B_6，ビタミン B_{12}，葉酸の不足によって起こる高ホモシステイン血症によって増加する。

以上より，高齢期には若年期や中年期より十分なカルシ

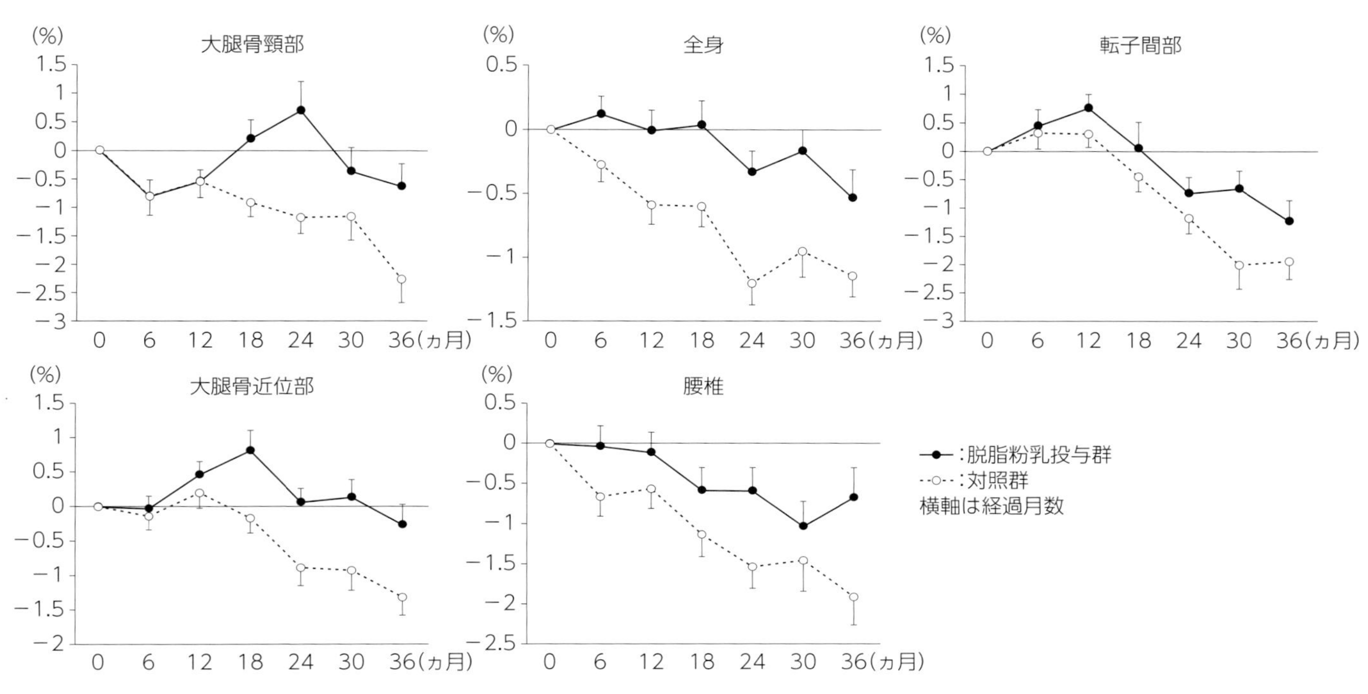

図 1 脱脂粉乳投与群と対照群における骨密度の変化率（文献 9 より引用改変）

ウム摂取が必要で，それを担保するビタミン D の十分な摂取も重要となる。また，AGEs の蓄積を予防するためにビタミン B_6，B_{12}，葉酸を十分に摂取すること，糖尿病や慢性腎臓病の予防と管理に心がけることがより大切となる。

以上のような高齢期の骨代謝の特性を踏まえて，牛乳・乳製品の摂取の意義に関するエビデンスの現状を述べる。

2 牛乳・乳製品摂取と骨密度

牛乳・乳製品，あるいはカルシウム摂取と骨密度との関連を検討した研究は極めて多数になるが，1975～1999 年に出版された 139 論文を検討した Heaney の総説[4]によれば，ランダム化比較試験（RCT）を含む 52 の介入研究では 2 件を除いて，カルシウムあるいは牛乳・乳製品の摂取は骨代謝を改善し，骨密度を増加させ，骨量減少を抑制し，あるいは骨折を減少させる側に働くことを示唆し，86 の観察研究の 3/4 は同様の結果を示しているという。しかし，検討された論文の中で，高齢者を対象に牛乳・乳製品の作用をみたものは少なく，介入研究では Storm ら[5]の 1 件のみであった。この研究は，平均 71 歳の女性で牛乳を 1 日に 8 オンスグラス 4 杯（960 mL）を飲むよう指導した 2 年間の RCT で，対照群では腰椎と大腿骨大転子部で有意な骨密度の低下が生じたが，介入群では骨密度の低下を抑制できたと報告している。

1985～1999 年に出版された牛乳・乳製品と骨についての 57 研究を検討した Weinsier と Krumdieck の総説[6]では，有意な影響を見いだせなかった研究は全体の 53％に及んだが，骨に有利な有意な影響を見いだした研究は 42％を占めた。50 歳以上を対象に骨密度を結果指標とした 17 件の研究中，有意な好影響を報告したものは 8 件あり，RCT が 1 件あったが，残りは症例対照研究か横断研究であった。その RCT では，平均 63 歳の閉経後女性（食事からのカルシウム摂取量 800 mg/日前後）を対象に 1 g のカルシウムを含む脱脂粉乳摂取の効果を 2 年間にわたって調べ，対照群に比べて介入群では腰椎では有意でなかったものの，大腿骨の骨密度低下を有意に抑制した[7]。

これらの総説の後に出版された RCT は 2 件あった。Lau ら[8]は 185 人の中国人閉経後女性（食事からのカルシウム摂取量約 480 mg/日）を無作為に二分し，一方にカルシウムを 800 mg 含む 50 g の脱脂粉乳を 2 年与え，その骨密度変化に対する影響を検討した。その結果，脱脂粉乳の投与は全身，腰椎，大腿骨近位部の骨密度の低下を対照群に比べて有意に抑制した。この試験は１年延長され，**図１**に示したように，３年においても同様の結果を示した[9]。

同様のRCTがマレーシア在住の中国人閉経後女性173人（食事からのカルシウム摂取量500 mg/日前後）についても行われ[10]，カルシウムを800 mg含む50 gの脱脂粉乳をグラス２杯の牛乳とともに２年間飲用させたところ，腰椎と大腿骨近位部の骨密度の低下が対照群に比べて有意に抑制された。この試験の参加者のうち，139人を試験終了の21ヵ月後に追跡調査したところ，対照群では食事からのカルシウム摂取が466 mg/日であったのに対し，介入群では710 mg/日で，介入が生活習慣の変容として残存していた。その結果，全身，大腿骨近位部の骨密度は対照群に比べて有意に高く保たれていた[11]。

日本人を対象とする研究は少なくRCTはないが，コホート研究の中高年女性を対象としたJapanese Population-based Osteoporosis（JPOS）Cohort Study[12]では，牛乳摂取は大腿骨頸部と橈骨遠位1/3部で骨密度低下を抑制する側に働き，被爆生存者の高齢女性を追跡した研究[13]においても牛乳摂取は腰椎骨密度低下を抑制する側に働いていた。日本人を対象とする横断研究では，ハワイ在住の日系アメリカ人を対象に食生活とsingle photon absorptiometryで測定した四肢の骨塩量との関係を検討した研究[14]があり，牛乳摂取量と橈骨遠位端骨塩量が男女とも正の有意な相関を示した。平均52歳の男性を対象に牛乳飲用と骨密度との関連を検討した研究では，牛乳摂取頻度が高いほど腰椎と橈骨の骨密度が有意に高かった[15]。以上のほかに明らかな関連を認めなかった横断研究もあるが，エビデンスレベルの高いものを中心に判断すれば，日本人高齢者においても牛乳・乳製品摂取は骨量減少を抑制する側に働くということができる。

3　牛乳・乳製品摂取と骨折

十分な牛乳・乳製品摂取が骨折を抑制するかどうかについては，白人を対象とした研究が多い。前述のWeinsierとKrumdieckの総説[6]では，50歳以上を対象に骨折を結果指標とした研究にはRCTはなく，コホート研究が６件あり，このうち有意な好影響を報告したものはなく，５件は有意な結果を得られなかった。症例対照研究は７件あり，２件が有意な好影響を，１件は悪影響を報告している。これらを個別にみると，南ヨーロッパの白人中高年女性における大腿骨近位部骨折の症例対照研究であるMEDOS研究では，牛乳摂取が１日１杯未満の群でそれ以上の群より骨折リスクは大きかった[16]が，米国の白人女性のコホート研究であるNurses' Health Studyでは牛乳摂取は大腿骨近位部骨折にも橈骨遠位端骨折にも関連せず[17]，その他の症例対照研究でも有意な関連はみられなかった。

日本人中高年女性では，被爆生存者コホートというやや特殊な集団を対象にした研究ながら，牛乳摂取が週に１回以下という低摂取群で週に５回以上飲む群より大腿骨近位部骨折のリスクが大きかった[18]が，この研究は上述の総説[6]では有意な結果が得られなかった研究に分類されている。一方，男性のコホート研究では乳製品由来のカルシウム摂取量と大腿骨や前腕の骨折との関連は認められず[19]，前述のMEDOS研究[20]では，牛乳やチーズの低摂取がリスク要因となったが，他の関連要因を調整すると有意ではなくなった。

このように個別の研究をみると結果は相違しているが，欧米で行われた６件のコホート研究を，１日グラス１杯未満を低牛乳摂取と定義し，それ以上を基準とした場合の低摂取群の骨折リスク比を個別に再解析し，メタ解析で統合した研究[21]によれば，コホート全体では有意な骨折リスクの上昇はみられなかったが，80歳以上の低摂取群では15％の有意な骨折リスクの上昇が認められた。また，Bischoff-Ferrariら[22]は，このメタ解析を含め，2010年６月までに出版された文献の中から抽出した前向きコホート研究７件をメタ解析した。その結果を**図２**に示す。Aは女性，Cは男性の結果で，いずれも牛乳グラス１杯/日飲用あたりの大腿骨近位部骨折のリスク比を示している。併合リスク比は女性0.99（95％信頼区間0.96～1.02），男性0.91（同0.81～1.01）と有意ではないが，男性では有意に近い結果であった。女性では個々の研究は有意ではないが，Michaelssonらの研究[23]以外はリスクを下げる側にある。そこで，個々の研究を除いた総合リスク比を出すと，Bにあるように Michaelssonらの研究[23]を除いた場合には0.95（同0.90～1.00）で有意（$p=0.049$）となった。

以上のように，現状では高齢期の牛乳・乳製品摂取がその後の骨折を減少させるという証拠は確実ではないが，上

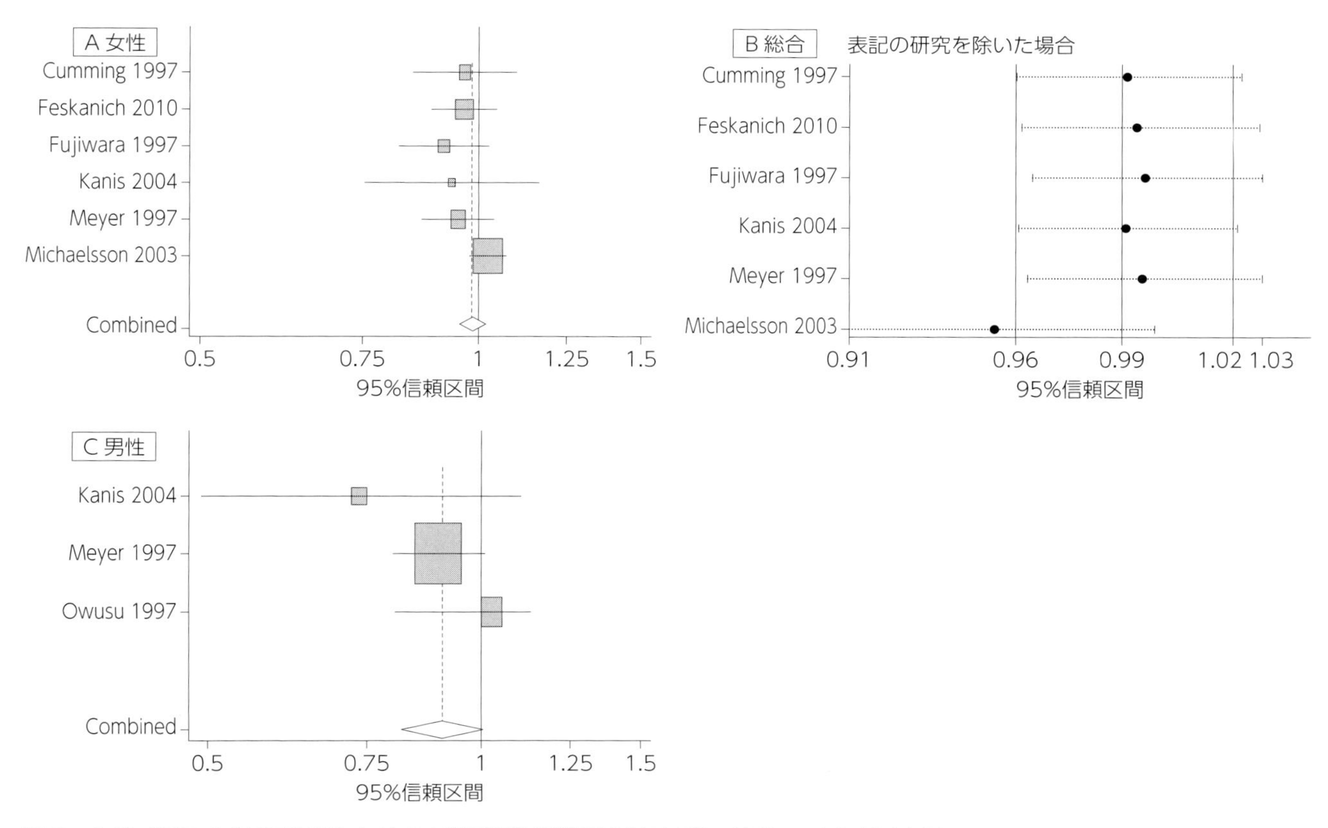

図 2 牛乳グラス 1 杯/日飲用あたりの大腿骨近位部骨折のリスク比（文献 22 より引用改変）

記のメタ解析にあるように，その期待は十分にある。明確な結果が得られなかった理由としては，そもそもコホート研究の数が少ないこと，ほとんどの研究は診断は明確だが，発生頻度が低い大腿骨近位部骨折を対象にしており，有意な結果を得るには極めて大規模な研究が必要であること，四肢の骨折は牛乳・乳製品が高める骨強度だけでなく，転倒などの外的要因の影響を強く受けるため，結果を不明確にしていること，日常的な牛乳・乳製品の摂取量では薬剤のような大きな効果は期待しにくく，小さいけれども継続する効果を検出するにはコホートの人数が少なく，追跡期間が短いこと，さらには，摂取量の測定誤差が大きいことなどが考えられる。

なお，欧米では 1 日グラス 1 杯未満を牛乳の低摂取としているが，日本では平均摂取量が 85 g 程度[24]であることを考えると，グラス 1 杯未満が標準的で，さらに低摂取のリスクを検討しなければならない。しかし，そのような研究は欧米では実施困難であり，わが国でこそ実施する必要があろう。また，欧米人に比べて日本人には大腿骨近位部骨折は少ないが，椎体骨折は同等かむしろ多い[25]。この骨折は本人が骨折と自覚しない場合が多いので，患者の把握が難しい一方，大腿骨近位部骨折より頻度が高いので，明確な結果は得られやすい。また，椎体骨折の多い日本人にとっては大切な研究になるといえよう。

4 日本人高齢者はどれほどの牛乳・乳製品を摂取すべきか

平成 22（2010）年度国民・健康栄養調査[24]によれば，日本人の食事からのカルシウム摂取量は平均 510 mg/日で，牛乳・乳製品の摂取量は 117 g/日，うち牛乳は 85 g/日だった。日本人の多くが牛乳・乳製品の低摂取がもたらすリスクを背負っているのは明らかである。したがって，牛乳・乳製品の摂取量を増やし，カルシウム摂取量を充足させることに異論を挟む者はないだろうが，問題はどれほど摂取すればよいかである。

日本人の食事摂取基準（2010年版）[26]によれば，70歳以上の男性のカルシウムの推奨量は722 mg/日，女性622 mg/日で，摂取量はそれぞれ551 mg/日，538 mg/日であった[24]。この差171 mgと84 mgを牛乳で補うとすれば，それぞれ1日に170 mLと80 mL程度追加摂取すればよいことになる。問題は高齢者において骨粗鬆症・骨折予防の観点からこれで十分かということだ。

カルシウムサプリメントの骨折予防効果を検証したRCTは多数あり，メタ解析も複数報告されている。Tangら[27]の17試験52,625人についてのメタ分析では，カルシウムサプリメントのプラセボに対する全骨折についての総合リスク比は0.90（95％信頼区間0.80〜1.00）となり，カルシウム1,200 mg/日，あるいはビタミンD 800 IU/日との併用を推奨している。カルシウムを1,200 mg/日摂取しても骨折は10％しか減らず，これほどの規模でようやく有意になるのが現実である。しかし，この研究のサブグループ解析は示唆に富む。食事からのカルシウム摂取量が700 mg/日未満の場合の総合リスク比は0.80（同0.71〜0.89），性別で効果には差はなく，70歳代では0.89（同0.82〜0.96），80歳以上で0.76（同0.67〜0.87）と高齢ほど効果は大きくなり，また，体重の軽い者ほど効果は大きかった。カルシウム摂取量が少なく体重が軽い日本人高齢者では，20％以上の骨折リスクの低減が期待され，また，1,200 mg/日の大量を服用せずとも効果が得られる可能性もある。

Dawson-Hughesら[28]は閉経後女性において500 mg/日のカルシウムサプリメントの効果を検証する2年間のRCTを実施し，中軸骨では骨密度低下の有意な抑制効果はみられなかったが，食事からのカルシウム摂取が400 mg/日未満の群では低下は有意に抑制された。最近，Nakamuraら[29]は50〜75歳の日本人女性を対象に，1日250 mgまたは500 mgのカルシウムサプリメントの骨密度への影響を検討する2年間のプラセボ対照RCTを実施し，500 mg群では腰椎骨密度の低下を有意に抑制できた。被験者の食事からのカルシウム摂取量は約500 mg/日であった。

以上より，日本人高齢者において骨に対する有用な効果を期待するためには，カルシウムの補充は少なくとも500 mg/日必要と考えられ，確実な骨折リスクの低下を期待するには1,000 mg/日必要であろう。

最近，カルシウムサプリメントが動脈の石灰化を速め，心筋梗塞や心血管疾患の発症リスクを高めることを示唆する研究が報告されている。これらの研究のメタ分析によれば，カルシウムサプリメントはプラセボに比べて心筋梗塞の発症リスクを有意に上げ（併合リスク比1.27（95％信頼区間1.01〜1.59）），脳血管疾患のリスクは有意ではなかったが，12％上昇した[30]。一方，32,682人の閉経後女性を対象にカルシウムサプリメント単独かビタミンDとの併用の心血管疾患への影響を検討した7年間のRCTでは，有意な影響は認められなかった[31]。また，その再解析では，試験薬以外にカルシウムサプリメントを服用していない群では心筋梗塞発症のリスクがプラセボ群を基準にして1.22（95％信頼区間1.00〜1.50）で，リスクを上げていた[32]。しかし，試験薬以外にカルシウムサプリメントを服用していた群ではこれらのリスク上昇はみられず，量反応関係が逆転する結果となって，カルシウムサプリメントの有害作用の根拠は確実とはいえない状況である。

加えて，これまでに実施された欧米での観察研究では，乳製品からのカルシウム摂取量が多い群で脳梗塞のリスクが抑制されたとする結果が多く[33]，日本人についても，ハワイ在住の日系アメリカ人のコホート研究では，乳製品からのカルシウム摂取量が最大四分位群では最小四分位群に比べて脳梗塞の発症リスクが33％抑制され[34]，国内のコホート研究であるJACC研究では，同様の群間比較で全脳血管疾患による死亡が47％抑制された[35]。また，41,526人の中年男女を12.9年追跡したJPHC研究[36]では，食事からのカルシウム摂取量の五分位で被験者を分けたところ，カルシウム摂取量が多いほど有意に全脳血管疾患発症のリスクを抑制し，虚血性心疾患リスクには有意な影響はみられなかった。乳製品からのカルシウム摂取についてみると，全脳血管疾患の抑制効果はより明確になる一方，虚血性心疾患のリスクには有意な変化は認められなかった。

以上より，1,000 mg/日を超えるカルシウムのサプリメントによる摂取は，心血管疾患のリスクが上昇する可能性がある一方，乳製品からのカルシウム摂取ではそのような懸念は報告されておらず，むしろ脳血管疾患のリスクを下げ，冠動脈疾患のリスクには有意な影響を与えないと考えられる。この結果より，日本人高齢者において骨折・骨粗鬆症予防のために必要なカルシウム摂取量は，少なくとも500 mg/日とみられ，これを牛乳・乳製品で摂取することが望ましいと考えられる。

文 献

1）Riggs BL, Khosla S, Melton LJ 3rd：A unitary model for involutional osteoporosis：estrogen deficiency causes both type I and type II osteoporosis in postmenopausal women and contributes to bone loss in aging men. J Bone Miner Res 13：763–73, 1998
2）Raisz LG：Osteoporosis. Overview of pathogenesis. In：Rosen CJ ed. Primer on the metabolic bone diseases and disorders of mineral metabolism 7th ed, pp.203–6, American Society for Bone and Mineral Research, 2008
3）Saito M, Marumo K：Collagen cross-links as a determinant of bone quality：a possible explanation for bone fragility in aging, osteoporosis, and diabetes mellitus. Osteoporos Int 21：195–214, 2010
4）Heaney RP：Calcium, dairy products and osteoporosis. J Am Col Nutr 19：83S–99S, 2000
5）Storm D, et al.：Calcium supplementation prevents seasonal bone loss and changes in biochemical markers of bone turnover in elderly New England women：a randomized placebo-controlled trial. J Clin Endocrin Metab 83：3817–25, 1998
6）Weinsier RL, Krumdieck CL：Dairy foods and bone health：examination of the evidence. Am J Clin Nutr 72：681–9, 2000
7）Prince R, et al.：The effects of calcium supplementation（milk powder or tablets）and exercise on bone density in postmenopausal women. J Bone Miner Res 10：1068–75, 1995
8）Lau EMC, et al.：Milk supplementation of the diet of postmenopausal Chinese women on a low calcium intake retards bone loss. J Bone Miner Res 16：1704–9, 2001
9）Lau EM, et al.：Milk supplementation prevents bone loss in postmenopausal Chinese women over 3 years. Bone 31：536–40, 2002
10）Chee WSS, et al.：The effect of milk supplementation on bone mineral density in postmenopausal Chinese women in Malaysia. Osteoporos Int 14：828–34, 2003
11）Ting GP, et al.：A follow-up study on the effects of a milk supplement on bone mineral density of postmenopausal Chinese women in Malaysia. J Nutr Health Aging 11：69–73, 2007
12）伊木雅之，ほか：日本人女性の骨密度変化の様相とその決定要因：JPOS Cohort Study. Osteoporosis Jpn 9：192–5, 2001
13）藤原佐枝子，ほか：中高年の骨密度および骨密度変化率に及ぼす過去の食習慣の影響．Osteoporosis Jpn 6：607–11，1998
14）Yano K, et al.：The relationship between diet and bone mineral content of multiple skeletal sites in elderly Japanese-American men and women living in Hawaii. Am J Clin Nutr 42：877–88, 1985
15）Sone T, et al.：Influence of exercise and degenerative vertebral changes on BMD：A cross-sectional study in Japanese men. Gerontol 42（suppl 1）：57–66, 1996
16）Johnell O, et al.：Risk Factors for Hip Fracture in European Women：The MEDOS Study. J Bone Miner Res 10：1802–15, 1995
17）Feskanich D, et al.：Milk, Dietary Calcium, and Bone Fracture in Women：A 12-Year Prospective Study. Am J Public Health 87：992–7, 1997
18）Fujiwara S, et al.：Risk factors for hip fracture in a Japanese cohort. J Bone Miner Res 12：998–1004, 1997
19）Owusu W, et al.：Calcium intake and the incidence of forearm and hip fractures among men. J Nutr 127：1782–87, 1997
20）Kanis J, et al.：Risk factors for hip fracture in men from southern Europe：The MEDOS Study. Osteoporos Int 9：45–54, 1999
21）Kanis JA, et al.：A meta-analysis of milk intake and fracture risk：low utility for case finding. Osteoporos Int 16：799–804, 2005
22）Bischoff-Ferrari HA, et al.：Milk intake and risk of hip fracture in men and women：a meta-analysis of prospective cohort studies. J Bone Miner Res 26：833–9, 2011
23）Michaelsson K, et al.：Dietary calcium and vitamin D intake in relation to osteoporotic fracture risk. Bone 32：694–703, 2003
24）厚生労働省：平成22年国民健康・栄養調査報告：61–86，2012 http://www.mhlw.go.jp/bunya/kenkou/eiyou/h22-houkoku.html
25）Ross PD, et al.：Vertebral fracture prevalence in women in Hiroshima compared to Caucasians or Japanese in the US. Int J Epidemiol 24：1171–7, 1995
26）厚生労働省：日本人の食事摂取基準（2010年版），2009 http://www.mhlw.go.jp/shingi/2009/05/s0529-4.html
27）Tang BM, et al.：Use of calcium or calcium in combination with vitamin D supplementation to prevent fractures and bone loss in people aged 50 years and older：a meta-analysis. Lancet 370：657–66, 2007
28）Dawson-Hughes B, et al.：A controlled trial of the effect of calcium supplementation on bone density in postmenopausal women. N Engl J Med 323：878–83, 1990
29）Nakamura K, et al.：Effect of low-dose calcium supplements on bone loss in perimenopausal and postmenopausal Asian women：a randomized controlled trial. J Bone Miner Res 27：2264–70, 2012
30）Bolland MJ, et al.：Effect of calcium supplements on risk of myocardial infarction and cardiovascular events：meta-analysis. BMJ 29：341：c3691, 2010
31）Hsia J, et al.：Women's Health Initiative Investigators. Calcium/vitamin D supplementation and cardiovascular events. Circulation 115：846–54, 2007
32）Bolland MJ, et al.：Calcium supplements with or without vitamin D and risk of cardiovascular events：reanalysis of the Women's Health Initiative limited access dataset and meta-analysis. BMJ 19, 342：d2040, 2011
33）Iso H, et al.：Prospective study of calcium, potassium, and magnesium intake and risk of stroke in women. Stroke 30：1772–79, 1999
34）Abbott RD, et al.：Effect of dietary calcium and milk consumption on risk of thromboembolic stroke in older middle-aged men：the Honolulu Heart Program. Stroke 27：813–8, 1996
35）Umesawa M, et al.：Dietary intake of calcium in relation to mortality from cardiovascular disease：the JACC Study. Stroke 37：20–6, 2006
36）Umesawa M, et al.；JPHC Study Group：Dietary calcium intake and risks of stroke, its subtypes, and coronary heart disease in Japanese：the JPHC Study Cohort I. Stroke 39：2449–56, 2008

4. 骨に対する牛乳・乳製品の効果に影響する因子

(1) 運　動

高田　和子　独立行政法人国立健康・栄養研究所栄養ケア・マネジメント研究室

要　約

- 日本人を対象として，牛乳・乳製品摂取と運動実施の独立した影響および交互作用について検討した研究は少ない。
- 牛乳・乳製品摂取と運動実施の骨量への影響を検討した断面研究において，少なくとも40歳代以下の若年者では，牛乳・乳製品摂取と運動実施のそれぞれが独立して影響していた。
- 牛乳・乳製品摂取と運動実施のある女子高校生では，牛乳・乳製品摂取のみよりも高い骨量であった。
- 日本人を対象とした介入研究では，牛乳・乳製品の摂取と運動を組み合わせることが有効かどうかについて，十分に検討できていない。
- 牛乳・乳製品摂取と運動を組み合わせることが，牛乳・乳製品摂取のみや運動のみの場合と比べて骨量の維持・増加により有効かどうかについて，日本人を対象とした縦断研究や介入研究が必要である。

Keywords　若年者，断面研究，骨量，運動，交絡因子

はじめに

骨に対する牛乳・乳製品の効果を検討する際に，無視することのできない因子の一つとして運動がある。少し古いレビューであるが，Yoshimuraは1990～2002年に発表された論文について，運動による骨粗鬆症予防，骨量維持，骨量増加についてまとめている（**表1**）[1]。その結果，具体的に推奨できる運動の種類や量については不明な点があるものの，骨粗鬆症予防，骨量の維持・増加に対して運動が有効であることが示された。一方で，女性を対象とした研究がほとんどであること，運動の定義が文献により異なることが課題として指摘されている。

その後，2012年5月までの文献のシステマティックレビューがBielemannらによって行われ，19～44歳を対象としたコホート研究において，各年代における運動の実施が骨量に影響するかどうかが検討された[2]。その結果，運動と骨量の間には正の関係がみられ，その関係は女性より男性で，全身よりも荷重負荷のある骨（腰椎，大腿骨頸部）で，また運動が一時点でなく思春期から成人になるまで実施されている場合に，より明らかな関係がみられたと報告されている。最終的に明らかなコンセンサスを得ることは難しいが，少なくとも成長期における高強度の運動が最大骨量（peak bone mass）を高くすることはいえそうである。

運動は，機械的刺激によって骨形成を促進し，骨量の減少を抑えたり，予防するとされている[3]。適切な運動の種類や量などに明確でない点が残るとしても，運動の影響を無視して，他の生活習慣の影響を検討することは困難であ

表1 運動，身体活動改善による骨折・骨粗鬆症予防のエビデンスのまとめ（文献1より作成）

リサーチクエスチョン	エビデンスレベル	推奨
運動は中高年男女の骨粗鬆症性骨折を予防できるか	1）中高年男女における運動は大腿骨頸部骨折の予防につながる。(Ⅰ) 2）ストレッチ運動のようなある種の運動は，脊椎椎体骨折の予防につながる可能性がある。(Ⅱ)	1）大腿骨頸部骨折の予防のためには，中高年男女は運動すべきである。(A) 2）ストレッチ運動のようなある種の運動は脊椎椎体骨折の予防に有効である。(B) 3）どのような運動を行うか，どの程度行うかについての研究はまだ十分ではなく，メニューが確立していないため，個々の能力に合わせた適切な運動メニューを工夫する必要がある。
運動は高齢男女の骨量維持に寄与するか	1）ハイインパクトな運動や重量負荷運動には骨量増加効果が期待できる。(Ⅱ)	1）高齢者の骨量維持のために運動を推奨する。(B) 2）重量負荷運動が望ましいが，身体活動性の改善に目標をおくとするならば，中程度～軽度の運動でもよい。(C1)
運動は若年女性の骨量増加に寄与するか	1）ハイインパクトの運動処方は大腿骨頸部およびその他の重量負荷部位の骨密度を上昇させる。(Ⅱ) 2）中等度～軽度の運動は骨への影響が少ない。(Ⅱ)	1）骨量上昇，維持のために運動を推奨する。(B) 2）運動はハイインパクトな重量負荷運動であることが望ましいが，中等度～軽度の運動でも筋力の上昇を介した間接的な効果は期待できる。(C1)

エビデンスレベルは，Ⅰ：システマティックレビューまたはメタ解析，Ⅱ：ランダム化比較試験，Ⅲ：非ランダム化比較試験，Ⅳa：コホート研究，Ⅳb：症例対照研究，Ⅳc：横断研究，Ⅴ：症例報告，Ⅵ：データに基づかない報告
推奨レベルは，A：実施を強く推奨，B：実施を推奨，C1：推奨してもよいが十分な根拠なし，C2：推奨しない，D：実施しないことを推奨

ろう。一方で，これまでのレビューにおいて，骨量が運動の実施者で高いことは明確になっているが，研究の方法が多様であることや，具体的な運動種目や量について言及するにはエビデンスが不十分であることは，しばしば指摘されている[4]。また，運動の影響を検討する際の交絡因子として，体格のほかにカルシウム摂取量やそれ以外の栄養素摂取量（エネルギー，リン，タンパク質，炭水化物，脂質，マグネシウム，アルコールなど）はよく使用されている[2]が，牛乳・乳製品摂取を交絡因子として検討している研究は少ない。

本レビューでは，日本人を対象として，特に牛乳・乳製品の摂取と運動の実施について，それぞれの影響を独立して検討している研究，および牛乳・乳製品の摂取と運動の実施の組み合わせについて検討している研究について考察し，牛乳・乳製品摂取と運動の実施の単独および併用の効果について，どの程度のエビデンスがあるかを明らかにすることを目的とした。

運動は「体力の維持・向上を目的として計画的・意図的に実施する，継続性のある活動」と定義され，安静にしているよりも多くのエネルギーを消費するすべての活動が身体活動と呼ばれている。本レビューでは一部，運動以外の通勤，通学などの活動も含んで運動と総称している。また，研究により骨の状態を評価している指標が異なるが，本レビューではすべてを総称して骨量と呼ぶこととした。

1 方法

本レビューに際して以下の2種類の検索が行われた。一つは，Jミルク委託研究として過去25年間に行われた研究のうち，研究結果が論文化されたものである。さらに，牛乳・乳製品摂取と運動の骨に対する影響をみるために以下の検索が実施された。

使用したデータベースは，J DreamⅡ（科学技術全分野1981年～），J DreamⅡ（科学技術全分野1975～80年），Dialog（51 Food Science and Technology Abstracts：食品科学，食品技術，食品に関連したヒトの栄養学1969年～），Dialog（5 BIOSIS Previews：生物学，生物医学分野1926年～），Dialog（155 MEDLINE：生命科学，生物医学分野1966年～）であり，（日本人 and 骨 and ヒト）and（牛乳（関連語含む）or 乳製品（関連語含む））の検索式により検索を行った。なお，Dialogには複数のデータベースがあり，今回は，その中から牛乳や乳製品を含む「食品」のキーワードでヒットした「Food Science and Technology Abstracts」と「BIOSIS」，「MEDLINE」の3つのデータベースのうち，古い文献まで収録しているデータベースが使用

された。また，検索の対象は，論文のタイトルから要旨までであった。

2　検索された論文

先の2種類の検索により得られた論文59本のうち，重複および明らかに分野が異なる文献を除いた44本について，全文を確認した。それら44本から，運動の記載がない論文，運動に関する検討のみで牛乳・乳製品に関する検討がない論文，骨との関係を運動と牛乳・乳製品をそれぞれ別々に解析した論文を除き，8本を抽出した。さらにハンドサーチにより2本の論文を追加し，計10本を本レビューの対象とした。

これら10本の論文[5～14]のうち，8本は断面的な研究[5～12]であり，1本は断面的な観察と縦断的な観察の両方を行った研究[13]，1本が運動と栄養の介入[14]であった。断面的研究のうち，7本は骨密度への生活習慣などの影響を検討する解析において，重回帰分析を用いて牛乳・乳製品摂取と運動の実施の両方の独立した影響が解析されているものである。また，1本は1ヵ月の運動時間で調整したうえで，牛乳およびその他の栄養素の骨塩量（bone mineral content：BMC）への影響を検討[5]している。断面的および縦断的な観察の両方を行った研究では，断面的検討の一部において，牛乳・乳製品摂取と運動による群分けがされている。介入をしている研究は，運動介入をした群に対して牛乳とカルシウム錠の摂取を併せて行っている。

3　断面的研究

3.1　牛乳・乳製品摂取と運動の独立した影響の検討

牛乳・乳製品摂取と運動の実施と骨量の関係について重回帰分析などを使用し，それぞれ独立した影響として検討している断面的研究8本について**表2**にまとめた。日本人を対象にした研究を抽出したが，日系アメリカ人を対象とした研究[5]，ハワイ人，フィリピン人，日本人，白人が混ざった研究[6]を含んでいる。年齢は小学生から高齢者まで幅広く含んでいた。これらの研究では，骨量の評価方法として橈骨をDXA（dual energy X-ray absorptiometry）により測定したものが多く，併せて腰椎や全身を測定している場合もある。小・中・高校生では超音波法を用いて踵骨を測定している。牛乳・乳製品の摂取の評価方法は頻度法による場合が多く，摂取回数のみで規定している場合と1本または1グラスを基準として摂取量を組み合わせている場合がある。また一部の研究では現在の牛乳・乳製品摂取状況のみでなく，過去の牛乳摂取も併せて調査している。運動の評価方法では，定期的な実施の有無のみ，頻度のみ，あるいは運動の種類・頻度・時間から運動量を求めているものがある。

これらの研究結果のうち，1本は牛乳・乳製品摂取，運動ともに骨量への明らかな関係を認めていない[7]。1本は運動を調整項目としてのみ使用しているため，運動の骨量への影響は不明であるが，少なくとも牛乳摂取量は部位によっては骨量が高いことと関連していた[5]。小・中学生を対象として検討した研究[11]では，ステップワイズ法による重回帰分析を行ったところ，牛乳摂取は選択されなかった。それ以外の研究では，少なくとも10～40歳代くらいの間で，現在の牛乳・乳製品摂取と運動の実施が，すべての骨の部位ではないが，いずれも独立して高い骨量と関連していた。2本の研究では過去の牛乳摂取も骨量の高さと関連していた[8,9]。高齢者を含む対象での検討は少ないが，閉経後や40歳代あるいは50歳代以降の対象では，牛乳・乳製品摂取，運動ともに骨量との関連はみられなかった。少なくとも30歳代（あるいは40歳代くらい）までは，牛乳・乳製品摂取や運動の実施が独立して，骨量が高いことと関連しているといえそうである。しかし，これらの検討はすべて断面的な検討であり，その因果関係は明確ではない。

3.2　牛乳・乳製品摂取と運動の組み合わせ

筆者らが2003年に行った報告は，高校生，若年女性（20～39歳），中高年女性（40～69歳）の3つのグループを対象とした研究をまとめて報告したもの[13]で，一部の研究はJミルクの委託研究として行われた。そのうち，高校生を対象とした部分については，牛乳・乳製品摂取と運動の組み合わせによる解析を行った。1つの女子高校の1年生および2年生の計7クラスの生徒368例を対象に測定が実施され，そのうち359例について解析が行われた。骨量の評価は踵骨の測定を超音波法（A-1000 plus，Lunar）

表 2　牛乳・乳製品摂取，運動と骨の関係を検討した断面的研究のまとめ

文献番号(年)	対象者	骨，牛乳・乳製品摂取(乳)，運動の評価方法	解析方法	牛乳・乳製品摂取(乳)と運動に関する結果
5 (1985)	ハワイ在住日系アメリカ人 男女 2,120 例	【骨】SPA による橈骨遠位部と近位部，尺骨の遠位部と近位部，踵骨の BMC 【乳】24 時間リコールによる食事調査と過去 1 週間のカルシウムを多く含む食品の摂取頻度 【運動】現在の身体活動量，退職後および閉経後からの身体活動量の変化	高強度の運動（ジョギング，ランニング，テニスなど）の 1 ヵ月の運動時間および年齢，身長，体重などで調整した重回帰分析	【乳】24 時間リコールで評価した牛乳摂取量が多い例では，安静での橈骨および尺骨の遠位部，女性の橈骨遠位部の BMC の高いことと関連。 【運動】調整項目として使用するのみで解析なし。
6 (1996)	ハワイ在住 25～34 歳のハワイ人，フィリピン人，日本人，白人の女性計 421 例	【骨】DXA（QDR-1000，Hologic）による椎骨と橈骨近位部および遠位部の BMD，SXA（Osteoanalyzer Model 1000，Dove Medical）による踵骨 BMD 【乳】10～14，15～19，20～24 歳時の牛乳摂取量により，すべての年代で少なくとも 1 グラス（237 mL）/日摂取，時々摂取，全くなしに区分 【運動】12～17 歳の間のスポーツ参加の年数，頻度，時間から総運動量を算出し 3 段階に区分	脊椎と橈骨の BMC あるいは踵骨の BMD を従属変数，運動，牛乳，月経量を独立変数とする重回帰分析	【乳】橈骨近位部では，時々摂取あるいは全年代で 237 mL/日以上摂取，全年代で時々摂取の例で，全年代で 237 mL/日未満摂取の例より BMC が高い。 【運動】踵骨では最も運動量が低い群に比べて他の 2 群では BMD が高い。橈骨近位部では最も運動量の多い群が最も少ない群より BMC が高い。
7 (1998)	日本の 1 県の 4 町村に在住する 49.9±11.0 歳の女性 463 例	【骨】超音波法（A-1000，Lunar）による踵骨（% age matched stiffness） 【乳】現在の牛乳・乳製品摂取は，ほぼ毎日，時々，飲まないの 3 段階，中・高校時の牛乳・乳製品摂取は 1 日牛乳 2 本以上，1 本くらい，飲まないの 3 段階 【運動】現在および中・高校時の運動について週 3 日以上，月に 1 回～週に 2 日，ほとんどしないの 3 段階	% age matched に対し，身長，体重，飲料水カルシウム濃度，外食，飲酒，現在と過去の牛乳・乳製品摂取，外出頻度，現在と過去の運動習慣による多重分類分析	【乳】閉経前，後とも一定の傾向はみられなかった。 【運動】閉経前，後とも一定の傾向はみられなかった。
8 (1999)	日本の 29 都道府県の 48 地域に在住する 15～83 歳の女性 11,252 例	【骨】DXA（DCS-600，ALOKA）による橈骨遠位 1/3 部位の BMD 【乳】現在の乳製品摂取は，ほぼ毎日，時々，とらないの 3 段階，過去の乳製品摂取は 18 歳以前で 1 日 2 本以上，約 1 本，それ以下の 3 段階。1 本は 200 mL の牛乳，200 g のヨーグルト，30 g のチーズに相当 【運動】現在および 18 歳より前の定期的な運動実施の有無（過去は体育の授業以外）	喫煙，日光曝露時間，現在の運動，過去の運動，飲酒，現在の乳製品摂取，過去の乳製品摂取，月経状況による ANOVA	【乳】過去の乳製品摂取は，20 歳代，30 歳代で，現在の乳製品摂取は 30 歳代で有意に BMD を高くする。 【運動】過去の運動実施は，20 歳代，30 歳代で，現在の運動実施は 20 歳代で BMD を有意に高くする。
9 (1999)	日本の 29 都道府県の 48 地域に在住する 20～69 歳の男性 885 例	【骨】DXA（DCS-600，ALOKA）による橈骨遠位 1/3 部位の BMD 【乳】現在の乳製品摂取は，ほぼ毎日，時々，とらないの 3 段階，過去の乳製品摂取は 18 歳以前の乳製品摂取で 1 日 2 本以上，約 1 本，それ以下の 3 段階。1 本は 200 mL の牛乳，200 g のヨーグルト，30 g のチーズに相当 【運動】現在および 18 歳より前の定期的な運動実施の有無（過去は体育の授業以外）	BMD を従属変数，BMI，喫煙，日光曝露時間，現在と過去の運動，飲酒，現在と過去の乳製品摂取を独立変数とする重回帰分析	【乳】過去の乳製品摂取が 40 歳代で BMD を高くすることに有意に関連していたが，それ以外の年齢や現在の乳製品摂取については有意な影響はない。 【運動】現在の運動実施が 20 歳代，40 歳代において BMD を有意に高くしていたが，過去の運動との関連はみられなかった。

表 2　牛乳・乳製品摂取，運動と骨の関係を検討した断面的研究のまとめ（つづき）

文献番号(年)	対象者	骨，牛乳・乳製品摂取(乳)，運動の評価方法	解析方法	牛乳・乳製品摂取(乳)と運動に関する結果
10 (2001)	日本の 1 地域に在住する 20～39 歳の女性 91 例	【骨】DXA（DCS-3000，ALOCA）による全身，腰椎（L2-L4），橈骨遠位 1/3 部位の BMD 【乳】3 日間の食事記録，および中学と高校生時の牛乳摂取量（1 カップ＝200 mL） 【運動】13～15，16～18 歳時と現在の運動の種類，頻度，時間。授業以外で週に 1 時間以上の運動実施の有無	牛乳摂取量を含む項目で調整した運動と BMD の関係について ANCOVA，およびステップワイズ法による重回帰分析	【乳】重回帰分析では，橈骨 BMD に関連する要因として 15～18 歳時の牛乳摂取が選択された。 【運動】全身と腰椎の BMD は 13～15，16～18 歳時，現在の運動実施で有意に BMD が高い。橈骨 BMD では運動の有無による差はない。運動強度では，全身と腰椎の BMD はすべての時期でハイインパクト（バスケットボール，バレーボール，ハンドボールなど）の実施でローインパクト（卓球，水泳，ソフトボールなど）より有意に BMD が高いが，橈骨では差なし。すべての部位とも運動実施の時期が長いほど BMD が有意に高い。重回帰分析では，全身と腰椎の BMD については，13～15 歳時の 1 週間あたりの運動時間が選択された。
11 (2010)	日本の 1 県に在住する小学生と中学生計 668 例	【骨】超音波法（AOS-100，ALOKA）による踵骨の SOS と OSI 【乳】調査日前日までの 1 週間で牛乳・乳製品を 1 日 1 回以上摂取しているか（給食以外） 【運動】通学時の往復の徒歩時間，スポーツ系の習い事・運動部の所属・動的遊びの有無	身体活動，牛乳・乳製品摂取，除脂肪量，成熟度を含む項目によるステップワイズ法による重回帰分析	【乳】牛乳・乳製品の摂取は重回帰分析では選択されなかった。 【運動】中学生では男女とも運動部所属で SOS が高い。OSI は小学生男子では歩行時間が長いほど高く，中学生の男子では運動部所属で高い。
12 (2010)	日本の 33 都道府県の 236 高校の男女生徒 38,719 例	【骨】超音波法（AOS-100，ALOKA）による踵骨の OSI 【乳】牛乳とヨーグルト摂取量 1～99，100～199，200～399，400≦mL/日，チーズ摂取量 1～19，20～39，40～59，60≦g/日で区分 【運動】現在の 1 週間の運動実施の頻度	牛乳・乳製品の摂取量，運動，身長，体重，性，年齢，地域による重回帰分析	【乳】男女とも牛乳とヨーグルト摂取量が多い例で OSI が高い。 【運動】男女とも運動実施頻度が高いほど OSI が高い。

SPA：single-photon absorptiometry，BMC：bone mineral content，DXA：dual energy X-ray absorptiometry，BMD：bone mineral density，SXA：single-energy X-ray absorptiometry，SOS：speed of sound，OSI：osteo sono-assessment index

で行った。現在と過去の運動習慣，牛乳・乳製品を含む 7 食品群の摂取頻度の質問がされた。

定期的な運動習慣がある者は 132 例（37％）いた。そのうち，93％が週に 6～7 回の実施であり，60％はテニス，ソフトボール，バレーボールのいずれかを行っていた。牛乳または乳製品のいずれかを時々または毎日とっている者は 299 例（83％）いた。全対象を，牛乳・乳製品を時々または毎日摂取し定期的な運動を実施，牛乳・乳製品の摂取のみ，定期的な運動の実施のみ，いずれもなしの 4 群に分けて，超音波法で評価された stiffness index，speed of sound（SOS，m/s），broadband ultrasound attenuation

表 3　運動習慣と牛乳・乳製品摂取の有無による踵骨骨量の各指標の比較（文献 13 より引用改変）

運動習慣×牛乳・乳製品摂取	n	stiffness index	SOS (m/s)	BUA (MHz)
あり×あり	117	92.1±1.2	1553±3	116±1
あり×なし	15	90.5±3.5	1538±7	120±4
なし×あり	182	86.4±1**	1536±2**	115±1
なし×なし	45	85.5±2	1534±4**	114±2

**：$p<0.01$ vs. あり×あり
ANCOVA を用いて，体重で調整した stiffness index，SOS，BUA を示した。

表4 調整済BMDの変化率の比較（文献14より引用改変）

1群	2群	調整平均変化率(%) (1群−2群)
1. 筋力トレーニング	2. 有酸素歩行	−0.04 n.s.
1. 筋力トレーニング	3. 運動なし	2.86 n.s
1. 筋力トレーニング	4. 対照群	4.54*
2. 有酸素歩行	3. 運動なし	2.9 n.s.
2. 有酸素歩行	4. 対照群	4.58*
3. 運動なし	4. 対照群	1.68 n.s.

*：$p<0.05$，n.s.：有意差なし
調整平均変化率は介入前のBMDとBMIで調整した値

(BUA, MHz)を比較した結果が**表3**である。stiffness indexとSOSは牛乳・乳製品摂取と運動習慣のある群，運動のみ，牛乳・乳製品摂取のみ，いずれもなしの順に高かった。stiffness indexでは，牛乳・乳製品摂取と運動習慣のある群で，牛乳・乳製品摂取のみの群よりも有意に高い値であった。また，SOSでは，牛乳・乳製品摂取と運動習慣の群は，牛乳・乳製品摂取のみ，いずれもなしのそれぞれよりも有意に高い値であった。各群の人数に差があり，特に運動習慣のみの群の数が少ないことから，牛乳・乳製品摂取，運動習慣のいずれかのみの影響の大小関係を比較することは困難である。断面的研究であるが，牛乳・乳製品摂取と運動習慣の両方を行うことが，より有効である可能性を示したものといえる。

4 介入研究

ここまでに紹介した研究はすべて断面的な検討であり，BMD（bone mineral density）などの骨量と牛乳・乳製品摂取と運動実施の因果関係を検討しているものではない。本来は，牛乳・乳製品摂取や運動実施と骨量の縦断的な研究や介入研究により，検討が進められるべきである。

山下ら[14]は，19〜22歳の専門学校の女子生徒27例を対象とし，筋力トレーニング群，有酸素歩行群，運動なし群の3群と，研究に参加していない学生から骨量及びBMIが運動なし群とほぼ同じである8例を抽出した対照群について検討している。介入期間は9ヵ月間であり，介入前，1期終了後（10週間の介入後），2期終了後（9週間の介入中断後），3期終了後（10週間の介入後），4期終了後（介入終了7週後）の骨量の評価を行っている。対照群以外には，食物繊維入り低脂肪乳200 mL，サンゴ由来カルシウム錠（カルシウム600 mg，マグネシウム300 mgなどを含有），ピロリン酸鉄錠（ピロリン酸第二鉄5 mg含有）を1期および3期の平日100日間投与した。運動は1期と3期に，週3回1回60分の筋力トレーニングまたは歩行を行った。骨量の評価は超音波法（A-1000, Lunar）により踵骨の測定を実施した。

4期終了時の結果から，筋力トレーニング群では骨量が増加しており，群ごとの変化量を比較した場合，対照群に比べて筋力トレーニング，有酸素歩行群での骨量増加が大きいことが認められた（**表4**）。しかし，筋力トレーニング，有酸素歩行のいずれも運動なし群との差はなく，栄養補給のない運動単独の実施の群がないことから，これらの増加が栄養補給や運動の単独の効果なのか，組み合わせによる相乗効果なのかは明確ではない。この研究の本来の目的は，牛乳やカルシウムのみの投与でなく栄養バランスのとれた状態での運動効果を検討したものである。その観点からは，牛乳・カルシウム投与と日常の食事の両方から評価した栄養バランスが良好であることと運動の実施が独立して影響しており，栄養と運動の両者への配慮が重要であることが指摘されている。

日本人を対象とした研究ではないが，以下のような介入研究がオーストラリアで行われている[15]。この研究は，50〜79歳の男性を対象とした18ヵ月のランダム化比較試験である。180例の被験者は牛乳摂取＋運動，牛乳摂取のみ，運動のみ，対照群の4群に分けられた。牛乳の介入

では，カルシウムとビタミンDを強化した牛乳を1日に400 mL摂取することで，500 mgのカルシウムと400 IUのビタミンDを摂取している。運動では，レジスタンストレーニングを主とした運動を週に3回実施した。骨量は，腰椎と大腿骨頸部についてDXA（Prodigy，Lunar）により測定された。また，大腿骨中位，脛骨中位，腰椎のQCT（quantitative computed tomography，Mx8000 Quad CT scanner，Philips Medical System）による測定が行われた。

その結果，強化牛乳摂取と運動実施の交互作用は認められなかった。主効果分析では，運動により大腿骨頸部ではBMDの上昇や断面積の増加などを含む部位全体として2.1％の改善を示した。また，L5腰椎でも2.2％のBMDの上昇を示した。一方で，大腿骨中位や脛骨中位のBMDや構造などに効果はみられなかった。また，牛乳摂取のみによる主効果は，どの部位にもみられなかった。

5　まとめと課題

運動と骨量，あるいは運動とカルシウム摂取に関する研究は多数あると思われるが，日本人を対象に牛乳・乳製品摂取と運動について独立した影響を検討している研究は少なかった。重回帰分析などを使用して，牛乳・乳製品摂取と運動の独立した影響を検討した断面研究では，少なくとも若年者（小・中・高校生から40歳代程度）では，牛乳・乳製品摂取と運動の実施のそれぞれが独立して骨量に影響している可能性が指摘された。しかしながら，牛乳・乳製品を摂取し，かつ運動をすることが，牛乳・乳製品の摂取のみあるいは運動の実施のみより，より効果的かという点については十分なエビデンスはない。オーストラリアで行われた介入研究では[15]では牛乳摂取の骨への主効果は認められなかったが，通常のカルシウム摂取量の少ない日本人では異なる結果となるかもしれない。牛乳・乳製品摂取と運動実施の組み合わせが，牛乳・乳製品摂取のみや運動実施のみより有効かどうかについては，縦断的な観察や介入研究によって検討を加える必要があると考えられる。

文　献

1）Yoshimura N：[Exercise and physical activities for the prevention of osteoporotic fractures：a review of the evidence]. Nihon Eiseigaku Zasshi. Japanese journal of hygiene 58：328-37, 2003
2）Bielemann RM, Martinez-Mesa J, Gigante DP：Physical activity during life course and bone mass：a systematic review of methods and findings from cohort studies with young adults. BMC Musculoskelet Disord 14：77, 2013
3）Bailey CA, Brooke-Wavell K：Exercise for optimising peak bone mass in women. Proc Nutr Soc 67：9-18, 2008
4）Guadalupe-Grau A, et al.：Exercise and bone mass in adults. Sports Med 39：439-68, 2009
5）Yano K, et al.：The relationship between diet and bone mineral content of multiple skeletal sites in elderly Japanese-American men and women living in Hawaii. Am J Clin Nutr 42：877-88, 1985
6）Davis JW, et al.：Anthropometric, lifestyle and menstrual factors influencing size-adjusted bone mineral content in a multiethnic population of premenopausal women. J Nutr 126：2968-76, 1996
7）土屋久幸，ほか：飲料水の成分並びに日常生活習慣等と骨密度の関連．民族衛生 64：313-25, 1998
8）Komine Y, et al.：Relationship between radial bone mineral density and lifestyle in Japanese women. Nihon Univ J Med 41：283-302, 1999
9）土岐岳子，ほか：日本人成人男性の骨密度とライフスタイルの関連．民族衛生 65：273-81, 1999
10）Hara S, et al.：Effect of physical activity during teenage years, based on type of sport and duration of exercise, on bone mineral density of young, premenopausal Japanese women. Calcif Tissue Int 68：23-30, 2001
11）古泉佳代，伊藤千夏，金子佳代子：小・中学生における成熟度，身体活動及び牛乳・乳製品の摂取頻度と踵骨骨量との関連．発育発達研究 49：1-11, 2010
12）Uenishi K, Nakamura K：Intake of dairy products and bone ultrasound measurement in late adolescents：a nationwide cross-sectional study in Japan. Asia Pac J Clin Nutr 19：432-9, 2010
13）Ishikawa-Takata K, Ohta T：Relationship of lifestyle factors to bone mass in Japanese women. J Nutr Health Aging 7：44-53, 2003
14）山下静江，ほか：栄養素の補足条件下における運動負荷が若年女子の骨密度に及ぼす効果．日本栄養・食糧学会誌 56：3-15, 2003
15）Kukuljan S, et al.：Independent and combined effects of calcium-vitamin D3 and exercise on bone structure and strength in older men：an 18-month factorial design randomized controlled trial. J Clin Endocrinol Metab 96：955-63, 2011

4. 骨に対する牛乳・乳製品の効果に影響する因子

(2) 栄養素（ビタミンD，ビタミンK）の影響

津川　尚子　神戸薬科大学衛生化学研究室

要　約

・牛乳・乳製品はビタミンDを含む魚・小魚などとともに摂取することで，血中PTH濃度低下などの効果が加えられ，骨量増加に寄与する可能性が考えられる。
・骨密度上昇と骨折抑制のためには，常にカルシウムとビタミンD栄養を充実させることが重要である。
・ビタミンD受容体遺伝子多型は骨密度に影響することが考えられるが，寄与率をみると影響はさほど大きくない。
・ビタミンKと骨折リスクの関係を示す論文は多く，ビタミンKの骨折予防効果は骨密度増加よりもむしろ骨質改善に寄与して発現することを示唆している。
・ビタミンKをカルシウム，ビタミンDと併用することは骨密度増加，骨代謝改善に役立つと考えられ，今後これらの併用による骨折予防効果の検討を進める必要がある。

Keywords　ビタミンD，ビタミンK，副甲状腺ホルモン(PTH)，ビタミンD受容体遺伝子多型，ビタミンK依存性タンパク質

はじめに

乳製品に多く含まれるカルシウムは骨の健康にとって欠かせない栄養素であるが，その効果を最大限に生かすための栄養素としてビタミンDも欠かせない。また，骨の健康に役立つビタミンとしてビタミンKの役割は重要である。

ビタミンDは，カルシウム吸収促進や生体のカルシウムバランスを保ちつつ，骨芽細胞，破骨細胞機能を調節して骨の健康維持に働くのに対し，ビタミンKはオステオカルシンなどの骨基質タンパク質の活性化を介して骨の正常な石灰化形成に関与し，骨折予防と密接な関係をもつ。

本稿では，ビタミンDおよびビタミンKの骨における作用について概説するとともに，牛乳栄養学術研究会委託研究報告を中心として，牛乳・乳製品など高カルシウム含有食とともに補給されるビタミンD，ビタミンKの効果についてまとめたい。

1　ビタミンDと骨代謝

1.1　供給源と代謝

ビタミンDには，側鎖構造の異なるD_2とD_3があり，摂取源としてD_2はきのこ類に，D_3は魚類に多く含まれる。一方，生体内ではプロビタミンD_3である7-デヒドロコレステロールが皮膚に存在し，これに日光の紫外線が照射されるとD_3が生成する。皮膚で生合成されたビタミンDおよび食事から摂取されたビタミンDは，大部分が肝臓の25位

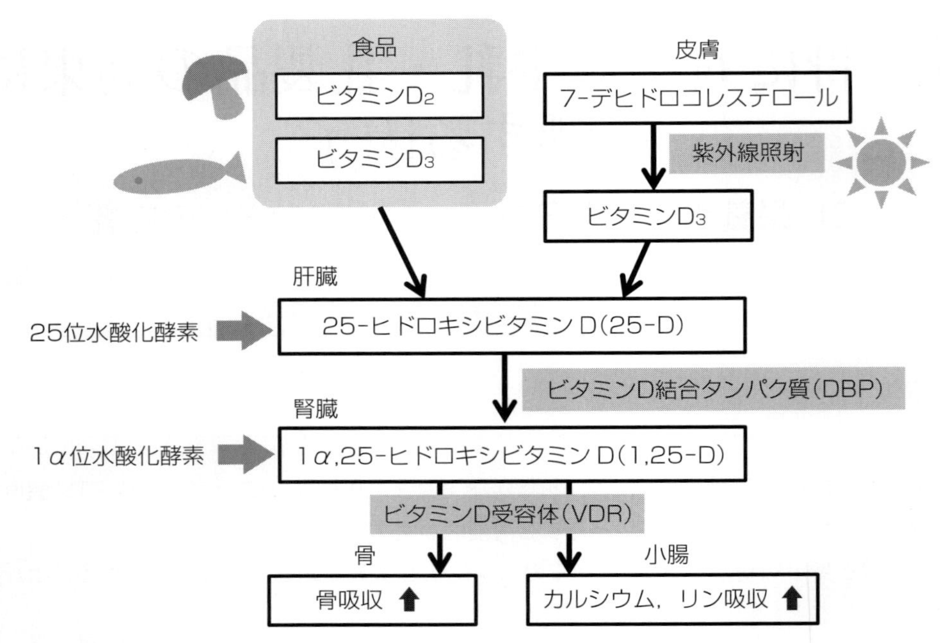

図１　ビタミンＤの供給源と代謝

水酸化酵素により代謝されて25-ヒドロキシビタミンD(25-D)となる。25-DはビタミンD結合タンパク質(DBP)と結合して安定的に血中を循環し，必要に応じて腎臓の1α位水酸化酵素（CYP27B1）により1α,25-ジヒドロキシビタミンD（1,25-D）に代謝される。活性型ビタミンDである1,25-Dは，核内受容体であるビタミンD受容体（VDR）結合を介して生理作用を発揮する（**図1**）。DBPとの結合性が高い25-Dの血中半減期は長く，日照によるビタミンD産生量や摂取量を反映するため，ビタミンDの栄養状態を知るうえで最も重要な指標となる。これに対して，腎臓における1,25-Dの産生はカルシウム需要に応じて副甲状腺ホルモン（PTH）などのカルシウム代謝調節ホルモンにより厳密に調節されるため，種々の骨代謝疾患の指標として重要になる。

1.2　ビタミンＤの栄養指標

25-Dは活性型ではないためVDR結合を介した作用をほとんど発現しないにもかかわらず，25-Dの血中濃度の低下は血中PTH濃度を上昇させる。ビタミンDが極度に欠乏すると，血中25-D濃度の低下，1,25-D濃度の低下とともに腸管カルシウム吸収と腎臓遠位尿細管からのカルシウム再吸収が低下し，低カルシウム血症やくる病，骨軟化症といった顕著な症状が現れる。しかし，軽度の25-D濃度の低下は血中カルシウム濃度や1,25-D濃度に変化を与えず，血中PTH濃度の上昇を招く。いわゆるこれが「ビタミンD不足状態」であり，骨吸収活性をもつPTHの上昇が骨に悪影響を与えると考えられる。PTHはカルシウム低下を鋭敏に感知して上昇する一方，ビタミンD不足の鋭敏な指標ともなる。

牛乳・乳製品をはじめとするカルシウム含有食品の摂取は骨の健康維持に欠かせないが，このような潜在的ビタミンD不足の存在は，カルシウムの利用効率の低下につながる。そこで，以下，カルシウム供給源としての牛乳・乳製品の効果，カルシウムとビタミンDの骨に対する相互効果，VDR遺伝子多型の影響について研究報告結果を中心に概説する。

1.3　牛乳・乳製品の摂取とカルシウム，ビタミンＤ

日本人のカルシウム摂取量は欧米諸国に比べて非常に少ない。骨粗鬆症の発症や進展を予防するためのカルシウム摂取量および効果的な供給源となる食物を知り，カルシウム摂取量を増加させることは重要である。折茂ら[1]は，健常若年男性（20歳）4人を対象に$CaCO_3$，牛乳，小魚（チリメンジャコ），海草（ヒジキ）のカルシウム吸収率を比較し，カルシウムの効果的な供給源の検討を行った。尿中カルシウム排泄量は海草摂取で5倍，牛乳摂取で4倍，

$CaCO_3$と小魚摂取で3倍に上昇し，いずれも効率よくカルシウムが吸収されることが示された。しかし，血清リン濃度は小魚以外の食品では食後2時間で一度低下するのに対して，小魚摂取では摂取前に比べて変化しなかった。さらに，血清 intact PTH 濃度は牛乳摂取後に約80%まで有意に抑制されたが，小魚摂取では摂取前に比べて変化がみられなかった。小魚にはカルシウムとともにリンが豊富に含まれ，これが同時に吸収されるためにPTH分泌が抑制されなかった可能性が示唆される。

一方，門利ら[2]はカルシウム含量の多い食品の摂取と骨量との関連について青年期男子を対象に検討を行っている。この報告では，カルシウム含量の多い食品群として牛乳と魚・小魚が比較された。その結果，牛乳摂取は骨量と関連を示さず，魚・小魚摂取において骨密度・骨塩量増加が認められた。しかし，牛乳摂取と魚・小魚摂取を組み合わせた詳細な検討では，魚・小魚摂取と骨密度の関係は牛乳を毎日飲む群において最も関連性が強く，牛乳を飲まない群では魚，小魚摂取と骨密度・骨塩量との関係が認められなくなることが示されている。

これらの若年男性の結果から，魚・小魚をカルシウム供給源とする場合は，PTH 抑制効果が低いものの，ビタミンDが含まれているために骨量低下防止あるいは増加に寄与したと推察され，牛乳・乳製品については魚・小魚などとともに摂取することでPTH濃度低下などの効果が加えられ，骨量増加に寄与する可能性が考えられた。

1.4 骨の健康におけるビタミンDとカルシウムの相互作用

カルシウム吸収効率が良い食品の検討とは別に，骨に対するカルシウム摂取とビタミンD摂取の相互効果について多くの研究が行われている。中村ら[3,4]は，看護学科に通う女子学生112人（2年生47人，3年生65人）を対象に，カルシウムおよびビタミンD摂取量と骨密度の関係を検討した。被験者のカルシウム摂取量は380±208 mg/日で非常に低く，血中25-Dは35.7±11.0 nmol/L（14.3±4.4 ng/mL）で，血中25-D濃度30 nmol/L（12 ng/mL）未満のビタミンD不足者が32.4%存在する集団であった。この集団においてカルシウム摂取量と大腿骨頸部の骨塩量および骨密度には有意な正相関関係がみられ，$25\text{-}D_3$および$1,25(OH)_2D_3$は腰椎BMDと相関した。

しかし，多変量解析ではカルシウム摂取量は独立予測因子としては見いだされたものの，25-Dは独立予測因子としては見いだされなかった。この被験者のカルシウム摂取量は近年の国民健康・栄養調査結果報告と比べてもかなり低く，また血中25-D濃度からビタミンD栄養状態もかなり低いと判断される。このことから，ビタミンD栄養が骨量に及ぼす影響については，ビタミンD不足者と充足者をともに広く含む観察集団を対象にしたさらなる検討が必要と考えられる。

一方，高齢女性を対象に骨粗鬆症性骨折予防を目指したカルシウムおよびビタミンDの栄養効果についても報告されている[5]。対象は，新潟県在住の自立した70歳以上の高齢女性775人で，カルシウム摂取量は577±251 mg/日（最近の国民健康・栄養調査による同年代のカルシウム摂取量と同等かやや上回る摂取量）であり，血中25-D濃度は23.6±9.1 ng/mLであった。この被験者において，カルシウム摂取量と腰椎骨密度は有意に正相関（$r=0.085$）したが，血中25-D濃度と骨量に有意な関連は認められなかった。一方，血中intact PTH濃度はカルシウム摂取量と弱く負相関（$p=0.041$）し，血中25-D濃度とは強く負相関（$p=0.0045$）した。

日本人を対象としたこれらの研究において，血中25-D濃度と骨密度との有意な関係が見いだせなかったが，日本人高齢者において低25-D濃度が骨折や骨密度と関連するという報告もあり[6〜9]，これらは欧米諸国の結果とも一致する[10〜12]。これらの報告が示唆することは，血中PTH濃度の低下には血中25-D濃度20 ng/mL以上の維持が必要であり，骨密度上昇と骨折率低下には約30 ng/mL以上が必要ということである。

ただし，このようなビタミンDの効果は，適正なカルシウム摂取が行われていることが前提で発揮されるものである[13]。Bischoff-Ferrariら[14]は，骨密度に対するビタミンDとカルシウム栄養の相互効果を検討したところ，血中25-D濃度50 nmol/L（20 ng/mL）以上ではカルシウム摂取量の影響を受けずに25-D濃度の上昇に伴って骨密度が上昇するが，血中25-D濃度50 nmol/L（20 ng/mL）未満のビタミンD不足状態ではカルシウム摂取不足の影響が現れることが示された。この報告でのカルシウム摂取量四分位各群は，第1群：<566 mg/日，第2群：567〜671 mg/日，第3群：672〜825 mg/日，第4群：826〜2,143 mg/日

であり，ビタミンD不足になると最もカルシウム摂取量が低い第1群で骨密度が低下する。ここでいう第1群のカルシウム摂取量566 mg/日は，日本人に当てはめるとカルシウム摂取量50パーセンタイル値に相当する。このことは，日本人のカルシウム摂取量が現状のまま推移するのであれば，常にビタミンD栄養を充実させることが重要であることを示唆する。

1.5　ビタミンD受容体遺伝子多型とカルシウム栄養

VDR遺伝子多型と骨密度との関係はMorrisonらによってはじめて報告され[15)]，メタアナリシス[16〜18)]でもその関連性が有意であると評価されている。

山縣ら[19)]は，牛乳・乳製品などの食品摂取と運動が骨代謝に及ぼす影響において生じる個体差に着目し，遺伝要因としてVDR遺伝子多型との関連を検討した。多型解析はVDR遺伝子のイントロン8に存在する制限酵素Bsm1による制限酵素断片長多型（RFLP）解析により行われ，Bsm1で切断される対立遺伝子をb型，切断されない対立遺伝子をB型とした。各遺伝子型の頻度はbbが54.6%，Bbが38.9%，BBが6.5%で，白人に比べてB型が少ないのが特徴であった。骨密度との関連性は，BB型の骨密度がbb型の骨密度より低く，Bb型はその中間にあった。また，1年間の骨密度変化率はBB，Bb，bbの順に低下率が大きく，bb型は他の遺伝子型に比べて牛乳などカルシウムを多く含む食品の摂取に対して骨密度を上げる反応が強く，VDR遺伝子多型がカルシウム摂取と骨密度との関係に関与することが示唆された。しかし，骨密度に影響する要因の寄与率を考えると，年齢が最も大きく25.9%，次いで閉経13.3%，牛乳摂取量12.2%，VDR遺伝子多型4%，その他の遺伝子多型（エストロゲン，オステオカルシン）は2%前後であり，遺伝子多型の影響はさほど大きくないことも示されている。

VDR遺伝子多型と骨密度について，徳山ら[20)]は別の多型解析で検討した。方法は，男子競泳選手および体重負荷のかかる運動の男子競技者と，その対照として競技歴のない一般男子学生212人を対象にし，骨密度，VDR遺伝子型（FF，Ff，ff型），栄養摂取および運動歴を調査した。VDR遺伝子多型は，VDR遺伝子エクソン2領域が制限酵素Fok1で切断されるものをf型，切断されないものをF型として分類された。被験者全員の骨密度を比較すると，いずれの測定部位においても遺伝子型間に有意な差は認められなかった。しかし，被験者を体重負荷のかかる種目選手と体重負荷のかからない競泳選手に分けると，前者ではFF型>Ff型>ff型という日本人中高年女性と同じ傾向がみられるのに対して，後者では逆にFF型<Ff型<ff型という傾向になり，FF型は衝撃などの外的負荷の影響を受けて骨密度を大きく上昇させる遺伝子型である可能性が示された。これらは，VDR遺伝子多型が若年成人男子の骨密度にも影響することを示すが，牛乳・乳製品摂取などのカルシウム栄養やビタミンD栄養との関係については検討されていなかった。

一方，中村らはVDR遺伝子3′領域の多型，Apa1，Taq1，およびBsm1の多型と骨密度との関係について検討し，カルシウム摂取量やビタミンD栄養状態との関連を調査した[21)]。Apa1多型では，カルシウム摂取量と大腿骨頸部骨密度の正相関の傾きがaa群に比べてAAおよびAa群でより大きく，AAおよびAa型においてカルシウム摂取量が大腿骨頸部骨密度により強く関連している可能性があると報告されている。Taq 1多型においても同様であり，Tt群における回帰直線の傾きがTT群より大きい。このことは，AA型，Aa型およびTt型の若年女性にとって，カルシウム摂取増加が最大骨量の獲得に特に重要であることを示唆する。また，研究で注目すべき点は血中25-DがAA型およびBB型で有意に低値であったことである。血中25-D濃度に影響する遺伝子多型としてVDRのFok1切断による遺伝子多型やCYP27B1，ビタミンD結合タンパク質（DBP）遺伝子の多型も報告されており[22)]，遺伝子多型が血中25-D濃度に影響するならば，ビタミンD栄養とともに腸管カルシウム吸収率の低下など，カルシウム栄養状態を良好に保つための配慮が必要になる。

2　ビタミンKと骨代謝

2.1　骨におけるビタミンKの効果

ビタミンKは，血液凝固関連因子の活性化に重要であるとともに，骨で産生されるオステオカルシンや軟骨や血管で産生されるマトリックスグラタンパク質（MGP）などのビタミンK依存性タンパク質（VKDP）をグラ化（グルタミン酸残基のγ位をカルボキシル化）することによって，骨質の維持や血管の石灰化抑制に働く。ビタミンKは，側鎖構造の異なるフィロキノン(K_1)とメナキノン(MK)に分類され，K_1は主に緑色野菜から摂取される。一方，MKにはMK-nで表される側鎖長の異なる同族体が存在し，食品中には主にMK-4とMK-7が存在する。MKは細菌類によって産生されることから発酵食品に多く含まれ，特にMK-7は納豆に豊富に含まれる。

現在，乳児を除き，出血を伴うような栄養的なビタミンK欠乏患者はほとんどみられない。しかし，低ビタミンK摂取が低骨密度[23,24]あるいは骨折リスク上昇[25]，心疾患リスク・死亡率上昇[26]に関係することが報告され，さらに閉経後女性に対するビタミンK補給が，骨量減少の抑制[27]や動脈硬化の抑制[28]を示すことが報告されている。

ビタミンK栄養と骨折リスクの関係を示す論文は多く，著者らが調査した閉経後日本人女性の血中K_1濃度と骨折の関係では，血中K_1濃度の中央値2.67 nmol/Lで分けた高濃度群と低濃度群において骨密度と骨型アルカリホスファターゼ活性は両群間で差がないものの，骨折発生率は低濃度群で有意に高かった[29]。また，高濃度群に対する低濃度群の骨折の相対リスクは，年齢調整後で3.58であった。一方，横断的解析によりビタミンK摂取量266 μg/日で高ビタミンK摂取群と低ビタミンK摂取群に分けると，骨折有病率は高ビタミンK摂取群では9.9%であったのに対して低ビタミンK摂取群では35.9%であり，オッズ比5.6(95%信頼区間：2.1〜14.9，$p<0.001$)であった。

コホート研究でも低ビタミンK摂取群で有意に高い臨床骨折の発生率が確認された[30]。Boothらは，ビタミンK摂取量四分位で骨折リスクを比較したところ，平均ビタミンK摂取量254 μg/日の最高位群に比べて56 μg/日の最低位群の大腿骨近位部骨折のリスクが2.9倍高いことを報告している[31]。また，別の研究では5 mg/日のK_1を補給すると骨密度への影響はないが骨折抑制効果があると報告した[32]。5 mg/日という補給量は，骨粗鬆症治療薬として使用される量に比べると少なく，食事から日常的に摂取することは困難な量である。骨折予防効果が期待できるビタミンKの摂取量については今後検討しなければならない課題であるが，これらの結果はビタミンKの骨折予防効果が骨密度増加よりもむしろ骨質改善に寄与して発現することを示唆する。

2.2 牛乳・乳製品を介したカルシウム供給とビタミンKの相互効果

ビタミンK自体にはビタミンDのような腸管カルシウム輸送能や腎臓カルシウム再吸収能がないため，ビタミンKとカルシウムとの併用は異なる作用点での協力的作用を期待するものとなる。ビタミンKと牛乳・乳製品の併用摂取による効果を評価した研究はほとんど見当たらないが，いくつかの報告はみられる。Krugerらはカルシウム強化牛乳補給におけるビタミンKの併用効果を検討した[33]。20〜35歳の女性82人を3グループに分け，高カルシウム(1,000 mg/日)スキムミルクを補給するグループ，高カルシウムスキムミルクにK_1 80 μg/日を併用するグループ，無補給グループを設定し，16週間補給後に骨代謝マーカーを測定した。その結果，カルシウム強化ミルク補給で骨代謝回転の低下が観察されるものの，K_1補給による併用効果は16週間という介入期間では認められなかった。

一方，Kanellakisらは閉経後女性を対象にカルシウム800 mg/日とビタミンD_3 10 μg/日を補給するCaDグループ，およびこれにビタミンK_1 100 μg/日を加えた$CaDK_1$グループ，MK-7 100 μg/日を加えた$CaDK_2$グループに分け，強化ミルクあるいはヨーグルトを介してこれらを補給した[34]。これに無補給グループを加えて12ヵ月間観察した。その結果，対照に比べて$CaDK_2$グループの血中IGF-I濃度が上昇し，さらに$CaDK_1$と$CaDK_2$グループの尿中デオキシピリジノリン濃度が有意に低下した。さらに対照に比べて全身骨密度(BMD)がCaD，$CaDK_1$，$CaDK_2$グループで上昇し，25-D濃度とカルシウム摂取量調整後は$CaDK_1$および$CaDK_2$グループに，腰椎骨密度上昇効果がわずかではあるが有意に観察されている。この結果は，K_1とMK-7の補給がカルシウム，ビタミンDの併用とともに骨密度上昇と骨代謝改善に役立つことを示唆する。

先に示したKrugerらの研究においてビタミンK補給の効果がみられなかった理由として，比較的若年の女性を対象としていることや介入期間が短いことなどが原因である可能性が考えられる。また，前述のようにビタミンKは骨質改善による骨折予防に効果的である可能性が高いため，今後はこれらの併用による骨折予防効果についても検討を進める必要があるだろう。

おわりに

健康寿命の延伸には，メタボリックシンドロームとともにロコモティブシンドロームの予防が必要となる。骨粗鬆症や骨折を未然に防ぐことはこの点において非常に重要であり，高齢社会を迎えたわが国の課題である。また，食事改善によりこれらの疾病を防ぐことは医療経済の観点からも重要である。牛乳・乳製品をはじめとする高カルシウム含有食品とともに効果的にカルシウムを利用できるビタミンDやビタミンKなどの栄養素およびその含有食品の研究により確実なエビデンスを蓄積し，国民に周知還元することは急務の課題であろう。

文献

1）折茂肇，中村哲郎：カルシウム摂取と骨粗鬆症：Calcium Bioavailabilityに関する研究．平成2年度 牛乳栄養学術研究会委託研究報告書：123-5，1991
2）門利知美，ほか：カルシウム含量の多い食品摂取と青年期男子の骨量との関連について．医学と生物学 154：336-45，2010
3）中村和利：若年女性のカルシウム及びビタミンD摂取量と骨密度の関連について：陰膳法（Duplicate Portion Sampling）を用いて．平成14年度 牛乳栄養学術研究会委託研究報告書：22-30，2003
4）Nakamura K, et al.：Nutrition, mild hyperparathyroidism, and bone mineral density in young Japanese women. Am J Clin Nutr 82：1127-33, 2005
5）中村和利：骨粗鬆症性骨折予防を目指したカルシウムおよびビタミンDの栄養状態に関するコホート研究：ベースライン調査．平成15年度 牛乳栄養学術研究会委託研究報告書：1-10，2004
6）Sakuma M, et al.：Serum 25-hydroxyvitamin D status in hip and spine-fracture patients in Japan. J Orthop Sci 16：418-23, 2011
7）Sakamura K, et al.：Vitamin D sufficiency is associated with low incidence of limb and vertebral fractures in community-dwelling elderly Japanese women：the Muramatsu Study. Osteoporos Int 22：97-103, 2011
8）Nakamura K, et al.：Vitamin D status, bone mass, and bone metabolism in home-dwelling postmenopausal Japanese women：Yokogoshi Study. Bone 42：271-7, 2008
9）Nakano T, et al.：High prevalence of hypovitaminosis D and K in patients with hip fracture. Asia Pac J Clin Nutr 20：56-61, 2011
10）Melhus H, et al.：Plasma 25-hydroxyvitamin D levels and fracture risk in a community-based cohort of elderly men in Sweden. J Clin Endocrinol Metab 95：2637-45, 2010
11）Ensrud KE, et al.：Serum 25-hydroxyvitamin D levels and rate of hip bone loss in older men. J Clin Endocrinol Metab 94：2773-80, 2009
12）Cauley JA, et al.：Serum 25-hydroxyvitamin D concentrations and risk for hip fractures. Ann Intern Med 149：242-50, 2008
13）Avenell A, et al.：Vitamin D and vitamin D analogues for preventing fractures associated with involutional and post-menopausal osteoporosis. Cochrane Database Syst Rev Jul 20（3）：CD000227, 2005
14）Bischoff-Ferrari HA, et al.：Dietary calcium and serum 25-hydroxyvitamin D status in relation to BMD among U. S. adults. J Bone Miner Res 24：935-42, 2009
15）Morrison NA, et al.：Prediction of bone density from vitamin D receptor alleles. Nature 367：284-7, 1994
16）Gong G, et al.：The association of bone mineral density with vitamin D receptor gene polymorphisms. Osteoporos Int 9：55-64, 1999
17）Thakkinstian A, et al.：Meta-analysis of molecular association studies：vitamin D receptor gene polymorphisms and BMD as a case study. J Bone Miner Res 19：419-28, 2004
18）Thakkinstian A, D'Este C, Attia J：Haplotype analysis of VDR gene polymorphisms：a meta-analysis. Osteoporos Int 15：729-34, 2004
19）山縣然太郎：乳製品によるカルシウム摂取と骨代謝反応における骨密度関連遺伝子の関与に関する研究．平成10年度 牛乳栄養学術研究会委託研究報告書：237-56，1999
20）徳山薫平，ほか：運動習慣と乳製品摂取が骨密度に及ぼす影響の遺伝的素因の解析．平成12年度 牛乳栄養学術研究会委託研究報告書：261-76，2001
21）中村和利：若年女性の最大骨量獲得に対するカルシウム摂取量とビタミンD受容体遺伝子多型との交互作用―陰膳法（Duplicate Portion Sampling）を用いて．平成16年度 牛乳栄養学術研究会委託研究報告書：127-35，2005
22）McGratha JJ, et al.：A systematic review of the association between common single nucleotide polymorphisms and 25-hydroxyvitamin D concentrations. J Ster Biochem Mol Biol 121：471-7, 2010
23）Szulc P, et al.：Serum undercarboxylated osteocalcin correlates with hip bone mineral density in elderly women. J Bone Miner Res 9：1591-5, 1994
24）Knapen MHJ, et al.：Correlation of serum osteocalcin fractions with bone mineral density in women during the first 10 years after menopause. Calcif Tissue Int 63：375-9, 1998
25）Szulc P, et al.：Serum undercarboxylated osteocalcin is a marker of the risk of hip fracture in elderly women. J Clin Invest 91：1769-74, 1993
26）Geleijnse JM, et al.：Dietary intake of vitamin K-2 reduces the risk of cardiac events and aortic atherosclerosis：The Rotterdam Study. J Nutr 134：3100-5, 2004
27）Braam LA, et al.：Vitamin K1 supplementation retards bone loss in postmenopausal women between 50 and 60 years of age. Calcif Tissue Int 73：21-6, 2003

28) Braam LA, et al.：Beneficial effects of vitamin D and K on the elastic properties of the vessel wall in postmenopausal women：a follow-up study. Thromb Haemost 91：373-80, 2004
29) Tsugawa N, et al.：Low plasma phylloquinone concentration is associated with high incidence of vertebral fracture in Japanese women. J Bone Miner Metab 26：79-85, 2008
30) 津川尚子，ほか：高齢者におけるビタミンK栄養と既存骨折および臨床骨折発生との関係．Osteoporos Jpn 18：240，2010
31) Booth SL, et al.：Dietary vitamin K intakes are associated with hip fracture but not with bone mineral density in elderly men and women. Am J Clin Nutr 71：1201-8, 2000
32) Cheung AM, et al.：Vitamin K supplementation in postmenopausal women with osteopenia（ECKO trial）：a randomized controlled trial. PLoS Med 5：DOI：10. 1371/journal.pmed.0050196, 2008
33) Kruger MC, et al.：Effect of calcium fortified milk supplementation with or without vitamin K on biochemical markers of bone turnover in premenopausal women. Nutrition 22：1120-8, 2006
34) Kanellakis S, et al.：Changes in parameters of bone metabolism in postmenopausal women following a 12-month intervention period using dairy products enriched with calcium, vitamin D, and phylloquinone（vitamin K_1）or menaquinone-7（vitamin K_2）：the Postmenopausal Health Study Ⅱ. Calcif Tissue Int 90：251-62, 2012

4. 骨に対する牛乳・乳製品の効果に影響する因子

(3) 飲酒，喫煙

伊木　雅之　近畿大学医学部公衆衛生学教室

要　約

・飲酒者の骨密度は，通常量の飲酒であれば非飲酒者よりも高かった。
・習慣的飲酒がエタノールにして 1 日あたり男性で 30 g，女性で 20 g を超えると，大腿骨近位部骨折などのリスクが有意に高まった。
・閉経後女性と中年期以降の男性では，喫煙者の骨密度は非喫煙者に比べて低かった。
・50 歳以上では喫煙は骨折のリスクを上げ，部位別には大腿骨近位部で最も影響が大きかった。過去喫煙者の骨折リスクは現在喫煙者と非喫煙者の間にあり，禁煙により骨折リスクが下がる可能性がある。
・飲酒，喫煙が骨折リスクを上げる独立した要因であることはほぼ確実で，牛乳・乳製品によるリスク抑制を打ち消す可能性がある。ただし，これらの複合影響は検討されていない。

Keywords　飲酒，喫煙，骨密度，骨折，複合影響

はじめに

骨に対する牛乳・乳製品の効果に影響する因子として，飲酒と喫煙を取り上げ，最新のエビデンスをまとめた。骨の健康に影響する生活習慣上の要因は多数存在するが，飲酒と喫煙は極めて重要な要因である。本稿では，これらの骨への影響についてのエビデンスを概括したうえで，これらの要因が牛乳・乳製品摂取の骨への効果に対する影響，すなわちこれらの複合影響について述べる。

1　飲酒の影響

1.1　飲酒と骨密度

常習的に大量に飲酒をしているアルコール依存症患者では骨密度が低く，骨折リスクが高いことが知られているが，日常的にみられる飲酒量では異なる結果が報告されている。

Berg ら[1]は 2007 年 5 月までのシステマティックレビューで得られた横断研究をメタ解析し，飲酒量と大腿骨頸部骨密度との間には，**図 1** に示したように，有意な正の線形関係があり，年齢，喫煙，身長と体重を調整後，1 日 1 杯の習慣的摂取あたり 0.045 g/cm^{2}骨密度が上昇するとした。この関連は様々な要因を調整しても同様で，腰椎骨密度でも有意な線形関係が認められたという。

しかし，このメタ解析に含まれていないコホート研究の結果をみると，55 歳以上の男女 4,308 人の大腿骨頸部骨密度の 2 年間の変化をみた Rotterdam Study[2]ではエタノール摂取量との関連は男女とも認められず，67～90 歳男女 718 人の 4 年間の骨密度変化をみた Framingham Osteoporosis Study[3]では，エタノールで週に 85 g を超え

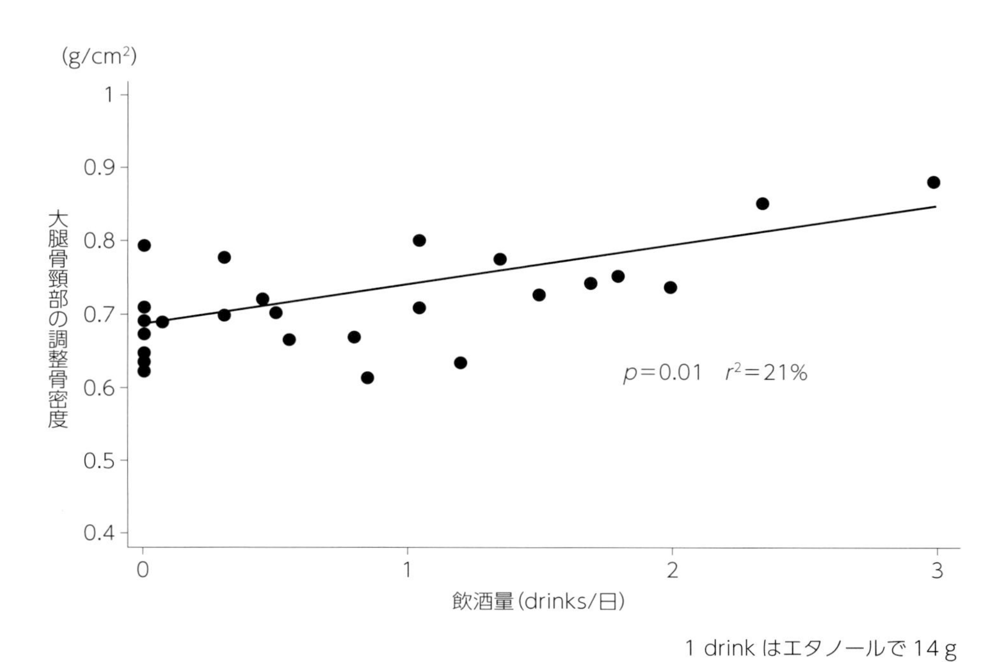

図 1 飲酒量と大腿骨頸部調整骨密度

飲酒量と大腿骨頸部の調整骨密度との関係を 4 研究の結果からメタ解析した。調整した変数は研究によって異なり，少なくとも年齢，身長，体重，喫煙状況を含む。（文献 1 より引用改変）

ると女性の大腿骨大転子部骨密度で有意な低下を認め，メタ解析の結果と一致しなかった。ただし，同研究のベースライン参加者 1,154 人の横断解析では，エタノールで週に 198 g 以上摂取する女性で骨密度は非飲酒者より有意に高く[4]，同じ研究内で結果は異なっていた。加えて，45 歳以上の男性 182 人と女性 267 人のベースラインの飲酒量と 12 年後の骨密度の関連をみた Rancho Bernardo Study[5]では，飲酒量が多いほど男性の大腿骨頸部骨密度と女性の腰椎骨密度が高くなった。また，同メタ解析後に発表された Cardiovascular Health Study[6]の横断解析では飲酒杯数が増えるほど大腿骨骨密度は有意に高くなっており，奈良県内 4 市在住の 65 歳以上の男性を対象にした Fujiwara-kyo Osteoporosis Risk in Men（FORMEN）研究でも多くの交絡要因を調整してもエタノール摂取量と大腿骨骨密度の間には正の相関が認められた[7]。なお，FORMEN 研究の結果からは飲酒量がエタノールで 1 日 55 g を超えると骨密度はむしろ低下する可能性を示唆している。

以上のように，閉経後女性では習慣的な飲酒者で骨密度が高いと考えられ，男性の研究は少ないが同様の傾向である。一般に習慣的飲酒者は体格がよく活動的で社交的とされ，そのために骨密度が高くなっている可能性がある。しかし，多くの研究でこれらの要因は調整されているので，これらの交絡で全てを説明することはできない。また，飲酒はある一定量を超えると骨密度に悪影響を及ぼす可能性もあり，骨密度の維持のために飲酒を奨励することはできない。

1.2 飲酒と骨折

飲酒と骨折については，大腿骨近位部骨折を中心に多くの症例対照研究とコホート研究がある。飲酒に関する 3 つのコホート研究をまとめたメタ解析[8]では，1 日エタノール 16 g までの飲酒で骨折リスクの上昇はみられず，それ以上で男女合わせた骨粗鬆症性骨折リスクが 38％上昇し，大腿骨近位部骨折リスクは 68％上昇した。このメタ解析に加えて 6 つのコホート研究と 5 つの症例対照研究を統合したメタ解析[1]では，**図 2** に示したように，1 日 28 g までの摂取であれば，男女合わせた大腿骨近位部骨折のリスクは上がらず，それを超えると 39％の有意なリスク上昇が認められた。

Berg らのメタ解析[1]の中で代表的と思われる，17,868 人の男性と 13,917 人の女性を追跡したデンマークのコホート研究からは，1 日あたり男性では 36 g 未満，女性で

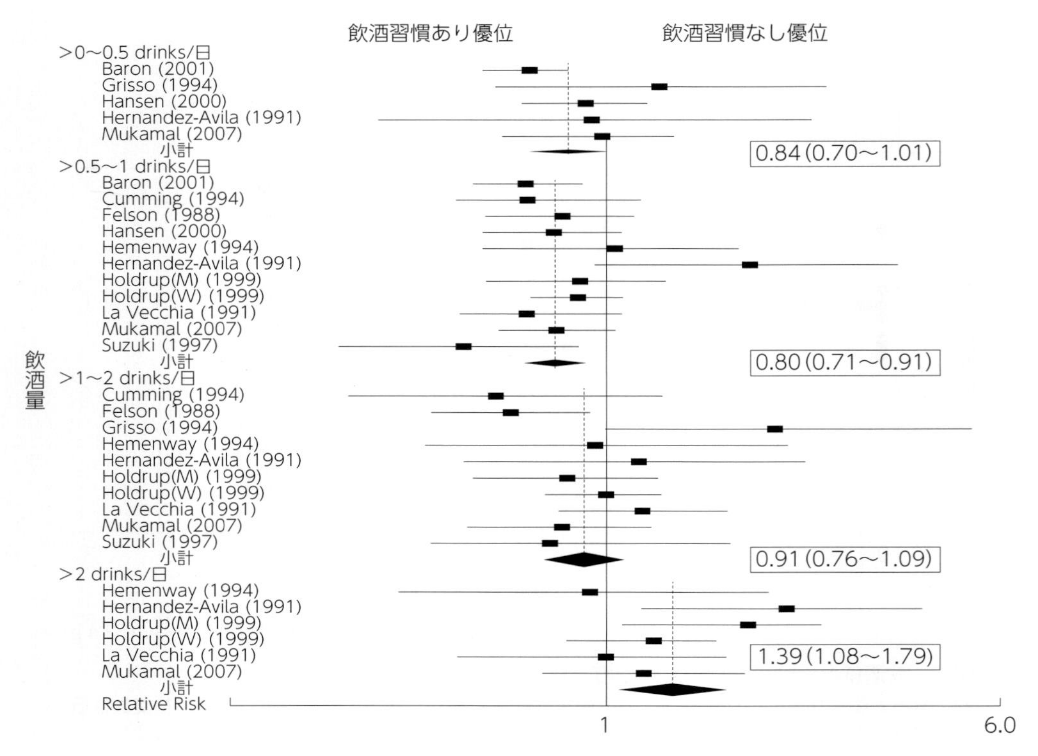

図 2　飲酒量別大腿骨近位部骨折リスク（文献 1 より引用改変）

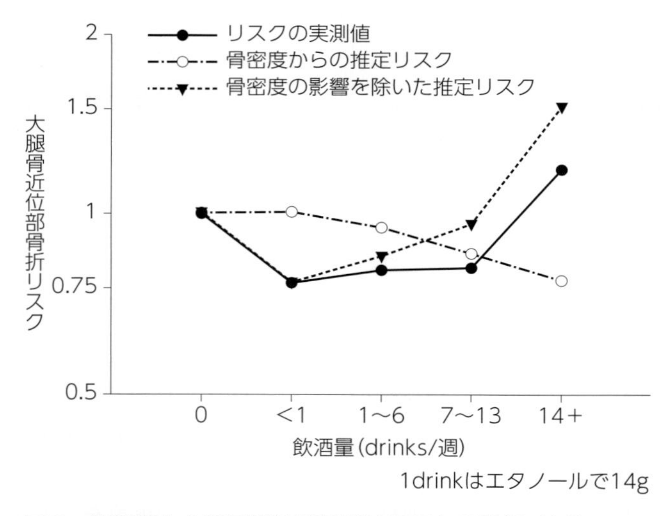

図 3　飲酒量と大腿骨近位部骨折リスクとの関係（文献 6 より引用改変）

は 24 g 未満では有意な骨折リスク上昇はなく，男では 36～59 g で多変量調整 RR 1.66，60～119 g で 1.95，120 g 以上で 5.47 と上昇し，女性でも 24～35 g で 1.44 だった[9]。日本人については，平均年齢 58.5 歳の男女 4,573 人からなる広島の被曝生存者コホートで，飲酒量は不明だが，習慣的飲酒者では大腿骨近位部骨折のリスクがそうでない例の 1.91 倍であった[10]。

以上のように，習慣的飲酒がエタノールにして 1 日あたり男性で 30 g，女性で 20 g を超えると大腿骨近位部骨折などのリスクが有意に高まると考えられる。この所見は飲

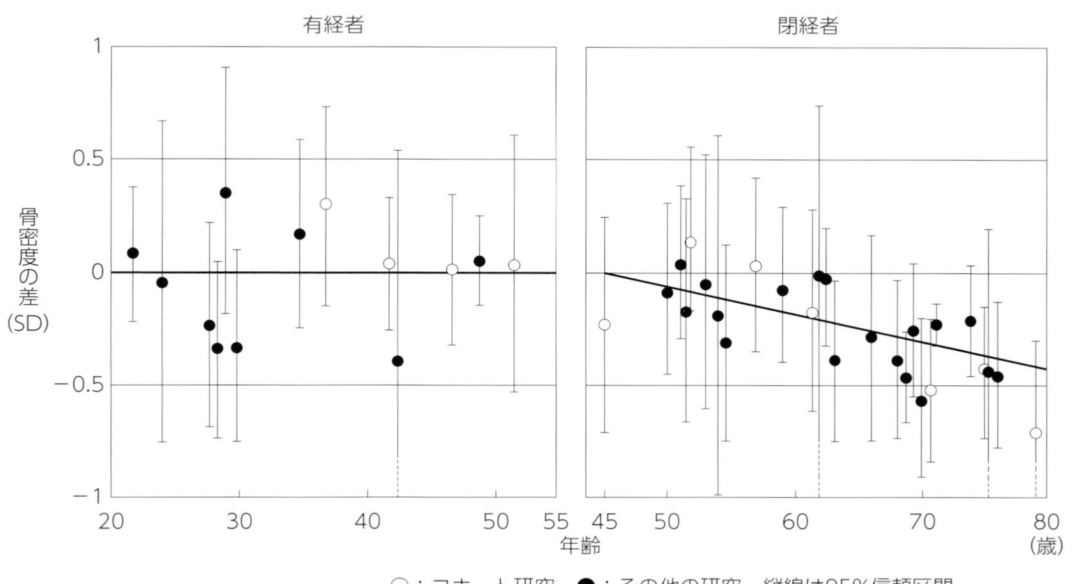

図 4　月経の有無，年齢による喫煙の骨密度への影響
成人女性を対象とした 29 件の横断研究を抽出し，メタ解析した。各研究で得られた喫煙者と非喫煙者の骨密度の差を SD で表し，月経の有無と年齢に従って表示した。（文献 11 より引用改変）

酒習慣が高い骨密度に関連しているとする前節の結果と矛盾している。Mukamal ら[6]は図 3 に示したように，Cardiovascular Health Study の結果から飲酒量に関連した骨折リスクの実測値と骨密度から推測した骨折リスクを重ね，骨密度の上昇によって低下する骨折リスク分を差し引いた飲酒による骨折リスクの上昇を推定した。これらは当然実測値より大きくなり，この上昇分は明らかに骨密度上昇による骨折リスクの低下分を上回っている。これには飲酒による転倒リスクの増大が関与していると考えられている。

以上より，骨折リスクを抑制するためには，飲酒に伴う骨密度の上昇を考慮しても，エタノールにして 1 日あたり男性で 30 g，女性で 20 g を超える飲酒は避けるべきである。

1.3　飲酒と牛乳・乳製品との複合影響

飲酒の影響には，飲酒者にみられる喫煙，糖尿病，あるいは牛乳・乳製品の摂取不足など他のリスク要因の増加による交絡があり得る。しかし，これまでの多くの研究では大きな影響をもつ年齢，体重，閉経後年数の調整は行われていても，生活習慣要因，特に牛乳・乳製品摂取の調整がされているものは少なく，飲酒と牛乳・乳製品の交互作用，複合影響を検討した研究はみつからなかった。牛乳・乳製品摂取の調整をした研究には，筆者らの FORMEN 研究[7]があるが，牛乳・乳製品の個別的な調整前後の結果の変化や交互作用の検討結果は記載されていない。実際には，飲酒と牛乳・乳製品との骨密度に対する有意な交互作用は認められなかった。

2　喫煙の影響

2.1　喫煙と骨密度

本人の喫煙の骨密度への影響を検討した研究は多数あり，多くは喫煙者で骨密度が低いことを指摘している。ただし，そうでない研究もあり，骨密度の測定部位，年齢，性別，体重などの交絡要因，あるいは研究デザインなどが結果の不一致の原因と推測されている。Law と Hackshaw[11]は Medline から 1996 年までの成人女性を対象とした 29 件の横断研究を抽出し，メタ解析した。その結果，図 4 に示したように，有経者では年齢に関係なく喫煙の影響を認めず，閉経者では喫煙者で骨密度が低くその影響は高齢者ほど明らかであった。喫煙者では閉経後の 10 年ごとに非喫煙者より 2%骨密度は低く，80 歳で 6%の開きとなった。これらの傾向は骨密度の測定部位によらなかっ

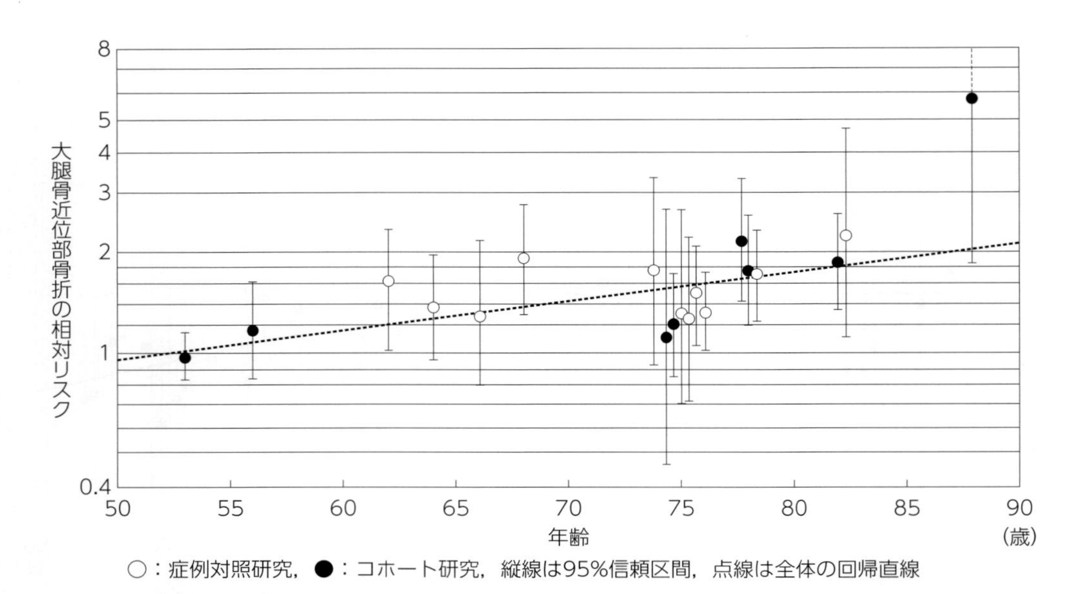

図 5　非喫煙者を基準にした喫煙者の大腿骨近位部骨折の相対リスク（閉経女性）
喫煙と骨折に関する 19 のコホート研究と症例対照研究のメタ解析。（文献 11 より引用改変）

た。ただし，この研究では腰椎骨密度が含まれておらず，交絡が考えられる体重が調整されていない。

Ward と Klesges[12]は，Medline 検索から得た 1997 年までの 86 研究をメタ解析し，性別，部位別に検討するとともに，体重の影響も評価した。その結果，喫煙者の骨密度は全部位合算で非喫煙者より 0.1 SD 低く，大腿骨近位部で最大差の 0.33 SD となった。この差は女性より男性で大きく，40 歳以上では高齢者ほど大きかった。体重を調整すると差は縮小したが，なお有意であった。また，過去喫煙者の骨密度は現在喫煙者と非喫煙者の間にあり，禁煙が骨密度の維持に有効であることを示唆している。

このメタ解析後に出版されたコホート研究の結果をみると，先にも述べた Rotterdam Study[2]では大腿骨頸部骨密度の 2 年間の変化は現喫煙者で非喫煙者より有意に大きく，Framingham Osteoporosis Study[3]では，男性の現喫煙者の大腿骨頸部と大転子部骨密度の低下が非喫煙者より有意に大きかったが，女性ではこのような傾向は認められなかった。

日本人を対象にした研究は少ないが，日本全国に配置した 7 市町在住女性の無作為抽出標本を対象にした Japanese Population-based Osteoporosis（JPOS）Study の参加者の内，有経者では，喫煙経験者は非経験者よりも腰椎で有意に低い骨密度を示した[13]。前述した FORMEN 研究では，腰椎骨密度は非喫煙者，過去喫煙者，現在喫煙者の順に高い有意な傾向が認められ，多くの交絡要因を調整しても同様の結果であった[14]。

以上のように，喫煙者の骨密度は非喫煙者に比べて低いという結果は，閉経女性で認められ，男性を対象とした研究はやや少ないものの同様の結果といってよい。有経女性や若年男性では結果は必ずしも同様ではないが，この原因は，若年成人ではそもそも骨密度が変化しにくいうえに，喫煙開始から骨密度測定までの期間が短く，喫煙総量が少ないために骨密度変化が小さくなって検出困難となったと考えられる。

2.2　喫煙と骨折

前項のように，喫煙者では骨密度が低いことから骨折のリスクも上がることが予想され，これまでに多くのコホート研究がある。喫煙と骨折に関する 19 のコホート研究と症例対照研究のメタ解析[11]では，**図 5** に示したように，女性喫煙者では非喫煙者を基準にした大腿骨近位部骨折リスクは高齢ほど大きくなり，60 歳で 17%，70 歳で 41%，80 歳で 71%，90 歳で 108%高かった。男性のデータは十分ではなかったが，同様の傾向を認めた。このメタ解析では英国の 1992〜93 年の同骨折の発生状況をあてはめると，全女性の大腿骨頸部骨折の 13%が喫煙によるものと推定している。

Vestergaard と Mosekilde[15]は 2002 年までのシステマティックレビューで得た喫煙と骨折との関連についてのコホート研究，症例対照研究，横断研究 80 件について検討し，喫煙者では非喫煙者に比べて全骨折で 26%，大腿骨頸部骨折で 39%，椎体骨折で 76%リスクが上昇したが，前腕骨折では上昇しなかったと報告した。過去喫煙者の骨折リスクは非喫煙者に近づき，大腿骨頸部で 23%上昇したが，それ以外は有意でなかった。システマティックレビューではないが，10 のコホート研究の男女 25 万人年の追跡データのメタ解析では，非喫煙者に比べて喫煙者で骨粗鬆症性骨折の粗 RR が男性 1.53，女性 1.20，大腿骨近位部骨折では男性 1.82，女性 1.85 となった。また，禁煙者の大腿骨近位部骨折の粗 RR は男性 1.11，女性 1.42 で，禁煙によって骨折のリスクが下がることが示唆された[16]。

日本人を含むアジア人についての検討は少ないが，椎体変形については中国人高齢男性の横断研究があり，1 日 2 箱以上の喫煙者では椎体変形のオッズ比が非喫煙者を基準にして 6.5 と有意に大きかった[17]。

このように，喫煙の骨折への影響は 50 歳以上では明らかで，部位別には大腿骨近位部で影響が最も大きかった。しかし，アジア人での検討は少なく，日本人における検討はない。骨折には人種差があり，日本人では白人に比べて大腿骨近位部骨折は少ないが，椎体骨折は同等か，むしろ多いとされている[18]。このような人種差は生活習慣を含む骨折のリスク要因に違いがあることを示唆しており，日本人の研究を進めねばならないことを示している。

2.3 喫煙と牛乳・乳製品との複合影響

喫煙の影響には，喫煙者における体重減少や飲酒，運動不足，コーヒー多飲，あるいは牛乳・乳製品の摂取不足など他のリスク要因の増加による交絡がありうる。しかし，これまでの多くの研究では大きな影響をもつ年齢，体重，閉経後年数などの調整は行われていても，生活習慣要因，特に牛乳・乳製品摂取の調整がされているものは少なく，喫煙と牛乳・乳製品の交互作用，複合影響を検討した研究はみつからなかった。牛乳・乳製品の調整を記載した研究は筆者らの FORMEN 研究[14]しかないが，牛乳・乳製品の個別の調整前後の結果の変化や交互作用は記載していない。実際には，喫煙と牛乳・乳製品との骨密度に対する有意な交互作用は認められなかった。

まとめ

飲酒と喫煙は様々な疾患のリスク要因となっているが，骨折，骨粗鬆症についても両者は重要であることを改めて確認しておかねばならない。飲酒は高い骨密度との関連がありそうだが，それがあっても骨折リスクを上げると考えられ，喫煙同様，独立した骨折のリスク要因と捉えて対策を講じる必要がある。牛乳・乳製品との複合影響を明らかにするデータはなかったが，これらが独立した影響をもつということは，牛乳・乳製品が飲酒，喫煙の有害作用を緩和したり，逆に牛乳・乳製品の好ましい作用を飲酒，喫煙が阻害することを意味している。今後，そのような観点からの研究が必要と考えられる。

文　献

1) Berg KM, et al.：Association between alcohol consumption and both osteoporotic fracture and bone density. Am J Med 121：406-18, 2008
2) Burger H, et al.：Risk factors for increased bone loss in an elderly population：the Rotterdam Study. Am J Epidemiol 147：871-9, 1998
3) Hannan MT, et al.：Risk factors for longitudinal bone loss in elderly men and women：the Framingham Osteoporosis Study. J Bone Miner Res 15：710-20, 2000
4) Felson DT, et al.：Alcohol intake and bone mineral density in elderly men and women, the Framingham Study. Am J Epidemiol 142：485-92, 1995
5) Holbrook TL, Barrett-Connor E：A prospective study of alcohol consumption and bone mineral density. BMJ 306：1506-9, 1993
6) Mukamal KJ, et al.：Alcohol consumption, bone density, and hip fracture among older adults：the cardiovascular health study. Osteoporos Int 18：593-602, 2007

7) Kouda K, et al.: Alcohol intake and bone status in elderly Japanese men: baseline data from the Fujiwara-kyo osteoporosis risk in men (FORMEN) study. Bone 49: 275-80, 2011
8) Kanis JA, et al.: Alcohol intake as a risk factor for fracture. Osteoporosis Int 16: 737-42, 2005
9) Høidrup S, et al.: Alcohol intake, beverage preference, and risk of hip fracture in men and women. Copenhagen Centre for Prospective Population Studies. Am J Epidemiol 149: 993-1001, 1999
10) Fujiwara S, et al.: Risk factors for hip fracture in a Japanese cohort. J Bone Miner Res 12: 998-1004, 1997
11) Law MR, Hackshaw AK: A meta-analysis of cigarette smoking, bone mineral density and risk of hip fracture: recognition of a major effect. BMJ 315: 841-6, 1997
12) Ward KD, Klesges RC: A meta-analysis of the effects of cigarette smoking on bone mineral density. Calcif Tissue Int 68: 259-70, 2001
13) Tamaki J, et al.: Smoking among premenopausal women is associated with increased risk of low bone status: the JPOS Study. J Bone Miner Metab 28: 320-7, 2010
14) Tamaki J, et al.: Impact of smoking on bone mineral density and bone metabolism in elderly men: the Fujiwara-kyo Osteoporosis Risk in Men (FORMEN) study. Osteoporos Int 22: 133-41, 2011
15) Vestergaard P, Mosekilde L: Fracture risk associated with smoking: a meta-analysis. J Intern Med 254: 572-83, 2003
16) Kanis JA, et al.: Smoking and fracture risk: a meta-analysis. Osteoporos Int 16: 155-62, 2005
17) Lau EM, et al.: Vertebral deformity in Chinese men: prevalence, risk factors, bone mineral density, and body composition measurements. Calcif Tissue Int 66: 47-52, 2000
18) Ross PD, et al.: Vertebral fracture prevalence in women in Hiroshima compared to Caucasians or Japanese in the US. Int J Epidemiol 24: 1171-7, 1995

5. 牛乳・乳製品の骨に対する効果に関する国際比較

吉村　典子　東京大学医学部附属病院 22 世紀医療センター関節疾患総合研究講座

要　約

- 若年成人女性における牛乳・乳製品の摂取による骨密度維持効果は，白人女性と日本人女性のいずれでも認められる。
- 米国と日本のいずれの中高年期女性でも牛乳・乳製品の骨密度低下抑制効果は認められる。
- 日本，ヨーロッパのいずれの中高年期女性でも，牛乳・乳製品の摂取は骨粗鬆症による骨折の予防に効果があると考えられる。
- 効果の大小はあるが日本人女性，白人女性において，牛乳・乳製品の摂取は若年期・閉経期・高齢期のいずれにおいても，より大きな最大骨量の獲得，骨密度の維持，骨粗鬆症による骨折の予防に効果がある。
- 牛乳・乳製品の骨に対する効果について，現在多くの住民コホート研究が共同研究を行っている。今後，RCT だけでなく，大規模国際共同研究の成果が報告されることが期待される。

Keywords　骨密度，骨折予防，若年成人女性，閉経周辺期，中高年期

はじめに

牛乳・乳製品の骨に対する効果の国際比較については，十分な統計学的パワーをもって異なる人種間で直接比較をした報告が極めて少ないため，本稿では十分なレビューが行われている2つのガイドラインを基に国際比較を試みた。

一つは，システマティックレビューにて，骨折・骨粗鬆症予防対策のエビデンスを集めた「地域保健におけるエビデンスに基づく骨折・骨粗鬆症予防ガイドライン」（伊木雅之編）である[1]。これは，伊木を班長とする平成 14（2002）年度厚生労働科学研究医療技術評価総合研究事業班（E14−医療−041）が，科学的根拠に基づく医療（evidence-based medicine：EBM）の立場から，骨折・骨粗鬆症予防対策のエビデンスを集めて発表したものである。

このガイドラインで伊木らは，骨折・骨粗鬆症の危険因子とされている要因を取り上げ，PubMed および医学中央雑誌を用いて，定義された方法により文献の抽出を行い，抽出された論文をシステマティックにレビューし，エビデンスの強さをランク付けした（**表 1**）。さらにランク付けしたエビデンスの強さにより，危険因子に対する対策を 5 段階で勧告した（**表 2**）。

もう一つは，「骨粗鬆症の予防と治療ガイドライン 2011 年版」である[2]。これは骨粗鬆症学会，骨代謝学会，骨粗鬆症財団にて構成された骨粗鬆症の予防と治療ガイドライン作成委員会（委員長：折茂肇）が中心となって作成したもので，すでに出版されていた2006年版の改訂版である。2006 年までの文献に加えて，それ以降の論文をエビデンス基準のⅡ（1 つ以上のランダム化比較試験：RCT）以上の範疇として，MEDLINE，EMBASE，医学中央雑誌データ

表１　「地域保健におけるエビデンスに基づく骨折・骨粗鬆症予防ガイドライン」のエビデンス基準（根拠としての強さの格付け）

Ⅰ	システマティックレビューかメタアナリシス
Ⅱ	無作為割付比較試験（RCT）
Ⅲ	非無作為割付比較試験
Ⅳa	コホート研究，要因対照研究，縦断研究
Ⅳb	患者対照研究
Ⅳc	断面研究
Ⅴ	症例報告，ケースシリーズ
Ⅵ	データに基づかない見解，記述

表２　「地域保健におけるエビデンスに基づく骨折・骨粗鬆症予防ガイドライン」の危険因子に対する対策（対策を推奨する強さの格付け）

A	行うよう強く勧められる
B	行うよう勧められる
C1	行うことを考慮してもよいが，十分な科学的根拠がない
C2	科学的根拠がないので，勧められない
D	行わないように勧められる

表３　「骨粗鬆症の予防と治療ガイドライン 2011 年版」のエビデンス基準（レベル）

Ⅰ	システマティックレビュー/メタアナリシス
Ⅱ	１つ以上のランダム化比較試験（RCT）による
Ⅲ	非ランダム化比較試験による
Ⅳa	分析疫学的研究（コホート研究）
Ⅳb	分析疫学的研究（症例対照研究，横断研究）
Ⅴ	記述研究（症例報告やケース・シリーズ）
Ⅵ	患者データに基づかない，専門委員会や専門家個人の意見

（Minds 診療ガイドライン作成の手引き 2007）

表４　「骨粗鬆症の予防と治療ガイドライン 2011 年版」の推奨の強さの分類（グレード）

A	行うよう強く勧められる
B	行うよう勧められる
C	行うことを勧めるだけの根拠が明確でない
D	行わないように勧められる

（福井・丹後による「診療ガイドラインの作成手順 ver. 4.3」2001年）

ベース，さらに必要に応じて Cochrane Library，PubMed より検索し，クリニカルクエスチョンとの関連性により選択を行ったものである。

このガイドラインでもクリニカルクエスチョンが設定され，論文をレビューし，伊木らのガイドラインとほぼ同様の分類でエビデンスの強さを決定し，勧告を行っている。「骨粗鬆症の予防と治療ガイドライン 2011 年版」のエビデンスの強さと勧告のランクは**表３，４**のとおりである。

本稿タイトルの「骨に対する」効果というのはいささか曖昧な定義である。骨に対する効果というのは，対象者の性別や年代によって異なってくる。すなわち若年者ではより大きな最大骨量を獲得し維持する効果であり，閉経周辺期女性では骨量減少をなるべく少なく抑える効果，高齢者においては骨粗鬆症による骨折の予防効果が主眼となると思われる。前述の伊木らのガイドラインではこの点を考慮にいれ，骨折・骨粗鬆症のリスクファクターを若年者，閉経周辺期，中高年期に分けて，牛乳・乳製品に関して以下の３つのクリニカルクエスチョンを設定し，評価した。

①若年成人女性における牛乳・乳製品の摂取増加は最大骨量を増加させるか？

②閉経期から閉経後の女性における牛乳・乳製品の摂取増加は閉経後骨密度低下を抑制するか？

③中高年期男女における牛乳・乳製品の摂取増加は骨折発生率を低下させるか？

これは極めて理にかなった分類であると思われるため，本稿においても，伊木らの方法に則って３つのクリニカルクエスチョンごとに牛乳・乳製品の骨に対する効果について検討する。

1　若年成人女性における牛乳・乳製品の摂取増加は最大骨量を増加させるか？

牛乳・乳製品の効果について検討するために，伊木らのガイドラインでは，PubMed で MeSH terms の「FRACTURE」，「BONE DENSITY」の共通のキーワードに加えて，「MILK」，「DAIRY PRODUCT」をキーワードとして検索し，両者の和をとった[3)]。また医学中央雑誌で「牛乳」または「乳製品」で検索し，やはり両者の和をとった。

この結果，このクリニカルクエスチョンについては，閉経期前の女性を対象とした RCT[4)] と日本人地域住民のコホート研究結果[5)]が採用され，いずれも骨密度の低下が抑制された。このことから，若年成人における十分な牛乳・乳製品の摂取は最大骨量の維持に寄与する（根拠としての強さⅡ）と結論され，若年成人女性にはできるだけ牛乳・乳製品をとることを奨励し，その摂取習慣を閉経期まで継続させる（推奨する強さ C1）という勧告が行われている。勧告の根拠となった２つの論文はそれぞれ白人女性と日本人女性を対象としており，これから若年成人女性における牛乳・乳製品の摂取による骨密度維持効果については，白人女性と日本人女性のいずれにも認められると思われる。

一方，「骨粗鬆症の予防と治療ガイドライン 2011 年版」でも，食事指導の項においてカルシウム摂取の重要性が提起されている。この中で治療のためのカルシウム単独の推奨レベルは低い（グレード C）が，様々な骨粗鬆症治療薬の効果をより高めるための基礎的な栄養素としてカルシウム摂取は重要であると位置付けられ，牛乳・乳製品に限定されてはいないが，食品として 1 日 700～800 mg の摂取が推奨されている（グレード B）[6]。ただしこの推奨量はわが国の国民を対象として出された推奨量であり，世界的に同一ではない。

2 閉経期から閉経後の女性における牛乳・乳製品の摂取増加は閉経後骨密度低下を抑制するか？

このクリニカルクエスチョンに対しては，伊木らのガイドラインでは，2 つの RCT の報告[7,8]が採用された。この RCT はいずれも米国で実施されたものであり，前者では脱脂粉乳飲用群がプラセボ群よりも大腿骨近位部の骨密度低下を有意に抑制し，後者の研究では，牛乳 1 日 800 mL の飲用を実施した群ではプラセボ群に比べて，骨密度の有意の低下抑制効果が認められた。これらより，伊木らは閉経期から閉経後の女性における十分な牛乳・乳製品の摂取（カルシウムにして 800 mg 以上）は，閉経後の骨量減少を抑制する（Ⅱ）として，少なくとも毎日コップ 1 杯以上の牛乳・乳製品をとることを奨励している（B）。

しかし，これらは米国女性を対象とした調査であり，牛乳・乳製品の摂取に介入する RCT は日本では報告されていない。わが国のコホート研究においては，日本人中年女性および高齢女性で牛乳摂取は腰椎骨密度低下を抑制する方向に働いていたと報告されており[5,9]，これらから，牛乳・乳製品は米国と日本のいずれの中高年期女性にも骨密度低下抑制効果が認められるといってよいと思われる。

3 中高年期男女における牛乳・乳製品の摂取増加は骨折発生率を低下させるか？

このクリニカルクエスチョンに対して，伊木らのガイドラインでは，女性の骨折についての研究 9 件（コホート研究 3，患者対照研究 5，横断研究 1），男性についての 3 件の研究（コホート研究 2，患者対照研究 1），男女込みの研究 2（コホート研究 1，患者対照研究 1）の検討から，中高年女性の極めて不十分な牛乳・乳製品の摂取はその後の骨折リスクを増大させる可能性がある（Ⅳa）と結論し，高齢期の骨折を減らすため，牛乳・乳製品摂取習慣のない，あるいは極端な低摂取の中高年男女には，毎日コップ 1 杯以上の牛乳・乳製品の摂取を推奨した（C1）。

「骨粗鬆症の予防と治療ガイドライン 2011 年版」でも，低カルシウム摂取は骨粗鬆症による骨折の危険因子として低骨密度，既存骨折，喫煙，飲酒，ステロイド薬使用，骨折家族歴，運動，体重・BMI とともに関連要因として取り上げられ，評価されている[10]。それによるとカルシウム摂取量を増やしても骨折の予防効果が少ない[11]ことから，低カルシウム摂取は低骨量を介して骨折リスクを増大させると考えられると述べられている。

骨粗鬆症による骨折に対する牛乳・乳製品の効果の国際比較を直接行った報告はないが，伊木らのガイドラインに採用された論文の中に，日本の広島コホートの参加者の調査論文[12]と，南ヨーロッパ 6 ヵ国 14 施設における患者対照研究の論文[13]が含まれる。この結果の比較から，中高年期女性については日本でもヨーロッパでもいずれも牛乳・乳製品の摂取は骨粗鬆症による骨折の予防に効果があると考えられる。

おわりに

記述疫学的見地から，危険因子や防御因子の効果の国際比較を行い人種的差異があるかどうかについて検討することは，新たな遺伝子多型や変異の早期発見につながることもあり，あるいは生活習慣の相違に隠れた新たな危険因子の推定につながることもあることから，極めて重要な疫学手法の一つである。

本稿では，牛乳・乳製品の骨に対する効果について，ガイドラインに採用されている内容の国際比較結果を述べた。まとめると，女性においては効果の大小はあれど，牛乳・乳製品の摂取は若年・閉経期・高齢期のいずれの年代においても，より大きな最大骨量の獲得，骨密度の維持，骨粗鬆症による骨折の予防のいずれにも効果があり，それは人種によらないと結論される。

ただし，この結論に至った本検討にはいくつかの限界がある。まず今回の結果は人種の異なる集団を同一の方法で調査し直接比較したものではない。また，ここでいう人種はシステマティックレビューによって判断し得るデータを有する白人と日本人との比較であり，その他のアジア・アフリカの国々の住民における牛乳・乳製品の効果については十分な検討が得られていない。さらに今回の結論の判断基準となった研究データにはやや古いものもあるため，最新の結果によっては変動する可能性がある。また，文献検索結果に基づいているため，効果があったとする論文のほうが多く報告される傾向にある publication bias の排除ができていないことも問題である。加えて，男性については特にわが国におけるデータが少なく，国際比較が十分ではない。

しかし，それらを踏まえてもなお，牛乳・乳製品摂取はどの人種でも骨粗鬆症の予防や骨の健康につながることが期待される。現在多くの住民コホート研究グループが共同研究を行ったり，メタ解析のためにデータを共有したりして質の高いエビデンスを創出する努力をしている。今後，牛乳・乳製品の効果についても RCT だけでなく，大規模国際共同研究の成果が報告されることを期待する。

文　献

1）地域保健におけるエビデンスに基づく骨折・骨粗鬆症予防ガイドライン（伊木雅之編），財団法人日本公衆衛生協会，2004
2）骨粗鬆症の予防と治療ガイドライン 2011 年版（骨粗鬆症の予防と治療ガイドライン作成委員会 編），ライフサイエンス出版，2011
3）伊木雅之，相原宏州：牛乳・乳製品の有効性．地域保健におけるエビデンスに基づく骨折・骨粗鬆症予防ガイドライン（伊木雅之 編），pp.25-28，財団法人日本公衆衛生協会，2004
4）Baran D, et al.：Dietary modification with dairy products for preventing vertebral bone loss in premenopausal women：a three-year prospective study. J Clin Endocrinol Metab 70：264-70, 1990
5）伊木雅之，ほか：日本人女性の骨密度変化の様相とその決定要因：JPOS Cohort Study．Osteoporos Jpn 9：192-5，2001
6）a．食事指導．骨粗鬆症の予防と治療ガイドライン 2011 年版（骨粗鬆症の予防と治療ガイドライン作成委員会 編），pp.64-65，ライフサイエンス出版，2011
7）Price R, et al.：The effects of calcium supplementation（milk powder or tablets）and exercise on bone density in postmenopausal women. J Bone Miner Res 10：1068-75, 1995
8）Storm D, et al：Calcium supplementation prevents seasonal bone loss and changes in biochemical markers of bone turnover in elderly New England women：a randomized placebo-controlled trial. J Clin Endocrin Metab 83：3817-25, 1998
9）藤原佐枝子，ほか．中高年の骨密度および骨密度変化率に及ぼす過去の食習慣の影響．Osteoporos Jpn 6：607-11，1998
10）Ⅲ 骨粗鬆症による骨折の危険因子とその評価．骨粗鬆症の予防と治療ガイドライン 2011 年版（骨粗鬆症の予防と治療ガイドライン作成委員会 編），pp.38-39，ライフサイエンス出版，2011
11）Shea B, et al. 0：Osteoporosis Methodology Group and The Osteoporosis Research Advisory Group. Meta-analyses of therapies for postmenopausal osteoporosis. Ⅶ. Meta-analysis of calcium supplementation for the prevention of postmenopausal osteoporosis. Endocr Rev 23：552-9, 2002
12）Fujiwara S, et al.：Risk factors for hip fracture in a Japanese cohort. J Bone Miner Res 12：998-1004, 1997
13）Johnell O, et al.：Risk factors for hip fracture in European women：the MEDOS Study. Mediterranean Osteoporosis Study. J Bone Miner Res 10：1802-15, 1995

6. 牛乳・乳製品と骨の健康―今後の課題

細井　孝之　医療法人財団健康院 健康院クリニック／予防医療研究所

要　約

・骨代謝の基礎研究で得られた多くの成果に基づき，牛乳・乳製品の役割について新しい研究が推進されるべきである。
・骨粗鬆症の薬物治療をサポートする立場からも，牛乳・乳製品の役割を検討すべきである。
・臨床研究・疫学研究において，牛乳・乳製品の役割を明らかにするための研究デザインの確立が必要である。
・牛乳・乳製品の利点を社会で発揮させるには，食文化，栄養に関するリテラシー，酪農業の安定化など，さまざまな観点からのサポートが必要であり，各分野の専門家が議論を重ね，その成果をそれぞれの分野の研究に反映させる機会が望まれる。

Keywords　骨代謝，骨粗鬆症，支持療法，脂質代謝，糖代謝

はじめに

骨の健康，骨粗鬆症の予防と治療における牛乳・乳製品の重要性は誰もが認めるところである。一方，「自然の恵み」であるが故に，その全容をとらえ，牛乳・乳製品のよりよい活用方法を見いだすためには研究の継続が必要である。

ここでは本書で触れられているこれまでの研究成果を踏まえて，牛乳・乳製品と骨の健康に関する研究における今後の課題について私見を述べさせていただく。

1　骨代謝基礎研究の進展を反映させた研究の推進

骨代謝における研究，とくに基礎研究の進展は著しく，日本の研究者の貢献も大きい。骨では骨芽細胞による骨形成と破骨細胞による骨吸収の両方が常に進行している。この過程によって骨は常に再構築され，身体の物理的支持とカルシウム代謝の調節，さらには造血組織の内包といった機能が可能となる。最近ではカルシウム代謝のみならず，エネルギー代謝においても骨は重要な役割を果たしていることが示唆されている。

これらの機能を遂行する細胞群については，その分化や増殖，機能調節について詳細に検討され，多くの成果が得られてきた。これらの研究成果やそれを得るための手法は，牛乳・乳製品の役割を考える上でも新しい視点をもたらすものであり，それらに基づく新しい研究が推進されるべきである。

基礎研究は単なる真理の追究に終わらず，近いか遠いかは別として未来の社会への貢献につながることが求められている。一方，短期的には投資の回収が望めないことから，現実を踏まえると，牛乳・乳製品と骨代謝との関連に対す

る研究に対して，ある程度恒常的なサポートが必要であろう。

2 骨粗鬆症の薬物治療をサポートする立場からの臨床研究

骨代謝領域における基礎研究の成果は，さまざまな骨粗鬆症治療薬の開発に結晶してきた。破骨細胞の分化・増殖において鍵となる RANK/RANKL 系，骨芽細胞の機能を調節する Wnt シグナル系などの解明とそれを調節する薬剤群がその例である。これらの薬剤を開発するための治験や発売後の臨床研究は，カルシウムやビタミン D，さらにはビタミン K といった栄養学的支持療法の必要性を強く示している。すなわち，骨吸収や骨形成を制御する強力かつ有望な薬剤がそれらの効果を十分に発揮するためには，カルシウムやビタミン D が充足していることが必須であることが明らかになっている。

一方，カルシウムをサプリメントや薬剤として使用することによって心血管イベントが増加する可能性について海外からの報告があった。このため，わが国の『骨粗鬆症の予防と治療ガイドライン 2011 年版』においても，カルシウムは食品から摂ることが勧められている。

そこでカルシウムを潤沢に含み，bioavailability も高い牛乳・乳製品の活用が当然注目されるべきである。しかしながら，薬物治療の支持療法における役割という観点からの研究はまだない。骨代謝や骨密度，骨折予防といったアウトカムのみならず，生活の質や日常生活活動度といったアウトカムを用いた研究を立案する際，牛乳・乳製品の役割も検討すべきであろう。

3 臨床研究・疫学研究において牛乳・乳製品の役割を明らかにするための研究デザインの確立

牛乳・乳製品は多機能食品の一つであり，その影響は骨代謝にとどまらず，脂質代謝，糖代謝など広範に及ぶ。一方，これらのシステムに作用する因子は多数の生活習慣因子のみならず，遺伝的素因の影響も受ける。これらのことから，牛乳・乳製品の役割を臨床研究や疫学研究によって解明しようとするときには，十分な研究デザインの工夫が必要である。これまでの研究成果を参考に，本領域における研究デザインの標準化も有用であろう。

おわりに

牛乳・乳製品は多くの機能をもつ食品の一つであり，その役割を研究していくためには，生物学的なアプローチを追究していくことが重要であることはいうまでもない。しかしながら，食品としての牛乳・乳製品がその利点を社会の中で発揮するためには，食文化，栄養に関するリテラシー，酪農業の安定化など，さまざまな観点からのサポートが必要である。このような多面性を担う各分野の専門家が一堂に集って学際的な議論を重ね，その成果をそれぞれの分野の研究に反映させる機会があれば，大きなブレイクスルーが得られるのではなかろうか。

第Ⅱ章
生活習慣病予防

1. 日本人の健康寿命と牛乳・乳製品

柴田　博　人間総合科学大学保健医療学部

要　約
・コメが取れず小麦などに依存している地域の栄養源として，乳類は必須のものであった。
・日本のような稲作農耕社会でも，食事に乳類が入ることで寿命や健康は改善される。
・日本人の戦後の体位の向上，寿命の延伸に牛乳・乳製品は大きく貢献した。
・長生きしている高齢者は牛乳を飲み続けている。
・牛乳の血圧低下要因の一つは，牛乳飲用者の食塩摂取量が少ないことである。

Keywords　動物性タンパク質，アミノ酸スコア，寿命，脳血管疾患，血圧

はじめに

アダム・スミスは，コメが生育するところには人類が繁栄すると述べた。しかし，豊かな太陽と水の恵みによりコメの生産が可能であった地域は，東南アジアや東アジアを除くと極めて限定されていた[1]。そのほかの地域では，コメより栄養価の低い小麦などに依存せざるを得ず，乳・乳製品の摂取により栄養を補う必要があった[1]。

図1に各種食品のアミノ酸スコアを示す。小麦粉のアミノ酸スコアは44と，精白米の65より劣り，乳類は必須となる。もちろん肉類のアミノ酸スコアは高いが，人類が肉をかなりに摂取できるようになったのは産業革命により飼料の生産が増加して以来であり，コメの取れない地域における主なる食品は麦と乳類であった。

乳食文化は，牧畜社会に付随して発生した。その発生は中近東に始まる。乳類の利用の起源は古代オリエント，メソポタミアの周辺で，新石器時代までさかのぼるともいわれている[2]。家畜の中では，豚は飼料が人間の食糧と競合するので，食糧の生産が十分でないときは飼育することができない。しかし，牛は人間の食糧となり得ない牧草のみで飼育可能なので，小麦文化と融合しやすいのである。

稲作農耕社会の中にも乳・乳製品は忍び込んでくる。戦後の日本はその好個の例である[3]。乳製品を取り込んだ社会は当然寿命も延伸し，体位も向上する。戦後のわが国において，米国に押し付けられた悪評高い脱脂粉乳でさえも，国民の体位向上，結核など感染症による死亡率低下に貢献したのである。その教訓のためか，現代の中国における牛乳の生産量と消費量は著しく増大している。東南アジア各国も経済が豊かになるにつれ，中国を追っていくことになるであろう。

以上のように，歴史的には米食文化と小麦・乳食文化の成立過程は異なるとはいえ，乳食文化を受け入れた稲作農耕社会の寿命と健康度は増大した。しかし，その典型的な国民である日本人の中に，かなり根強い乳類に対する心理的な抵抗がある。「白砂糖，精製された塩，白米，牛乳など白いものはすべて悪い」といったコピーがすぐ浸透する。

最近では「牛乳は子牛の食物であり，人間の食物ではない」といったキャッチフレーズが横行している。笑いごとでなく，一頃上昇しつつあった日本人の牛乳摂取量は激減

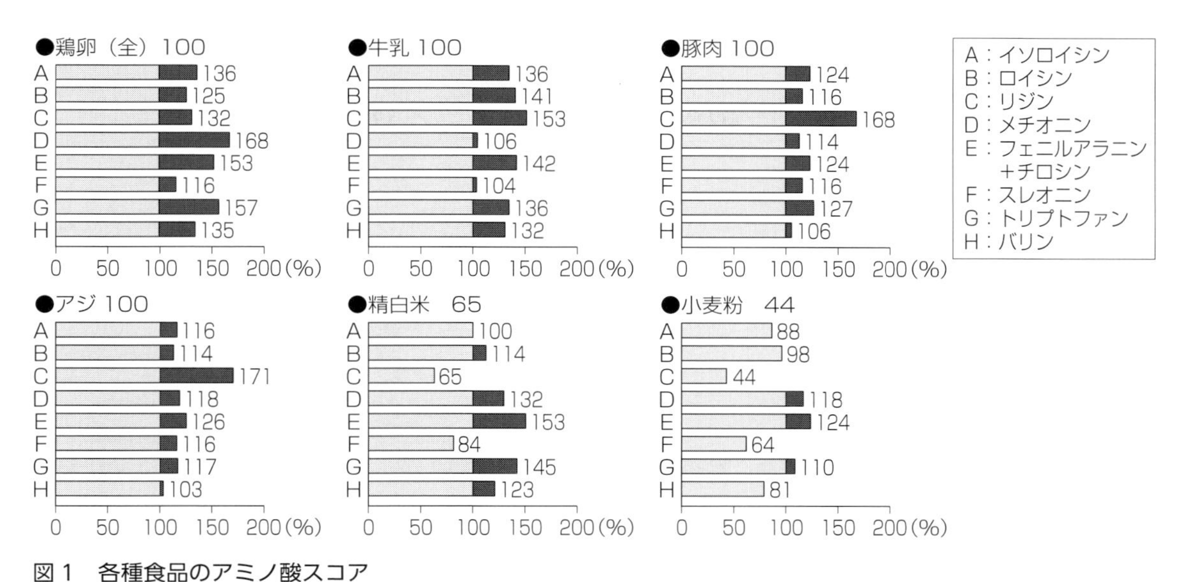

図1　各種食品のアミノ酸スコア
（社団法人全国牛乳普及協会 牛乳・乳製品健康づくり委員会：牛乳と健康，2006 より引用）

しているのである。わが国においては，乳類はフードファディズムの対象とされる[4]。ヨーグルトが長寿の万能食であるようなポジティブなフードファディズムと，上記したようなネガティブなフードファディズムが共存しているのである。

本稿では，日本人の長寿と健康に対して牛乳・乳製品がどのような役割を果たしてきたかをレヴューすることにする。青少年の体位向上への貢献については紙面の都合上割愛する。また，特定の疾病との関連についても最小限にしか触れない。記述はもっぱら寿命，あるいはそれと表裏の関係にある総死亡率，およびこれらに関連する要因についてであることを恕とされたい。

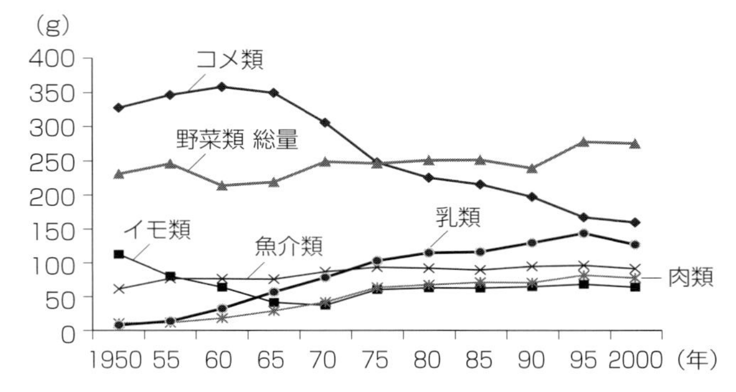

図2　戦後日本人の1人1日あたりの食品群別摂取量（全国平均）
（厚生労働省：国民栄養調査）

1　戦後日本の食生活と疾病構造の変化

周知のとおり，欧米先進国は20世紀の初めに平均寿命50歳の壁を突破した。しかし，主たる栄養源をコメと大豆に頼り，動物性タンパク質と脂肪が決定的に不足していた日本人の平均寿命は30歳代の後半に低迷していた。日本人の平均寿命が男女とも50歳を超えたのは1947年であり，欧米先進国に半世紀の後れを取ったわけである[5,6,7]。

第二次世界大戦後の日本の平均寿命は，高度経済成長に伴う食生活と栄養の改善により目覚ましく延伸した。しかし，昭和30年代（1955〜64年）は栄養学的な中進国に跋扈する脳血管疾患死亡率が上昇し続けていたため，欧米に一歩及ばなかった。

わが国の食生活および栄養と疾病構造の変化のうえで，昭和40(1965)年は一つのエポックメーキングな年であった。図2に示すように，それまでイモ類（代用食）の減少に伴い増加する傾向にあったコメの摂取量が低下し始めたのである。それと入れ代わりに乳類と肉類の摂取量が増加し始めた。日本の食生活と栄養は欧米と異なるユニークなトレンドをたどった。欧米諸国のエネルギー摂取量は20世紀初めから100年の間に50%近く増加した。しかし，日本人のエネルギー摂取量は食生活が多様化したにもかか

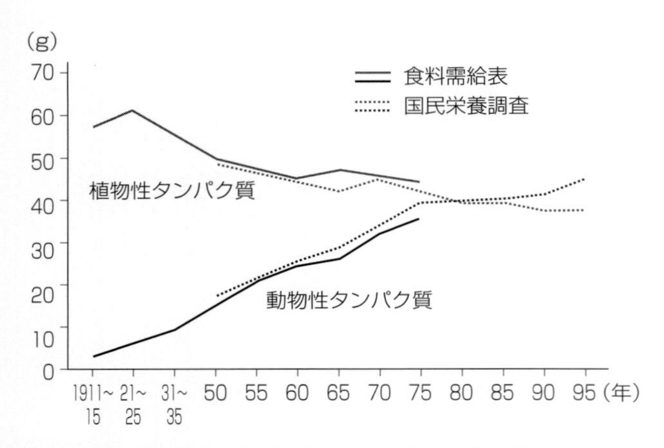

図3 日本人1人1日あたりの植物性タンパク質と動物性タンパク質摂取量の推移（文献6より引用改変）

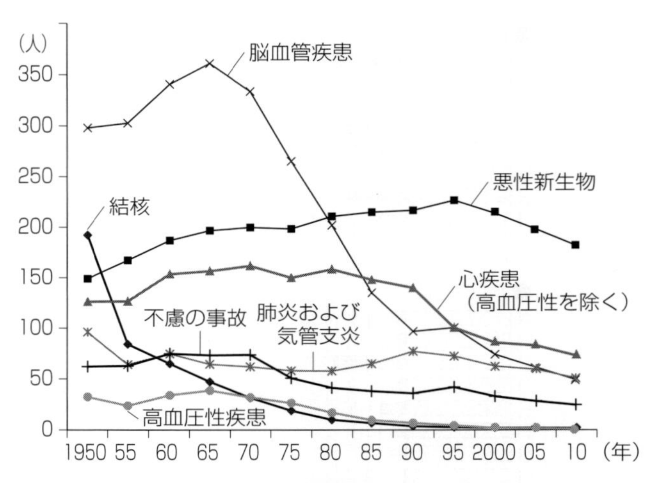

図4 主要死因別にみた年齢調整死亡率（人口10万対）の年次推移（男性）
（厚生労働省：人口動態調査）

わらず，100年間ほとんど増加することがなかった。つまり，すべての食品の摂取量が一斉に増加することはなく，増加するものと減少するものとが入れ代わる形となった。

タンパク質摂取に関しても同じことがいえる[6,7]。**図3**に示すように20世紀の初めには今日の1.5倍もとっていた植物性タンパク質が漸減し，その分動物性タンパク質が増え，1980年代にほぼ等しくなり，やがて世界最長の平均寿命を獲得するに至った。

図4に示したように1965年からのコメの摂取量の減少と軌を一にして，日本の国民病ともいうべき脳血管疾患死亡率が減少し始めた。そして1980年には死因の首位の座を悪性新生物に明け渡すまで減少するに至った。脳出血のみでなくラクナ梗塞が主流を占める脳梗塞も減少したのである。

人類は洋の東西を問わず，低栄養に起因する感染症時代の次に脳卒中時代を迎える。すなわち脳血管疾患はまだ栄養状態が十分でない民族に跋扈する。しかし，欧米における脳卒中時代は比較的短かった。そして，脳卒中と入れ代わりにエネルギーと脂肪の過剰摂取に起因する虚血性心疾患が増加し始め，平均寿命の延伸が頭打ちとなった。日本人の食の欧米化は一定のところで停止し，欧米の轍を踏むことなく世界一の平均寿命を達成するに至ったのである。

以上，みてきたように，日本の戦後の歴史はコメと食塩摂取量の減少，乳類・肉類摂取量の増加という適度の欧米化（近代化）により，脳血管疾患を減少させるという成果を得た。ちなみに国民栄養調査で食塩摂取量を計算し始めたのは昭和47（1972）年からであり，コメの摂取量が減少し始めた頃のことはわからない。しかし，食料需給表はコメと食塩のトレンドがパラレルであることを示している。

2 食生活と総死亡率および循環器疾患死亡率

前章では日本における戦後の食生活，栄養と疾病構造の関連を歴史的に考察した。ここではこの関連を地理病理学的にみることとしたい（**表1**）[8]。この研究は昭和41(1966)年の食糧総合調査のデータを分析した結果である。全国の代表サンプル10万世帯の食品摂取とその地域の死亡率の関連をみたものである。毎日の食品摂取状況を大集団で把握することは極めて難しいが，この調査では家計調査のデータを用いるというエクセレントな方法を採用している。**表1**から明らかなように，牛乳の飲用は総死亡率を下げる方向に作用している。肉類は脳血管疾患死亡率を下げることに大きく作用しているが，総死亡率を下げるという点に関しては牛乳より弱い。注目すべきは，野菜が脳血管疾患死亡率を上げる方向に作用している点である。おそらく，当時の野菜のとり方がかなり漬物に偏っていたことによるのであろう。野菜をとるほど食塩もたくさんとることになったと思われる。

この調査が1966年のものであることは意義深い。先に述べたように，日本における脳血管疾患死亡率が減少し始

表 1　各死因別訂正死亡率の入手食品別金額構成比（7 項目）に対する偏相関係数ならびに重相関係数
（文献 8 より引用改変）

区分		男性				女性			
		総死亡率	脳血管疾患	虚血性心疾患	高血圧性疾患	総死亡率	脳血管疾患	虚血性心疾患	高血圧性疾患
偏相関係数	肉	−0.27	−0.50**	−0.27	0.02	−0.11	−0.41**	−0.20	0.08
	卵	0.11	0.05	−0.19	−0.04	−0.11	−0.01	−0.08	−0.06
	乳	−0.38*	−0.10	0.01	−0.17	−0.20	0.05	−0.02	−0.13
	魚介	0.09	0.15	0.01	0.02	−0.26	−0.12	−0.23	−0.00
	野菜	0.05	0.35*	−0.24	−0.28	0.01	0.39*	−0.17	−0.03
	果実	0.03	−0.02	−0.27	−0.33*	−0.10	0.04	−0.17	−0.38*
	穀類	0.08	−0.22	−0.20	0.01	0.11	−0.09	−0.08	−0.01
重相関係数		0.76	0.84	0.54	0.50	0.63	0.81	0.42	0.54

*：$0.01<p<0.05$，**：$p<0.01$

表 2　大宜味村と南外村の 65〜79 歳住民の食品摂取比較（文献 7 より引用）

	男性		女性	
	大宜味村 $n=57$	南外村 $n=91$	大宜味村 $n=91$	南外村 $n=74$
コメ類	173.9±58.0	240.2±109.8	140.4±53.2	169.7±70.1
小麦粉	0.6±3.1	39.4±73.5	2.0±7.0	26.8±67.5
イモ類	24.3±59.0	32.0±47.4	30.1±69.8	33.7±38.7
油脂類	11.0±8.8	6.6±6.6	13.4±10.0	5.8±5.0
豆類	122.6±139.9	76.0±62.7	98.7±111.1	68.7±52.6
味噌	22.6±14.0	35.0±22.1	17.3±9.5	26.6±15.0
緑黄色野菜	70.5±77.9	19.8±29.4	84.2±86.5	32.7±41.2
その他の野菜	276.8±182.0	182.9±127.3	210.1±149.7	178.6±103.5
漬物	5.9±16.5	99.8±74.6	3.6±8.7	66.6±59.4
果実類	64.8±141.3	61.0±93.7	87.2±112.0	69.9±101.2
きのこ・海藻類	13.1±23.6	18.5±35.4	12.8±20.6	16.8±28.7
調味・嗜好飲料	289.6±279.4	270.0±247.5	190.5±196.8	79.3±102.1
魚介類	81.9±83.3	93.3±63.1	60.1±59.7	69.4±50.0
獣鳥・肉類	62.1±59.0	22.2±33.7	43.1±44.3	15.5±17.7
卵類	51.9±36.6	45.4±58.0	44.1±31.6	42.5±47.2
乳・乳製品	140.1±149.2	92.1±159.1	145.3±141.4	115.5±140.1

食事記録法による。

め，平均寿命も大きく延伸していた時である。このような時期に日本人を代表するサンプルにおいて，牛乳の摂取が総死亡率を減らすことを示し得たのは画期的であった。この後，これだけのスケールをもつ調査は行われていない。ただ惜しむらくはこの論文[8]が，調査が行われてから 10 年後に出されたことである。十年一昔というが，発表された時点では過去のエビデンスと誤解された向きもある。実はこのエビデンスは今日のわが国においても妥当性をもつものなのである。

3　地域高齢者の牛乳飲用と余命・健康の関連

3.1　地域比較研究

疾病の発生率や死亡率の地域差は，気候などの自然条件よりも栄養などの社会的条件によることが多い。例えば，脳血管疾患死亡率は東高西低の傾向を示すが，北海道の死亡率は全国平均を下回っている。東北や北関東と異なる食

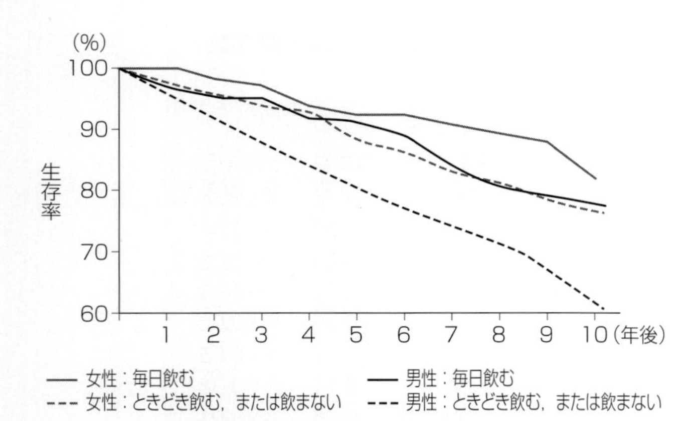

図5　70歳時の牛乳飲用習慣とその後10年間の生存率（小金井研究）（文献6，11より引用改変）

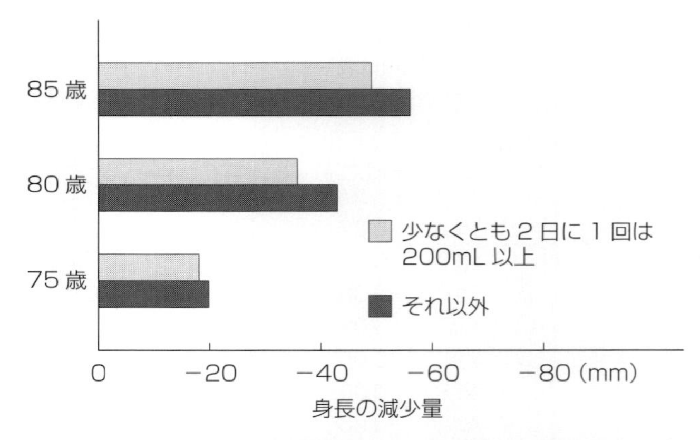

図6　70歳時の牛乳飲用習慣とその後の身長の減少（小金井研究）（文献11より引用改変）
牛乳を飲む人はあまり身長が縮まない。

生活や住環境によるといえるであろう。

筆者たちは，平均寿命に大きな影響を与えている地域高齢者の食生活や栄養状態を比較調査してきた[6,7]。**表2**は1980年代中頃の長寿県の代表サンプルとして沖縄県の大宜味村，短命県の代表サンプルとして秋田県南外村（現・大仙市）の地域高齢者（65～79歳）の食生活を比較したものである。南外村の食生活では，コメ類，小麦粉，味噌，漬物が多く，大宜味村のほうは緑黄色野菜，獣鳥・肉類，乳・乳製品が多いのが特徴的である。

筆者たちの前の調査では，沖縄県の乳類のとり方は少ないとされていた。しかし，それは沖縄県の特殊性に無知であったためである。沖縄県は暑い気候であるにもかかわらず冷蔵庫の普及が遅れたため，牛乳は粉ミルクの形で提供されていた。本土と同じ調査法では実態を把握できなかったのである。この対象の栄養素の分析はすでにジャーナルに発表してあるので表は省略する[6,7,9,10]。

両地域の摂取栄養素の最も大きな違いは脂肪摂取量にみられた。大宜味村の脂肪摂取量は，男65.5 g，女48.4 gであったが，南外村のほうは男38.1 g，女35.2 gであった。したがって総エネルギーに対する脂肪エネルギーの割合は，大宜味村は男28.3%，女28.8%で，南外村の男17.6%，女22.5%を大きく上回っていた。総エネルギーに対するタンパク質エネルギーの割合も大宜味村のほうが大きいが，その差は男0.5%，女1.3%であるにすぎない。しかし，全タンパク質に占める動物性タンパク質の割合は，大宜味村は男49.4%，女47.9%で，南外村の男45.9%，女46.0%を上回っていた。長寿地域と短命地域の栄養の違いは，脂肪エネルギー比，動物性タンパク質比の差に最も顕著である。

3.2　地域高齢者の縦断研究における牛乳

筆者たちは1976年から1991年まで15年間，東京都小金井市在住の70歳住民422例を医学，社会学，心理学の学際的な観察法を用いつつ縦断的に調査した。**図5**は70歳の時の牛乳飲用習慣別に10年間の生存率をみたものである[6,11]。「牛乳を毎日飲む」女性の生存率が最もよく，「あまり飲まない」男性の生存率は最も悪かった。日本の高齢者は幼少時に牛乳を飲んでいなかったので，牛乳は体質に合わないなどという馬鹿げた説があるが根拠はない。日本でコメの有用性を示すことが難しいように，このような牛乳の有用性を示すデータは，あまりに牛乳が普及した欧米社会からは生まれにくいかもしれない。

図6はこの対象の5年ごとの身長の縮み方の違いを，牛乳の飲用習慣別にみたものである。毎日のように牛乳を200 mL以上飲用している群の身長の縮み方が，そうではない群に比べて小さいことがわかる。これは牛乳のカルシウムの骨粗鬆症予防効果を示すものであろう。カルシウム摂取が長管骨の短縮を予防するという側面もあるだろう。同時に，身長の縮みの要因の一つである背曲がりを予防していることも重要である。背曲がりは，骨粗鬆症のために椎体の前部が圧迫骨折を起こすことにより促進される。研究者の中には，高齢者の身長の変化にはこのような様々な要因があるので，測定の精確性を欠き意味がないと指摘す

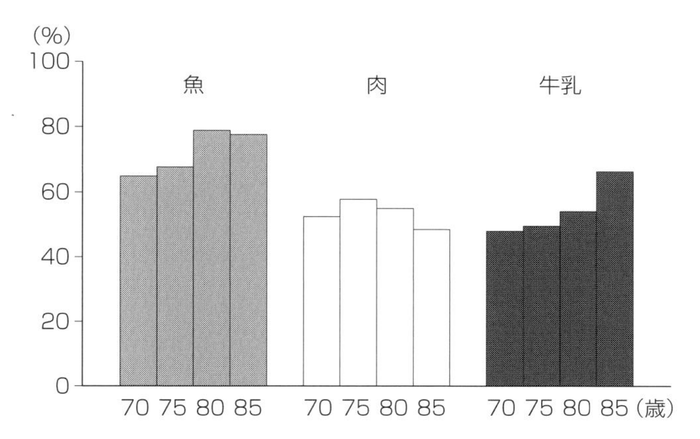

図7 70歳住民の経年的な動物性食品高頻度摂取者（割合）の変化（小金井研究）（文献12より引用）

る者もいる。しかし，筆者らは背曲がりを含め，高齢者の老化過程をみるうえで，身長の測定に一定の意義があると考えている。

図7はこの対象の85歳までの魚，肉，牛乳の高頻度摂取者の割合の推移を示している[12]。牛乳に関しては毎日200 mL以上飲む人を高摂取者としている。魚，牛乳の高摂取者の割合は年齢が上がるに伴い増加している。これは，一つは選択的脱落による。すなわち図5に示したように，低摂取群は死亡によりこの集団から抜けていくという現象である。このほかに教育効果がある。特に介入をしなくとも，繰り返し調査を受けているのみでも教育効果が生まれるのである。いずれにせよ，生存し続ける高齢者においては，脂っこいものや生臭いものを避ける方向に，食生活が加齢変化するという思い込みには根拠がない。

3.3 血圧に対する牛乳の影響

筆者たちが表2に示した調査を行ったのは1987年であり，その後5年間毎年調査を行ってきたが，1992年から新しい研究のデザインにスイッチした。そのデザインは南外村の65歳以上の高齢者に対し，1992～96年は観察型の研究を行い，1996～2000年までは介入型の研究を行うというものである[13,14]。用いる指標は，医学，社会学，心理学の学際的なものであるが，介入の内容は住民の食生活の改善である。その内容は「低栄養予防の食生活指針14ヶ条」[4]をベースに，行政，地域組織と協力して徹底した啓発活動を4年間展開した。食生活が改善され，血清アルブミンや血色素が上昇するなどの成果が挙がったことはすでに報告したとおりである[6,13]。

表3 1996年の食品摂取スコアの収縮期血圧への関連（ステップワイズ法，男）（文献14より引用）

(n=287)

変数	投入されたときの標準化回帰係数	有意水準
牛乳	−0.131	0.026
大豆製品	−0.116	0.047
魚介類	0.084	0.159
味噌汁	−0.061	0.299
肉類	−0.038	0.515
漬物	−0.029	0.624
年齢	0.023	0.693
卵	−0.016	0.793
R^2	0.029	0.015
調整ずみ R^2	0.022	

表4 1996年の食品摂取スコアの拡張期血圧への関連（ステップワイズ法，男）（文献14より引用）

(n=287)

変数	投入されたときの標準化回帰係数	有意水準
牛乳	−0.122	0.038
年齢	−0.079	0.180
漬物	−0.030	0.608
味噌汁	−0.056	0.344
魚介類	0.006	0.915
肉類	0.011	0.853
卵	0.001	0.992
大豆製品	−0.079	0.181
R^2	0.015	0.038
調整ずみ R^2	0.011	

今回は牛乳の血圧に対する影響について紹介したい。表3は1996年の介入をスタートさせたベースラインにおいて，収縮期血圧に対する食品の関連をステップワイズ法で分析したものである。様々な食品の中で，牛乳が血圧を低くする影響が最も大きいことが示された。表4は拡張期血圧への影響をみたものであるが，同様の結果が得られた。これは牛乳の中のカルシウムの降圧効果のためでもあろう。これを示す論文は枚挙にいとまがない。また最近では，牛乳に降圧効果をもたらすペプチドも発見されている。

表5 牛乳200 mL飲用習慣別早朝スポット尿中NaおよびNa/K比（文献15より引用改変）

	例数	年齢（歳）	Na（mEq/L）/クレアチニン（g/L）	Na/K（mEq/L）	身長（cm）	体重（kg）
男性						
飲まない	607	48.4±11.5	166.6±80.0	3.7±2.3	162.0±6.4	59.6±9.1
ときどき飲む	220	45.2±10.9	165.2±76.0	3.7±2.6	163.7±6.4	62.3±10.1
毎日飲む	208	49.1±11.0	158.1±84.5	3.0±1.7 **	162.6±6.3	59.1±8.9
女性						
飲まない	954	47.8±9.9	217.5±100.9	3.4±1.8	150.2±5.6	51.9±8.1
ときどき飲む	510	46.2±9.5	208.7±97.3 **	3.3±2.2	151.0±5.2	52.0±7.6
毎日飲む	428	48.6±10.1	201.9±95.8	2.8±1.4 **	151.0±5.8	51.9±7.5

（Na/K：ときどき飲む vs 毎日飲む **，飲まない vs 毎日飲む **）

**$p<0.01$

しかし，牛乳の血圧に対する影響は別の側面からもみておく必要がある。**表5**は筆者たちが地域の中高年住民の早朝尿を集め，食塩を含む食品の摂取パターンにより，尿中のナトリウム（Na）の分布が異なるか否かを分析したデータである。漬物のとり方，調味料の使い方のみではく，食塩摂取に関連する食パターンをみるため，牛乳の飲用習慣による違いも分析したのである。筆者らは地域住民に対する長年の観察で，牛乳を飲用する習慣のある住民の食塩摂取量は少ないという仮説をもっていた。仮説どおり，牛乳をよく飲用する群ほどNa排泄量が少ないという結果を得た。基本的にNa排泄量は食塩摂取量を反映している。この研究はスポット尿を用いているが，3つの群の体格に違いはなくクレアチニンで補しているので，3群の食塩摂取をみるうえで十分信頼できると判断した。

このように，牛乳飲用の習慣をもつ日本人の食塩摂取量はそうではない人より少ないのである。これが牛乳に含まれる生理活性物質と相乗して，高血圧を防いでいることを銘記する必要がある。これは血圧に対する要因の交絡を考えるうえでも，食生活に対する介入を行ううえでも大切なことである。

4 低下しつつある日本人の乳類摂取量

表6は日本人の乳類摂取量の年代別トレンドを示している。国民栄養調査では1994年までは国民全体の状態しかわからなかったが，1995年以降，年代別のデータが示されている。日本人全体の乳類の摂取量はここに示した1995年まで増え続け，それ以降は減少の一途をたどっている。日本人の乳類摂取量が150 g/日に近づいた1995年頃，筆者たちは，日本人の乳類摂取量が200 g/日に達すれば，カルシウムの摂取量がほぼ所要量に達すると予測し，啓発活動に努めたが，現状は惨たるものである。

年代別にみると，10歳代の低下は緩やかである。また，60歳以上の低下も緩やかである。10歳代の低下が緩やかなのは，学校給食に支えられているためである。60歳以上の年代の低下が緩やかなのは，高齢者の健康意識が高いためである。運動習慣も若い世代は悪くなり，高齢者では良くなっている。20～59歳の成人層の乳類飲用習慣は，著しく低下している。将来に備え骨粗鬆症予防をしなければならない20～59歳の女性の摂取量が，100 g/日を大きく割り込んでいるのは由々しき問題である。

表6 日本人の性・年齢別乳類摂取量のトレンド

1人1日あたり平均値（g）

	男性		女性	
	1995年	2010年	1995年	2010年
全年齢	143.3	114.1	145.5	120.1
1～6歳	213.2	207.4	191.9	196.9
7～14歳	337.8	310.1	303.6	285.7
15～19歳	189.3	171.3	145.9	117.7
20～29歳	106.8	85.0	119.0	83.4
30～39歳	94.1	69.5	128.0	98.4
40～49歳	89.4	63.5	120.6	93.9
50～59歳	99.3	71.2	128.0	96.7
60～69歳	111.4	90.9	118.8	109.8
70歳以上	109.5	98.2	111.0	107.8

（厚生労働省：国民健康・栄養調査）

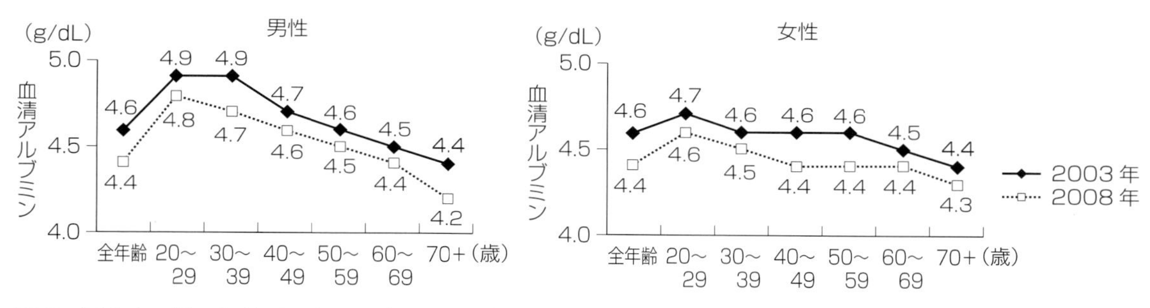

図8　日本人の性・年齢別5年間の血清アルブミンのトレンド（文献16より引用改変）
（厚生労働省：国民健康・栄養調査）

この原因として，牛乳を有害とするオカルト的な本がバカ売れしたということもある。しかし，乳類の摂取量低下は日本人の低栄養化の部分現象であるとの認識が必要である。乳類のみでなく卵，魚介類の摂取量も減っている。エネルギー摂取量も下げ止まらず，国民健康・栄養調査によると2010年の1人1日あたり平均は1,849 kcalであり，飢餓状態にあった1946年の国民栄養調査による平均値1,903 kcalを下回っている。

2008年にスタートしたいわゆる「メタボ健診」（特定健診・特定保健指導）も大きなインパクトを与えた。この特定健診で血清アルブミンも測定されるようになった。**図8**に示すように，いずれの年代のアルブミン値も低下のトレンドを示している[16]。筆者らの研究にあるように，高齢者の余命はアルブミン値が低いほど短い。そして70〜80歳まで生存した人たちのアルブミン値は0.2 g/dL低下している[17]。気をつけていただきたいのは，筆者らの対象は10歳年をとって0.2 g/dL低下したのであって，**図8**の日本人の代表サンプルは同じ年齢でありながら，5年間に0.1〜0.2 g/dL低下したのである。日本人の食生活を「飽食」とか「欧米化」などと呼ぶ人は何をみているのであろうか。

文　献

1）柴田博：誌上ディベート　牛乳は飲むべきか？　牛乳は人類の宝だ．アンチエイジング医学 5：386-8，2009
2）石毛直道，和仁皓明：乳利用の民族誌（雪印乳業株式会社健康生活研究所 編），中央法規出版，1992
3）吉田豊：牛乳と日本人，新宿書房，1988
4）柴田博：肉を食べる人は長生きする，PHP研究所，2013
5）Svanborg A, et al.：Comparison of ecology, ageing and state of health in Japan and Sweden, the present and previous leaders in longevity. Acta Med Scand 218：5-17, 1985
6）Shibata H：Nutritional factors on longevity and quality of life in Japan. J Nutr Health Aging 5：97-102, 2001
7）Shibata H, Kumagai S：Nutrition and longevity. Rev clin gerontol 12：97-107, 2002
8）柳川洋，ほか：循環器疾患死亡率の地域格差と食品摂取に関する統計的検討．日本公衛誌 23：711-9，1976
9）柴田博：高齢者の食生活と栄養の実態．Contemporary Health Digest 16：1-12，2001
10）Shibata H, et al.：Nutrition for the Japanese elderly. Nutr Health 8：165-75, 1992
11）柴田博：ここがおかしい日本人の栄養の常識，技術評論社，2007
12）柴田博：8割以上の老人は自立している，ビジネス社，2002
13）Kumagai S, et al.：An intervention study to improve the nutritional status of functionally competent community-living senior citizens. Geriatr Gerontol Int 3：S21-6, 2003
14）柴田博：地域高齢者の牛乳・乳製品摂取の血清アルブミンへの影響−4年間の食生活改善の啓発を受けた地域高齢者の縦断的観察．平成18年度 牛乳栄養学術研究会委託研究報告書：43-67，2006
15）Shibata H, et al.：Na/Creatinine and Na/K ratios in “morning spot urines” and dietary habits of urban Japanese. Magnesium 1：172-7, 1982
16）柴田博：2011年度学界回顧と展望　保健・医療部門．社会福祉学 53：218-29，2012
17）Shibata H, et al.：Longitudinal changes of serum albumin in elderly people living in the community. Age Ageing 20：417-20, 1991

2. 牛乳・乳製品摂取と生活習慣病

(1) 牛乳・乳製品と肥満

田中　司朗　京都大学大学院医学研究科社会健康医学系専攻薬剤疫学分野

要　約

・国民健康・栄養調査は，食習慣の欧米化により日本人男性のBMIが上昇傾向にあることを示しており，将来的に男性の肥満，2型糖尿病，脂質異常症，心疾患発症の増加が懸念される。
・2000年代前半に，カルシウムサプリメントが体重管理に有効であるという介入試験の結果が報告されたが，介入期間が短いこと，介入遵守率が高くないこと，試験規模が小さく統計学的な検出力が低いことが，試験結果の解釈を難しくさせている。
・これまで最も介入を長期に行い完遂率が高かったカルシウムサプリメント用量比較試験では，脂質・血圧・体重に関して有意差はなかった。
・欧米で行われたコホート研究のいくつかは，牛乳・乳製品摂取と肥満の間の負の関連を示唆している。
・体格・遺伝的要因・食習慣の異なる欧米の研究結果を日本人に一般化することは難しく，残念なことに日本人を対象とした報告は限られている。

Keywords　カルシウムサプリメント，国民健康・栄養調査，コホート研究，BMI，ランダム化比較試験

1　日本人の循環器疾患と栄養

1980年代より日本は世界で最も健康長寿な国となり[1)]，2010年に期待余命は男性79.3歳，女性85.9歳に，期待健康余命は男性68.8歳，女性71.7歳に達した[2)]。この長寿をもたらした要因の一つは，脳卒中死亡の減少と考えられている。

図1は，人口動態統計による三大死因の性別年齢調整死亡率の推移である。1970年には，男女ともに脳卒中が死因第1位であり2位のがんの約2倍であったが，1990年には脳卒中死亡率は約3分の1に低下した。心疾患死亡率ではそれほど顕著ではないが，やはり減少傾向があった。注意すべきは，人口動態統計に用いられる国際疾病分類が，第8版（1968〜82年），第9版（1983〜94年），第10版（1995年〜）と変更され，死亡診断書に記載される死因が年を追うごとに正確になったことであるが，それだけではこの急激な減少傾向は説明できない。

同時代の国民全体の血圧の推移を最もよく反映するのは，全国から無作為抽出された集団を対象とする国民健康・栄養調査である。図2に，国民健康・栄養調査による性・年齢別平均収縮期血圧の推移を示す。なお，この集計では降圧薬服薬者は除外されている。1970年初頭には，70歳以上の男性で160 mmHg近かった収縮期血圧は，1990年には150 mmHg未満に達し，全体で5〜20 mmHg程度低下した。国内の別のコホート研究では脳卒中リスクは収縮期血圧が20 mmHg低下するごとに約40%低下すると推定されている[3)]。この推定値には血圧の測定誤差に

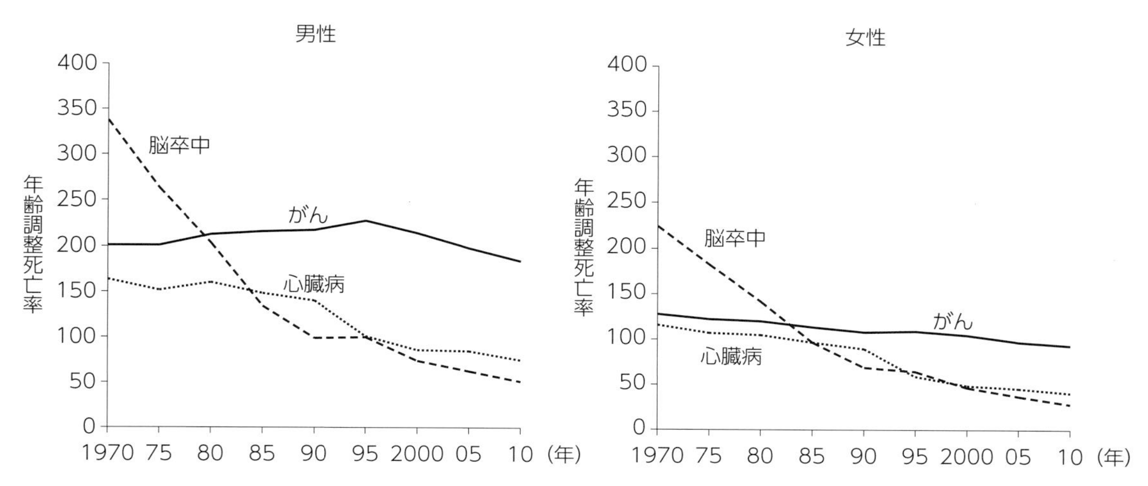

図1 三大死因の性別年齢調整死亡率の推移（厚生労働省：人口動態統計）

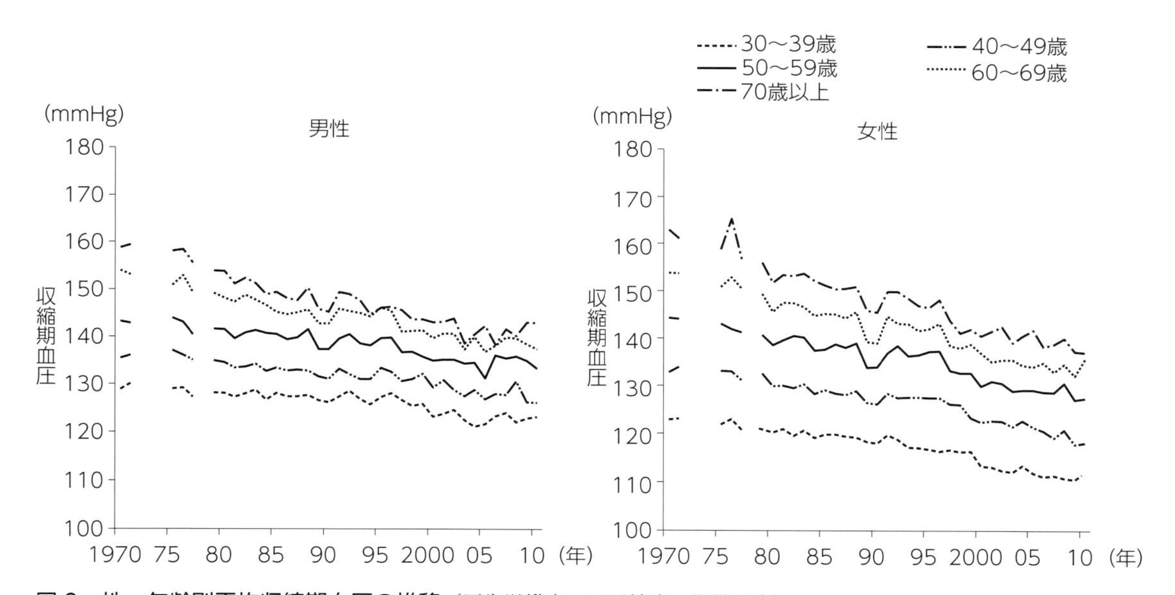

図2 性・年齢別平均収縮期血圧の推移（厚生労働省：国民健康・栄養調査）

よる過小評価の可能性があることを考慮すると，1970年から1990年にかけての脳卒中死亡の減少の大部分は，血圧の低下が寄与したと考えられる。

図3に，国民健康・栄養調査による性・年齢別平均体重と平均身長の比（BMIの近似値）を示す[4]。男性では全ての年齢層で年を経るごとにBMIが上昇しており，それは出生コホートであっても調査年であっても同じである。一方，女性の調査年別の集計をみると，20歳代では直近の調査でBMIが最も低く，60歳代では逆の傾向がみられる。これを説明するのが出生コホートである。1930年代の出生コホートでBMIが最も高く，その後の世代ではBMIが低下する傾向がある。すなわち，直近の1996～2005年の調査では，20歳代の対象者は1971～80年に出生した最もBMIが低い世代であり，60歳代の対象者は1931～40年に出生した最もBMIが高い世代であったため，調査年別の集計では逆転現象が生じたわけである。

このように日本は循環器疾患の劇的な変化を経験したが，その背景には食習慣の変化があった。図4は，同じ国民健康・栄養調査から得られた食塩，総エネルギー，乳類，カルシウムの平均摂取量の年次推移である。1970年代か

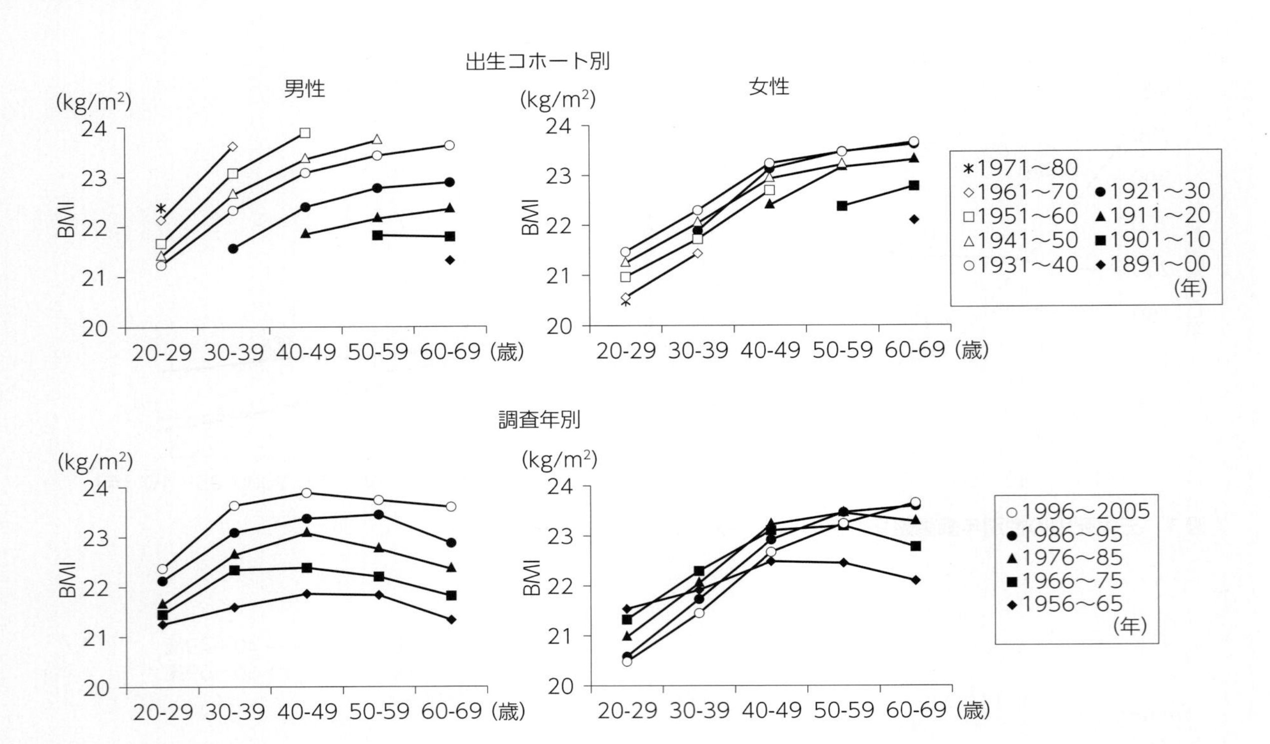

図３　性・年齢別平均体重と平均身長の比の推移（文献４より引用改変）
（厚生労働省：国民健康・栄養調査）

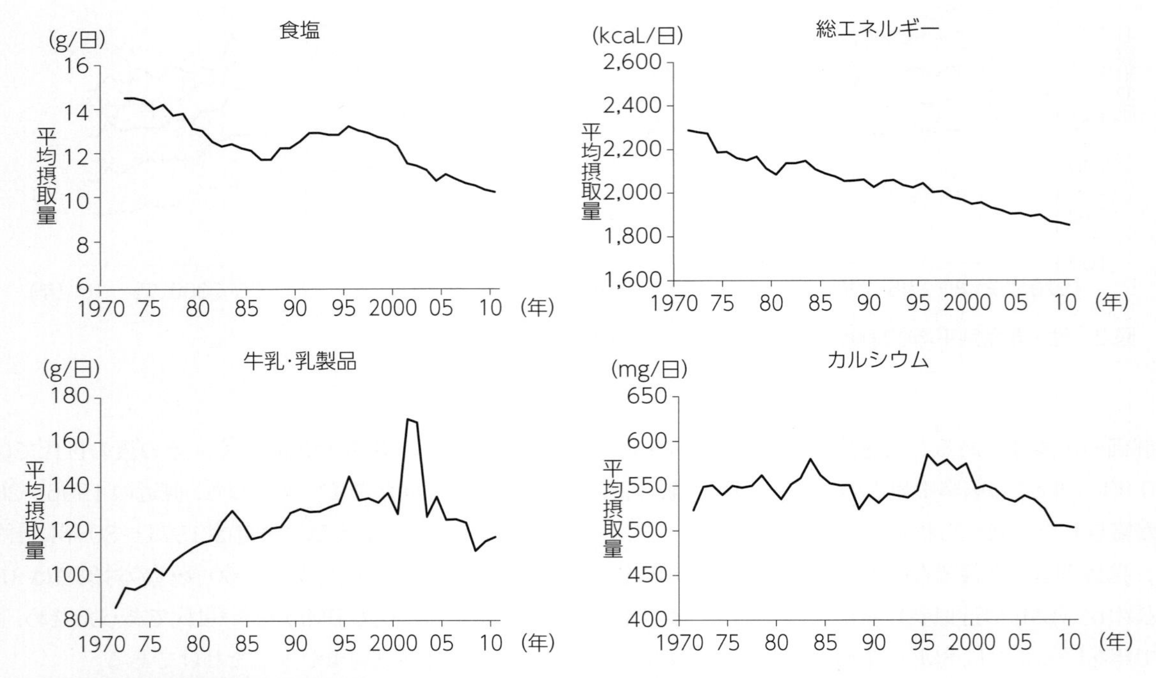

図４　平均摂取量の推移（男女計）（厚生労働省：国民健康・栄養調査）

表 1　牛乳・乳製品またはカルシウムサプリメントと肥満に関する大規模ランダム化比較試験

研究	対象	介入	期間	結果
Shapses, et al. 2004[10] 3 試験の併合解析 米国	女性 165 人 平均年齢 40.4～61.6 歳 平均 BMI 32.1～35.0	Ca 1,000 mg （サプリメント）	25 週	ランダム化された 165 人中 100 人が完遂・欠測なし。25 週後の体重減は，プラセボ群－6.2 kg に対し Ca 1,000 mg 群で－7.0 kg（p=0.43）
Gunther, et al. 2005[11] 米国	女性 155 人 平均年齢 20.1～20.2 歳 平均 BMI 22.1～23.3	乳製品中用量（Ca 1,000～1,100 mg）と高用量（Ca 1,200～1,300 mg）	1 年	ランダム化された 155 人中 135 人がプロトコール完遂。1 年後の体重減は，プラセボ群－0.8 kg に対し，高用量群－1.5 kg（p=0.45）
Reid, et al. 2005[12] ニュージーランド	閉経後女性 1,471 人 平均年齢 74 歳 平均体重 67 kg	Ca 1,000 mg （サプリメント）	30 ヵ月	ランダム化された 1,471 人中 992 人が介入完遂。30 ヵ月後の体重減は，プラセボ群－0.368 kg に対し，Ca 1,000 mg 群で－0.369 kg（p=0.93）
Lorenzen, et al. 2006[13] デンマーク	若年女性 110 人 平均年齢 13.1～13.3 歳 平均体重 49.5～52.2 kg	Ca 500 mg （サプリメント）	1 年	適格被験者 113 人中 110 人が完遂。低カルシウム摂取のサブグループで，1 年後の体重増は，プラセボ群＋3.0 kg に対し，介入群＋3.9 kg（有意差なし）
Wennersberg, et al. 2009[14] 北欧	健常人 121 人 平均年齢 51.2～56.7 歳 平均 BMI 30.0～30.1	牛乳・乳製品	6 ヵ月	ランダム化された 121 人中 113 人がプロトコール完遂，6 ヵ月後の体重減は，対照群 0.00 kg に対し，介入群で－0.1 kg（p=0.67）
Reid, et al. 2010[15] ニュージーランド	男性 323 人 平均年齢 55～57 歳 平均 BMI 26.2～26.7	Ca 1,200 mg と 600 mg （サプリメント）	2 年	介入完遂率 86％以上，2 年後の体重変化は，プラセボ群＋0.23 kg に対し，Ca 1,200 mg 群で－0.07 kg（p=0.83）

Ca：カルシウム

ら 1990 年代にかけて，食塩摂取量は 14 g/日から 12 g/日まで低下した。ヘキサメトニウムなどの初期の降圧薬の開発は 1950 年代のことであるが，減塩と降圧薬の進歩は，血圧低下の主な要因と考えられる。しかしながら，1990 年以降は食塩摂取量の減少傾向は弱まっており，最近は 12 g/日前後で推移している。

食習慣の変化でもう一つ重要なのは，食習慣の欧米化である[1]。図 4 にみられるとおり，総エネルギー摂取量は減少したが，これは主に炭水化物摂取量の減少によるもので，脂質摂取グラム数は若干の増加を示した。このことは脂質異常症や，男性では肥満のリスクを高めた可能性があるが，国民健康・栄養調査では飽和脂肪酸などの詳細なデータは得られず，これ以上の推測は難しい。食生活の欧米化により最も顕著な動きを示した食品の一つは，乳類（牛乳・乳製品）摂取量の増加であった（図 4）。一方で，カルシウム摂取量には増加傾向はみられず，2000 年以降は逆に漸減し，500 mg/日という低い水準に留まっている。欧米に比べてカルシウム摂取量が低いことは，よく知られたアジア人の特徴である。40～59 歳健常人を対象とした国際的断面調査において，標準化された 24 時間思い出し法で推定された平均カルシウム摂取量は，日本人男性で 605 mg/日，日本人女性で 607 mg/日であり，英国（男性 1,013 mg/日，女性 843 mg/日），米国（男性 882 mg/日，女性 699 mg/日）に比べて低かった[5]。

このように，過去の減塩と降圧薬を中心とする高血圧対策は一定の成功を収めたものの，高血圧は国民の深刻な健康問題であり続けている。一方で，エネルギー摂取自体は減少しているにもかかわらず，食習慣の欧米化により日本人男性の BMI は上昇傾向にある。BMI の上昇が循環器疾患死亡率へ与える影響は，これまでのところ統計に一定の傾向を生じるほどではないが，将来的に男性の肥満，2 型糖尿病，脂質異常症，心疾患の発症を増加させると予想される。

2　牛乳・乳製品摂取と肥満

肥満の定義として最も一般的なものは BMI に基づくも

表 2　牛乳・乳製品と肥満に関するコホート研究

研究	対象	アウトカム	結果
Pereira, et al. 2002[16] CARDIA Study 米国	923 人（男性 44.0%） 平均年齢 25.1～25.8 歳 BMI 25 以上	肥満発症 （追跡 10 年）	乳製品 1 日＋1 回摂取あたり オッズ比 0.82 倍（95%信頼区間 0.72～0.93）
Drapeau, et al. 2004[17] Québec Family Study カナダ	248 人（男性 45.2%） 平均年齢 39.6 歳 平均 BMI 25.3	腹囲，体重変化量 （追跡 6 年）	有意差なし （詳細なデータ示されず）
Sánchez-Villegas, et al. 2006[18] SUN Cohort スペイン	6,319 人（男性 42.5%） 平均年齢 34.0～40.0 歳 平均 BMI 23.3～23.4	体重変化量 （追跡 2 年）	乳製品摂取量の第 1 三分位で＋0.64 kg， 第 3 三分位で＋0.26 kg の体重増（$p<0.01$）
Rajpathak, et al. 2006[19] Health Professionals Follow-up Study 米国	男性 19,615 人 平均年齢 51.1～52.4 歳 平均 BMI 25.1～25.3	体重変化量 （追跡 12 年）	乳製品摂取量の第 1 五分位で＋3.08 kg， 第 5 五分位で＋3.08 kg の体重増（$p=0.71$）
Rosell, et al. 2006[20] Swedish Mammography Cohort スウェーデン	女性 19,352 人 平均年齢 46.3～46.6 歳 平均 BMI 23.3～23.9	体重増＞1 kg/年 （追跡 10 年）	乳製品 1 サービング以上の摂取でオッズ比 0.85 倍（95%信頼区間 0.73～0.99）
Vergnaud, et al. 2008[21] SU. VI. MAX Study フランス	2,267 人（男性 54.9%） 平均年齢 50.8～51.5 歳 BMI 23.5～25.2	腹囲，体重変化量 （追跡 6 年）	過体重の男性でのみ有意な関連
Halkjaer, et al. 2009[22] Danish Diet, Cancer, and Health Study デンマーク	42,696 人（男性 47.2%） 年齢 50～64 歳	腹囲変化量 （追跡 5 年）	女性における高脂肪乳製品のみ有意な関連

ので，日本人ではBMI 25 以上を肥満と定義している[6]。理論的には，肥満はエネルギー摂取と消費のバランスの崩れが蓄積して生じると考えられているが，一部の食品・栄養素が代謝に与える影響や身体活動量の個人差などを無視することはできない。多くの介入試験・疫学研究が，様々な食品・栄養素と体重管理・肥満予防の関連を検討してきたが，その結果は一定ではない。一般にランダム化比較試験（RCT）は，最も妥当性の高い研究デザインと考えられている。しかし，栄養学の領域に限っては，介入期間が短いこと，介入遵守率が高くないこと，試験規模が小さく統計学的な検出力が低いことが，試験結果の解釈を難しくさせており，決定的な研究結果は得られていない。牛乳・乳製品・カルシウムに関する研究に限っても，抗肥満効果を示唆する結果もあれば，それを否定する報告もある。

2000 年に，肥満のアフリカ系米国人 11 人を対象とした介入試験において，1 日 2 カップのヨーグルトを食事に追加する介入により，1 年後に体脂肪が 4.9 kg 減少したという副次的解析の結果が報告された[7]。その後，同じ研究グループから乳製品またはカルシウムの抗肥満効果を支持する RCT の結果が報告された[8,9]。その後の大規模 RCT の結果をまとめたのが**表 1** である[10～15]。2004 年には，3 件の RCT データを併合した解析が報告された。これらの試験は全て，成人女性 165 人にカルシウムサプリメント 1,000 mg またはプラセボをランダムに割り付けたもので，両群ともに 25 週後に－6～7 kg の体重減が観察され，カルシウムの抗肥満効果を否定する結果であった[10]。しかしながら，ランダム化された 165 人中 61 人が主に被験者側の理由で介入を中止し，4 人が測定における技術的なエラーのため欠測データがあり，解析対象となったのは全体の 61%に過ぎなかった。他の試験も同様の結果である。すなわち，介入の抗肥満効果は示されず，一方で介入完遂率は低い。

その中で，最も介入を長期に行い完遂率が高かったのが，2010 年のニュージーランドで行われたカルシウムサプリメント用量比較試験である（介入完遂率 86%以上）[15]。この試験は介入前に 1 ヵ月の run-in 期間（プラセボ介入期間）を設けており，遵守率が低い被験者が除かれたことが完遂率を高めたと考えられる。この試験の主要エンドポイントである HDL コレステロールの LDL コレステロールに対する比を含めて，脂質・血圧・体重に関して，プラセボ群，カルシウム600 mg群，1,200 mg群の間に有意差はないという結果であった。

食品としての牛乳・乳製品摂取と肥満との関連は，これまで主にコホート研究により調べられてきたが，その結果は一定ではない（**表2**）。米国[16]，スペイン[18]，スウェーデン[20]，フランス[21]，デンマーク[22]から有意な関連性が報告されている一方で，米国[19]，カナダ[17]のコホート研究では有意な関連性はみられなかった。

結論

2000年代前半に，カルシウムサプリメントが体重管理に有効であるという介入試験の結果が報告されたが，最近の大規模試験の結果はそれを支持するものではない。一方で，コホート研究のいくつかは，牛乳・乳製品摂取と肥満の間の負の関連を示唆している。しかしながら，体格・遺伝的要因・食習慣の異なる欧米の研究結果を，日本人に一般化することは難しく，残念なことに日本人を対象とした報告は限られている。わが国の循環器疾患予防における牛乳・乳製品摂取の意義を明らかにするためには，血圧・2型糖尿病・脂質異常症などの予防効果に関するエビデンスを含め，総合的に検討することが必要であろう。

文 献

1) Shibata H：Nutritional factors on longevity and quality of life in Japan. J Nutr Health Aging 5：97–102, 2001
2) Salomon JA, et al.：Healthy life expectancy for 187 countries, 1990–2010：a systematic analysis for the Global Burden Disease Study 2010. Lancet 380：2144–62, 2012
3) Miura K, et al. Japan Arteriosclerosis Longitudinal Study（JALS）Group：Four blood pressure indexes and the risk of stroke and myocardial infarction in Japanese men and women：a meta-analysis of 16 cohort studies. Circulation 119：1892–8, 2009
4) Funatogawa I, et al.：Changes in body mass index by birth cohort in Japanese adults：results from the National Nutrition Survey of Japan 1956–2005. Int J Epidemiol 38：83–92, 2009
5) Zhou BF, et al.；INTERMAP Research Group：Nutrient intakes of middle-aged men and women in China, Japan, United Kingdom, and United States in the late 1990s：the INTERMAP study. J Hum Hypertens 17：623–30, 2003
6) 日本肥満学会肥満症診断基準検討委員会：肥満症診断基準2011．肥満研究 17：1–8，2011
7) Zemel MB, et al.：Regulation of adiposity by dietary calcium. FASEB J 14：1132–8, 2000
8) Zemel MB, et al.：Calcium and dairy acceleration of weight and fat loss during energy restriction in obese adults. Obes Res 12：582–90, 2004
9) Zemel MB, et al.：Dairy augmentation of total and central fat loss in obese subjects. Int J Obes（Lond）29：391–7, 2005
10) Shapses SA, Heshka S, Heymsfield SB：Effect of calcium supplementation on weight and fat loss in women. J Clin Endocrinol Metab 89：632–7, 2004
11) Gunther CW, et al.：Dairy products do not lead to alterations in body weight or fat mass in young women in a 1-y intervention. Am J Clin Nutr 81：751–6, 2005
12) Reid IR, et al.：Effects of calcium supplementation on body weight and blood pressure in normal older women：a randomized controlled trial. J Clin Endocrinol Metab 90：3824–9, 2005
13) Lorenzen JK, et al.：Calcium supplementation for 1 y does not reduce body weight or fat mass in young girls. Am J Clin Nutr 83：18–23, 2006
14) Wennersberg MH, et al.：Dairy products and metabolic effects in overweight men and women：results from a 6-mo intervention study. Am J Clin Nutr 90：960–8, 2009
15) Reid IR, et al.：Effects of calcium supplementation on lipids, blood pressure, and body composition in healthy older men：a randomized controlled trial. Am J Clin Nutr 91：131–9, 2010
16) Pereira MA, et al.：Dairy consumption, obesity, and the insulin resistance syndrome in young adults：the CARDIA Study. JAMA 287：2081–9, 2002
17) Drapeau V, et al.：Modifications in food-group consumption are related to long-term body-weight changes. Am J Clin Nutr 80：29–37, 2004
18) Sánchez-Villegas A, et al.：Adherence to a Mediterranean dietary pattern and weight gain in a follow-up study：the SUN cohort. Int J Obes（Lond）30：350–8, 2006
19) Rajpathak SN, et al.：Calcium and dairy intakes in relation to long-term weight gain in US men. Am J Clin Nutr 83：559–66, 2006
20) Rosell M, Håkansson NN, Wolk A：Association between dairy food consumption and weight change over 9 y in 19,352 perimenopausal women. Am J Clin Nutr 84：1481–8, 2006
21) Vergnaud AC, et al.：Dairy consumption and 6-y changes in body weight and waist circumference in middle-aged French adults. Am J Clin Nutr 88：1248–55, 2008
22) Halkjaer J, et al.：Dietary predictors of 5-year changes in waist circumference. J Am Diet Assoc 109：1356–66, 2009

2. 牛乳・乳製品摂取と生活習慣病

(2) メタボリックシンドロームの概念と診断・治療

宮崎　滋　新山手病院 生活習慣病センター

要　約

- メタボリックシンドロームとは，上半身肥満，高血糖，高血圧，脂質異常などが一個人に同時に発症し，心筋梗塞，脳梗塞などの動脈硬化性疾患を生じやすい複合病態である。
- メタボリックシンドロームの診断基準には，WHO，米国，国際糖尿病連盟（IDF），日本のものがあるが，基盤となる病態と基準値のカットオフ値がそれぞれ異なっている。
- 内臓脂肪細胞からのアディポサイトカインの異常産生・分泌により，メタボリックシンドロームが発症，増悪することが認められており，内臓脂肪面積とウエスト周囲径との相関から設定した日本の診断基準値が科学的に妥当ではないかと考えられる。
- メタボリックシンドロームの原因は過食（過栄養）と運動不足（活動性の低下）であり，その結果生じる肥満に伴う内臓脂肪蓄積である。
- メタボリックシンドロームの治療目標は，食事療法・運動療法・行動療法・薬物療法によって内臓脂肪蓄積を減少させ，合併する高血糖，高血圧，脂質異常などを改善，あるいは予防することにある。

Keywords　マルチプルリスクファクター症候群（MRFS），脂肪細胞，アディポサイトカイン，内臓脂肪，ウエスト周囲径

はじめに

メタボリックシンドロームとは，上半身肥満，高血糖，高血圧，脂質異常などが一個人に同時に発症し，心筋梗塞，脳梗塞などの動脈硬化性疾患を生じやすい複合病態である。

近年，メタボリックシンドロームは「メタボ」と呼ばれ，広く認知されるようになったが，必ずしも正しく理解されているとはいえない。メタボリックシンドロームの病態を理解し，その予防や改善を図ることで，健康な身体を維持していくことが望まれている。

肥満者に糖尿病，脂質異常，高血圧が起こりやすいことは以前よりよく知られていた。またこれらの病態，疾患は体重を減らすことで改善，軽快することも医療の常識とでもいえるものであった。近年の研究では，内臓脂肪型肥満は強い独立した動脈硬化性疾患の危険因子であることが示されてきた。肥満は単に体重が重いから危険因子となるのではなく，増加する体脂肪組織の分布の違いが危険因子を増やしていることが明らかにされてきた。

表1 マルチプルリスクファクター症候群の構成要素

内臓脂肪症候群 松澤ら(1987年)	シンドロームX Reaven(1988年)	死の四重奏 Kaplan(1989年)	インスリン抵抗性症候群 DeFronzo(1991年)
内臓脂肪蓄積		上半身肥満	肥満
耐糖能異常	インスリン抵抗性 高インスリン血症 耐糖能異常	耐糖能異常	NIDDM(インスリン非依存型糖尿病) 高インスリン血症
高TG血症 低HDL-C血症	高VLDL血症 低HDL-C血症	高TG血症	脂質代謝異常
高血圧	高血圧	高血圧	高血圧
			動脈硬化性脳血管障害

TG:トリグリセリド,HDL-C:HDLコレステロール,VLDL:超低比重リポタンパク

1 メタボリックシンドローム成立までの経緯

1.1 マルチプルリスクファクター症候群(MRFS)

複数の病態が重なり合うと心血管疾患のリスクが高まることが1980年代には知られていた。この危険因子の集積した病態をマルチプルリスクファクター症候群(multiple risk factor syndrome:MRFS)という。

1988年,Reavenは耐糖能異常・高インスリン血症,高VLDL-トリグリセリド血症・低HDLコレステロール血症,高血圧を併せ持つと,心血管疾患が起こりやすいことを指摘し,シンドロームXと命名した[1)]。翌1989年,Kaplanは上半身肥満,耐糖能異常,脂質代謝異常,高血圧がそろった患者は,四重奏が奏でられるなかを一歩一歩墓場に向かっていくとして,「死の四重奏」と名付けた[2)]。その後も同様の病態の集積が,インスリン抵抗性症候群,シンドロームXプラスなどの名前で報告された。

それらに先だって1987年,CTによる体脂肪分布の検討を進めていたFujiokaらは,同じ肥満と判定されても脂肪分布には大きな違いがあり,特に主として腹腔内に脂肪組織が増加する内臓脂肪型肥満と,主に皮下に脂肪が沈着する皮下脂肪型肥満とに区別されることを示した[3)]。内臓脂肪の蓄積が認められる肥満者には,糖尿病,高トリグリセリド血症,低HDLコレステロール血症,高血圧が合併しやすく,心血管障害を起こしやすいので,この複合病態を内臓脂肪症候群と呼称した。

これらMRFSは,動脈硬化性疾患,特に心血管疾患を生じやすい病態であるとされたが,いずれも①肥満(上半身肥満,内臓脂肪型肥満),②耐糖能異常・糖尿病,③脂質代謝異常(高トリグリセリド血症,低HDLコレステロール血症),④高血圧という4つのコンポーネントにより成立している(**表1**)。

1.2 脂肪組織由来生理活性物質(アディポサイトカイン)

1993年,TNF-αが脂肪細胞で産生・分泌され,インスリン抵抗性を惹起することが明らかにされた[4)]。それに続いて1994年,脂肪細胞が産生・分泌するホルモン様物質として強い食欲抑制作用があるレプチンが発見された[5)]。これまで脂肪細胞はトリグリセリドを貯留するだけの,いわば倉庫のような活性に乏しい細胞と考えられていただけに注目を集めた。レプチンの発見は肥満症の治療薬として期待されたが,その後ヒトの肥満者では,レプチンは高値であるにもかかわらず食欲の抑制がみられないことから,レプチン抵抗性といえる現象があるのではないかと考えられた。

レプチンの発見が契機となり,脂肪細胞の産生,分泌機能が注目され,遺伝子工学的方法を用いて,脂肪細胞機能の研究が進んだ。その結果,予想以上に脂肪細胞は多彩な機能をもっていることが明らかにされた。すなわち,脂肪細胞は生理活性物質アディポサイトカイン(あるいは単にアディポカイン)を産生・分泌していることが判明した。インスリン抵抗性を強めるTNF-αやレジスチン,血栓形成を促進するPAI-1などである(**図1**)。

脂肪細胞が産生・分泌するアディポサイトカインの中で

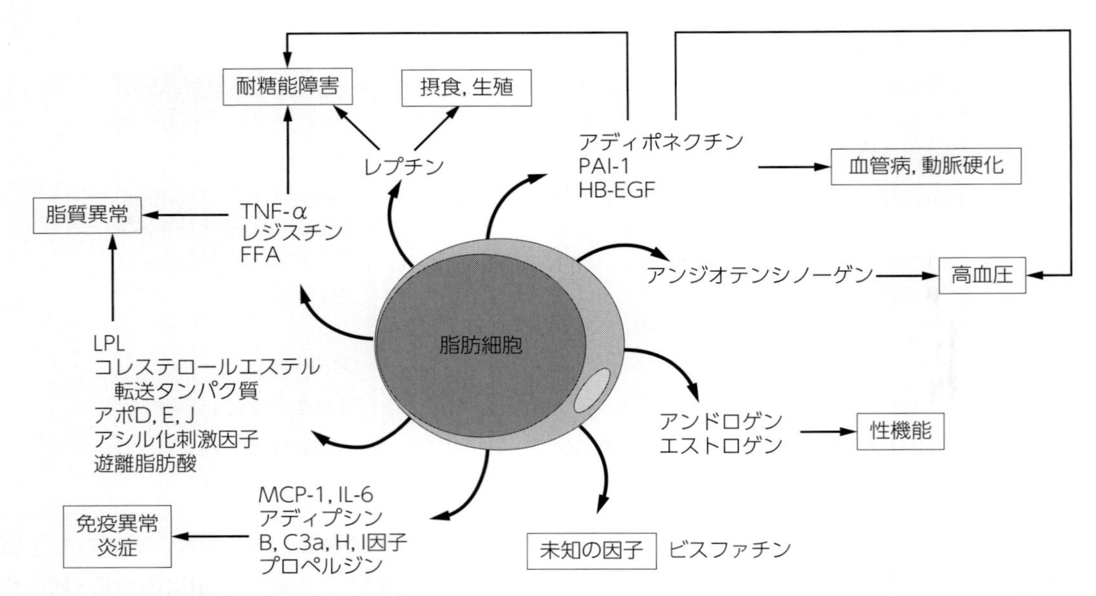

図 1　種々の脂肪組織由来生理活性物質（アディポサイトカイン）とその作用

脂肪細胞はエネルギーの貯蔵源としてのみならず，数多くのサイトカイン（生理活性物質）を産生・放出する細胞であることが知られている。脂肪細胞から産生・放出されるサイトカインをアディポサイトカインと呼ぶ。（下村伊一郎，ほか：日本内科学会雑誌 93：655-61，2004 より引用改変）

も，現在最も注目されているのがアディポネクチンである。アディポネクチンの作用はいくつか知られているが，インスリン感受性を亢進させるほか，血管内皮細胞が障害された際の修復作用があることが判明した。アディポネクチンは他のサイトカインと異なり，脂肪細胞が肥大すると分泌が低下する。このように脂肪細胞は多くのアディポサイトカインを分泌し，相互に作用しながら血管壁に直接働き，動脈硬化を発症，進展させている。脂肪細胞と動脈硬化性疾患を結びつけ，複合的に関わることを示すという研究の成果であった。

脂肪細胞が肥大化することにより，糖尿病，耐糖能障害，脂質代謝異常，高血圧などを引き起こすことが，脂肪細胞，特に内臓脂肪組織の脂肪細胞の機能異常によると考えると，動脈硬化のリスクが同時に発症することが肥満，特に内臓脂肪の蓄積によって一元的に説明できる。

1.3　基盤となる病態

脂肪細胞機能の解明から MRFS が整理され，メタボリックシンドロームに発展することになった。1998 年には世界保健機関（WHO）の診断基準，2001 年には米国で National Cholesterol Education Program, Adults Treatment Panel Ⅲ（NCEP ATPⅢ）による診断基準が発表され，2005 年には日本の基準，国際糖尿病連盟（International Diabetes Federation：IDF）の基準などが相次いで発表された。これらの基準は基本的には，先に述べたように腹部肥満あるいは肥満，糖代謝異常，脂質代謝異常，高血圧の 4 つの因子で構成されているが，①診断の必須項目すなわちメタボリックシンドロームの基盤となる病態，②基準値のカットオフ値が異なっている。

特に問題となるのは，基盤となる病態である。当初，シンドローム X，インスリン抵抗性症候群などでは，インスリン抵抗性が関与する部分が大きいと考えられていたが，メタボリックシンドロームの基盤となる病態は内臓脂肪蓄積ではないかと考えられるようになった。

2　メタボリックシンドローム診断基準

メタボリックシンドロームの診断基準として提案されたのは以下に述べるものである（**表 2**）。

2.1　WHO 基準（1998 年）

WHO の診断基準では，耐糖能異常あるいはインスリン抵抗性を必須項目としており，その指標として高インスリ

表 2　メタボリックシンドロームの診断基準の比較

	WHO (1998 年) 必須項目+2 項目以上	NCEP ATPⅢ (2001 年) 全項目中 3 項目以上	日本 8 学会* (2005 年) 必須項目+2 項目以上	IDF (2005 年) 必須項目+2 項目以上	AHA/NHLBI (2005 年) 全項目中 3 項目以上
肥満，腹部肥満	腹部肥満 ウエスト/ヒップ比 ≧0.90 または BMI≧30	腹部肥満 ウエスト周囲径 ≧102 cm（男性） ≧88 cm（女性）	内臓脂肪蓄積 臍部ウエスト周囲径 ≧85 cm（男性） ≧90 cm（女性）	腹部肥満 臍部ウエスト周囲径 ≧94 cm（男性） ≧80 cm（女性）	腹部肥満 臍部ウエスト周囲径 ≧102 cm（男性） ≧88 cm（女性）
糖代謝異常	高インスリン血症 または 空腹時血糖 ≧110 mg/dL	空腹時血糖 ≧110 mg/dL	空腹時血糖 ≧110 mg/dL	空腹時血糖 ≧100 mg/dL	空腹時血糖 ≧100 mg/dL
脂質代謝異常	TG≧150 mg/dL または HDL-C<35 mg/dL	TG≧150 mg/dL HDL-C<40 mg/dL	TG≧150 mg/dL または HDL-C<40 mg/dL	TG≧150 mg/dL HDL-C <40 mg/dL（男性） <50 mg/dL（女性）	TG≧150 mg/dL HDL-C <40 mg/dL（男性） <50 mg/dL（女性）
高血圧	血圧 ≧140/90 mmHg または降圧薬服用	血圧 ≧130/85 mmHg または降圧薬服用	血圧 ≧130/85 mmHg	血圧 ≧130/85 mmHg	血圧 ≧130/85 mmHg
その他	微量アルブミン尿				

※白字は必須項目　TG：トリグリセリド，HDL-C：HDL コレステロール
*：日本肥満学会，日本動脈硬化学会，日本糖尿病学会，日本高血圧学会，日本循環器学会，日本腎臓病学会，日本血栓止血学会，日本内科学会

ン血症または空腹時血糖 110 mg/dL 以上としている。腹部肥満についてはウエスト/ヒップ比 0.90 以上またはBMI30 以上とし，脂質異常はトリグリセリド 150 mg/dL 以上または HDL コレステロール 35 mg/dL 未満，血圧 140/90 mmHg 以上，微量アルブミン尿と 4 項目をあげ，このうち 2 項目があればメタボリックシンドロームと診断される。インスリン抵抗性を中核病態とした基準である。

2.2　NCEP ATPⅢ（2001 年）

米国の NCEP-ATPⅢの基準には必須項目がない。腹部肥満についてはウエスト周囲径が男性 102 cm 以上，女性では 88 cm 以上とされ，BMI は考慮しなくてよいことになった。脂質異常が，トリグリセリド 150 mg/dL 以上と HDL コレステロール 40 mg/dL 未満に分けられ，別個の項目となった。

血圧は 130/85 mmHg 以上と低めに設定された。全 5 項目中 3 項目以上あてはまれば診断される。この基準は中核病態を定めず，動脈硬化を生じやすい病態が多ければ，リスクが高まるという考え方である。また，この基準では体重，BMI が一切考慮されておらず，体重より腹部肥満を重要視したものである。

2.3　日本基準（2005 年）

必須項目はウエスト周囲径であり，男性 85 cm 以上，女性 90 cm 以上と，他の基準と異なり女性のほうがウエスト周囲径が長い。日本基準作成にあたって，CT で測定した内臓脂肪面積が増加するとリスクが高まることが判明しているので，内臓脂肪面積が 100 cm^2になる時の，男女のウエスト周囲径が 85 cm，90 cm に相当することを根拠として設定された。女性のウエスト周囲径のほうが 5 cm 長いのは，内臓脂肪面積が 100 cm^2になる場合，男性より女性のほうが皮下脂肪層が厚いためである。

2.4　IDF 基準（2005 年）

IDF の基準は，日本基準とほぼ同時期に発表された。ウエスト周囲径は男性 94 cm，女性 80 cm となっている[6)]。空腹時血糖値は 100 mg/dL 以上で先の 3 基準より 10 mg/dL 低く設定されており，糖尿病予知のための基準という傾向が強い。

ウエスト周囲径については民族間に差があることを認め，独自の基準を用いることを推奨した。しかし 2007 年に，IDF はウエスト周囲径の設定にあたり新見解を示した。米国では男性≧102 cm，≧女性 88 cm という NCEP ATPⅢ

表 3　日本におけるメタボリックシンドローム診断基準（文献 7 より引用改変）

内臓脂肪（腹腔内脂肪）蓄積 内臓脂肪面積：男女とも≧100 cm^{2}に相当	ウエスト周囲径 男性：85 cm 以上　女性：90 cm 以上		
上記に加えて以下の 2 項目以上があてはまる場合。			
脂質代謝異常	高トリグリセリド血症 トリグリセリド値：150 mg/dL 以上	かつ または	低 HDL コレステロール血症 HDL コレステロール値：40 mg/dL 未満
血圧高値	収縮期血圧 130 mmHg 以上	かつ または	拡張期血圧 85 mmHg 以上
糖代謝異常	空腹時高血糖 空腹時血糖値：110 mg/dL 以上		

の値，欧州・中南米諸国では男性≧94 cm，女性≧80 cm とし，日本を含むアジア諸国では男性≧90 cm，女性≧80 cm に統一しようとするもので，日本基準の男女逆転した値を解消しようとしている。

2.5　ウエスト周囲径の設定方法

日本だけ男性より女性のほうがウエスト周囲径の基準値が長い理由は，わが国では CT による内臓脂肪面積測定という根拠に基づくのに対し，欧米では CT の普及が日本ほどではないため，ウエスト周囲径は一定の BMI 値（多くの場合 30）の集団の疫学データに基づいているためである。すなわち脂肪の分布が考慮されていない。

現在では内臓脂肪細胞からのアディポサイトカインの異常産生・分泌により，メタボリックシンドロームが発症，増悪することが認められており，内臓脂肪面積とウエスト周囲径との相関から設定した日本の基準値のほうが科学的に妥当ではないかと考えられる。

3　日本におけるメタボリックシンドローム

3.1　診断基準

日本のメタボリックシンドロームの診断には内臓脂肪蓄積が必須であり，正確に診断を行うには腹部 CT 検査で臍レベルを 1 枚撮り，内臓脂肪面積が 100 cm^{2}を超えると過剰蓄積と判定する[7)]。内臓脂肪蓄積の判定には CT 撮影が必要であるが，日常の診療や健診，予防医学の場で CT を用いることは容易ではないので，その簡易判定法として臍レベルのウエスト周囲径を測定する。診断基準の必須項目であるウエスト周囲径は，男性 85 cm，女性 90 cm で，内臓脂肪面積が 100 cm^{2}の時に相当する。

さらに，高血糖（空腹時血糖値 110 mg/dL 以上），脂質代謝異常（トリグリセリド値 150 mg/dL 以上，かつ，またはHDL コレステロール値 40 mg/dL 未満），高血圧（収縮期血圧 130 mmHg 以上，かつ，または拡張期血圧 85 mmHg 以上）の 3 項目のうち，2 項目が該当すればメタボリックシンドロームと診断される（**表 3**）。

男性のウエスト周囲径 85 cm が厳しすぎるという意見も多いが，ウエスト周囲径だけでなく，他の代謝異常がなければメタボリックシンドロームとは診断されないことを理解する必要がある。

a．診断の目的

メタボリックシンドローム診断の目的は心血管疾患（心筋梗塞，狭心症）や脳血管疾患など動脈硬化性疾患の早期予知であり，その予防にある。メタボリックシンドロームと診断された人は，そうでない人に比べ 2～3 倍心血管疾患が起りやすいことが知られている。

b．頻度

厚生労働省の平成 20 年国民健康・栄養調査によると，2008 年のメタボリックシンドロームの頻度は 40 歳以上では，必須項目のほか２項目以上を認める人が男性25.3%，女性10.6%，１項目ある人も加えると男性で47.2%，女性で18.9%であった。男性では30歳代から増加し，女性では50歳代以上で増加している。男女比は約3：1である。

4 メタボリックシンドロームの原因と治療

4.1　原因

メタボリックシンドロームの原因は過食（過栄養）と運動不足（活動性の低下）であり，その結果生じる肥満に伴う内臓脂肪蓄積である。

日本人の１日の摂取エネルギーは，1970年代の約2,190 kcalをピークに年々減少しており，最近では約1,850 kcalまで減少している[8]。しかし，肥満者は増加の一途であるので，肥満になる原因は食事より運動不足，活動性の低下にあると考えられる。特に問題なのは車の使用で，世界的に生活を車に依存している欧米諸国では肥満者の人口に占める比率が高い。日本で肥満者の比率が高いのは順に，沖縄県，北海道，徳島県であり[9]，公共交通機関の整備が遅れ，車を使わないと生活できず，歩行数の少ない地域である。逆に首都圏，近畿圏では肥満者は少ない。メタボリックシンドロームが高頻度の都道府県は肥満者が高頻度の所であり，低活動性による肥満が関係しているといえる。ただし，食事に関しても肥満者ではエネルギー摂取量は明らかに多いので，運動だけでなく食生活とメタボリックシンドロームの関係は深いと考えられる。

a．脂質摂取量の増加

日本人の１日のエネルギーと炭水化物の摂取量は減少しているが，脂質の比率は増加している。炭水化物の摂取は膵臓のインスリン分泌能に負荷をかける。日本人は欧米人に比ベインスリン分泌予備能が低い。脂質はインスリン分泌に対する負荷がかかりにくく，1 gあたりのエネルギーも多いため，食べ過ぎるとエネルギー過剰になりやすい。若い人では日本人でも脂質の摂取量が多く，肥満になりやすい。

b．牛乳とメタボリックシンドローム

牛乳はタンパク質を主に多くの栄養成分を含む優れた食品であるが，牛乳とメタボリックシンドロームとの関係は明らかではない。しかし，牛乳飲用量とメタボリックシンドロームの有病率をみた論文を検討した成績によると，牛乳飲用量の少ない人に比べ多い人の有病率は0.85～0.38と低下しており，牛乳飲用量の多い人はメタボリックシンドロームにはなりにくいと考えられた[10]。

4.2　治療

治療は食事，運動療法を中心とした生活習慣の改善であり，行動療法的手法を加え行う。

a．治療目標

メタボリックシンドロームの治療目標はまず減量であるが，普通体重（BMI 18.5～25）にまで減量することではなく，減量によって内臓脂肪蓄積を減少させ，合併する高血糖，高血圧，脂質異常などを改善する，あるいは発症・進展を予防することにある。減量することにより，糖尿病，高血圧，脂質異常のデータの改善，正常化がみられることが多い。

これまでは現体重の5%を3～6ヵ月間で減量させることを目標としていた。しかし，特定健診・保健指導の成績から，3%の体重減少によってこれらの検査値が改善されることが判明した。したがって80 kgの人なら2.4 kgを3～6ヵ月で減量させるだけでよく，決して難しいことではない。

b．食事療法

体重，内臓脂肪を減少させるためには，食事療法が有用である。1ヵ月で1 kg体重を減量させるには，1日あたりの消費エネルギーより約250 kcal少ない食事をする。通常男性では1,700～1,900 kcal/日，女性では1,500～1,700 kcal/日程度とする。

栄養素のバランスに注意し，重量あたりのエネルギーが大きい脂質，つい食べ過ぎる糖質は減らす。タンパク質摂取量が少ないと筋肉，内臓が萎縮するので，標準体重1 kgあたり1～1.5 gのタンパク質摂取を守ることが重要である。また，ビタミン，ミネラルの不足がないよう気をつける。脂質の摂取が少ないと脂溶性ビタミンが欠乏しやすくなるので注意する。食物繊維を含む食品の摂取は腹もちがよいうえにエネルギーが少ないので，多めに食べてもよい。

c．運動療法

メタボリックシンドロームの治療，予防に運動は特に重要である。体重が同じであっても，運動すると合併症を起

こし難いことが知られている。また運動量が少なければ，内臓脂肪蓄積を来しやすいことも知られている。運動強度の高くない有酸素運動を行うことが勧められている。

必ずしもまとまった時間に運動する必要はなく，空き時間を利用して歩いたり，通勤の往復で少し多めに歩くよう心がける。歩くことは簡単で一人でもできることから，行いやすい運動である。個々に異なるが1日7,000歩以上歩くことが目標となる。余力があれば速歩，ジョギングなど運動強度を上げていく。

筋肉トレーニングなど静的運動も筋肉量を維持し，基礎代謝量を落とさないために必要な運動である。ストレッチ体操などを組み合わせてもよい。

メタボリックシンドロームに対する運動療法は，まず活動性を上げることを主とする。しかし，膝痛などの関節障害，動脈硬化の進展による心血管障害などがすでにあることが多いので，運動開始前には十分検査を行い，適切な種類，強度を選択すべきである。

d. 行動療法

治療にあたり，体重を減少させその体重を維持するためには，患者自身が病態を理解して主体的に治療に取り組み，長期間実行を続けることが重要である。行動療法は，食事療法，運動療法などを含む減量プログラムを円滑に進め，成果を得るために必要な治療法である。

方法としては，まずセルフモニタリングを行い，患者自身が生活内容を把握して，問題点に気付いてもらい，その解決のためのサポートを行う。ストレスがあれば管理し，問題となる行動があれば改善のサポートを行い，持続的減量を引き続き行うことができるよう指導を行う。

e. 薬物療法

食事療法，運動療法などの生活習慣改善，指導を行っても，減量効果が乏しければ薬物療法を行う。しかし，血糖，血圧，脂質異常の程度が高ければ単に体重の減少のみを行うのではなく，各々の病態に対し，薬物療法を行うべきである。

文　献

1）Reaven GM：Role of insulin resistance in human disease. Diabetes 37：1595-607, 1988
2）Kaplan NH：The deadly quartet. Upper-body obesity, glucose intolerance, hypertriglyceridemia, and hypertension. Arch lntern Med 149：1514-20, 1989
3）Fujioka S, et al.：Contribution of intra-abdominal fat accumulation to the impairment of glucose and lipid metabolism. Metabolism 36：54-9, 1987
4）Hotamisligil GS, et al. Adipose expression of tumor necrosis factor-alpha：direct role in obesity-rinked insulin resistance. Science 259：87-91, 1993
5）Zhang Y, et al.：Positional cloning of the mouse obese gene and its human homologue. Nature 372：425-32, 1994
6）International Diabetes Federation：A New worldwide definition of the Metabolic syndrome. Press release, Berlin, 14. Apr. 2005
7）メタボリックシンドローム診断基準検討委員会：メタボリックシンドロームの定義と診断基準．日内会誌 94：794-809, 2005
8）厚生労働省：平成22年国民健康・栄養調査結果の概要．http://www.mhlw.go.jp/stf/houdou/2r98520000020qbb.html
9）内閣府：平成20年版食育白書．http://www8.cao.go.jp/syokuiku/data/whitepaper/2008/book/index.html
10）Elwood PC, et al.：The survival advantage of milk and dairy consumption：an overview of evidence from cohort studies of vascular diseases, diabetes and cancer. J Am Coll Nut 27：723S-34S, 2008

2. 牛乳・乳製品摂取と生活習慣病

(3) メタボリックシンドローム

上西 一弘 女子栄養大学栄養生理学研究室

要 約

- 海外の報告を検討すると，人種などの影響を考慮する必要はあるが，牛乳・乳製品摂取とメタボリックシンドロームには，負の相関関係があると考えることができる。
- 日本における横断研究では，牛乳・乳製品摂取量の多い群で，メタボリックシンドロームの有病率が低いことが示された。
- 日本における縦断研究では，適正体重または余暇身体活動量が中から高程度の群で，牛乳・乳製品摂取による降圧効果がみられた。
- 牛乳・乳製品に含まれるカルシウムや様々な機能性ペプチドの働きが，脂肪合成の抑制，基礎代謝の亢進などに関与している可能性があるがまだ仮説や実験の段階である。
- 牛乳摂取と抗肥満効果，メタボリックシンドロームとその関連項目についてのメカニズムの解明も課題である。

Keywords 抗肥満効果，降圧効果，カルシウム，ペプチド，コレステロール

はじめに

牛乳・乳製品にはカルシウムが多く含まれており，カルシウム供給源として非常に有用な食品である。一方，カルシウムは骨の構成成分である。このことから牛乳・乳製品は骨の健康に重要な食品として取り上げられることが多かった。

近年，カルシウムあるいは牛乳・乳製品と体重，体脂肪の関係について多くの検討が行われ，カルシウム摂取量あるいは牛乳・乳製品摂取量が多い場合には，体重や体脂肪の増加抑制につながる可能性が報告されてきている。Heaneyの総説[1]によると，これまでにヒトを対象とした牛乳・乳製品やカルシウム摂取と身体組成との関係の研究について約80件の報告がある。それらの報告を検討したところ，その中の31の研究はランダム化比較試験（RCT）あるいは比較対照代謝試験であり，その他が観察研究あるいは疫学研究である。

31のRCTあるいは比較対照代謝試験の研究のうち，カルシウム摂取による有意な抗肥満効果がみられたものが16研究（52%），有意ではないが効果がみられたものが6研究（19%），影響なしが9研究（29%）であった。したがって，牛乳・乳製品やカルシウム摂取と身体組成との関係について何らかの介入を行った研究では，有意な効果がみられたものと，有意ではないが効果がみられたものを合わせると約7割の研究で効果がみられたことになる。

観察研究，疫学研究では45研究（74%）が有意な抗肥満効果がみられたと報告している。このときのカルシウム源としては，牛乳・乳製品由来のもののほうが効果があるとの報告もある[2]。

牛乳・乳製品のタンパク質であるカゼインやホエイが消化管で分解される際に生成するペプチドには，主にアンジオテンシン変換酵素（ACE）の作用を阻害することで，降圧作用を有するものが存在することが報告されている[3~5]。海外の大規模疫学調査の報告でも，フラミンガム研究[6]，CARDIA 研究[7]，ホノルル心臓研究[8]などで，乳製品摂取量と血圧の間には負の相関関係があることが報告されている。乳タンパク質由来のペプチドには，これらのほかに，カルシウム（ミネラル）吸収促進ペプチド，オピオイドペプチド，抗菌ペプチド，コレステロール吸収阻害ペプチド，ビフィズス菌増殖ペプチド，血小板凝集阻害ペプチド，腸管バリア機能促進ペプチドなど多数が報告されている[9]。

このように，牛乳・乳製品は様々な面から健康に役立つ食品といえるが，最近メタボリックシンドロームとの関係についても検討されている。ここでは，これまでの牛乳・乳製品とメタボリックシンドロームの関係を検討した報告をあらためて整理するとともに，われわれが行った日本人を対象とした牛乳・乳製品とメタボリックシンドロームの横断研究および縦断研究について紹介してみたい。

1　海外の報告

1.1　米国とイランの報告

牛乳・乳製品の摂取が体重や体脂肪，血圧に関係するのであれば，それらを診断項目とするメタボリックシンドロームにも何らかの影響を与える可能性がある。しかしこれまで一般には，牛乳・乳製品は栄養価が高く，肥満やメタボリックシンドロームの予防や改善には，摂取を控えるべき食品と考えられることも多かった。

そのようななか，2005 年に米国とイランからそれぞれ，牛乳・乳製品摂取とメタボリックシンドロームに関する研究が発表された。Liu S らは Women's Health Study に参加した 45 歳以上の米国女性 10,066 人を対象に牛乳・乳製品摂取とメタボリックシンドロームの関係を発表している[10]。牛乳・乳製品摂取状況を 1 日あたりのサービングサイズで五分位に分け（対象者を牛乳・乳製品摂取量の順番に並べ，対象者数が 20％ずつになるように 5 グループに分ける），メタボリックシンドロームの関係について検討

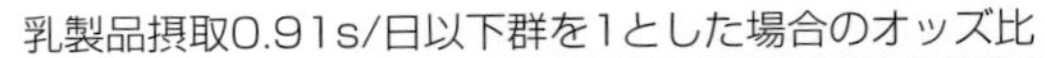

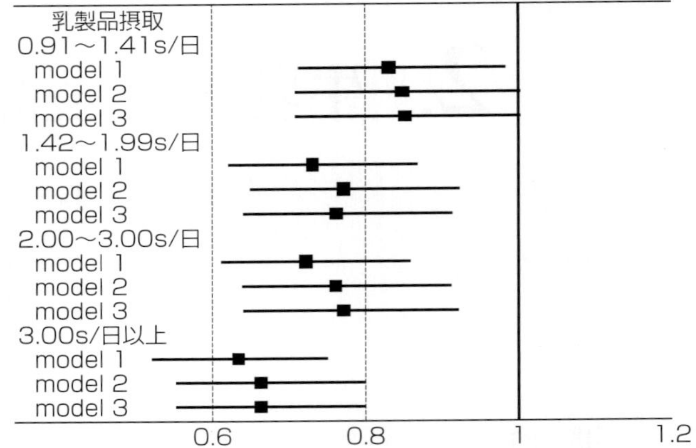

model 1：年齢，総エネルギーで調整
model 2：喫煙，運動，総エネルギー，アルコール，マルチビタミン，心筋梗塞歴で調整
model 3：model 2 ＋総脂質，コレステロール，タンパク質摂取，糖負荷で調整
1s(サービングサイズ)：ヨーグルト；240g，牛乳；240ml，チーズ；45g

図 1　牛乳・乳製品摂取状況とメタボリックシンドロームのオッズ比（米国）[10]

した結果をみると，牛乳・乳製品の摂取量が増えるにしたがって，メタボリックシンドローム発症リスクのオッズ比は低下している（図 1）。

この関係はカルシウム摂取量でグループ分けした場合も同様であった（図 2）。このカルシウム摂取量をみると，最も少ないグループでも平均が 516 mg であり，日本とは摂取レベルが大きく異なっている。なお，米国ではカルシウム摂取量の約 70％が牛乳・乳製品由来である。

一方，Azadbakht L らは，テヘラン在住の成人 827 人（男性 357 人，女性 470 人，年齢 18～74 歳）を対象とした，牛乳・乳製品摂取状況とメタボリックシンドロームの関係について報告している（図 3）[11]。それによると，米国の報告と同様に，対象者を四分位に分けて検討したところ，牛乳・乳製品の摂取量が多くなるにしたがって，メタボリックシンドロームに該当する者の割合は，有意に減少している。

また，メタボリックシンドロームの判定に関わる要因との関係をみると，米国の報告では，体重（BMI）や腹囲，血圧，糖尿病，HDL コレステロールなど多くの項目で，カルシウムの摂取量が多いグループほど，値が悪い例の割合が減っている（図 4）。イランの報告でも，腹囲，血圧，HDL コレステロールで牛乳・乳製品の摂取量が少ないグ

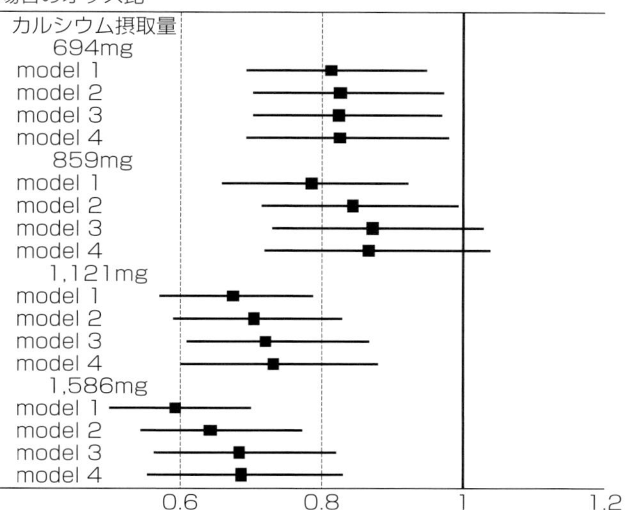

model 1：年齢，総エネルギーで調整
model 2：喫煙，運動，総エネルギー，アルコール，マルチビタミン，心筋梗塞歴で調整
model 3：model 2 ＋総脂質，コレステロール，タンパク質摂取，糖負荷で調整
model 4：model 3＋ビタミンDで調整

図2　カルシウム摂取状況とメタボリックシンドロームのオッズ比（米国）[10]

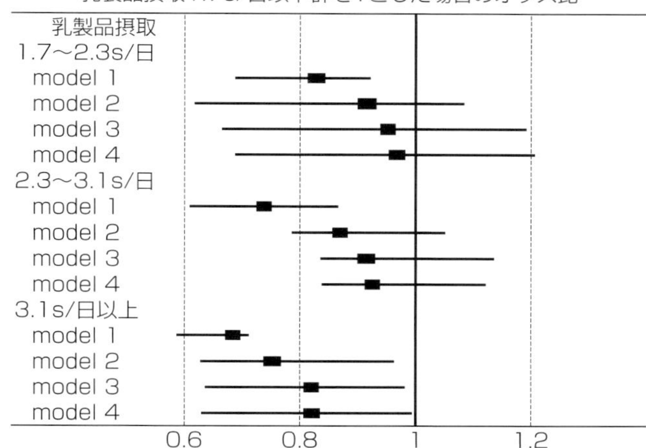

model 1：年齢，総エネルギー，脂肪エネルギー%，BMI，降圧剤・エストロゲンの使用，喫煙，身体活動量で調整
model 2：model 1＋食品群摂取量で調整
model 3：model 2＋カルシウム摂取量で調整
model 4：model 3＋タンパク質摂取量で調整
1s(サービングサイズ)：ヨーグルト；240g，牛乳；240ml，チーズ；45g

図3　牛乳・乳製品摂取状況とメタボリックシンドロームのオッズ比（イラン）[11]

ループほど，値が悪い例の割合が減っている（図5）。なお，両報告とも，血清トリグリセリドには影響はみられていない。

メタボリックシンドロームは様々な要因によって影響を受けることが考えられることから，米国，イランのこれらの研究では，年齢やエネルギー摂取量はもちろん，タンパク質摂取量，喫煙，運動，飲酒，ビタミン剤の使用，心筋梗塞の既往などいくつかの要因で調整をかけて検討しているが，牛乳・乳製品の摂取量が多いグループほど，メタボリックシンドロームの該当者は少ないという結果は共通している。

1.2　システマティックレビューの結果

これまで紹介した米国，イランの報告以外に，牛乳・乳製品とメタボリックシンドロームの関係について検討した報告を系統的にレビューした，Crichton GE らのシステマティックレビューについて概略を紹介する[12]。彼らは2009 年 7 月までに報告された論文を PubMed などで検索し，10 の横断的研究，3 つのコホート研究を採択している。これら 13 の報告のうち，7 つの論文は，乳製品の摂取はメタボリックシンドロームの発症，有病率と負の関係があること，すなわち乳製品摂取量の多い例のほうが，メタボリックシンドロームの有病率は低いという結果を示していた。その他，関係はないという論文が 3 つ，不明確な検討を行っていたものが 3 つという結果であった。この検討の中には先の米国，イランの研究も含まれている。このシステマティックレビューの結果からは，牛乳・乳製品の摂取はメタボリックシンドロームの発症を増加させるという可能性は少なく，身体活動レベルや喫煙習慣など食生活以外の生活習慣の違い，民族などの影響は考慮する必要があるが，牛乳・乳製品摂取とメタボリックシンドロームには，負の相関関係があると考えることができる。

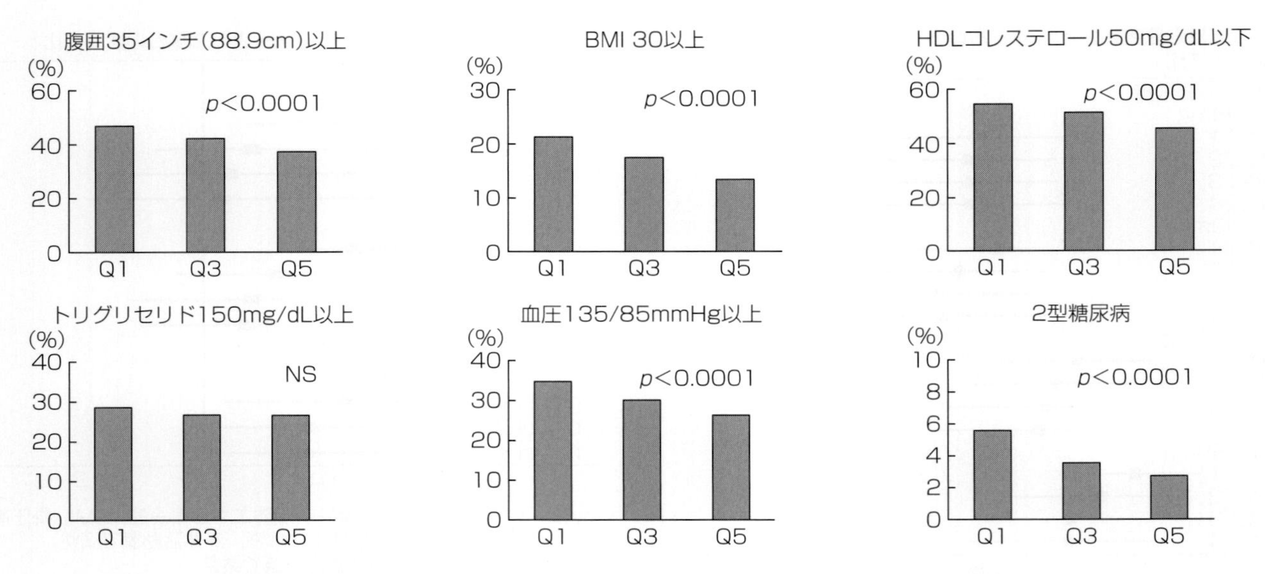

図４　カルシウム摂取とメタボリックシンドローム関連項目該当者の割合（米国）[10]

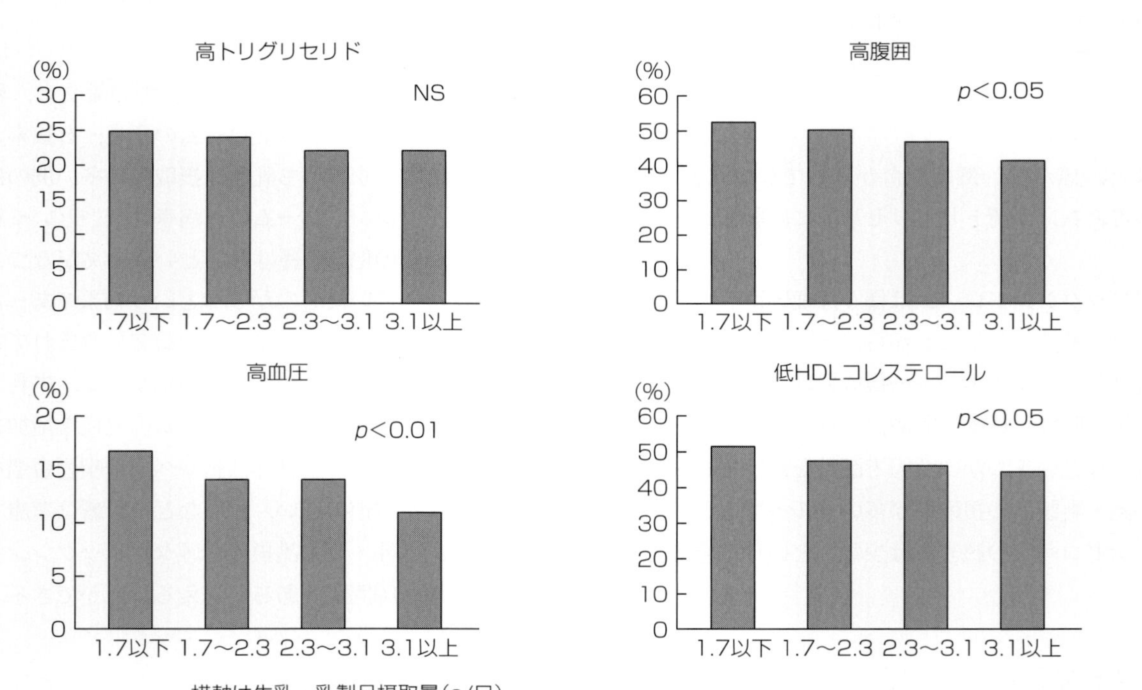

図５　牛乳・乳製品摂取とメタボリックシンドローム関連項目該当者の割合（イラン）[11]

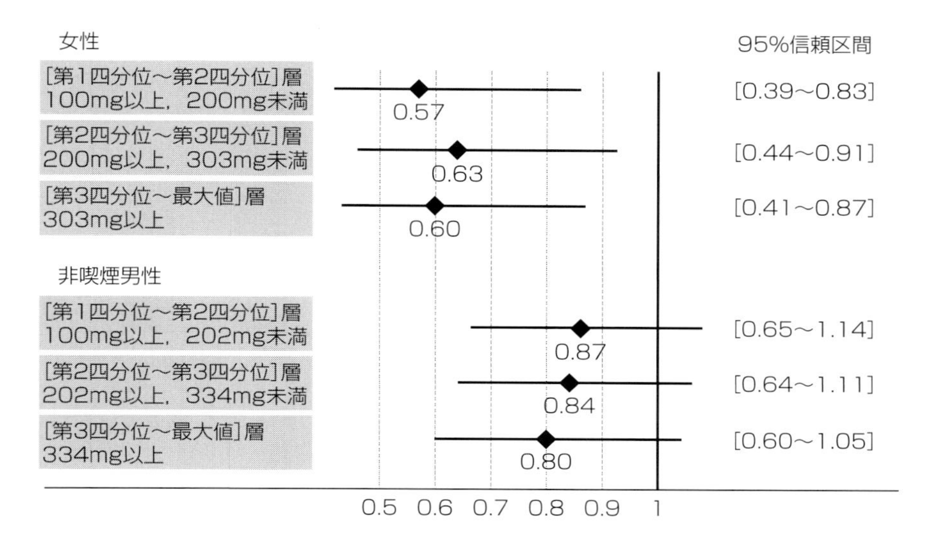

図6　牛乳・乳製品摂取とメタボリックシンドロームの関連（日本）[13]
牛乳・乳製品摂取量を四分位に分け，最小値～第１四分位点までの摂取量最少層（男性 0～100 mg 未満/女性 0～100 mg 未満）を１とした場合のオッズ比。年齢とエネルギー摂取量，アルコール摂取量，身体活動量で調整。

2　日本における横断研究

これまで紹介した諸外国からの報告は非常に興味深いが，わが国とは人種はもとより，食生活，ライフスタイルも異なり，そのまま適用することはできない。例えば，先の米国の報告をみると，カルシウム摂取水準などは日本とは比較できないくらい高いレベルである。そこで日本人を対象として同様の検討を行った[13]。

対象は 20～69 歳までの日本人で，特定健診の階層化の基準で積極的支援と判定された例をメタボリックシンドローム該当者とした。対象者を喫煙者と非喫煙者に分けて解析し，女性の腹囲のカットオフ値は海外でも用いられている 80 cm の基準を使用した。現在用いられている 90 cm の基準を採用すると，対象者がほとんどいなくなるためである。その結果，最終の解析対象者数は 6,548 人となった。今回の解析ではメタボリックシンドロームの発症に関係があると考えられる，年齢とエネルギー摂取量，アルコール摂取量，運動量で調整を行っている。

結果を図６に示した。牛乳・乳製品摂取量により対象者を四分位に分け，摂取量が最も少ないグループを基準とした場合の他のグループのオッズ比をみると，女性では牛乳・乳製品摂取量が増えるに従い有意に低下していた。非喫煙男性でも同様の傾向がみられた。傾向性検定の結果も女性では有意に低下していた。なお，喫煙男性ではこのような関係はみられなかった。

牛乳・乳製品摂取とメタボリックシンドローム判定基準項目との関係を図７，８に示す。一元配置分散分析で 4 グループ間に有意差がみられたのは，男性では血圧，女性では腹囲，BMI，収縮期血圧，トリグリセリド，HDL コレステロールであった。いずれも牛乳・乳製品摂取量が多いほど生活習慣病予防の観点からは良好な傾向がみられた。

なお，米国，イランとは異なり，トリグリセリドも牛乳・乳製品摂取量が多いほど低値を示していた。男性では，収縮期血圧，拡張期血圧のみ低値を示していた。

以上のように，日本人を対象とした場合でも，牛乳・乳製品摂取量の多い人では，メタボリックシンドロームの有病率が低いことが示された。

しかし，これらの報告は横断的な検討であり，メタボリックシンドローム患者に対する介入研究ではなく，牛乳・乳製品の摂取がメタボリックシンドロームを改善するかどうかはわからない。そこで，男性メタボリックシンドローム該当者に 6 ヵ月間，牛乳・乳製品を摂取してもらう介入試験を行った。その結果は現在解析中であるが，体重が適正範囲にある場合と身体活動レベルの高い場合には，牛乳・乳製品の摂取は血圧を低下させることが確認されている。この研究について，次に報告する。

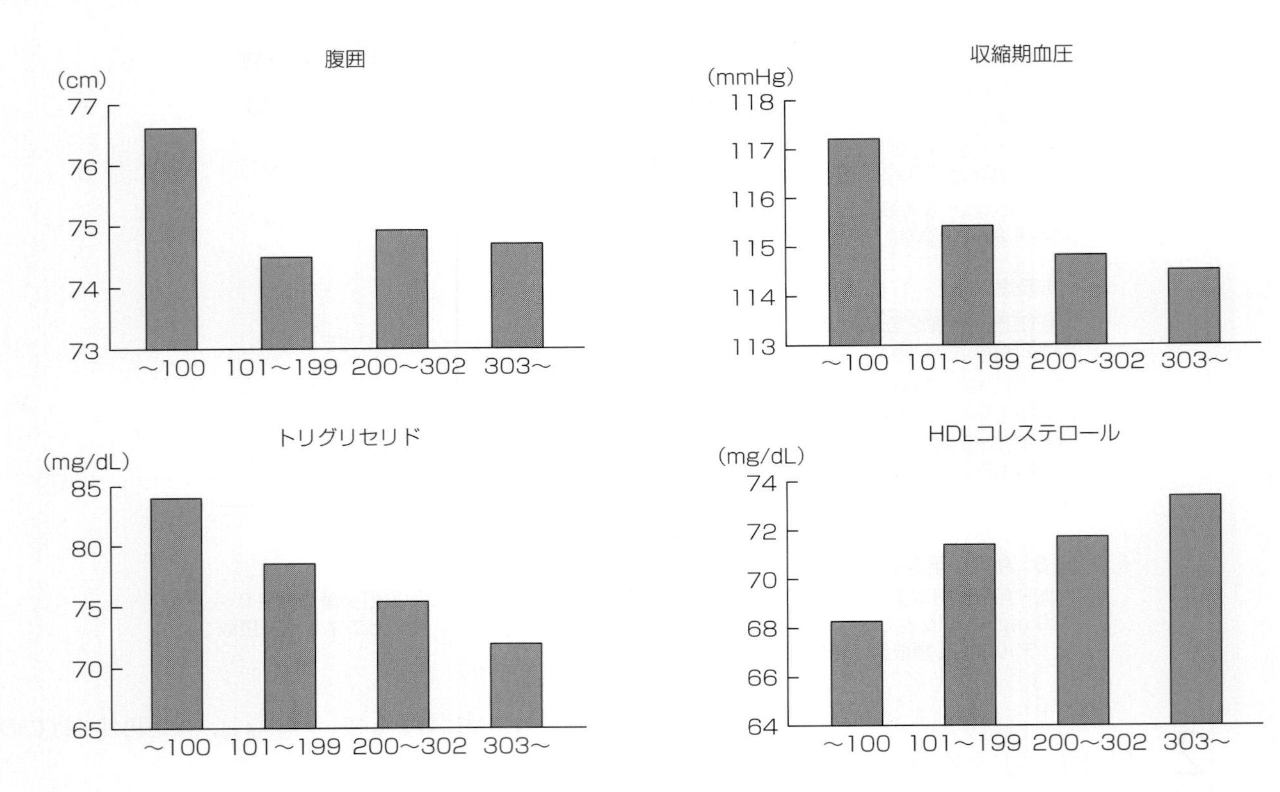

図7　牛乳・乳製品摂取量別メタボリックシンドローム関連項目の推定平均値（日本人女性）[13)]
摂取量四分位ベース。

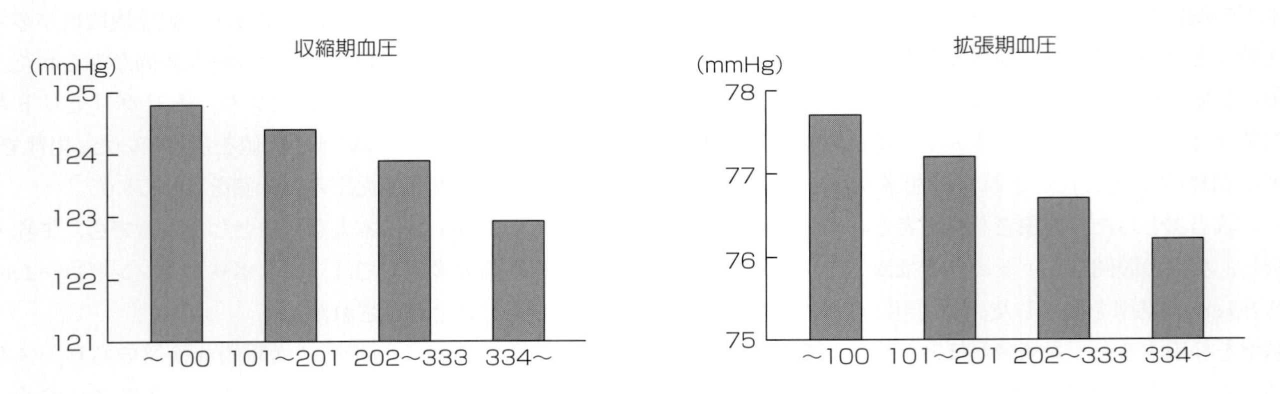

図8　牛乳・乳製品摂取量別メタボリックシンドローム関連項目の推定平均値（日本人男性）[13)]
摂取量四分位ベース。

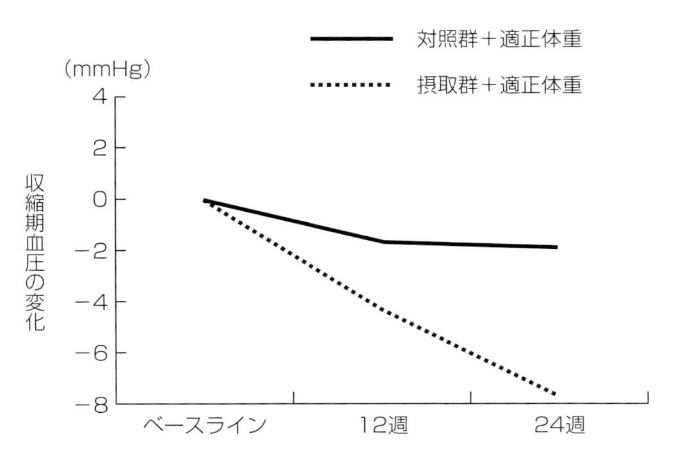

図 9 牛乳・乳製品摂取と体重による血圧変化
サブグループ解析 1，体重の度合いで解析。

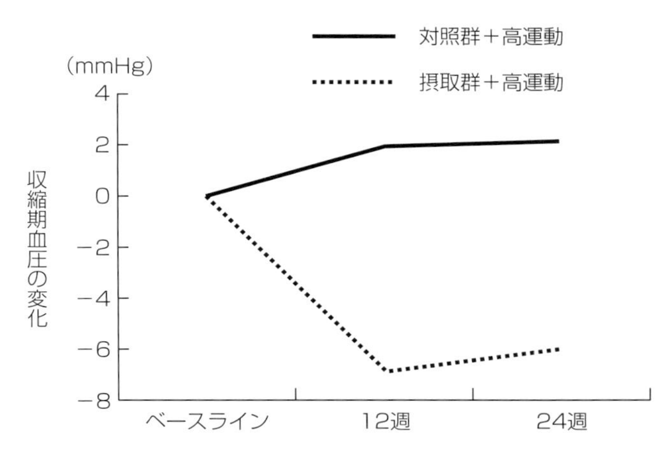

図 10 牛乳・乳製品摂取と運動による血圧変化
サブグループ解析 2，運動の度合いで解析。

3 日本における縦断研究

前述したとおり，わが国においても牛乳・乳製品の摂取とメタボリックシンドロームの間には関係（負の相関）があることが確認された。しかしこれは横断研究であり，因果関係を証明することはできない。また，海外の多くの研究も横断研究であり，一部の RCT やコホート研究において，牛乳・乳製品あるいはカルシウム摂取によるメタボリックシンドローム関連項目の血圧，糖代謝，肥満などに対する効果が示唆されているだけである。そこで，欧米に比べてカルシウム摂取量の少ない日本人を対象に牛乳・乳製品摂取による，メタボリックシンドロームおよびその関連項目への効果を検討することを目的として，介入試験を行った。

対象は，肥満，高血圧，脂質異常症，糖代謝異常の代謝性疾患を２つ以上もつ 20〜60 歳の日本人非喫煙男性とした。被験者を無作為に２群に分け，両群ともに，特定保健指導に準じた栄養指導を管理栄養士が 24 週間にわたって行った。そのうえで，介入群（102 人）には１日 400 g の牛乳またはヨーグルトを 24 週間提供した。対照群（98 人）には，牛乳・乳製品の提供などは行わなかった。

主要エンドポイントは，腹囲，血圧，空腹時血糖，HDL コレステロール，空腹時トリグリセリドとし，副次エンドポイントは，体重，体脂肪率，ヘモグロビン A1C，LDL コレステロール，総コレステロールとした（臨床試験登録 UMIN000006353）。

対象者背景をみると，両群ともに，対象者の平均年齢は 42±7 歳，平均 BMI は 27±4 kg/m^{2}であり，差はなかった。また，余暇の身体活動量は少なく（3METS-hr/w 以下が 60％以上），両群間で偏りはなかった。

両群とも，24 週後に平均エネルギー摂取量は約 2,150 kcal/日から 1,850 kcal/日へ低下していた（$p<0.01$）。対照群では，全期間を通じて平均カルシウム摂取量は約 330 mg/日だった。一方で，介入群の牛乳・乳製品摂取率は前半 12 週間で 94.2％，後半 12 週間で 92.7％であり，24 週後に平均カルシウム摂取量は 331.4 mg/日から 667.1 mg/日へ増加した（$p<0.01$）。介入群では対照群に比べ，12 週時点の平均エネルギー摂取量が 104.9 kcal/日多かったが（$p=0.08$），PFC 比と塩分摂取量に有意な差はみられなかった。

結果をみると，両群ともに，腹囲，血圧，空腹時血糖，体重，体脂肪率，ヘモグロビン A1C，LDL コレステロール，総コレステロールは，24 週後に有意に改善し，介入群においての牛乳・乳製品摂取によるさらなる効果は示されなかった（片側 $p=0.99$）。

事前に決定されたサブグループ解析で，牛乳・乳製品摂取と体重，余暇身体活動量について有意な交互作用がみられた（**図 9，10**）。血圧への介入効果は，適正体重（BMI 25 未満）のサブグループで −7.95 mmHg（95％信頼区間：−13.98〜−1.93），肥満のサブグループで 1.22 mmHg（−2.27〜4.70），余暇身体活動量が中〜高程度（3METS-hr/w 以上）のサブグループで −5.82 mmHg（−11.42〜−0.22），低いサブグループで 1.95 mmHg（−1.59〜5.50）だった。

腹囲への介入効果は，適正体重（BMI 25 kg/m^2未満）のサブグループで－0.77 cm（95％信頼区間：－3.09～1.55），肥満のサブグループで2.65 cm（1.34～3.96）であった。余暇身体活動量が中～高程度（3METS-hr/w以上）のサブグループで0.01 cm（－1.79～1.80），低いサブグループで2.79 cm（1.32～4.27）であった。

以上の結果から，今回の研究では，全体では乳製品摂取の効果は証明されなかったが，適正体重または余暇身体活動量が中から高程度の対象者で，牛乳・乳製品摂取による降圧効果がみられた。

4 抗肥満効果のメカニズム

カルシウムあるいは乳製品摂取による抗肥満効果のメカニズムについては，現在多くの研究者が取り組んでいるが，完全には解明されていない。一つの仮説として，カルシウム摂取量が増えることにより，血液中のカルシウム濃度が維持されることで，副甲状腺ホルモンの分泌が抑制され，また1,25(OH)$_2$ビタミンDの濃度も低下する。これらのホルモンの影響により脂肪細胞での脂肪合成が抑えられるとともに，脂肪が分解される方向にシフトするというものがある[2)]。また，カルシウムが脱共役タンパク質（uncoupling protein：UCP）の発現を促進し，そのため基礎代謝が亢進し，体温が上昇，エネルギーが消費される方向にシフトするという説もある[14)]。しかしこれらはまだ仮説や細胞実験，動物実験の段階である。

カルシウムや乳製品が直接抗肥満効果を有する可能性とともに，牛乳・乳製品，カルシウム摂取の多い食生活は，同時に食事全体のバランスも良好で，さらに運動や喫煙などのライフスタイルとも関係している可能性がある。食生活，ライフスタイル全体について検討する必要がある。

牛乳・乳製品には様々な機能性ペプチドが含まれていることが報告されている。血圧低下作用を有するペプチドのほかにカルシウム吸収促進ペプチドのカゼインホスホペプチド（CPP）などが存在する[15)]。CPPの存在は牛乳・乳製品に含まれるカルシウムをより効率よく体内に吸収させることになり，カルシウムの効果をより高めている可能性が考えられる。牛乳・乳製品はカルシウムの供給源として非常に有用な食品である。一般に牛乳・乳製品の摂取量が多い人は，カルシウム摂取量も多くなっており，カルシウム摂取量全体に占める牛乳・乳製品の寄与率も高くなっている。したがって，カルシウムによる効果の一部は牛乳・乳製品によって説明できる可能性がある。

文 献

1) Heaney RP, Rafferty K：Preponderance of the evidence：an example from the issue of calcium intake and body composition. Nutr Rev 67：32-9, 2009
2) Teegarden D：The influence of dairy product consumption on body composition. J Nutr 135：2749-52, 2005
3) FitzGerald RJ, Murray BA, Walsh DJ：Hypotensive peptides from milk proteins. J Nutr 134：980S-8S, 2004
4) Saito T：Antihypertensive peptides derived from bovine casein and whey proteins. Adv Exp Med Biol 606：295-317, 2008
5) Seppo L, et al.：A fermented milk high in bioactive peptides has a blood pressure-lowering effect in hypertensive subjects. Am J Clin Nutr 77：326-30, 2003
6) Moore LL, et al.：Intake of fruits, vegetables, and dairy products in early childhood and subsequent blood pressure change. Epidemiology 16：4-11, 2005
7) Pereira MA, et al.：Dairy consumption, obesity, and the insulin resistance syndrome in young adults：the CARDIA Study. JAMA 287：2081-9, 2002
8) Abbott RD, et al.：Effect of dietary calcium and milk consumption on risk of thromboembolic stroke in older middle-aged men. The Honolulu Heart Program. Stroke 27：813-8, 1996
9) 田辺創一：機能性アミノ酸とペプチド．畜産物利用学（齋藤忠夫，根岸晴夫，八田一 編），pp.93-7，文永堂出版，2011
10) Liu S, et al.：Calcium, vitamin D, and the prevalence of metabolic syndrome in middle-aged and older U. S. women. Diabetes Care 28：2926-32, 2005
11) Azadbakht L, et al.：Dairy consumption is inversely associated with the prevalence of the metabolic syndrome in Tehranian adults. Am J Clin Nutr 82：523-30, 2005
12) Crichton GE, et al.：Dairy consumption and metabolic syndrome：a systematic review of findings and methodological issues. Obesity Reviews 12：e190-e201, 2011
13) 上西一弘，ほか：牛乳・乳製品摂取とメタボリックシンドロームに関する横断的研究．日本栄養・食糧学会誌，63：151-9，2010
14) Zemel MB：The role of dairy foods in weight management. J Am Coll Nutr 24：537S-46S, 2005
15) 内藤博：カゼインの消化時生成するホスホペプチドのカルシウム吸収促進機構．日本栄養・食糧学会誌 39：433-9，1986

2. 牛乳・乳製品摂取と生活習慣病

(4) 血　圧

田中　司朗　京都大学大学院医学研究科社会健康医学系専攻薬剤疫学分野

要　約

- カルシウムサプリメント投与により，1～2 mmHg 程度の降圧効果が得られることが，ランダム化比較試験のメタ解析により示された。
- カルシウムサプリメント投与は効果が限定的であること，長期投与の効果を否定する結果があること，心筋梗塞が副作用として示唆されていることから，高血圧の予防・治療法としては推奨できない。
- 牛乳・乳製品にはカルシウム以外に，乳由来トリペプチドにも降圧効果が示唆された。
- 1997 年の DASH 試験は，果物・野菜と低脂肪乳製品を多く含む低脂質食により，5～6 mmHg 程度の降圧が得られることを示した。その後，DASH 食を減塩，体重管理・運動と組み合わせることにより，より降圧効果が大きくなることが報告された。
- 日本国民の栄養状態とエビデンスを考慮すると，循環器疾患予防を目指すうえで，牛乳・乳製品摂取は減塩，野菜・果物摂取増に次ぐ重要な栄養目標である。

Keywords　カルシウムサプリメント，高血圧，コホート研究，DASH 食，ランダム化介入試験

はじめに

日本の一般成人における高血圧は収縮期血圧 140 mmHg 以上，または拡張期血圧 90 mmHg 以上と定義される[1)]。高血圧は超高齢社会となった日本で最も有病率の高い疾患であり，患者数は約 4,000 万人といわれている[1)]。2007 年の国民健康・栄養調査個人データを用いた寄与リスクの推定によると，日本全体の死亡数 96 万人のうち，10.4 万人は高血圧への曝露によるものとされ，これは喫煙の 12.9 万人に次ぐ第 2 位であった(第 3 位は低身体活動，第 4 位は高血糖)[2)]。したがって，減塩と降圧薬を中心とする過去の高血圧対策は一定の成功を収めたものの，高血圧は国民の深刻な健康問題であり続けている。

1　カルシウムサプリメントと血圧

カルシウム摂取が血圧と負の関連性があるという仮説には，1980 年代からの長い論争の歴史がある。カルシウム摂取量と血圧の負の相関が初めて観察されたのは，1984 年に米国で行われた大規模な横断研究であった[3)]。その後，この仮説は多くの横断研究で再検討され，欧米に比べてカルシウム摂取量の少ない日本人集団でも負の相関がみられた[4～6)]。1983～93 年までの横断研究 23 件（総被験者数 38,950 人）のメタ解析によると，併合された回帰係数は，カルシウム摂取量 100 mg/日あたり収縮期血圧は－0.39 mmHg（$p<0.01$）だけ低下するという結果であった[7,8)]。この推定値は統計学的には有意ではあるが，臨床的には強

表1 牛乳・乳製品またはカルシウムサプリメントと血圧に関するランダム化介入試験とコホート研究

研究	対象	介入/曝露	期間	結果
1997年 Appel, et al.[17] RCT/米国	459人 平均収縮期血圧 131.3 mmHg	DASH食	8週	果物・野菜群では対照群に比べ，収縮期血圧は−2.8 mmHg ($p<0.01$)，DASH食群では果物・野菜群に比べ，さらに−2.7 mmHg ($p<0.01$)
2008年 Margolis, et al.[12] RCT/米国	閉経後女性 36,282人 平均収縮期血圧 126 mmHg 平均 Ca摂取量 825 mg/日	Ca 1,000 mg ＋ビタミン D_3 400 IU	7年	介入群ではプラセボ群に比べ追跡後の収縮期血圧は 0.11 mmHg高い ($p=0.14$) 高血圧発症に関するハザード比 1.01
2008年 Wang, et al.[20] コホート研究/米国	正常血圧 28,886人 収縮期血圧 140 mmHg未満 平均 Ca摂取量 536〜1,089 mg/日	乳製品と Ca 五分位	10年	高血圧発症に関するハザード比は，乳製品第1五分位に比べ，乳製品第5五分位で 0.86 ($p<0.01$)，Ca 第1五分位に比べ，Ca 第5五分位で 0.87 ($p<0.01$)
2009年 Engberink, et al.[21] コホート研究/オランダ	正常血圧 2,245人 平均収縮期血圧 121.3〜122.6 mmHg 平均 Ca摂取量 809〜1,569 mg/日	乳製品 四分位	2年	高血圧発症に関するハザード比は，第1四分位に比べ，第4四分位で 0.76 (傾向 $p<0.01$)
2010年 Reid, et al.[13] RCT/ニュージーランド	健常人 323人 収縮期血圧 130〜132 mmHg 平均 Ca摂取量 800〜930 mg/日	Ca 1,200 mg 600 mg	2年	収縮期血圧 ($p=0.60$)，拡張期血圧 ($p=0.73$) ともに有意差なし

Ca: カルシウム

い関連性を示したとはいえず，研究間で結果が不均一であったこと，経時変化を追ったものではないこと，交絡によるバイアスの可能性があることを併せて考えると，カルシウム摂取と血圧低下の間に因果関係があると結論することはできない，とするのが当時の疫学者の意見であった。

1980年から1990年にかけては，動物実験によりカルシウム摂取と血圧の関連を説明するメカニズムが盛んに調べられた。理論的には，副甲状腺ホルモンの上昇，血管平滑筋への作用，ホルモン，カルシウムとナトリウム・カリウムの相互作用，カルシウム摂取不足時の塩分過剰摂取などが関係する可能性が示されている[9]。

横断研究だけではなく，よりバイアスの入りにくい研究デザインであるカルシウムサプリメントを用いたランダム化比較試験（RCT）の結果も多数報告されている。すなわち，1966〜94年までのRCT 33件（総対象者数2,412人）をメタ解析した結果，カルシウムサプリメントにより収縮期血圧は−1.27 mmHg（$p<0.01$），拡張期血圧は−0.24 mmHg（$p=0.49$）低下することが示された[10]。なお，カルシウム投与量中央値は1,076 mg/日（範囲406〜2,000 mg/日），介入期間中央値は8週（範囲4〜208週）であった。2006年には，近年行われた試験を追加したメタ解析の結果が報告されており[11]，カルシウム摂取量が800 mg/日未満の集団では，収縮期血圧で−2.63 mmHg程度の低下が得られることが示唆された。

カルシウムサプリメント長期投与の効果は，閉経後女性36,282人を対象としたRCT，Women's Health Initiativeにより報告されている[12]。すなわち，カルシウム（1,000 mg/日）とビタミンD_3（400 IU/日）群では，プラセボ群に比べ，中央値で7年の追跡後の収縮期血圧は0.11 mmHg高く（$p=0.14$），高血圧発症率はハザード比1.01倍と両群でほぼ同じであった。ニュージーランドからも観察期間2年のRCTが報告されているが，有意差はない[13]。したがって，カルシウムサプリメント長期投与の有効性はこれまで示されていない。また，これらの研究は食事由来のカルシウム摂取量が800 mg/日以上と比較的高い集団を対象としていることも，結果を解釈するうえで重要である（**表1**）。

このような研究結果は，カルシウムサプリメントの投与により降圧効果が得られるものの，平均的には1〜2 mmHg程度と効果の大きさは限定的であることを示している。食事由来のカルシウム摂取量が低い集団では，相対的に大きい降圧効果が得られる可能性はあるものの，カルシウムサプリメントは高血圧の予防・治療手段として効果的なものではない。

2 高血圧の予防・治療における牛乳・乳製品の意義

このように，カルシウムサプリメントと血圧の関連は，1990 年半ばに明らかになった。しかし，高血圧を予防・治療するために，カルシウムサプリメントやカルシウムを豊富に含む食品を推奨すべきかどうか，どのような摂取方法が最適なのかは別の次元の問題である。

興味深いことに，カルシウムサプリメントと食事からのカルシウム摂取（牛乳・乳製品の追加など）を別々に解析したメタ解析によると，収縮期血圧は，カルシウムサプリメントにより－1.09 mmHg（33 試験），食事からのカルシウム摂取により－2.10 mmHg（9 試験）低下することが示された[14]。牛乳・乳製品のカルシウム以外の効果としては，乳由来トリペプチドのイソロイシン–プロリン–プロリン（Ile–Pro–Pro：IPP）とバリン–プロリン–プロリン（Val–Pro–Pro：VPP）にはアンジオテンシン変換酵素（ACE）阻害作用があり，降圧効果があると考えられる。実際，1996～2005 年までの RCT 12 件（総被験者数 623 人）のメタ解析によると，乳由来トリペプチドにより収縮期血圧は－4.8 mmHg（$p<0.01$），拡張期血圧は－2.2 mmHg（$p<0.01$）低下すると報告されている[15]。ただし，個々の臨床試験には研究方法論に弱さがあるとする意見もあり[16]，乳由来トリペプチドの効果について結論は得られていない。

1997 年に公表された Dietary Approach to Stop Hypertension（DASH）試験により，高血圧食事療法に関する決定的な結果が得られた[17]。DASH 試験は，果物・野菜・低脂肪乳製品を多く含む低脂質食を摂取する DASH 食群，果物・野菜のみを多く含む果物・野菜群，対照群の 3 群の RCT であり，3 群ともに減塩が行われている。被験者数は 459 人で，介入前の収縮期血圧は 131.3±10.8 mmHg であった。介入期間後である 8 週時点で，果物・野菜群では対照群に比べ，収縮期血圧は－2.8 mmHg 低く（$p<0.01$），DASH 食群では果物・野菜群に比べ，収縮期血圧はさらに－2.7 mmHg 低かった（$p<0.01$）。

2001 年には 2 種類の食事（DASH 食または対照食）と，食塩摂取量 3 水準（ナトリウム換算で 150，100，50mmol/日）を組み合わせた 2×3 要因試験の結果が報告され，DASH 食と減塩の組み合わせにより，収縮期血圧が－8.9 mmHg 低下することが示された（$p<0.01$）[18]。2010 年には，DASH 食に体重管理とエアロバイクとジョギングを中心とする週 3 回の運動を組み合わせた RCT が行われ，さらなる降圧が得られることが示された[19]。さらに牛乳・乳製品の長期効果は，米国とオランダのコホート研究により検証された[20,21]（**表 1**）。これらの結果は，各国の高血圧治療ガイドラインに取り入れられ，DASH 食に類する食事が推奨されている。

まとめ

カルシウムサプリメントには 1～2 mmHg 程度の降圧効果があるものの，効果が限定的であること，長期投与の効果を否定する結果があること，心筋梗塞を増やす副作用がメタ解析[22]から示唆されていることから，高血圧の予防・治療法としては推奨できない。

一方で，牛乳・乳製品摂取は単独ではなく野菜・果物摂取，減塩，体重管理・運動と組み合わせることにより，効果的に高血圧の予防・治療が可能である。医療政策の観点からは，日本国民の栄養状態とエビデンスを考慮すると，循環器疾患予防を目指すうえで，牛乳・乳製品摂取は減塩，野菜・果物摂取増に次ぐ重要な栄養目標である。

文 献

1）日本高血圧学会高血圧治療ガイドライン作成委員会：高血圧治療ガイドライン 2009．ライフサイエンス出版，2009
2）Ikeda N, et al. Adult mortality attributable to preventable risk factors for non–communicable diseases and injuries in Japan：a comparative risk assessment. PLoS Med 9：e1001160, 2012
3）McCarron DA, et al.：Blood pressure and nutrient intake in the United States. Science 224：1392–8, 1984
4）Iso H, et al.：Calcium intake and blood pressure in seven Japanese populations. Am J Epidemiol 133：776–83, 1991
5）Morikawa Y, et al.：A cross–sectional study on association of calcium intake with blood pressure in Japanese population. J Hum Hypertens 16：105–10, 2002

6) Uenishi K, et al.：. Milk, Dairy Products and Metabolic Syndrome：A Cross-sectional Study for Japanese. J Jpn Soc Nutr Food Sci 63：151-9, 2010 (in Japanese)
7) Cappuccio FP, et al.：Epidemiologic association between dietary calcium intake and blood pressure：a meta-analysis of published data. Am J Epidemiol 142：935-45, 1995
8) Birkett NJ：Comments on a meta-analysis of the relation between dietary calcium intake and blood pressure. Am J Epidemiol 148：223-8, 1998
9) Hatton DC, McCarron DA：Dietary calcium and blood pressure in experimental models of hypertension. A review. Hypertension 23：513-30, 1994
10) Bucher HC, et al. Effects of dietary calcium supplementation on blood pressure. A meta-analysis of randomized controlled trials. JAMA 275：1016-22, 1996
11) van Mierlo LA, et al.：Blood pressure response to calcium supplementation：a meta-analysis of randomized controlled trials. J Hum Hypertens 20：571-80, 2006
12) Margolis KL, et al.；Women's Health Initiative Investigators：Effect of calcium and vitamin D supplementation on blood pressure：the Women's Health Initiative Randomized Trial. Hypertension 52：847-55, 2008.
13) Reid IR, et al.：Effects of calcium supplementation on body weight and blood pressure in normal older women：a randomized controlled trial. J Clin Endocrinol Metab 90：3824-9, 2005
14) Griffith LE, et al.：The influence of dietary and nondietary calcium supplementation on blood pressure：an updated meta-analysis of randomized controlled trials. Am J Hypertens 12：84-92, 1999
15) Xu JY, et al.：Effect of milk tripeptides on blood pressure：a meta-analysis of randomized controlled trials. Nutrition 24：933-40, 2008
16) EFSA Panel on Dietetic Products, Nutrition and Allergies：Scientific opinion on the substantiation of health claims related to isoleucine-proline-proline (IPP) and valine-proline-proline (VPP) and maintenance of normal blood pressure (ID 661, 1831, 1832, 2891, further assessment) pursuant to Article 13 (1) of Regulation (EC) No 1924/2006. EFSA Journal 10：2715, 2012
17) Appel LJ, et al.：A clinical trial of the effects of dietary patterns on blood pressure. DASH Collaborative Research Group. N Engl J Med 336, 1117-24, 1997
18) Sacks FM, et al.；DASH-Sodium Collaborative Research Group：Effects on blood pressure of reduced dietary sodium and the Dietary Approaches to Stop Hypertension (DASH) diet. DASH-Sodium Collaborative Research Group. N Engl J Med 344：3-10, 2001
19) Blumenthal JA, et al.：Effects of the DASH diet alone and in combination with exercise and weight loss on blood pressure and cardiovascular biomarkers in men and women with high blood pressure：the ENCORE study. Arch Intern Med 170：126-35, 2010
20) Wang L, et al.：Dietary intake of dairy products, calcium, and vitamin D and the risk of hypertension in middle-aged and older women. Hypertension 51：1073-9, 2008
21) Engberink MF, et al.：Inverse association between dairy intake and hypertension：the Rotterdam Study. Am J Clin Nutr 89：1877-83, 2009
22) Bolland MJ, et al.：Effect of calcium supplements on risk of myocardial infarction and cardiovascular events：meta-analysis. BMJ 341：c3691, 2010

2. 牛乳・乳製品摂取と生活習慣病

(5) 脂質代謝

中村　治雄　公益財団法人三越厚生事業団／防衛医科大学校

要　約

・一般に動物性脂肪（乳脂肪）は LDL を上昇させるとされるが，健常例では正常の範囲内の動きであり，脂質異常症例でも上昇はわずかで，多価不飽和脂肪酸を調整すればよい。
・乳脂肪は小型 LDL を低下させ，n-3 系脂肪酸の添加でその他のリスクも改善させる。
・低脂肪乳，発酵乳，チーズ，ホエイなどには LDL 上昇作用はみられず，むしろ低下させることも多い。
・すべてのトランス脂肪酸が CETP 活性を亢進させ，LDL を上昇させるものではなく，乳脂肪に含まれるトランス型パルミトオレイン酸は，むしろ炎症を抑制してインスリン抵抗性改善に働き，メタボリックシンドロームの改善にも有用である。
・牛乳・乳製品は小児，高齢者にも有用である。

Keywords　牛乳・乳製品脂肪，血清脂質・リポタンパク質，トランス脂肪酸，動脈硬化リスク

はじめに

一般に心血管系疾患の発症を抑制するために，赤身の肉と乳製品の摂取を減らし，ナッツ類，魚，大豆タンパク製品，水素添加をしていない植物油を増やすことが勧められている[1]。特に脂肪酸の種類が問題であり，総脂肪エネルギー（%）は重要ではない。水素添加された植物油のトランス脂肪酸は炎症を誘導するため，避けるべきである（図1）。飽和脂肪酸もある程度制限すべきであるが，炭水化物に置き換えることは利益にはならない（図 2）。多価不飽和脂肪酸と一価不飽和脂肪酸の混合に置換するとともに，n-6 系脂肪酸，n-3 系脂肪酸の両者が必要である。この際，n-6 系，n-3 系の比率はあまり重要ではない。

これらの原則の中で，乳製品摂取については各種の面から見直されてきている。以下，心血管系疾患の炎症，リスク，血清脂質などの観点よりまとめてみたい。

1　心血管系疾患との関連

1.1　冠動脈性心疾患

牛乳脂肪は飽和脂肪酸とコレステロールを含有するので，動脈硬化を促進しやすい動物性脂肪と見なされやすいが，実際にはそのようなことはない[2]。牛乳は各種の生物活性物質を有しており，肝臓でのコレステロール合成を抑制する。また，短鎖脂肪酸，n-3 系多価不飽和脂肪酸，一価不飽和脂肪酸のオレイン酸などを含有するので，トリグリセリド（TG）の合成も抑制する。さらにリン脂質なども含まれているのでコレステロールのエステル化，代謝回転を促進するとともに，共役リノール酸，α-トコフェロール，コエンザイム Q10，ビタミン A，ビタミン D_3も含まれ

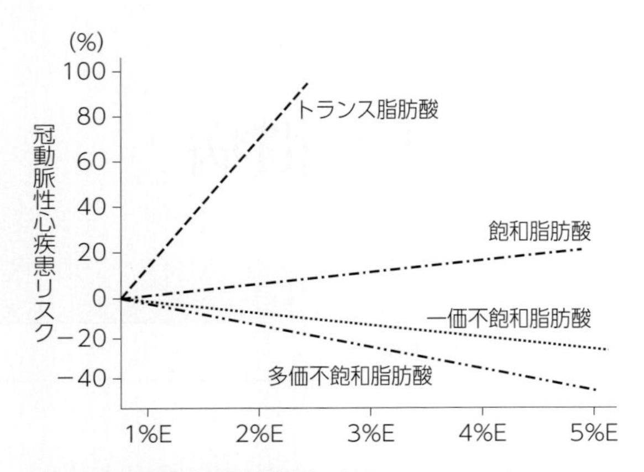

図 1　脂肪酸の冠動脈性心疾患リスク（文献 1 より引用改変）

各脂肪酸の摂取量増大に伴う冠動脈性心疾患（CHD）多変量相対リスク。等エネルギーの炭水化物摂取量との比較。データは The Nurses' Health Study の 14 年追跡調査による。

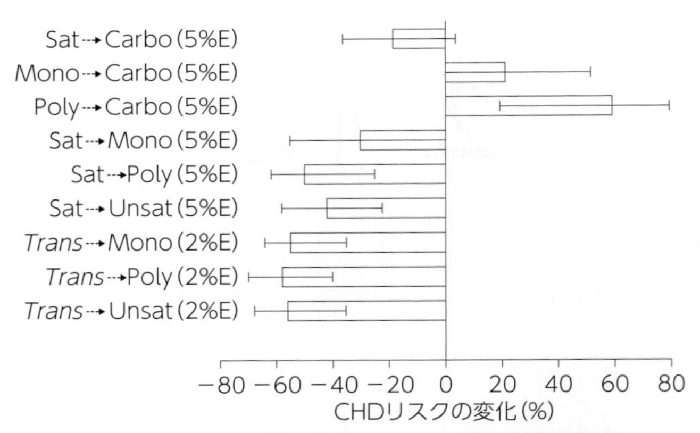

Sat：飽和脂肪酸，Carbo：炭水化物，Mono：一価不飽和脂肪酸，Poly：多価不飽和脂肪酸，Unsat：不飽和脂肪酸，Trans：トランス脂肪酸

図 2　脂肪酸の種類別冠動脈性心疾患リスクの変化（文献 1 より引用改変）

各脂肪酸を等エネルギーの代用物に置き換えた場合の冠動脈性心疾患リスクの変化（推定）。データは The Nurses' Health Study における女性 80,082 例の 14 年追跡調査による。

ることからコレステロールの酸化を防ぎ，n–3 系の α–リノレン酸，n–6 系のリノール酸，オレイン酸などの働きで，低比重リポタンパク質（LDL）を低下させる。これらを基礎として多くの場合を検討した結果，牛乳・乳製品の摂取が常に心血管系疾患発症のリスクとはなりえないとされる[3]。

また，チーズにはコレステロールを上昇させる働きはみられず，発酵乳にはむしろコレステロール低下作用があり，血圧低下とも関連し，心血管系疾患，あるいはそのリスクを増加させることはないとしている調査もある[4]。

低脂肪乳製品を用いた DASH（Dietary Approaches to Stop Hypertension）試験では，対照に比し総コレステロールは 13.2 mg/dL 低下，LDL コレステロールも 10.7 mg/dL 低下し，高比重リポタンパク質（HDL）コレステロールも 3.2 mg/dL 低下し，それぞれ有意であった[5]。TG には変化はみられていない。

バターとチーズの摂取による冠動脈性心疾患（CHD）リスクを比較した検討[6]は，22 例の健常男女の交差試験にて行われ，総脂肪摂取量 28％のうち 20％を乳製品で占めているが，3 週間後，チーズ食ではバター食に比し，総コレステロールは 10 mg/dL 有意に低下しており，LDL コレステロールも 8 mg/dL 低下していた。HDL コレステロール，TG，アポリポタンパク質 A–I（apo A–I），アポリポタンパク質 B（apo B），リポタンパク質（a）（Lp(a)）には有意の変化はみられていない。さらに，組織プラスミノーゲン活性化因子（tPA），プラスミノーゲン活性化抑制因子（PAI–1），Factor Ⅶc，フィブリノーゲン，ホモシステインなどにも変化はみられなかった。

32,826 人が参加した看護師健康調査[7]では，乳製品摂取の指標として C15：0，トランス C16：1（n–7）が適当とされ，乳製品脂肪の取り過ぎは CHD 発症のリスクとなるとしているが，同様に C15：0，C17：0，C15：0+C17：0 を指標としたスウェーデンでの調査[8]では，乳脂肪は心筋梗塞の発症に関して，特に女性で負のリスクを示しており，発酵乳，チーズがより有用であったとしている。

植物油などに水素添加して産生されるマーガリンやショートニングの摂取では，LDL コレステロールが増加し，LDL/HDL 比の悪化がみられることが知られている。しかも CHD の発症リスクは 1.67 であることも明らかとなっている[9]。この工業的に生産されるトランス脂肪酸と，反芻動物に生じるトランス脂肪酸とをほぼ同量で血清脂質に対する影響を検討すると，LDL の上昇と HDL の低下はほぼ同程度であることが示されている[10]。そこで牛乳のトランス脂肪酸 3.2 g/日と 0.9 g/日摂取を比較した。その結果，総コレステロール，LDL コレステロール，apo B，apo A–I，TG にはまったく差は認められなかったが，BMI 22.5 の女性で HDL コレステロールが有意に 5.2％減少することがわかっている[11]。この成績からトランス脂肪酸が総エネルギーの1%以下であればLDLには影響を与えないと考えられるが，肥満女性では注意すべきであるとしている。

これに対して半脱脂乳にα-リノレン酸0.6 g/総脂肪100 g，エイコサペンタエン酸（EPA）1.4 g，ドコサヘキサエン酸（DHA）2.1 g，葉酸，ビタミンE，オレイン酸を添加して，12週間摂取させると，血清TGは24%，総コレステロールは9%，LDLコレステロールは13%低下した。LDLの酸化，ビタミンE濃度には変化はみられず，血管内皮の接着分子（VCAM-1）は9%，ホモシステインは17%有意に減少している[12]。しかも，この摂取を1年間続けると，間欠性跛行を示した症例の下肢血圧の改善と歩行距離の延長を認めている[13]。

この乳製品を「健康乳」と名付け，25〜65歳の297例に1年間摂取させたところでは，葉酸の58%，HDLコレステロールの4%の上昇を認め，TGの10%，総コレステロールの4%，LDLコレステロールの6%の有意の低下を認めている[14]。この間，血糖，ホモシステイン，C-反応性タンパク（CRP）の変動は有意ではなかった。

また，ある種のチーズ（酵母TENSAI保有）は，その摂取による血圧の低下も認められており，炎症のマーカーの減少もみられているので，動脈硬化のリスクを改善すると考えられる[15]。

1.2 脳血管障害

脳血管障害と乳製品との関係を検討した成績は比較的少ない。スウェーデン北部において行われた健康調査[16]は，乳製品摂取のマーカーとしてC15：0，C17：0の血中濃度を問題とし，脳卒中129例と背景をマッチさせた対照257例との比較である。その中でのそれぞれ108例と216例の脂肪酸分析，その他のリスクが調査された。

その結果，血清総リン脂質のC17：0（%）とC15：0（%）+C17：0（%）は女性では対照で有意に高値を示し，男性では差は認められなかった。症例全体および女性ではC17：0（%）およびC15：0（%）+C17：0（%）が脳卒中と逆相関を示している。血清リン脂質のC17：0（%）で，オッズ比を取ると，女性では0.41と有意であった。心血管系リスクを調整した場合，運動や食事は大きな影響を与えておらず，男性では有意ではないが同様の傾向が示された。以上より，乳製品およびその脂質摂取は脳卒中のリスクと逆相関を示しているといえる。しかし，この研究では脳卒中の分類に言及しておらず，例数も多くない点から，今後さらなる詳細な研究が必要であろう。

1.3 その他の病態において

生体内のコレステロールが主として合成のみで生育している新生児で，コレステロールの負荷がかかった際の影響が注目されている。81例の新生児を3群に分け，それぞれ，母乳のみ，コレステロール33 mg/Lの牛乳タンパク，133 mg/Lのコレステロールを負荷した牛乳タンパクを与えて12ヵ月の経過をみると，3群の血清コレステロール値には差がみられず，合成率にも差は認められなかった[17]。つまり，新生児ではコレステロール負荷に対するコレステロール代謝への影響は，比較的鈍いものと判断された。

10歳児を牛乳1日500 mL未満摂取の群と，それ以上の摂取群で3年間追跡した結果[18]では，500 mL以上摂取群で有意に身長の伸びが大きく，総コレステロールは19.5%低下していた。体重，肥満度には有意の差はみられなかった。動脈硬化を進めるリスクとはなっていない。

55〜85歳の健常男女204例を無作為に脱脂乳または1%牛乳を1日3杯飲用させた群と非飲用群とに分け，3ヵ月経過をみて生活の質（QOL），血圧，脂質，体重の変化を調査した[19]。その結果，乳製品摂取群で有意にQOLは高く，血圧は両群で低下し，TGは飲用群で正常範囲内で増加，総コレステロール，LDLコレステロールには変化がみられなかった。

61〜71歳の男女について，牛乳摂取の多寡と生存率との関係を検討した結果[20]では，牛乳摂取量の多い群で生存率が高く，コレステロール値はU字型を呈している。

1990年頃の米国では，トランス脂肪酸の摂取が8〜15 g/日に及んだと考えられており，LDLコレステロールを上昇させ，Lp(a)も上昇，HDLコレステロールを低下させた[21]。この働きは飽和脂肪酸と同様に，コレステロールの異化を低下させるとともに，コレステロールエステル転送タンパク（CETP）活性を亢進させたことによる。また近年では，トランス脂肪酸はインスリン抵抗性を高め，2型糖尿病の発症やメタボリックシンドロームとも関連すると考えられている[22]。

これに対して牛乳からカードを除いたものである乳清（ホエイ）は，インスリン分泌，感受性を高めるが，これには中鎖脂肪酸が関与している。また，発酵乳はコレステロールの吸収を抑制するとともに，カルシウムを含めたミネラルが血圧低下を招くので，メタボリックシンドロームには有用な食材である[23]。さらに牛乳に多いトランス型パルミトオレイン酸（trans-16：1（n-7））は生体で合成されるパルミトオレイン酸とは異なり，全く独立して検出される。牛乳摂取により血中にこのトランス型パルミトオレイン酸が認められ，この値の高い例では肥満の頻度が低く，しかもHDLコレステロールは上昇している。

1992〜2006年までに追跡された3,736例の米国人の成績では，トランス型パルミトオレイン酸が血中総脂質で測定されている[24]。その結果，乳脂肪摂取はトランス型パルミトオレイン酸濃度と密接に関係しており，HDLコレステロールは1.9％上昇($p=0.04$)，TGは19％低下($p=0.001$)している。さらにCRPは13.8％低下（$p=0.05$），インスリン抵抗性が16.7％低下（$p=0.001$）している。また，トランス型パルミトオレイン酸濃度は糖尿病発症率の低下と関係し，メタボリックシンドロームのリスクを低下させている。

メタボリックシンドローム患者53例に，バター，トランス脂肪酸を含まないマーガリン，植物ステロールマーガリンを摂取させたランダム化比較試験[25]では，植物ステロールマーガリン群でapo B，apo B/A-1の有意の低下がみられたが，バター摂取群では有意の変動は認められなかった。また3群ではCRP，IL-6，CD40L，E-セレクチンなどの炎症マーカー，内皮機能マーカーに有意の変化はみられなかったとし，バター摂取群での悪化は指摘されていない。

肥満誘因の一つとして，朝食を欠食し夜型へ食事時間が移った場合の食事誘導性熱産生（DIT）の低下が指摘されているが[26]，肥満者が朝に摂取する脂肪の種類も，食後高脂血症状態に与える影響として重要である。13例の肥満者にバター50 g，サンフラワー油50 gとを交差して摂取させた検討成績[27]では，摂取後のTGの推移に有意差はないが，上昇期はサンフラワー油摂取時にやや低い傾向があった。しかもサンフラワー油摂取後に血清IL-6，TNFα，TNF受容体Ⅰ，Ⅱ，VCAM-1などが有意に低下していた。

2型糖尿病マウス（db/db）での，熟成期間15日と35日のチーズを中心にした乳製品摂取の検討によると，耐糖能を改善するためには35日程度の熟成が最も効果的であり，脂肪組織における過酸化の指標となるTBARS，NADPHオキシダーゼのmRNA発現も抑制していることがわかっている[28]。

2　血清脂質との関係

2.1　健常人において

等エネルギーの枠の中で，全乳と脱脂乳それぞれ236 mL（1,000 kcal）を6週間にわたり摂取させて血中脂質の変化が検討された[29]。その結果，総コレステロールは脱脂乳で172.9 mg/dL，全乳で185 mg/dLで有意に全乳群で高値であり，LDLコレステロールもそれぞれ102.1 mg/dL，114.5 mg/dLで全乳群で高かった。HDLコレステロール，TG，apo A-I，apo Bには有意の差は認められなかった。

さらに牛乳・バター摂取後にレムナントリポタンパク（RLP）の一過性の上昇[30]，カゼイン摂取によるRLPの一過性の上昇[31]，apo B-48の上昇[32]が認められているが，低脂肪乳での変化は有意ではない。

また，LDLの粒子サイズについては，一般に小型LDLは動脈硬化を促進し，大型のLDLは飽和脂肪酸摂取で認められやすい。62〜64歳の健常男性291例について検討されたスウェーデンの成績[33]では，小型LDLは血清TG，インスリン濃度と正相関がみられ，HDLコレステロールとは負の相関がみられた。その際，飽和脂肪酸，一価不飽和脂肪酸，多価不飽和脂肪酸と大型LDLには強い関連はみられず，乳製品由来の脂肪が小型LDLの出現を少なくさせていた。特にC4：0〜C10：0，C14：0の食事，血中リン脂質のC15：0とC17：0，遊離脂肪酸のC15：0とは密接な関係を示した。逆に脂肪組織のC20：3（n-6）はリン脂質のそれと同様に小型LDLと正相関が認められた。

反芻動物の乳脂肪にはトランス脂肪酸総量が多いが，飽和脂肪酸は減少傾向にある。そこで脂肪摂取量55 g/日の枠内で飽和脂肪酸72％，トランス脂肪酸2.85％と，それぞれ63.3％，4.06％の摂取を4週間続けると[34]，HDLコレステロールには差はみられなかったが，LDLコレステロールが後者で5.4 mg/dL低下（$p=0.04$）し，総コレステロールは7 mg/dL（$p=0.04$）低下した。しかし，これ以上トランス脂肪酸を増やしても有用性は認められなかった。トランス脂肪酸を含むバターでみられた総コレステロール，HDL コレステロールの低下は，相対的に減った飽和脂肪酸によるものではないかとしている成績[35]もあり，一致しない。

さらに，乳脂肪中にある共役リノール酸の働きを検討した結果もある[36]。38 例の健常男性に 5.5 g/日の共役リノール酸含有バターと，含有しないバターを 5 週間摂取してもらい比較したところ，脂質，動脈硬化のリスクにはほとんど変化は認められなかったが，共役リノール酸摂取群では脂質過酸化が亢進し，8 イソプロスタグランジン $F_{2\alpha}$ が高値となっている。

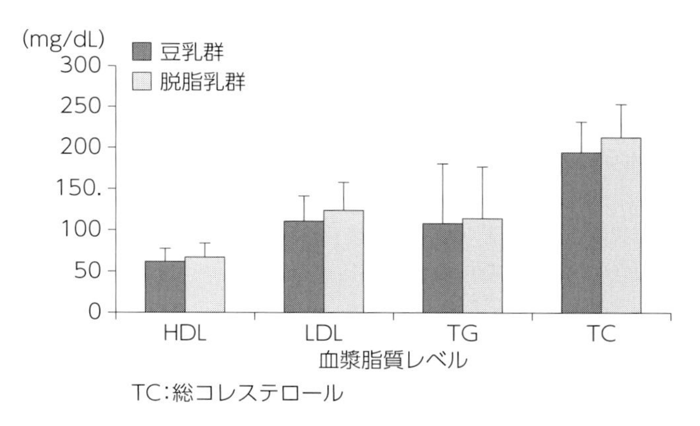

図 3　豆乳，脱脂乳摂取 4 週後の血漿脂質（文献 38 より引用改変）

2.2　脂質異常症などがある場合

121 例の高コレステロール患者を無作為に等エネルギー枠内で，不飽和脂肪酸マーガリン摂取群とバター摂取群に分けて検討した結果では，マーガリン群で LDL コレステロールに有意の低下（$p<0.03$）が認められ，この低下は多価不飽和脂肪酸の摂取量と，リン脂質中のリノール酸含量と相関している[37]。総コレステロール，nonHDL コレステロール，apo B 濃度もマーガリン群で減少していた。飽和脂肪酸を多価不飽和脂肪酸にわずかでも換えれば血清脂質の異常は改善され得ると考えられる。

また，脱脂乳（脂肪 4.5 g，120 kcal）と，豆乳（脂肪 4 g，130 kcal）摂取を，54 歳の閉経後女性 32 例で比較した成績[38]がある。4 週後の結果では HDL，LDL，TG は両摂取群間，初期値とも有意差は認められていない（**図 3**）。

平均年齢 70 歳の高齢男性について，バター，乳製品中の脂肪摂取を C15：0 を中心に検討すると，乳製品摂取量と BMI，腹囲，LDL/HDL，血糖とはそれぞれ負の相関があり，HDL コレステロール，apo A-Ⅰとは正の相関が示されている[35]。また，平均年齢 65 歳の高齢男女において脱脂乳，1%脂肪乳を 1 日 3 杯飲用させた結果，総コレステロール，LDL コレステロール，LDL/HDL には変化がみられず，TG がわずかに上昇したにすぎず，むしろ QOL は改善されたとしている[39]。同様に 847 人の 65 歳以上の男女での検討[40]で，血圧低下の傾向があり，身体指標にも好影響を認めている。

最近，食後高脂血症が動脈硬化の危険因子となっていると考えられている。この食後高脂血症に対して，乳製品由来の 4 種のタンパク質（α-ラクトアルブミン，ホエイ単独，カゼイン糖タンパク，ホエイ水解物）を負荷して検討した結果[41]がある。44〜74 歳の BMI 30〜41.4 の非糖尿病肥満 11 例に，100 g バターに 45 g のタンパクを加えて摂取させ，検討したものである（**表 1**）。その結果，4 種のタンパクで特に TG には有意の差は認められていないが，ホエイ水解物により遊離脂肪酸のパターンが有意に抑制されていることがわかった。

このホエイからの可鍛性タンパク質マトリクス（malleable protein matrix：MPM）は，血清脂質を低下させることが知られている。メタボリックシンドローム患者の TG にどのような影響があるかをみるべく，メタボリックシンドローム患者 197 例に 150 g の低脂肪ヨーグルトを 1 日 2 個，3 ヵ月間摂取してもらい，MPM の効果を検討した[42]。患者にはホエイ MPM を負荷したヨーグルト，あるいはタンパク質含有量が同一のプラセボヨーグルトが無作為に与えられた。その結果，プラセボ群に比して MPM を摂取した群で TG は 16%（$p=0.004$）低下し，特に TG が摂取前に 200 mg/dL 以上の例では 18%低下した（**表 2**）。さらに，血糖値も 7.1 mg/dL 低下し，特に空腹時血糖の高値例では 11 mg/dL（$p=0.03$）低下した。高血糖例では収縮期血圧が 5.9 mmHg 低下し，体重も 1.7 kg（$p=0.015$）減少した。以上より，ホエイ MPM はメタボリックシンドロームの改善に有効で，動脈硬化のリスクも低減させると考えられた。

日本人でも肥満傾向の中年女性でホエイタンパク摂取が検討され，LDL コレステロールには変化がみられなかったが，血液流動性の改善が認められている[43]。β-カゼイン A1 と A2 とでは，動脈硬化リスクに与える影響が異なるの

表 1　高脂肪食＋乳製品由来タンパク摂取 480 分後の正味上昇曲線下面積（net IAUC）と *p* 値（文献 41 より引用改変）

	α-ラクトアルブミン	ホエイ単独	カゼイン糖タンパク	ホエイ水解物	*p* 値主効果
トリグリセリド 血漿 (mmol/L 480 min)	206±105	222±158	204±139	208±153	0.85
トリグリセリド 上澄 (mmol/L 480 min)	76.2±50.2	93.3±72.8	58.7±63.6	65.1±72.7	0.11
トリグリセリド 下層 (mmol/L 480 min)	59.4±44.6	53.8±53.2	31.9±39.6	38.8±30.4	0.15
RP 上澄 (μg/L 480 min)	3,308 (171-27,953)	13,831 (6,451-17,415)	2,816 (761-12,770)	4,458 (3,987-11,011)	0.40
RP 下層 (μg/L 480 min)	6,248 (2,262-19,019)	17,466 (14,411-30,537)	3,042 (1,146-15,641)	6,779 (5,843-30,776)	0.30
遊離脂肪酸 (mmol/L 480 min)	-62.3 ± 68.1^{y}	-55.0 ± 65.2^{y}	-73.5 ± 56.8^{y}	-20.0 ± 50.2^{x}	0.02
グルコース (mmol/L 480 min)	−119±188	−74±219	−141±156	−125±104	0.68
インスリン (pmol/L 240 min)	57,722±26,454	67,247±30,566	58,013±33,746	63,216±32,852	0.37
グルカゴン (pmol/L 480 min)	3,662±1,047	3,706±1,192	4,096±1,765	4,058±1,396	0.98
GLP-1 (pmol/L 480 min)	13,260 (7,847-23,376)	11,901 (7,987-17,961)	8,742 (5,692-14,858)	11,342 (8,219-15,997)	0.61
GIP (pmol/L 480 min)	12,406±4,235	11,638±3,102	11,843±3,074	13,075±4,026	0.53
コレシストキニン (pmol/L 480 min)	195±244	257±100	261±211	269±168	0.71
総グレリン (pg/mL 480 min)	−64,890±32,050	−91,135±78,779	−98,110±77,883	−80,307±98,763	0.38
活性型グレリン (pg/mL 480 min)	−5,867±12,623	−5,295±8,467	−9,002±11,194	−9,834±10,984	0.93

means±SD，中央値（四分位範囲）

RP：パルミチン酸レチノール，GLP-1：グルカゴン様ペプチド，GIP：グルコース依存性インスリン分泌刺激ペプチド
非糖尿病肥満 11 例（女性 6 例，男性 5 例）において高脂肪食摂取の影響を検討。食事はエネルギーフリーのスープとバター 100 g，炭水化物 45 g を基本に，α-ラクトアルブミン，ホエイ単独，カゼイン糖タンパク，ホエイ水解物を各 45 g 加えた 4 種で，それぞれ別の日に摂取した。
上付文字の付いた行の値は有意に異なった。$p<0.05$（x と y の比較）

表 2　可鍛性タンパク質マトリクス（MPM）とプラセボ摂取 3 ヵ月によるトリグリセリド値の変化（文献 42 より引用改変）

	ホエイ MPM				プラセボ				相対変化率（%）(mean±SD)	*p* 値
	摂取前 (mean±SD)	摂取後 (mean±SD)	*n*	変化率（%）(mean±SD)	摂取前 (mean±SD)	摂取後 (mean±SD)	*n*	変化率（%）(mean±SD)		
TG（mg/dL）	247±85	227±89	83	−6.3±28	238±92	262±131	85	9.7±40	−16±35	0.004
摂取前 TG ＜200 mg/dL 例	174±17	181±58	27	4.8±32	168±18	192±76	39	14±45	−9.4±40	0.35
摂取前 TG ≧200 mg/dL 例	282±81	249±93	56	−12±25	305±84	322±138	46	5.8±36	−18±30	0.005

TG：トリグリセリド

ではないかと考えられているが，15例のハイリスク患者に二重盲検法にて検討した結果[44]では，両者ともに血清コレステロールに低下が認められ，差はみられなかった。血中インスリン，ホモシステイン，CRP，フィブリノーゲン，CタンパクおよびSタンパク，フォン・ヴィルブランド因子などにも差は認められなかった。

牛乳ペプチドであるイソロイシン-プロリン-プロリン（IPP）とバリン-プロリン-プロリン（VPP）4.2 mgをそれぞれ含んだスプレッドを10週間摂取して，動脈硬化のリスクを検討したところ，両群とも収縮期および拡張期血圧の低下が認められ，総コレステロール，LDLコレステロールも低下した[45]。ややVPPに効果が著しい傾向があった。これらは生活習慣の改善に役立つものと思われる。

2.3 その他

反芻動物の肉，乳に多いフィタン酸（C_{20}側鎖）をガスクロマトグラフ質量分析（Gas-Mas）で測定した研究[46]では，その濃度と乳脂肪摂取は密接に関係しており（$r=0.68$, $p<0.0001$），これが血中で増えることにより悪性腫瘍が前立腺，直腸，乳腺で多くなるのではないかとしているが，その後の展開は認められず，臓器特異性も説明できていない。

65歳以上の高齢者において，牛乳を1日200 mL以上摂取している場合に，抑うつ傾向が少なく，総コレステロールも高かった[47]。また，運動と併用した発酵乳300 mL/日摂取で血圧低下，HDLコレステロールの上昇が認められ[48]，1,000 mL/日牛乳飲用の併用で，血中オステオカルシンが上昇する傾向が認められている[49]。

過剰な飽和脂肪酸を負荷して動脈硬化となったハムスターと，共役リノール酸（cis-9，trans-11）を約6倍に増して飼育したハムスターを比較した[50]。共役リノール酸負荷ハムスターではLDLコレステロールの低下，シクロオキシゲナーゼ-2の腫瘍マーカーの低下，動脈壁コレステロールの低下，HDLコレステロールの上昇，ATP binding cassette A1の上昇，LDL酸化の減少，IL-1β遺伝子発現の低下が認められている。動物での共役リノール酸摂取では，免疫反応を変えたり，動脈硬化のリスクを減少させることになったが，ヒトの場合は明らかではない。そこで授乳中の女性30例に，共役リノール酸160〜346 mg/日を8週間投与した[51]。その結果，乳脂肪，タンパク，乳糖含量には変化はみられず，ヘルパーT細胞，IL-2にも影響を与えず，TG，コレステロール濃度にも変化はみられず，リスクの悪化は認められなかった。

動脈硬化の進展にはLDLの酸化も関与していることから，乳酸菌を含む乳製品の中で，最も抗酸化作用の強い種が探索された。その結果，*in vitro* 試験で *Lactobacillus casei* ssp. *casei* が最も強力なものであることがわかり，90日間ラットに摂取させ，血清LDLとチオバルビツール酸反応物質（thiobarbitunic acid reactive substances：TBARS）を測定した[52]。その結果，この種の発酵乳によりコレステロールの低下とLDL中のTBARSの減少を認めており，これも動脈硬化のリスクを減らすものと考えられた。

トランス脂肪酸の動脈硬化促進性を動脈壁で検討した成績もある[53]。生後48週の子豚に水素添加した脂肪を負荷し，動脈壁のリン脂質を測定したところ，リノール酸が多く，アラキドン酸やその他の多価不飽和脂肪酸が減っていた。つまり，リノール酸からの多価不飽和脂肪酸の生成に障害を来すのではないかと考えている。

おわりに

一般に，LDLを上昇させ動脈硬化のリスクを助長させる食材として，牛乳・乳製品をあげる場合が多い。しかし，近年の研究では，必ずしも妥当ではなく，健常人でも脂質異常をもつ例でも，牛乳・乳製品摂取の影響は大きいものではない。特に低脂肪乳，チーズ，発酵乳，ホエイなどには，LDL粒子サイズの減少，Lp(a)の低下，抗炎症，内皮機能改善など各種のメリットがあると考えられる。たしかに人工的なトランス脂肪酸は問題となりうるが，牛乳中に含まれるトランス型パルミトオレイン酸は，抗肥満作用，抗炎症作用など利点も多い。牛乳・乳製品は高齢者の栄養としても重要で，今後より広く利用されなければならない。

文 献

1）Willett WC：J Intern Med 272（1）：13-24, 2012
2）Cichosz G：Przegl Lek 64 Suppl 4：32-4, 2007
3）German JB, et al.：Eur J Nutr 48（4）：191-203, 2009
4）Tholstrup T：Curr Opin Lipidol 17（1）：1-10, 2006
5）Obarzanek F, et al.：Am J Clin Nutr 74（1）：80-9, 2001
6）Biong AS, et al.：Br J Nutr 92（5）：791-7, 2004
7）Sun Q, et al.：Am J Clin Nutr 86（4）：929-37, 2007
8）Warensjö E, et al.：Am J Clin Nutr 92（1）：194-202, 2010
9）Willett WC, et al.：Lancet 341（8845）：581-5, 1993
10）Motard-Bélanger A, et al.：Am J Clin Nutr 87（3）：593-9, 2008
11）Lacroix E, et al.：Am J Clin Nutr 95（2）：318-25, 2012
12）Carrero JJ, et al.：Nutrition 20（6）：521-7, 2004
13）Carrero JJ, et al.：J Nutr 135（6）：1393-9, 2005
14）Fonollá J, et al.：Nutrition 25（4）：408-14, 2009
15）Mikelsaar M, et al.：Vopr Pitan 81（3）：74-81, 2012
16）Warensjö E, et al.：Nutr J 8：21, 2009
17）Bayley TM, et al.：Metabolism 51（1）：25-33, 2002
18）岩田富士彦，ほか：小児保健研究 59（5）：608-11, 2000
19）Barr SI, et al.：J Am Diet Assoc 100（7）：810-7, 2000
20）Shibata H：J Nutr health & Aging 5（2）：97-102, 2001
21）Khosla P, Hayes KC：J Am Coll Nutr 15（4）：325-39, 1996
22）Kochan Z, Karbowska J, Babicz-Zielińska E：Postepy Hig Med Dosw（Online）64：650-8, 2010
23）Pfeuffer M, Schrezenmeir J：Obes Rev 8（2）：109-18, 2007
24）Mozaffarian D, et al.：Ann Intern Med 153（12）：790-9, 2010
25）Gagliardi AC, et al.：Eur J Clin Nutr 64（10）：1141-9, 2010
26）関野由香，柏絵里子，中村丁次：日本栄養・食糧学会誌 63（3）：101-6，2010
27）Masson CJ, Mensink RP：J Nutr 141（5）：816-21, 2011
28）Geurts L, et al.：J Agric Food Chem 60（8）：2063-8, 2012
29）Steinmetz KA, et al.：Am J Clin Nutr 59（3）：612-8, 1994
30）田中明，ほか：平成 7～9 年度牛乳栄養学術研究会委託研究報告書（Ⅰ）：26-40，1998
31）中村治雄，ほか：平成 7～9 年度牛乳栄養学術研究会委託研究報告書（Ⅰ）：14-9，1998
32）及川眞一，ほか：平成 19 年度牛乳栄養学術研究会委託研究報告書：48-61，2007
33）Sjogren P, et al.：J Nutr 134（7）：1729-35, 2004
34）Malpuech-Brugère C, et al.：Eur J Clin Nutr 64（7）：752-9, 2010
35）Tholstrup T, et al.：Am J Clin Nutr 83（2）：237-43, 2006
36）Raff M, et al.：J Nutr 138（3）：509-14, 2008
37）Lecerf JM, et al. Int J Food Sci Nutr 60 Suppl7：151-63, 2009
38）Beavers KM, et al.：J Med Food 13（3）：650-6, 2010
39）Smedman AE, et al.：Am J Clin Nutr 69（1）：22-9, 1999
40）柴田博：平成 18 年度牛乳栄養学術研究会委託研究報告書：43-67，2006
41）Holmer-Jensen J, et al.：Eur J Clin Nutr 66（1）：32-8, 2012
42）Gouni-Berthold I, et al.：Br J Nutr 107（11）：1694-706, 2012
43）田中喜代次：平成 15 年度牛乳栄養学術研究会委託研究報告書：59-67，2003
44）Chin-Dusting J, et al.：Br J Nutr 95（1）：136-44, 2006
45）Turpeinen AM, et al.：Food Funct 3（6）：621-7, 2012
46）Allen NE, et al.：Br J Nutr 99（3）：653-9, 2008
47）能谷修：平成 12 年度牛乳栄養学術研究会委託研究報告書：74-85，2001
48）神田知：平成 14 年度牛乳栄養学術研究会委託研究報告書：124-32，2003
49）屋代正範：平成 18 年度牛乳栄養学術研究会委託研究報告書：142-64，2007
50）Valeille K, et al.：J Nutr 136（5）：1305-10, 2006
51）Ritzenthaler KL, et al.：J Nutr 135（3）：422-30, 2005
52）Kapila S, Vibha, Sinha PR：Indian J Med Sci 60（9）：361-70, 2006
53）Kummerow FA, et al.：Life Sci 74（22）：2707-23, 2004

2. 牛乳・乳製品摂取と生活習慣病

(6) 糖代謝

倉貫　早智　神奈川県立保健福祉大学保健福祉学部栄養学科

要　約

・牛乳・乳製品には炭水化物，タンパク質，脂質だけでなく，エネルギー産生の代謝過程に必要なビタミンＢ群も含まれ，一次機能としての価値が高い。
・食事に牛乳・乳製品を組み入れることで，その他の食品の栄養素の価値を高めることができる。
・牛乳・乳製品には生体調節に関わる三次機能がある。
・糖代謝に関連する三次機能には，インスリン分泌機能の改善がある。
・牛乳・乳製品に含まれる乳清（ホエイ）が，消化管ホルモンであるインクレチン分泌を促進し，インスリン分泌能を高めている。

Keywords　一次機能，三次機能，インスリン，インクレチン，乳清（ホエイ）

はじめに

食品には，身体の構成成分およびエネルギー源としての役割の一次機能と，感覚や嗜好に関する二次機能がある。最近では，これら２つの機能に加え生体調節に関わる三次機能が注目され，疾病の予防効果からその回復に及ぼす効果までもが期待されている。

牛乳・乳製品においてもこの三次機能に関する報告は多く，多方面からその機能が注目を浴びている。本稿では，牛乳・乳製品と糖代謝に注目し，栄養素のもつ一次機能および生体調節に関わる三次機能について言及する。

1　牛乳・乳製品の機能

1.1　栄養素の一次機能

ヒトは，食物中に含まれる炭水化物（糖質），脂質，タンパク質の代謝により，生体で必要とされるエネルギーを得ている。これらの栄養素の分解によって遊離する自由エネルギーを，アデノシン三リン酸（ATP）と呼ばれる高エネルギー化合物の形で取り出し，生体内代謝および活動エネルギーとして利用している。エネルギー産生の過程は，まず糖質の代謝が基本となり，食品中の糖質が消化吸収された１分子のグルコース（ブドウ糖）やガラクトース（乳糖），フルクトース（果糖）を原料としながら，解糖系，クエン酸回路，電子伝達系を経てエネルギー（ATP）が産生される。この経路にタンパク質および脂質が合流することで，糖質同様にエネルギー源となる。実際に，牛乳 100 g 中には，炭水化物 4.8 g，脂質 3.8 g およびタンパク質が 3.3 g 含まれており，合計 67 kcal のエネルギーとなる（図 1）。なお，一般には食品中の炭水化物のほとんどはグルコースが多重結合したデンプンであるが，牛乳中の炭水化物はその 99.8％がラクトース（乳糖）であることが特徴的である。

このように生体では食品中の栄養素からエネルギーを産生しているわけであるが，この代謝反応にはビタミン B_1，

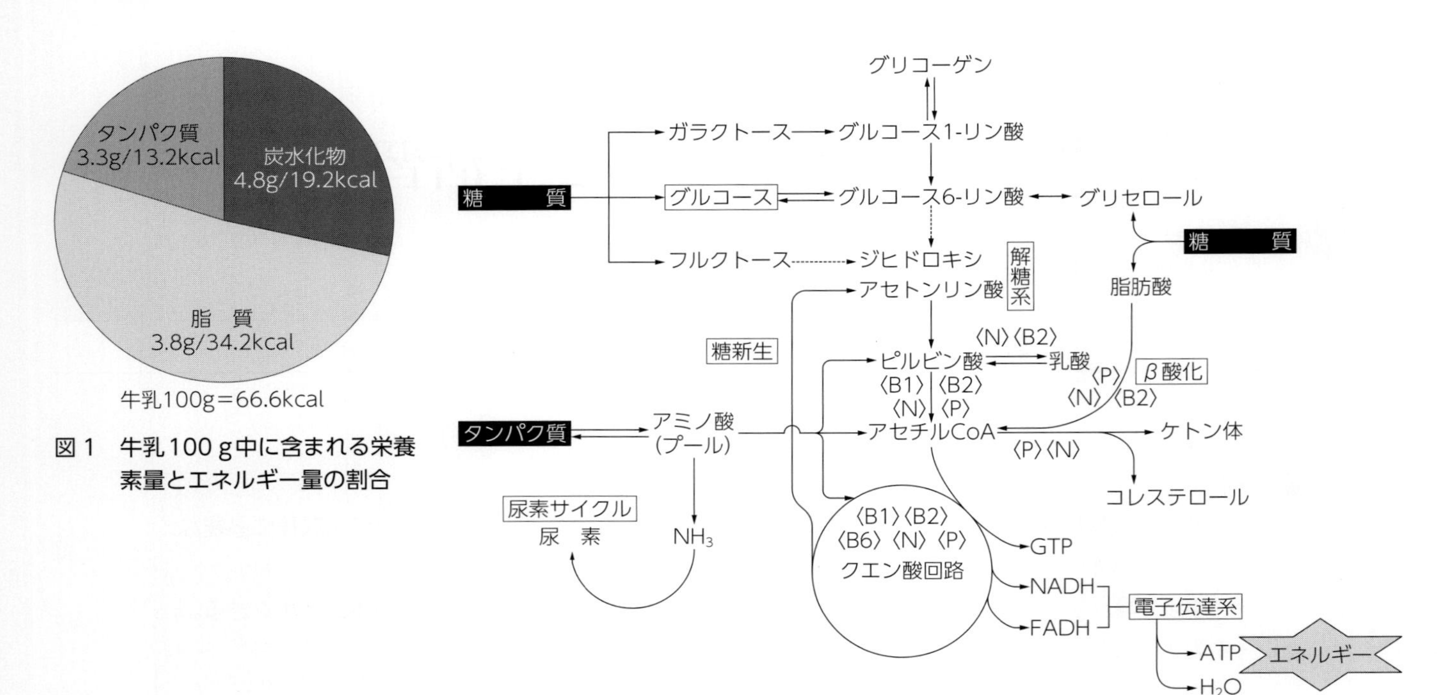

図1　牛乳100 g中に含まれる栄養素量とエネルギー量の割合

B1：ビタミンB_1，B2：ビタミンB_2，B6：ビタミンB_6，N：ナイアシン，P：パントテン酸

図2　糖質・脂質・タンパク質代謝の概要

ビタミンB_2，ビタミンB_6，ナイアシン，パントテン酸などのビタミンB群が必要とされる（**図2**）。食品100 kcalあたりの栄養素の量では，牛乳・乳製品は肉類に匹敵するほどのタンパク質を含むだけでなく，ビタミンB群も含んでいる（**表1**）。このことから，食事に牛乳・乳製品を加えることは，米飯やパンなど主食に多く含まれる炭水化物をエネルギーに変換する代謝がスムーズに進行するうえで好ましいといえる。牛乳・乳製品は単独の食品としても栄養素のバランスに富んでいるが，他の食品と組み合わせることで，食事全体の一次機能を高めることができる。

1.2　生体調節機能

a.　血糖コントロール

食事によって摂取した栄養素は，食後直ちに消化が始まり，小さな分子に分解されて吸収されエネルギーや体構成成分として変換される。食事に多く含まれる炭水化物が分解され，グルコースとして小腸より吸収されるため，食後は血糖値がいったん上昇するが，通常は膵臓から分泌されるインスリンの作用で血中のグルコースは細胞に取り込まれ，食後2～3時間程度で空腹時のレベルに低下する。ところが，このような機構が生活習慣などの乱れによって機能が低下すると，その結果高血糖状態となる。血糖コントロールの乱れには，インスリン分泌量の低下とインスリンの機能の低下（＝インスリン抵抗性）の2つの理由が考えられる。

食後の血糖上昇は，単に糖質の量だけではなく質にも影響を受ける。そこで，食品中に含まれる糖質の質的評価を行い，食後血糖上昇の抑制に応用するためにglycemic index（GI）が開発された[1]。GIとは，基準食摂取後2時間の血糖上昇曲線下面積（IAUC）を100としたときの各食品のIAUCの比率を示した値で，摂取する炭水化物を50 gとして評価したものである。Sugiyamaらは，日本の主食である米飯と食品の組み合わせとGIに関して報告している[2]。基準食（米飯のみ）のGI値100に対して，米飯に牛乳を組み合わせたGI値は，摂取するタイミングで差はあるものの59～68と，有意な低いGI値であったことが報告されている。乳製品でも同様にGIの低下がみられ，ヨーグルトやアイスクリームのGI値はそれぞれ72，57であることが報告されている（**表2**）。

このように同じ炭水化物量でも，牛乳・乳製品の組み合わせによりGI値が低下する理由として，これらの食品のもつ三次機能，つまりインスリンの分泌や機能を改善する作

表1 食品別の栄養素量の比較（100 kcal あたり）

	重量 (g)	炭水化物 (g)	脂質 (g)	タンパク質 (g)	ビタミン B_1 (mg)	ビタミン B_2 (mg)	ビタミン B_6 (mg)	ビタミン B_{12} (μg)	ビタミン C (mg)
普通牛乳	149	7.2	5.7	4.9	0.06	0.22	0.04	0.4	1
加工乳/低脂肪	217	11.9	2.2	8.2	0.09	0.39	0.09	0.9	Tr
ヨーグルト/全脂無糖	161	7.9	4.8	5.8	0.06	0.23	0.06	0.2	2
プロセスチーズ	30	0.4	7.7	6.7	0.01	0.11	0	0.9	0
木綿豆腐	139	2.2	5.8	9.2	0.1	0.04	0.07	0	Tr
サンマ	32	0	7.9	6	0	0.08	0.16	5.7	Tr
牛肩ロース/脂身付き	24	0	9.1	3.4	0.01	0.04	0.04	0.3	0
豚肩ロース/脂身付き	40	0	7.6	6.8	0.25	0.09	0.11	0.2	0
鶏もも/皮付き	40	0	7.5	6.8	0.03	0.09	0.07	0.2	0
全卵	66	0.2	6.8	8.1	0.04	0.28	0.05	0.6	0
飯/精白米	60	22.1	0.2	1.5	0.01	0.01	0.01	0	0
食パン	38	17.7	1.7	3.5	0.03	0.02	0.01	Tr	0

Tr：微量

（文部科学省：日本食品標準成分表 2010 より計算）

表2 米飯と食品の組み合わせによる GI 値（文献2 より作成）

	GI 値	炭水化物 (g)	タンパク質 (g)	脂質 (g)	エネルギー (kcal)
米飯	100	50.4	3.6	0.9	224.0
米飯＋牛乳（米飯と一緒に摂取）	59	50.0	9.4	8.7	317.2
米飯＋牛乳（米飯の後に摂取）	68	50.0	9.4	8.7	317.2
米飯＋牛乳（米飯の前に摂取）	67	50.0	9.4	8.7	317.2
米飯＋低脂肪牛乳	84	50.2	9.2	2.4	263.0
バターライス	96	50.0	3.5	9.0	295.2
米飯＋ヨーグルト	72	50.2	6.4	3.8	261.3
米飯＋アイスクリーム	57	49.9	5.4	16.8	371.5

用によると考えられる。この三次機能が発揮されれば，習慣的な牛乳・乳製品の摂取は，血糖コントロールの正常化に寄与すると期待できる。実際に，ヘモグロビン A1c が 5.6％以上の検診受診者に 3 ヵ月間にわたり牛乳・乳製品を用いた糖尿病予防教育を行ったところ，教育前の検査値がヘモグロビン A1c 6.3±0.6％，空腹時血糖 133.9±19.4 mg/dL であったのが，3 ヵ月後はヘモグロビン A1c 6.1±0.5％，空腹時血糖 124.3±15.1 mg/dL となり，統計学的に有意な改善効果がみられている[3]。同様の効果は，2 型糖尿病患者に対して実施された牛乳・乳製品を使った介入試験でも確認されている[4]。

牛乳・乳製品の摂取とインスリン抵抗性症候群の関係について，米国で行われた 18〜30 歳の 3,157 例に対する 10 年間の追跡調査で，牛乳・乳製品の摂取によってインスリン抵抗性の改善が報告されている[5]。BMI 25 以上の肥満症例では，乳製品を 1 日に 5 回以上摂取するグループは，1 日に 1.5 回以下しか摂取しないグループに比べて，インスリン抵抗性症候群の発症率が 71％低下することがみられている。さらに 1 日に牛乳・乳製品の摂取回数が 1 回増えるごとに，インスリン抵抗性症候群の発症率は 21％低下することを明らかにしている[5]。一方で，乳製品の摂取とインスリン抵抗性改善について，ヨーグルトは効果的であ

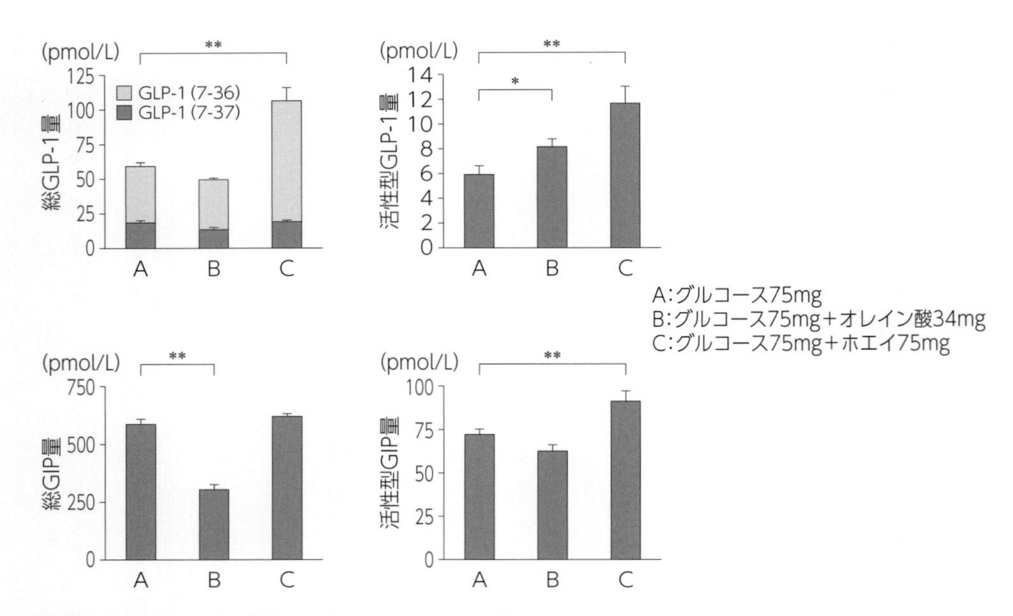

図 3 ホエイによる血中 GLP-1，GIP への影響（文献 13 より引用改変）

C57BL/6J 雌マウスを 3 群に分け，グルコース 75 mg，グルコース 75 mg+オレイン酸 34 mg，グルコース 75 mg+ホエイ 75 mg を投与した。数値は平均±SEM を示す。各群は 9〜11 匹で実施した。*：$p<0.05$，**：$p<0.01$

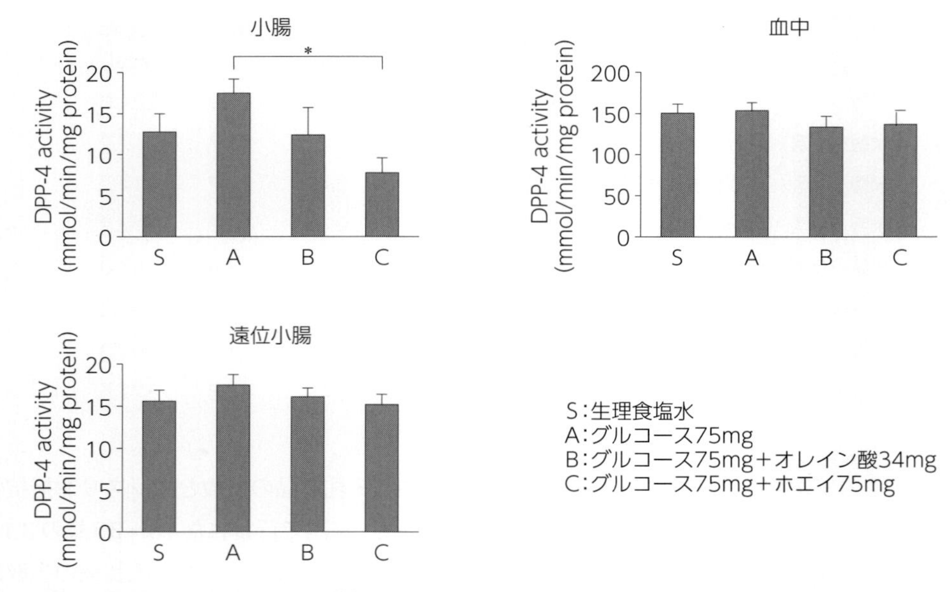

図 4 ホエイによる DPP-4 活性への影響（文献 13 より引用改変）

C57BL/6J 雌マウスに，生理食塩水，グルコース 75 mg，グルコース 75 mg+オレイン酸 34 mg，グルコース 75 mg+ホエイ 75 mg を投与した。数値は平均±SEM を示す。各群は 4 匹で実施した。*：$p<0.05$

るが，チーズや低脂肪牛乳は反対の作用を示すとの報告もある[6]。このように牛乳・乳製品とインスリン抵抗性との関連に関する報告は様々あるが，Tremblay らのシステマティックレビューでは，牛乳・乳製品を 1 日に 3〜4 回摂取する高摂取群のほうが，1 日に 0.7〜0.9 回の低摂取群に比べてインスリン抵抗性の発症率が低いことを報告している[7]。

b. 乳清(ホエイ)とインスリン分泌機能

ところで，牛乳・乳製品の摂取と糖代謝にはどのような関係があるのだろうか。これまでの研究によると，牛乳・乳製品に含まれる乳清(ホエイ)がインスリン分泌およびその機能に影響を与えていることが報告されている[8,9]。糖代謝異常がない人を対象に行われた試験で，食事にヨーグルトを付加することが食後のインスリン分泌能を高め，血糖上昇を抑えることが確かめられている[9]。一方，インスリン抵抗性がすでに発生している場合では，ラットによる6週間の試験において，ホエイを加えた群で血中インスリン量が40%低下しインスリン機能が高まったことが報告されている[10]。以上のことから，牛乳・乳製品中の特にホエイがインスリン分泌機能に影響を与えていることがわかる。

続いて，ホエイによるインスリン分泌機構について考えてみたい。ホエイタンパク質には，分岐鎖アミノ酸が多く，特にロイシンの含有量が多い。これら分岐鎖アミノ酸はインスリン分泌能を高めることが報告されていることから[11]，ホエイアミノ酸組成にはインスリン分泌を高める機構があると考えられる。これに加えて，最近ではホエイが「インクレチン」とよばれる消化管ホルモンの分泌に関連することが報告されている[12,13]。「インクレチン」は食事摂取に伴って消化管から分泌され，膵β細胞に作用してインスリン分泌を促進するホルモンの総称で，これまでにグルコース依存性インスリン分泌刺激ポリペプチド(Glucose-dependent Insulinotropic Polypeptide：GIP)とグルカゴン様ペプチド-1(Glucagon-Like Peptide-1：GLP-1)の2つのホルモンが確認されている。これらのホルモンは，血糖値が高い場合にはインスリン分泌を促進するが，血糖値が低い場合にはインスリン分泌を促進しないため，低血糖のリスクが低く安全に食後高血糖を是正することが可能である。そのため新しい作用機序をもつ糖尿病治療薬への活用が始まっている。

GIPは十二指腸に局在するK細胞，GLP-1は小腸下部(特に回腸)および結腸に存在するL細胞から分泌されるが，分泌後数分以内にDPP-4とよばれる分解酵素によって不活性化され，腎臓から排泄される。Gunnarssonらはマウスにホエイタンパク質を与えた試験を実施しているが，ホエイを与えた群で血中GIPとGLP-1が高まることを報告している[13](**図3**)。さらに，インクレチンの分解酵素DPP-4は，ホエイを与えた群では低下がみられている(**図4**)。つまりホエイはインクレチン分泌を促進するだけでなく，DPP-4を低下させることでインクレチンの不活性化を抑制することにより，複合的にインスリン分泌能を高めていることになる。なお，インクレチンは膵臓以外への作用もあり，特にGLP-1は胃排泄運動抑制作用や視床下部の摂食中枢に作用して食欲抑制作用も確認されている。

中村らの研究では，朝食の組み合わせに牛乳と野菜ジュースを用いた試験を行っているが，牛乳摂取群で血糖上昇が抑えられ満腹度も高いことが確認され，ホエイによる上記で述べた機序と一致している[14]。このように牛乳・乳製品に含まれるホエイがインクレチンの分泌に関わることが明らかとなっているが，食事成分とインクレチン分泌の詳細なメカニズムについてはまだ研究途上であり，今後の解明が期待される。

おわりに

牛乳・乳製品には，エネルギーを効率的に産生するための栄養素が含まれており，一次機能としての価値が高い。これに加えて，最近の研究報告では，牛乳・乳製品の三次機能に関する報告も多く，糖代謝との関連についても例外ではない。牛乳・乳製品は1回の摂取で評価されるGIのような効果だけではなく，習慣的に長期にわたって摂取することで，インスリン抵抗性の改善といった効果もみられている。さらに，インスリン抵抗性を改善するメカニズムとして，ホエイが消化管ホルモンであるインクレチン分泌を促進し，インスリン分泌能を高めることが明らかになっている。インクレチンは，膵β細胞に作用してインスリン分泌を促進するホルモンとして注目され，この作用機序を利用した糖尿病治療薬への活用が始まっている。近年はメタボリックシンドロームや糖尿病など，インスリン抵抗性による血糖コントロール不良の例が多く，牛乳・乳製品のもつ三次機能は有用である。インスリン抵抗性の予防やインスリン機能の改善のために，習慣的な牛乳・乳製品摂取を勧めていくことが重要である。

文　献

1）Jenkins DJ, et al.：Glycemic index of foods：a physiological basis for carbohydrate exchange. Am J Clin Nutr 34：362–6, 1981
2）Sugiyama M, et al.：Glycemic index of single and mixed meal foods among common Japanese foods with white rice as a reference food. Eur J Clin Nutr 57：743–52, 2003
3）杉山みち子，天野由紀：牛乳・乳製品を活用したグリセミック・インデックス教育法に関する研究．平成 15 年度牛乳栄養学術研究会委託研究報告書：99–109，2004
4）杉山みち子：牛乳・乳製品を活用したグリセミック・インデックス教育の有効性の検討．平成 17 年度牛乳栄養学術研究会委託研究報告書：129–141，2006
5）Pereira MA, et al.：Dairy consumption, obesity, and the insulin resistance syndrome in young adults：the CARDIA Study. JAMA 287：2081–9, 2002
6）Beydoun MA, et al.：Ethnic differences in dairy and related nutrient consumption among US adults and their association with obesity, central obesity, and the metabolic syndrome. Am J Clin Nutr 87：1914–25, 2008
7）Tremblay A, Gilbert JA：Milk products, insulin resistance syndrome and type 2 diabetes. J Am Coll Nutr 28 Suppl 1：91S–102S, 2009
8）Pfeuffer M, Schrezenmeir J：Milk and the metabolic syndrome. Obes Rev 8：109–18, 2007
9）Ostman E. M, Liljeberg Elmståhl HG, Björck IM：Inconsistency between glycemic and insulinemic responses to regular and fermented milk products. Am J Clin Nutr 74：96–100, 2001
10）Belobrajdic DP, McIntosh GH, Owens JA：A high–whey–protein diet reduces body weight gain and alters insulin sensitivity relative to red meat in wistar rats. J Nutr 134：1454–8, 2004
11）Rocha DM, Faloona GR, Unger RH：Glucagon–stimulating activity of 20 amino acids in dogs. J Clin Invest 51：2346–51, 1972
12）Drucker DJ：Enhancing the action of incretin hormones：a new whey forward? Endocrinology 147：3171–2, 2006
13）Gunnarsson PT, et al.：Glucose–induced incretin hormone release and inactivation are differently modulated by oral fat and protein in mice. Endocrinology 147：3173–80, 2006
14）中村丁次，ほか：牛乳摂取が食後血糖及び食事誘発性熱産生（DIT）に与える影響に関する研究．平成 22 年度牛乳栄養学術研究会委託研究報告書：167–194，2011

3．牛乳・乳製品の生活習慣病予防・改善効果

宮崎　滋　新山手病院 生活習慣病センター

要　約

- 生活習慣病の原因となる生活習慣の乱れで最も多いのは，過食によるエネルギー摂取過剰，嗜好が関係する塩分・油脂類・糖分などのとりすぎである。
- 牛乳摂取と肥満の調査では，牛乳摂取は体重減少には関連しないが，インスリン作用の改善をもたらすのではないかと推察されている。
- 牛乳を頻繁に飲む過体重の人は，飲まない人よりメタボリックシンドロームのリスクが低いという調査結果がある。
- 牛乳は総体として糖代謝の改善，インスリン抵抗性の軽減に作用している可能性が高いと考えられる。
- 牛乳・乳製品の摂取は，生活習慣病の発症と予防に有効である可能性が高い。

Keywords　過食，肥満，メタボリックシンドローム，糖尿病，高血圧

はじめに

生活習慣病とは，生活習慣，過食，運動不足，喫煙，飲酒，睡眠不足などの生活習慣の乱れが要因となって発生し，生活習慣を改善すれば予防・改善が期待できる疾病の総称，概念をいう。したがって生活習慣病という病気があるわけでなく，厚生労働省が名付けた行政上の疾病群といえる。

これらの疾病群はかつて「成人病」といわれていたもので，成人すれば誰でもなる病気で，生活習慣などとは無関係で予防もできないと捉えられがちであった。また，日本人の高齢化や肥満の増加に伴って「成人病」が急増したため，国民総医療費も増加の一途となった。その対策として，好ましくない生活習慣によって生じ，それらを改善すれば発生，悪化を予防できる病気という意味で 1997 年に「生活習慣病」と名称が変わった。このような考え方は日本だけでなく，欧米にも広く浸透している。英語ではライフスタイル関連疾患（Life style related diseases）とよばれている。

生活習慣病は**表 1** に示すように，原因となる生活習慣の乱れにより，種々の疾患が生じる。最も多いのが食習慣が原因の生活習慣病であり，過食によるエネルギー摂取過剰や，嗜好が関係する塩分，油脂類，糖分のとりすぎなどがその原因となっている。

食事と並んで重要なのが運動とされている。運動不足によって筋力，心肺能力が低下するだけでなく動脈硬化が引き起こされる。そのほかにも嗜好で問題となるもので重大なものが飲酒と喫煙である。

このように生活習慣の悪化は，心血管疾患，脳血管疾患だけでなく悪性腫瘍，認知症などいろいろな疾患を発症させる。睡眠不足も多くの病気の発症，悪化に関連している。

表 1　生活習慣病の種類

原因	生活習慣病	
食習慣	肥満症，2 型糖尿病，脂質異常症，高尿酸血症，高血圧，心筋梗塞，脳梗塞，歯周病，大腸がん，骨粗鬆症	肥満
運動習慣	肥満症，2 型糖尿病，脂質異常症，高血圧，骨粗鬆症	肥満
喫煙習慣	肺がん，咽頭がん，慢性気管支炎，慢性閉塞性肺疾患（COPD），心血管疾患，歯周病	
飲酒習慣	アルコール性肝疾患，慢性膵炎	

この稿では，牛乳がこれらの生活習慣病に対して予防，改善効果があるか，牛乳の飲用，乳製品の摂取との関連を述べる。

1　肥満・肥満症

肥満は食事，運動に起因する生活習慣病の出発点ともいえる病態で，過食・運動不足の結果，摂取エネルギーが消費エネルギーを上回ると脂肪組織が増加し肥満となる。日本肥満学会では，BMI 25 以上であれば肥満と判定し，BMI 25 以上で肥満に起因する健康障害（合併症）が 1 つ以上あるか，ハイリスク肥満である内臓脂肪型肥満のいずれかであれば肥満症と診断すると規定している。

基本的に肥満はエネルギー出納の正負で規定されるものであり，いかなる食品であれ，運動であれ，そのエネルギーが等しければ肥満を生じる影響については差異が生じにくいと考えられる。しかし減量療法を行う際に，同じエネルギー制限であっても，摂食する食品，実施する運動の違いにより，減量効果や減量後の健康状態には差異，変化が生じうる。

発育の面からみると，身長については牛乳飲用量の違いが影響するという報告がある。Rockell は，牛乳摂取量とカルシウム摂取量が少なく，低身長で肥満度の高い小児 46 人（男 18 人，女 28 人）と，対照群として牛乳を飲用している小児とを 2 年間追跡調査したところ，牛乳を飲まない小児は対照群に比し，相変わらず身長が低く，過体重の改善がみられなかったことを報告している[1)]。骨塩量も同時に測定しているが，やはり牛乳を少ししか飲まない小児では骨塩量も低かったという。牛乳飲用が少ないと身長が伸びないため，肥満度が高まることが示されている。

米国の全国健康栄養調査（NHANES）より，就学前の子供達の身長と牛乳の摂取量との関連を調査した報告では，牛乳の飲用が身長の伸びを促進したことが示された[2)]。回想調査により 1 ヵ月間の牛乳の飲用量を調べ，対象小児を飲用量の多少で 4 群に分位し身長を比較したことところ，牛乳を毎日飲む小児はそうでない小児と比較すると，身長が 0.9〜1.2 cm 高かったという。ただ他の乳製品については摂取量と身長との間には関連がなかった。この研究では黒人，白人，ヒスパニックの 3 群に分けているが，黒人が最も身長が高いものの，牛乳摂取量と身長との関連するパターンには人種差がみられなかった。この報告からも牛乳飲用は身長の伸びを促進し，肥満を予防する効果があると考えられる。

牛乳摂取量が違う 8〜10 歳の肥満児に対し，健康に関しての指導を行った際に，体重，体組織，糖代謝，脂質代謝の変動をみた研究がある[3)]。1 日の牛乳摂取が 236 mL のカップ 4 杯の多量飲用者と，1 杯の少量飲用者を比較すると，体重減少は 16 週で多量飲用者は 1.3±0.3 kg，少量飲用者は 1.1±0.3 kg と有意差はなかった。しかし，経口ブドウ糖負荷試験の結果では，インスリンの曲線下面積（area under the curve：AUC）は多量飲用者のほうが少なく，牛乳摂取は体重減少には関連しないが，インスリン作用の改善をもたらすのではないかと推察されている。

2　メタボリックシンドローム

はじめにも述べたように，肥満はエネルギー出納で決まるが，脂肪分布の変化には食品摂取の差違が関係している可能性がある。肥満である被験者に 500 kcal だけ食事摂取量を減らす減量療法を行う際に，ヨーグルトを摂取させる群（ヨーグルト群）とさせない群（対照群）との 2 群に分け，12 週間後に比較検討した試験を行った。その結果，ヨーグルト群は対照群より体重，腹部脂肪，腹囲が有意に減少したという[4)]。この理由は，カルシウム摂取量がヨーグルト群では 1,100 mg/日，対照群では 100〜500 mg/日なので，食事性カルシウムによる抗肥満作用ではないかと考えられている。

中東のイランの疫学調査で，乳製品消費とメタボリックシンドロームとの関連をみた報告がなされている[5)]。無作為に抽出した18～74歳の被験者827人（男357人，女470人）について，牛乳，ヨーグルト，チーズの消費量を四分位し，最も消費量の多い四分位は最も低い四分位と比較すると，腹囲の大きい者，高血圧，メタボリックシンドロームの頻度が低く，乳製品消費量とメタボリックシンドローム発症リスクとは逆相関が認められた。その理由は確定できないが，カルシウム摂取量の差によるものではないかと推察されている。

一方，韓国では，第3回韓国国民の健康と栄養調査（KNHANESⅢ）のデータを用いて，メタボリックシンドロームと牛乳摂取頻度との関係が調査され，単変量相関で逆相関を示したが，多変量解析では弱まった[6)]。BMI 23以上，未満に分けると，BMI 23以上では逆相関が認められたが，未満ではなかった。この結果は，牛乳を頻繁に飲む過体重の人は飲まない人よりメタボリックシンドロームのリスクが低くなることを示唆している。

3 糖尿病

近年，糖尿病患者数が著しく増加しているが，増加しているのは肥満の2型糖尿病患者であり，体重減少が糖尿病の改善に及ぼす効果は大きい。肥満2型糖尿病患者において，乳製品カルシウムの摂取が体重減少，心血管疾患，血糖コントロールに及ぼす影響が調査された[7)]。BMI 31以上の肥満2型糖尿病患者にエネルギーの等しい3種の食事，すなわちglycemic index（GI）の低い炭水化物を用いた食事，GIを考慮しない食事，地中海食（オリーブ油などが多い）を摂食する群に分けて後に調査を行った。結果は3群間で体重減少，心血管リスク，血糖コントロールなどに差はなかったが，乳製品カルシウムの摂取量が多いほど体重減少量が大きく，両者の間には逆相関が認められた。

これまでの疫学的研究で乳製品の摂取は，肥満やインスリン抵抗性のリスクを下げる可能性があるといわれている。2型糖尿病に対する乳製品摂取の影響についての前向き研究結果が報告されている[8)]。糖尿病，循環器疾患，がんの既往歴のない女性37,183人について10年間追跡調査を行った。乳製品摂食量の最小五分位に対する最大五分位の2型糖尿病の相対リスクは0.79と有意に低値であった。乳製品摂取を1サービング増やすごとに相対リスクが4%低下した。特に低脂肪乳製品摂取量については，最小五分位に対し最大五分位では相対リスクは0.79と有意に低くなっていた。

男性についても，女性と同様に乳製品，特に低脂肪乳製品の摂取が2型糖尿病のリスクを下げる可能性が示された[9)]。先の報告と同様，糖尿病，循環器疾患，がんの既往歴のない男性41,254人について，乳製品摂取量と2型糖尿病の発症リスクについて調査が行われた。女性と同様に，乳製品摂取量の最高五分位群は最低五分位群に比し，相対的リスクは0.77であり，1サービング摂取量が増えると，糖尿病の発症リスクは9%低下した。低脂肪乳製品の摂取では，最高五分位群は最低五分位群に対し，相対的リスクは0.88であった。

このように乳製品摂取，特に低脂肪乳製品の摂取は，男女ともに糖尿病の発症リスクを下げる可能性があり，積極的な乳製品の摂取が推奨される。

以上のように乳製品の摂取は糖尿病の発症を抑制する可能性がある。カルシウム摂取だけでなく，牛乳が総体として糖代謝の改善，インスリン抵抗性の軽減に作用している可能性が高いと考えられる。

4 高血圧

乳製品の摂取は血圧を低下させる効果があることは以前から知られていた。特にその効果が40歳未満の若年層にみられるといわれていた。平均年齢37歳のスペイン人について，高血圧，循環器疾患の既往歴のない5,880人について，27ヵ月間の前向き調査を行い，乳製品の摂取量と高血圧発症との関係を検討した報告がある[10)]。対象者のうち180人が高血圧を発症し，低脂肪乳製品の最高摂取群は最低摂取群と比べ，高血圧の発症相対リスクは0.46と有意に低値であった。一方で，全乳製品やカルシウム摂取量と高血圧の発症との間には有意の相関はみられていない。

一方，フランスの研究では，乳製品とカルシウムの摂取は独立に最大血圧を低下させるという報告がある[11)]。1995～96年に行われた心血管疾患の危険因子を調査したMONICA研究のサブ研究で，乳製品，カルシウム摂取量と血圧との関係をみた報告では，乳製品，カルシウム摂取量が多いグループで収縮期血圧，拡張期血圧ともに有意に低下しているのが認められた。

また，オランダでの乳製品摂取と高血圧発症の関連を調査した研究では，前の２つの研究と異なり，乳製品摂取が高血圧発症を抑制するという明らかな結果は得られなかった[12]。20〜65歳のオランダ人3,454人を５年間追跡調査を行い，うち713人が高血圧を発症した。低脂肪乳製品摂取と高血圧発症との間には弱い逆相関が認められた。しかし，全体としては乳製品摂取量では説明できないものであった。

まとめ

牛乳・乳製品の摂取量と生活習慣病とされる肥満症，メタボリックシンドローム，糖尿病，高血圧との関連について，最近の研究を紹介した。牛乳・乳製品の摂取は，生活習慣病の発症と予防に有効である可能性が示されており，今後さらに検討すべきではないかと考えられる。

文 献

1）Rockell JE, et al.：Two-year changes in bone and body composition in young children with a history of prolonged milk avoidance. Osteoporos Int 16：1016-23, 2005
2）Wiley, AS：Consumption of milk, but not other dairy products, is associated with height among US preschool children in NHANES 1999-2002. Ann Hum Biol 36：125-38：2009
3）St-Onge MP, et al.：High-milk supplementation with healthy diet counseling dose not affect weight loss but ameliorates insulin action compared with low-milk supplementation overweight children. J Nut 139：938-8, 2009
4）Zemel MB, et al.：Dairy augmentation of total and central fat loss in obese subjects. Int J Obes 29：391-7, 2005
5）Azadbakht L, et al.：Dairy consumption is inversely associated with the prevalence of the metabolic syndrome in Tehranian adults. Am J Clin Nut 82：523-30, 2005
6）Kuon HT, et al.：Milk intake and its association with metabolic syndrome in Korean：analysis of the third Korea National Health and Nutrition Examination Survey（KNHANESⅢ）. J Korean Med Sei 25：1473-79, 2010
7）Shohar DR, et al.：Does dairy calcium intake enhance weight loss among over weight diabetic patient? Diabetes Care 30：485-9, 2007
8）Liu S, et al.：A prospective study of dairy intake and risk of type 2 diabetes in women. Diabetes Care 29：1579-84, 2006
9）Choi HK, et al.：Dairy consumption and risk of type 2 diabetes mellitus in men：a prospective study. Arch Intern Med 165：997-1003, 2005
10）Alonso A, et al.：Low-fat dairy consumption and reduced risk of hypertension：the Seguimiento Universidad de Navarra（SUN）cohort. Am S Clin Nutr 82：972-9, 2005
11）Ruidaverts JB, et al.：Indepent contribution of dairy products and calcium intake to blood pressure variations at a population level. J Hypertens 24：671-81, 2006
12）Engberink MF, et al.：Dairy intake, blood pressure, and incident hypertension in a general Dutch population. J Nutr 139：582-7, 2009

4. 生活習慣病に対する運動の効用

桑田　有　人間総合科学大学大学院人間総合科学研究科

要　約

- 生活習慣病の多くは，遺伝要因よりも摂取エネルギーに対する消費エネルギーのバランスの破綻によって起こり，日々の運動量や身体活動量の減少がその大きな要因と考えられる。
- 身体不活動状態においては，肥満者やメタボリックシンドローム患者で観察される代謝異常に近似する。
- 生活習慣の基礎は幼児期に出来上がるため，成長後の健康維持のためにも幼児期から日常的な運動習慣を身につける必要がある。
- 運動には心肺機能の向上などの生理学的効果と，ストレス感情の減少，自尊感情の向上などの精神的効果がある。
- レジスタンス運動は筋力を強化するが，専門家の指導のもとで行うなどの配慮が必要であり，生活習慣病患者の運動には楽にでき，内臓脂肪を減少させる有酸素性運動が適する。

Keywords　Inactivity Physiology，NEAT，身体活動，小児生活習慣病，有酸素性運動

はじめに

生活習慣病は健康長寿の大きな阻害要因となるだけでなく，後期高齢者で増加する認知症や運動器の機能低下に伴う転倒，骨折の危険因子でもあり，国民医療費にも多大な影響を与えている。生活習慣病の多くは，遺伝要因より不適切あるいは不健康な生活習慣の永年の積み重ねによる内臓への脂肪沈着が原因となり引き起こされるが，喫煙と過度の飲酒を避け，適切な栄養バランスのとれた食生活，運動，休養，適切な生活リズムなどを習慣化することにより予防しうる。

栄養・食育の対策としては，望ましい食生活についてのメッセージを示した「食生活指針」（厚生労働省）を具体的な行動に結びつけるものとして，農林水産省による「食事バランスガイド」がイラストとして示されている。運動に関しては「健康づくりのための運動指針 2006（エクササイズガイド 2006）」[1]が策定され，身体活動量や体力の評価とそれをふまえた目標設定の方法，個人の身体特性および状況に応じた運動内容の選択，それらを達成するための具体的なプログラムが示されている。生活習慣病の予防と治療における，食生活・食事パターンの重要性と運動の効能への理解と実践・継続を促す環境整備と動機付けが急務である。

1　Inactivity Physiology

1.1　エネルギー収支のミスマッチ

生活習慣病（メタボリックシンドローム）の発症の要因

は，摂取エネルギーに対して消費エネルギー減少の継続によって引き起こされるエネルギー収支のバランスの破綻（ミスマッチ）である。成長後の成人であれば，日常生活の中で生体が必要とする量のエネルギーを食物から過不足なく摂取していれば，体重の増減がなくメタボリックシンドローム（メタボ）発症のリスクは少ない。エネルギー密度の高い食物への嗜好が高くなってきていることもあるが，むしろ日々の運動量や身体活動量の減少のほうがメタボ発症の大きな要因と考えられている。

1.2　NEAT

生活活動で消費される熱量を非運動性活動熱産生（non-exercise activity thermogenesis：NEAT）と称する。日常生活に付随する身体活動によるエネルギー消費であるNEATの生理作用に対する理解が進み，ここ数年，不活動の生理学（inactivity physiology）の用語を頻繁に目にするようになってきた[2,3]。

身体不活動の健康影響に対する研究は，宇宙医学や医療福祉ケアでの長期間のベッド上での安静の領域で，身体活動の制限された状態の生体に及ぼす影響について広範に研究されてきた。“Lancet”が2012年7月に身体活動特集号[4]を発刊し，①世界の死亡の9.4％は身体不活動が原因で，影響の大きさは肥満や喫煙に匹敵すること，②成人の33％，子供の80％が推奨される身体活動を行っておらず疾病の発症リスクが高い状態にあることなどを指摘した。WHO（世界保健機関）は身体活動不足を全世界の死亡に対する危険因子の第4位として位置付けており，2010年にその対策として「健康のための身体活動に関する国際勧告」を発表した。この中で，5～17歳，18～64歳，65歳以上の各年齢群に対して，有酸素性の身体活動の時間と強度，筋骨格系の機能低下を防止するための実践すべき運動の頻度などの指針を示した。

身体活動とは安静にしている状態よりも多くのエネルギーを消費するすべての動作を含み，生活活動は日常生活における労働，家事，通勤，通学，子供の世話などの活動である。運動は体力や健康増進を目的に計画的，継続的に実施するもので，身体活動は生活活動と運動を合わせたものである。

世界の先進国では，各種移動手段の発達，電化製品の普及による家事労働の減少や座位での労働の増加などから，

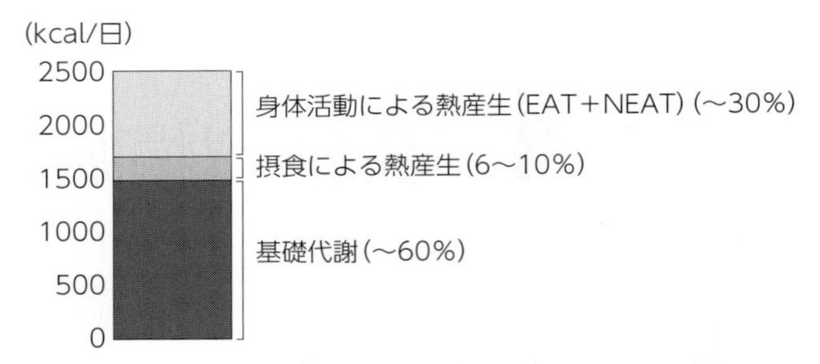

EAT：運動性活動熱産生(exercise activity thermogenesis)

図1　ヒトのエネルギー消費の内訳（文献5より引用）
ヒトのエネルギー消費の約60％は基礎代謝により，6～10％程度は摂食による熱産生により，30％程度は身体活動によって生じる。通常，身体活動による熱産生のほとんどはNEATによる。

日常の生活活動量は減少の一途をたどっている。NEATと運動を分けて考えてみたい。

1.3　NEATの減少と代謝異常[2)]

消費エネルギーは基礎代謝量＋運動量＋NEAT＋食事誘発性熱産生量を合わせたものである。**図1**にヒトのエネルギー消費の内訳を図示した。ヒトのエネルギー消費の約60％は基礎代謝，6～10％が摂食による熱産生，残り30％が身体活動によって生じると考えられている。身体活動のうち，運動で消費されるエネルギー量は運動選手や習慣的高強度の運動実践者を除くとわずか3％程度で，90％以上のエネルギー消費はNEATによると推定されている。

安静臥床時が最もエネルギー消費が少なく，座位で約4％，立位で約13％増加するように，姿勢保持でもエネルギー消費は高まる。現代の社会環境は睡眠時間が短くなる傾向にあり，椅子に座っての勉強，オフィス労働，レジャーで費やす時間（テレビの視聴など座位姿勢）が長くなる方向にあり，立位，歩行時間は減少している。肥満者の体重減少の程度は立位と歩行時間の長さと相関し，非肥満者の体重増加は立位と歩行時間の長さと負の相関が認められている。

分子レベルで比較した骨格筋における運動負荷と不動にした場合の差は，リポタンパク質リパーゼの発現量に顕著に示されることをHamiltonら[3]は報告している。不動に伴う全身的な代謝異常は**図2**に概説する[5,6]。

強制的なベッド上での安静（不動）による代謝への影響に関する研究から，不動状態は肥満やメタボの患者で観察される多くの代謝の変化に近似していることが明らかにな

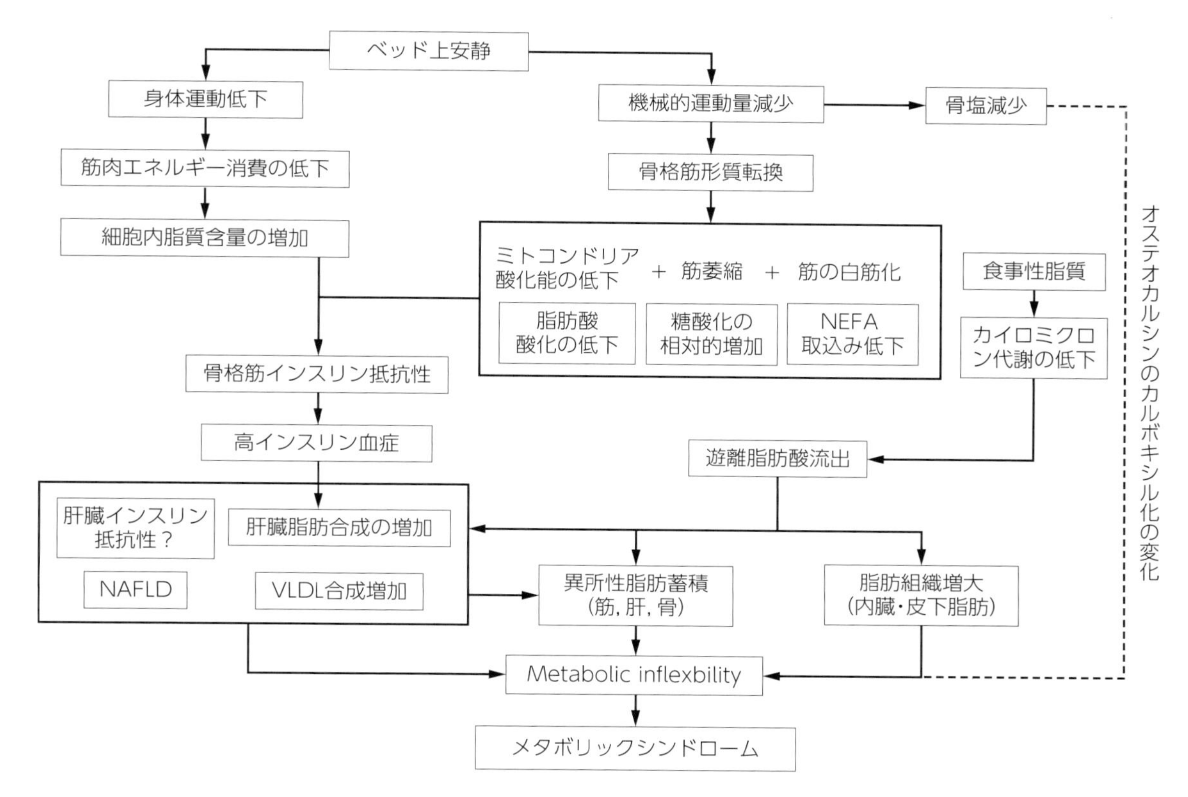

図2 不動によって生じる代謝異常（文献5より引用改変）
ヒトで長期にベッド上安静を強いると，肥満や2型糖尿病でみられる多くの異常が模倣される。

りつつあり，不動の増加，NEATの減少をいかに食い止め，活動的な日常生活を実践するように啓発することが求められる。2013年に改訂された「健康づくりのための身体活動基準2013」[7)]では運動のみならず，生活活動も含めた身体活動全体に着目することの重要性に鑑み，新基準の名称が「運動基準」から「身体活動基準」に変更されている。

1.4 幼児期からの運動習慣の必要性

学童期から継続した運動を続けてきた成人では，メタボの発症リスクが低いことは多くの疫学研究で明らかにされてきている。メタボが小児期からの生活習慣に起因すると考えられるようになり，厚生科学研究（現厚生労働科学研究）で「小児期からの総合的な健康づくりに関する研究」[8)]が，東京女子医科大学の村田を主任研究者として1990年から9年間実施された。その研究総括では，生活習慣の基礎が幼児期に出来上がることから，幼児期に日常的な運動習慣を身につけさせることが成長後の子供の健康維持増進のためにぜひ必要であることが強調されている。

また，日常的に運動量が多い子供は運動能力や心肺機能の点で優れていること，生活習慣では早起きし昼寝をしない子供，保護者の運動嗜好性が高い家庭で幼児の運動量が多かったことも興味深い。一般に家庭の生活時間のほうが，保育所，幼稚園での生活時間より運動量が多い傾向があり，施設での養育，保育の生活カリキュラムに運動量を増加させる工夫が求められる。

若い世代の家庭を取り巻く社会環境や，保護者の認識不足など子育て環境は悪化しており，幼少期における遊戯を含めた身体活動の心身の発育・発達に対する多面的な役割に関する情報の提供をさらに進める必要がある。学童期以降では「小児生活習慣病」の言葉が定着しているように，小学生の段階から生活リズムの変調，朝食の欠食，食嗜好の偏りがあり，塾や習い事での長時間の拘束などから自主的な運動クラブに参加していない子供たちでは運動不足が著しい。肥満，脂質異常症，2 型糖尿病，高血圧など成人期で観察される生活習慣病が，すでに高頻度で小学校高学年，中学，高校の学童，学生間で発症している[9]。食習慣の是正，入眠時間を早める習慣，睡眠時間の確保などと併せ，運動するとともに通学，体育の時間，遊びの時間に身体活動を活発にしてエネルギー消費を高める必要がある。

2　運動が心身に与える有用な影響

2.1　生理学的効果

a．心肺機能の向上

運動により心臓に刺激が加わると，心臓の筋肉が発達し，筋肉に分布する末梢血管が増加し，1 回あたりの心拍出量が大きくなる。そのため習慣的に運動を実践すると強い運動にも心肺機能は対応できる。

b．血管，血圧の正常化

運動すると血液の循環量が増加し一時的に血圧は高まるが，低～中程度の運動負荷では血液循環量の変化は大きくないので，血圧上昇は少ない。有酸素性運動では血中 HDL コレステロール濃度を高め，動脈硬化を防ぐ作用がある。

c．骨格筋肉量の増加による基礎代謝量の増加

レジスタンス運動と食事におけるタンパク質の摂取量を高めることで，骨格筋の筋肉量は増加する。筋肉量が増加すると基礎代謝が亢進する。筋肉を鍛錬すると適度な刺激が骨に伝わり骨量も増加する。

d．骨代謝の改善

カルシウムを骨に定着させ骨形成を活性化するためには，運動や機械的刺激が必須である。

e．糖代謝の改善

運動を実施すると，まず骨格筋に蓄えられていたグリコーゲンがエネルギー源として消費され，次いで血中のブドウ糖が使われる。運動を 20 分以上継続すると脂肪が使用されるようになる。運動中の血中ブドウ糖の細胞内への取り込みは，細胞膜表面にあるグルコース輸送体（GLUT）による促通拡散が関与しており，特に GLUT-4 はインスリンによって誘導されることに加え，運動それ自体の刺激で発現量が高まり，運動の継続時間に合わせて増加し続ける。そのようなことから，糖尿病の治療の一環として食後血糖値が高いときに歩行などが推奨される。

2.2　精神的効果

運動，身体活動には，不安，うつなどのさまざまなストレス感情の減少と，ポジティブな感情の増加，セルフエスティーム，自尊感情の向上などの効果のあることが国際スポーツ心理学会で認められてきている。作用機序に関しては，セロトニン仮説，β-エンドルフィン仮説，自己効力感仮説が提唱されているが，ヒトでの実証研究はほとんどない状況である。多くの疫学研究によると，高齢者での認知症患者数の増加が懸念されてきているが，ライフスタイルからの発症予防には運動習慣と活発な身体活動が，その他の環境要因よりも効果的であることが認められてきている[10]。

3　生活習慣病に対する運動の効果

3.1　有酸素性運動介入効果

メタボの発症は内臓脂肪の蓄積が最大要因なので，内臓脂肪の減少が治療目標となる。内臓脂肪の減少にはウォーキングや水泳のような有酸素性運動が適することが，ヒトでの介入研究で数多く報告されてきている。

内臓脂肪量の減少と有酸素性運動量との間には量反応関係のあることが，システマティックレビューの結果から明らかにされている[11]。有意な内臓脂肪の減少は 1 週間あたり 10 エクササイズ（メッツ・時）程度か，それ以上の有酸素性運動を実施した介入試験から観察されている。エクササイズは運動や身体活動の単位で，運動の強さの指標（メッツ）と実施時間（時）を掛け合わせたものである。例示すると，3 メッツの強度の速歩を 20 分実践すると，3 メッツ×0.33 時間＝1 エクササイズとなる。10 エクササイズ/週以上の運動や身体活動を実践すれば，体重の減少のみでなく血糖，脂質異常，血圧の制御も可能である。これは日本糖尿病学会，日本高血圧学会，日本動脈硬化学会がそれぞれ推奨しているメタボ治療を目標とした運動量と合致している。

田中らの筑波大学の研究チームは，主に 3 ヵ月間の食事改善単独または食事改善と有酸素性運動実践を組み合わせた減量プログラムを提供し，その効果を報告している[12]。

長年の介入試験成績から，安全性に配慮した運動負荷単独では被験者が期待する効果が得られにくい。運動習慣のない被験者が運動実践のみでエネルギー収支をマイナスに維持することは極めて難しく，体重 60 kg の成人男性が 30 分の速歩を行った場合，消費エネルギーは 100～120 kcal 程度にすぎない。食事内容の改善，食生活の見直しで摂取エネルギーを低減するほうがはるかに容易である。**図 3** に示すように食事制限のみでも 71％のメタボ有病者で改善がみられ，運動の実践を加えるとほぼ 95％水準で改善効果がみられた[13]。

運動，身体活動を活発化する効果として，体重減少やメタボ進行の予防以外に，運動や身体活動の保有する生理学的機能，精神活動機能，楽しさ，社会心理学的効能まで含めてとらえ，習慣化に導くことが必要であろう。

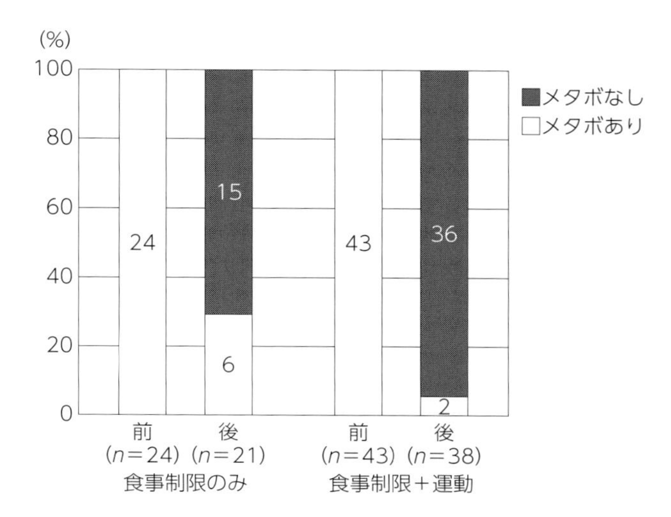

図 3　3 ヵ月の減量に伴うメタボリックシンドロームの改善効果（文献 13 より作成）

3.2　レジスタンス運動と有酸素性運動の複合による効果

筋肉に抵抗（レジスタンス）をかける動作を繰り返し行う運動をレジスタンス運動という。スクワットや腕立て伏せのように自体重を利用する方法と，ダンベルやゴム，マシーンを使用する方法がある。レジスタンス運動は標的の筋肉に集中的に負荷をかけるため，疲労回復期間をおき，週に 2～3 回行うのがよいとされている。適切なレジスタンス運動によって筋肉量増加，筋力の強化が得られるケースが多いが，トレーナー，理学療養士，健康運動指導士，整形外科の医師などの専門家の指導のもとプログラムを作成して，急激な負荷を避けながら段階的に負荷量を高めることが必須である。高血圧，心血管系に問題があるメタボ患者に対しては，レジスタンス運動の適用には十分な配慮が欠かせない。

2 型糖尿病における心血管疾患の危険因子に対するレジスタンス運動と有酸素性運動の複合トレーニングの効果についての 10 論文のメタ解析[14]によると，10 のうち 6 つの研究では週 3 回，2 つの研究では週 2 回，そのほかは週に 4 回，週に 4～5 回が 1 つずつあり，有酸素性運動は最大心拍数に対して 35％，最大で 85％まで課せられていた。トレーニング期間は 8～24 週，レジスタンス運動の負荷量は各研究で異なっていた。ヘモグロビン A1c 値は 0.67％低下，中性脂質が 0.3 mol/L 減少したが，LDL コレステロール，HDL コレステロールの値には変化がなく，収縮期血圧は 3.59 mmHg の減少がみられた。

レジスタンス運動で期待される筋肉量の増加は基礎代謝のレベルを高めることができるが，過大に効果を期待して運動経験の乏しいメタボ患者に過剰な運動負荷をかけるべきではない。レジスタンス運動でもたらされる基礎代謝量は，筋肉，骨，内臓，神経などを含めた除脂肪量 1 kg につき約 50 kcal 高まると計算されている[15]。

むしろ，速歩やスイミングのような有酸素性運動のほうが楽に楽しめ，骨格筋，骨量の増加，精神的な効能（自己肯定観など）が高まるので，副作用の回避を含めて評価することが望ましい。

文　献

1）厚生労働省 運動所要量・運動指針の策定検討会：健康づくりのための運動指針 2006：生活習慣病予防のために．2006
2）Levine JA：Non-exercise activity thermogenesis（NEAT）. Nutriton Reviews 62：S82-S97, 2004
3）Hamilton MT, et al.：Too Little Exercise and Too Much Sitting：Inactivity Physiology and the Need for New Recommendations on Sedentary Behavior. Curr Cardiovasc Risk Rep 2：292-8, 2008
4）Lancet 380（9838）：219-305, 2012
5）坂口一彦：エネルギー消費と代謝障害：5．NEAT と肥満/糖尿

病．糖尿病 55：313–5，2012
6）Bergouignan A, et al.：Physical inactivity as the culprit of metabolic inflexibility：evidence from bed–rest studies. J Appl Physiol（1985）111：1201–10, 2011
7）厚生労働省 運動基準・運動指針の改定に関する検討会：健康づくりのための身体活動基準 2013．2013
8）村田光範：小児期からの総合的な健康づくりに関する研究．厚生省心身障害研究報告書 平成 8，9 年度，厚生科学研究子ども家庭総合研究報告書 平成 10，11 年度
9）朝山光太郎，ほか：小児肥満症の判定基準．肥満研究 8：204–11，2002
10）Brown DR, et al.：Chronic psychological effects of exercise and exercise plus cognitive strategies. Med Sci Sports Exerc 27：765–75, 1995
11）Ohkawara K. et al.：A dose–response relation between aerobic exercise and visceral fat reduction：systematic review of clinical trials. Int J Obes（Lond）. 31：1786–97, 2007
12）Okura T, et al.：Effects of aerobic exercise and obesity phenotype on abdominal fat reduction in response to weight loss. Int J Obes（Lond）29：1259–66, 2005
13）Okura T, et al.：Effects of aerobic exercise on metabolic syndrome improvement in response to weight reduction. Obesity（Silver Spring）15：2478–84, 2007
14）Chudyk A, et al.：Effects of exercise on cardiovascular risk factors in type 2 diabetes：a meta–analysis. Diabetes Care 34：1228–37, 2011
15）Takeuchi T, et al.：Association of the metabolic syndrome with depression and anxiety in Japanese men：a 1–year cohort study. Diabetes Metab Res Rev 25：762–7, 2009

5. 牛乳・乳製品と生活習慣病予防 ―過去 16 年間の委託研究のまとめ

金子　哲夫　株式会社明治 食機能科学研究所

要　約

・日本人の栄養と健康の増進を図るためには，食品の栄養健康機能を，食品選択，栄養・健康管理のための情報として整備し，提供することが必要である。
・高齢者における牛乳飲用習慣は，加齢により低下していく身体指標と血圧調節機能に対して好ましい影響がある。
・日本人の一般的な食事パターンに牛乳を組み合わせることは，肥満および糖尿病などの予防と改善に寄与し得る。
・牛乳・乳製品を活用した食後高血糖の抑制は軽度糖尿病の予防，改善に有効である。

Keywords　肥満，生活習慣病，糖尿病

はじめに

ライフスタイルなどが時代とともに大きく変化していくなかで，食生活もまた目まぐるしい変化を遂げ，国民の栄養や健康上の課題が多様に変化してきた。特に，栄養の偏りや不規則な食事などを背景とした肥満や痩身，そして生活習慣病の増加などが顕在化し，深刻な社会的問題となっている。栄養や健康に関わる適切な自己管理，適切な食品選択のための社会的能力の向上が，生活者に強く求められるようになっている。このような食をめぐる環境変化が続くなかで，日本人の栄養と健康の増進を図るためには，食品のそれぞれについて，その栄養健康機能がどのような価値を有し得るのかを今一度位置づけ直し，食品選択，栄養および健康管理のための情報として整備し，提供することが必要である。

これらを背景として平成 24 年（2012 年）3 月 18 日，昭和 61 年（1986 年）以来組織されていた牛乳栄養学術研究会などが発展的に解消され，新たに「牛乳乳製品健康科学会議」が日本酪農乳業協会の外部連携組織として設立された。これを機会に牛乳乳製品健康科学会議分科会生活習慣病予防部門では，「牛乳乳製品健康科学会議」が推進する研究活動の方向性の一助につながる新しい価値を発見すべく，前身であった「牛乳・乳製品健康作り委員会」（昭和 61～平成 17 年）および，それに続いた「牛乳乳製品健康科学委員会牛乳栄養学術研究会」（平成 18～24 年）が行ってきた過去の委託研究のうち，平成 7～22 年（1995～2010 年）の 16 年間における生活習慣病（骨，睡眠，免疫を除く）に関連する研究報告のエビデンスのレビューを行った。以下に，概要ならびに代表的な研究成果をまとめた。

1　生活習慣病関連の研究

16 年間の委託研究総数は 183 件で，そのうち生活習慣

表 1　ヒトを対象とした牛乳・乳製品摂取と生活習慣病予防に関する委託研究一覧（1995～2010 年）

ID	研究報告者委託先，委託時の所属	研究テーマ名
H7-9-Ⅰ-3	中村治雄ほか．防衛医科大学校第一内科	牛乳蛋白摂取によるヒト血清脂質，リポ蛋白に対する影響―食後高脂血症について―
H7-9-Ⅰ-5	田中明ほか．東京医科歯科大学第三内科	乳製品のレムナントリポ蛋白および糖化リポ蛋白に及ぼす影響に関する研究
H7-9-Ⅱ-6	田中平三ほか．東京医科歯科大学難治疾患研究所社会医学研究	牛乳習慣としての牛乳摂取者のライフ・スタイルと，保健行動および循環器疾患リスク・ファクターに関する疫学的研究
H7-9-Ⅱ-9	大国真彦ほか．日本大学医学部小児科	小児における牛乳と成人病危険因子との関係について―小児肥満における動脈硬化の促進性と牛乳など食事内容の関連についての研究―
H7-9-Ⅱ-23	阿部敏明ほか．帝京大学医学部小児科学教室	胎児の成長・発達に及ぼすコレステロールと多価不飽和脂肪酸（PUFA）の影響に関する研究
H10-2	田中明．東京医科歯科大学第三内科	乳脂肪を用いた脂肪負荷試験確立のための基礎研究（中間報告）
H10-4	西沢良記ほか．大阪市立大学医学部第二内科	カルシウム摂取量と動脈硬化―カルシウム摂取量と酸化低比重リポ蛋白（LDL）との関連について―
H10-5	板倉弘重．国立栄養研究所	牛乳・乳製品摂取に対する生体反応に関する研究
H10-11	南部征喜ほか．兵庫県立成人病臨床研究所	小児期における生活習慣病の予防に関する研究―適正牛乳摂取量の設定の試み―
H11-1	田中明．東京医科歯科大学第三内科	乳脂肪を用いた脂肪負荷試験確立のための基礎研究
H11-5	橋本佳明．東京大学医学部附属病院検査部	牛乳に含まれる植物ステロールの種類と含有量および植物ステロールの吸収率に関する研究
H11-11	南部征喜ほか．武庫川女子大学生活環境学部	小児期における生活習慣病の予防に関する研究―母親教育の児童・生徒の健康への影響―
H11-12	大国真彦ほか．元日本大学総合科学研究所	中国北京市における幼児肥満と生活習慣，牛乳など食事内容の関連についての研究
H12-6	杉山みち子ほか．国立健康・栄養研究所臨床栄養管理研究室	牛乳ならびに乳製品のグリセミックインデックスに関する研究
H12-7	熊谷修ほか．東京都老人総合研究所	牛乳摂取推進の地域介入が自立高齢者の抑うつ傾向に及ぼす影響―地域高齢者の老化遅延のための大規模介入研究より―
H12-11	岡田知雄ほか．日本大学医学部小児科学教室	学童における牛乳摂取がもたらす身長の増進効果の仮説に関する検証（1）―牛乳摂取と学童期の成長についての研究―
H12-12	南部征喜ほか．武庫川女子大学生活環境学部	小児期における生活習慣病の予防に関する研究―教育介入対照実験の評価―
H12-15	猿田享男．慶應義塾大学医学部内科	カルシウム関連遺伝子多型と細胞内カルシウム動態および経口カルシウムの降圧効果との関連についての検討

病関連の研究は 65 件（35.5%）で，さらにそのうちヒトを対象とする研究は 35 件（53.8%）であった（**表 1**）。

65 件のうち，明らかに肥満・食欲・エネルギー代謝に関連する研究は 22 件，動脈硬化およびコレステロール関連が 13 件，脂質異常症関連が 10 件，高血圧関連が 8 件，耐糖能異常関連が 10 件であった（一部重複を含む）。抑うつに関する研究は 1 件であった。

ヒトを対象とする研究成果として，

①高齢者における牛乳飲用習慣は，加齢により低下していく身体指標と血圧調節機能に対して好ましい影響がある。（ID：H18-4）

②日本人の一般的な食事パターンに牛乳を組み合わせることは，肥満および糖尿病などの予防，改善に寄与しうる。（ID：H12-6，H15-8，H16-11，H17-7）

③牛乳・乳製品を活用した食後高血糖の抑制は軽度糖尿病の予防，改善に有効である。（ID：H22-11）

以上のことを強く示唆するエビデンスが得られた（**表 2，表 3-1～5**）。

表1　つづき

ID	研究報告者委託先，委託時の所属	研究テーマ名
H13-4	猿田享男．慶應義塾大学医学部内科	Ca関連遺伝子多型と細胞内Ca動態および経口Caの降圧効果との関連についての検討
H13-10	杉山みち子ほか．国立健康・栄養研究所臨床栄養管理研究室	牛乳・乳製品を活用したグリセミック・インデックスによる糖尿病予防教育の検討
H14-9	大関武彦ほか．浜松医科大学小児科	小児期における牛乳乳製品摂取の体組成および生活習慣病発症因子との関連
H14-11	神田知．武庫川女子大学生活環境学部	積極的な牛乳・乳製品の摂取が，中高齢者の循環器疾患危険因子の軽減及び健康の維持・増進に及ぼす影響について
H15-5	田中喜代次ほか．筑波大学体育科学系	牛乳とホエイプロテインの摂取が減量に伴う血液流動性の変化に及ぼす影響
H15-7	日高宏哉ほか．信州大学医学部保健学科検査技術科学	牛乳摂取による血漿リポ蛋白組成の変動
H15-8	杉山みち子ほか．神奈川県立保健福祉大学栄養学科	牛乳・乳製品を活用したグリセミック・インデックス教育法に関する研究
H16-11	杉山みち子ほか．神奈川県立保健福祉大学栄養学科	牛乳・乳製品を活用したグリセミック・インデックス教育の有効性の検討
H17-7	杉山みち子．神奈川県立保健福祉大学栄養学科	牛乳・乳製品を活用したグリセミック・インデックス教育の有効性の検討
H18-2	中田由夫ほか．筑波大学大学院人間総合科学研究科	減量中の牛乳乳製品摂取量と減量効果の関連
H18-4	柴田博．桜美林大学加齢・発達研究所	地域高齢者の牛乳・乳製品摂取の血清アルブミン値への影響
H18-6	屋代正範．福岡教育大学	栄養アセスメントからみたアスリートの乳製品摂取の効果に関する栄養生理学的研究
H19-4	及川眞一ほか．日本医科大学内科学講座	牛乳による血清脂質，アポB48，グレリン，ペプチドyyの経時的変化に関する研究
H19-9	熊江隆ほか．国立健康・栄養研究所	女子大学生を対象とした牛乳摂取による体脂肪制御効果に関する介入研究調査
H21-3	田中喜代次．筑波大学人間総合科学研究科	減量中の牛乳乳製品摂取状況が体重および血液性状（血清脂質プロファイル，体内炎症性反応を含む）に及ぼす影響
H21-14	齋藤忠夫．東北大学大学院農学研究科	牛乳タンパク質からのAT1受容体阻害活性を有する新規血圧降下性ペプチドの単離とその利用
H22-11	中村丁次ほか．神奈川県立保健福祉大学	牛乳摂取が食後血糖及び食事誘発性熱産生（DIT）に与える影響に関する研究

表２　ヒトを対象とした牛乳・乳製品摂取と生活習慣病予防に関する委託研究報告（疫学研究関連）

ID	対象，例数（男/女）	年	場所	調査項目	結果
H7-9-Ⅱ-6	40歳代～60歳代 1,182（478/704）例	記載なし	茨城県(山村)，新潟県(農村)，東京都（大都市近郊住宅地)，大阪府(山村)，兵庫県(農山村)	食事（牛乳，食塩，エネルギー，飲酒）摂取量（24時間思い出し法)，血圧，喫煙習慣，BMI，抗圧薬	全地域の男性の拡張期血圧は牛乳摂取量と負の相関関係，収縮期血圧は傾向。重回帰分析の結果，男性は毎日牛乳200g摂取すると収縮期血圧が3.2mmHg，拡張期血圧が2.3mmHg低下。女性はそれぞれ1.2mmHg，0.5mmHg低下する。
H7-9-Ⅱ-9	小学４年生時122（60/62）例，中学１年生時92（47/45）例，３年間追跡調査	1994，1997	静岡県伊東市	牛乳摂取状況，身長，体重，TC，HDL-C，TG	牛乳の摂取は肥満の増悪因子になっていないと推定。 500mL/日未満群と以上群。肥満度の変化に男女差，牛乳の摂取量で差なし。身長の伸びは牛乳摂取量が多いほど大きい。TC，TGに男女間で有意差。全体では，牛乳摂取量が500mL/日以上でTCの低下量が大きい。牛乳摂取量が多い学童ほど身長の伸びが大きく肥満度が低下。動脈硬化促進性とはならない。
H7-9-Ⅱ-23	36例の分娩後の初乳，85組の母体血と臍帯血	記載なし	記載なし	初乳，母体血，臍帯血の脂肪酸量	初乳に比べ調整乳ではラウリン酸など中鎖脂肪酸が過剰に多くDHAなどの長鎖高度不飽和脂肪酸が不足していた。 母体血と臍帯血に脂肪酸総量の有意な相関がみられた。主な構成脂肪酸のうちパルミトレイン酸，リノール酸，アラキドン酸，DHAは母体血と臍帯血で有意な相関がみられた。
H10-4	24～77（54.2±9.7）歳 271（99/172）例	記載なし	大阪地区	栄養調査（Ca摂取量)，血清脂質（TC，TG，HDL-C)，LDLの試験管内酸化抵抗性の測定，血漿酸化LDL濃度，血清抗酸化LDL自己抗体価，CA-IMT	男女とも高齢者ほどCa摂取量が増加していた。動脈硬化の指標として計測したCA-IMTは年齢と有意な正の相関を示した。 ①血漿酸化LDL濃度は年齢およびLDL-C値と独立した正の相関を示し，Ca摂取量と負の相関を示した。 ②HDL-CとCa摂取量との間に年齢，性別，喫煙，BMI，ウエスト/ヒップ比とは独立した有意な関連が認められた。 ③CA-IMTは年齢，収縮期血圧，NonHDLが独立した正の相関を示し，HDLが独立した負の相関を示したが，Ca摂取量とCA-IMTとの相関は有意ではなかった。
H10-11	小児成人病健診を受診した小学１年生と４年生児童827例，３年間追跡調査	1993～96	記載なし	身長・体重・BMI・TC・TG・HDL・空腹時血清IRI・栄養摂取状況・身体活動状況	血清IRIの上昇は摂取エネルギーや三大栄養素摂取量よりも身体活動度と摂取脂肪量との関わりが重要
H11-5	55日間入院して低エネルギー玄米菜食療法を行った女性の慢性リウマチ患者11例，対照健常人20例	記載なし	記載なし	食品中および血中の植物ステロール	牛乳にコレステロールは含まれていたが，植物ステロールは検出できなかった。低エネルギー玄米菜食療法を行った女性の慢性リウマチ患者では11例中８例で血中の植物ステロールを検出した。
H11-12	幼稚園児225（113/112）例	1999	中国　北京	身体測定（身長，体重，腹囲，大腿囲，臀囲，皮下脂肪厚)，体脂肪率，食事状況，清涼飲料水摂取量，牛乳摂取量，活動状況	肥満度15以上の出現率は通園制17%，寄宿制6.6%で有意な差があった。通園制では外遊びの時間が短く，食事の摂取量が多かった。清涼飲料水の摂取頻度は通園制で有意に高値。牛乳摂取と肥満度との関連性なし。牛乳に比べて清涼飲料水の摂取比率が高まると脂肪蓄積が増加した。

表2　つづき

ID	対象，例数（男/女）	年	場所	調査項目	結果
H12-11	小児生活習慣病予防健診を小学4年生時，中学1年生時に受診した536（271/265）例	1997，2000	静岡県Ｉ市	身体計測，血圧，各血清脂質測定，アンケート（牛乳・乳製品摂取・身体活動状況）	牛乳摂取量と身長変化量は有意差なし
H12-15 H13-4	23.2±1.3歳の若年男性147例	記載なし	記載なし	収縮期血圧・拡張期血圧，脈拍，BMI，TC，TG，HDL-C，LDL-C，遊離脂肪酸，空腹時血糖値，血清IRI，血清Na，P，Cl，Cr，Ca，Mg，ビタミンD，PTH，リンパ球の増殖能，リンパ球の糖取り込み	①軽度の体重増加が遺伝性高血圧の極めて早い段階で血圧上昇やインスリン抵抗性に関与することが示唆された。 ②高血圧群は血圧低値群および母集団と比較してBMIが有意に高く，また，空腹時血糖値，IRIおよびTC，TG，LDL-Cの全てが有意に高値を示した。
H14-9	小学4年生1,177（614/563）例，3年間の横断研究	記載なし	静岡県西部農山村地区	身体計測，小児肥満実態，血清TC，HDL-C，レプチン，乳製品摂取状況，食事調査，朝食の欠食調査	過体重度＋20％以上の割合：男子17.7％，女子12.2％ TC 200 mg/dL以上の割合：男子18.8％，女子21.8％ 肥満度とレプチン濃度とは正の相関あり。乳，乳製品と測定値との関連性については言及されていない。
H18-4	65歳以上の847例	1996～2000	秋田県Ｎ市	BMI，収縮期血圧・拡張期血圧，赤血球，TC，HDL-C，動脈硬化指数，血清Alb，食事摂取頻度	牛乳飲用習慣はBMI，赤血球数，TCと有意な正の相関を示した。収縮期血圧および拡張期血圧とは有意な負の相関を示した。牛乳飲用は加齢により低下していく身体指標と血圧に対し，好ましい影響があるものと考えられた。
H18-6	18～20歳の男性24例	2006	福岡大学運動部	体脂肪，骨梁面積率，運動時血清グルコース，血清遊離脂肪酸，血中OC，血清BCAA，血中CK	牛乳常飲用者は牛乳非常飲用者と比べて，①体脂肪が低い，②骨梁面積率が高い，③安静時グルコースが低い傾向がみられた。

TC：総コレステロール，HDL-C：HDLコレステロール，TG：トリグリセリド，DHA：ドコサヘキサエン酸，Ca：カルシウム，CA-IMT：頸動脈内膜中膜肥厚度，LDL-C：LDLコレステロール，IRI：インスリン，Na：ナトリウム，P：リン，Cl：クロール，Cr：クレアチニン，Mg：マグネシウム，PTH：副甲状腺ホルモン，Alb：アルブミン，OC：オステオカルシン，BCAA：分岐鎖アミノ酸，CK：クレアチンキナーゼ

表 3-1 ヒトを対象とした牛乳・乳製品摂取と生活習慣病予防に関する委託研究報告（介入研究関連）

ID	対象，例数	検討方法	検査・評価方法	結果，結論
H7-9-Ⅰ-3	健常男性 11 例，32.6±6.4 歳，体重 73.8±10.8 kg（ApoE フェノタイプは 1 例 2/3，1 例 3/4，1 例 4/4，8 例 3/3）	カゼイン 20 g/日 1 週間摂取後，無作為に 2 群に分け，カゼイン 20 g または大豆タンパク 20 g/日 3 週間摂取，ウォッシュアウト 2 週間，カゼイン/大豆タンパク食のクロスオーバー。 カゼイン，大豆タンパク食前と 3 週間摂取後に脂肪食（脂肪またはクリーム 40 g/m^{2}体表面積（含むコレステロール 107 mg/m^2））負荷。	空腹時血清脂質（隔週），クリーム負荷後の RLP-C，TG，HDL/LDL-C 値の変動。脂肪食負荷前と後 2，4，6 時間目に採血。RLP-C はモノクローナル抗体で測定。 タンパク食前後の血清脂質変化：repeated measurement ANOVA，脂肪負荷後の血清脂質 AUC：paired t-test	脂肪負荷後の RLP-C の AUC；カゼイン食前 vs 3 週後 =18.7 vs 23.7，p=0.032。 脂肪負荷 4 時間後の RLP-C が 5 mg/dL 以上の率；カゼイン摂取後 70%，大豆タンパク食摂取後 18.5%，p=0.48。 平均摂取量（熱量，タンパク質，糖質，脂質，コレステロール）に群間差なし。 空腹時血清 TC，TG，HDL-C，LDL-C 濃度に差なし。クリーム負荷後のレムナント C 濃度上昇はカゼイン摂取時に亢進，大豆タンパク摂取時に抑制。ただし，食事後一過性。
H7-9-Ⅰ-5	健常成人 12 例（男性 1/女性 11），25～44 歳，血清 TG 正常，空腹時血糖値正常，TC＞315 mg/dL 1 例	毎日 112 kcal，1.4 単位の乳製品（3.4%脂肪の普通牛乳 200 mL）を 1 週間投与後，ウォッシュアウト 2 週間，同エネルギー量の乳製品（牛乳，バター，マーガリン）投与の繰り返し。1 群。ただし，高コレステロール 1 例を別にした統計解析も実施	1 週間の投与前，後において乳製品負荷前，負荷後 1，2 時間に採血。 血清 RLP，糖化(g) リポタンパク，RLP-C，RLP-TG，gLDL，gHDL，TC，TG，HDL-C	健常群では牛乳，バター，マーガリン負荷により RLP が急性期的に有意増加。バター負荷により HDL-C が急性期的に低下。牛乳負荷で gHDL が急性期的増加，マーガリン負荷で gLDL の増加。いずれも正常範囲。1 週間投与の影響：牛乳摂取で RLP-C，TC，TG の増加。マーガリン摂取で LDL 低下。 急性期的，正常範囲内の変化であり，動脈硬化への影響は問題とならない。
H12-6	熊本市内 N 社 K 健康管理センターに勤務する健常男性 7 例（45.4±14.5 歳，BMI 23.2±2.3），女性 33 例（36.5 歳±9.2 歳，BMI 21.3±2.2）の計 40 例	クロスオーバー，基準食：米飯 147 g（糖質含量 50 g） ①基準食＋普通牛乳 100 mL ②基準食＋低脂肪乳 170 mL ③白パン＋チーズ 50 g ④ラクトアイス A 236 g ⑤ラクトアイス B 274 g ⑥ラクトアイス A 120 g と米飯 72 g ⑦炭酸飲料 500 mL ⑧ラクトアイス A 120 g＋炭酸飲料 245 mL	検査前に絶食，基準食または検査食摂取後（0，15，30，45，60，90，120 分）に血糖値を測定（1 回目および 2 回目：基準食摂取，3 回目以降：検査食摂取）	基準食と比べて①，②，④，⑤，⑥，⑧の GI 値は有意な低値を示した。 米飯を主食とした日本型食生活に牛乳・乳製品を積極的に取り入れると食後血糖の上昇を抑制する観点から有効であると考えられた。
H12-7	秋田県仙北郡南外村に在住する高次生活機能の自立度の高い 65 歳以上の在宅高齢者 442 例	①牛乳飲用増加群 303 例 ②牛乳飲用減少群 139 例 牛乳 200 mL/日以上摂取を 2 年間推奨，介入前後の血清 TC 低下予防や抑うつ度の変化に及ぼす影響を評価	老研式活動能力指標総合点，血清 TC，geriatric depression scale（GDS）	75 歳以上の男性では①群に比較し，②群から軽度以上の抑うつ傾向を示すものが高率に出現。牛乳摂取頻度を増加あるいは維持することが血清 TC の上昇を有意に促した。 牛乳飲用習慣の推進が加齢による血清 TC の低下を抑制し，その結果，後期高齢者の抑うつ傾向の予防にも関連しうることが示された。

RLP：レムナント様リポタンパク，RLP-C：RLP コレステロール，TG：トリグリセリド，HDL-C：HDL コレステロール，LDL-C：LDL コレステロール，TC：総コレステロール，GI：グリセミックインデックス

表3-2　ヒトを対象とした牛乳・乳製品摂取と生活習慣病予防に関する委託研究報告（介入研究関連）

ID	対象，例数	検討方法	検査・評価方法	結果，結論
H13-10	熊本市K健康管理センターの人間ドック健診においてHbA1cが5.6%以上の受診者16（男性10/女性6）例	3ヵ月間，糖尿病教育プログラムを行い，介入前後の糖代謝指標を評価。 ①対照群8（男性5/女性3）例，平均年齢57.4±6.9歳，食品交換表を用いた教育， ②GI教育群8（男性5/女性3）例，平均年齢56.1±4.7歳，牛乳・乳製品を活用したGI教育	BMI，体脂肪率，HbA1c，牛乳・乳製品摂取量の各平均値	②群のHbA1cは，教育前の6.3±0.6%から6.1±0.5%へ有意に改善，空腹時血糖は教育前の133.9±19.4 mg/dLから124.3±15.1 mg/dLへと有意に改善した。 牛乳・乳製品を活用したGIによる糖尿病予防は有効であると考えられた。
H14-11	兵庫県在住の中高齢者男女130例	①運動介入群45例 ②運動・栄養介入群45例 ③対照群40例 3群，10週間に及ぶ運動・栄養介入プログラムを実施。研究開始前，開始5週間後，10週間後に健診を実施。 *栄養介入は大豆たんぱく質25 g/日，発酵乳300 mL/日	身体計測（身長・体重・体格指数），安静時収縮期・拡張期血圧，血清TC，HDL-C，24時間採尿検査，筋力測定（握力検査），柔軟性測定（立位体前屈検査），四肢の体組成検査（インピーダンス法），問診	①は試験開始5週目および10週目で，収縮期血圧の有意な低下，HDL-Cの上昇を認めた。さらに基礎代謝量の増加，大腿四頭筋群・握力の向上が確認された。②は試験開始5週目および10週目で，収縮期・拡張期血圧の顕著な低下，HDL-Cの上昇が認められた。さらに筋肉量，除脂肪量の増加および基礎代謝量の有意な増加や様々な筋力の向上が認められた。 乳製品は他の食品との組み合わせや運動との併用により中高齢者において，健康の維持・増進に大きく貢献する可能性が示唆された。
H15-5	中年女性64例（肥満傾向）	①食事制限のみ群17例 ②食事制限＋ウォーキング群15例 ③食時制限＋ミルク群15例 ④食事制限＋ミルク＋ウォーキング群17例 食事制限：1,200（1,000～1,500）kcal/日，400（300～500）kcal/毎食。 ミルク：低脂肪乳200 mL＋ホエイタンパク質1袋/日。 ウォーキング（無酸素性代謝閾値（AT）水準強度，自覚的運動強度12～14，ATに相当する心拍数±20拍/分），60分間/回×1～2回/週。 期間3ヵ月，全群乳製品80 kcal/毎食，減量食開始1ヵ月間は夕食時に減量補助食品摂取，毎日の食事調査，毎週栄養指導。	TC，HDL-C，LDL-C，TG，血液流動性（細胞マイクロレオロジー測定装置），体脂肪率，3日間の秤量食事調査（試験前，試験中）	開始前後で，体重・BMI・体脂肪率：全群で低下，体脂肪率：時間と介入方法の間の交互作用あり，LDL-C：全群有意な変化なし，血液通過時間：③，④群で低下量が大きい傾向。 統計処理：減量前後における平均値の変化；対応のあるt検定，減量に伴う測定値変化の群間比較；反復測定の二元配置の共分散分析。2変量間の相関関係；Pearsonの積率相関係数。$p<0.05$を有意差。 血液通過時間：開始前において，乳タンパク摂取量との間に有意な負の相関あり。前後では，乳タンパク質摂取量との関連性なし。

HbA1c：ヘモグロビンA1c，TC：総コレステロール，HDL-C：HDLコレステロール，LDL-C：LDLコレステロール，TG：トリグリセリド

表 3-3　ヒトを対象とした牛乳・乳製品摂取と生活習慣病予防に関する委託研究報告（介入研究関連）

ID	対象，例数	検討方法	検査・評価方法	結果，結論
H15-7	健常人 10 例	①通常脂肪牛乳群（Fat 群）5 例 ②無脂肪牛乳群（Non-fat 群）5 例 それぞれ 500 mL/日，2 週間摂取。試験前 1 週間と試験後 1 週間は牛乳摂取中止。 通常脂肪牛乳：無脂乳固形分 8.3％以上，脂肪分 3.5％以上。 無脂肪牛乳：無脂乳固形分 8.3％以上，脂肪分 0.1％	採血（摂取開始 1 週間前，摂取開始時，開始 1 週間目，2 週間目，試験 1 週間後）計 5 回。 血漿中 TC，TG，PL，HDL-C，LDL-C，ApoA-Ⅰ，ApoB，ApoC-Ⅱ，ApoE，LDL 粒子サイズ測定 脂質組成，血漿中脂肪酸組成分析 血液流動性測定	2 群とも，摂取前後で血漿 TC，TG，PL，HDL-C，LDL-C 濃度に有意差なし。 ①群は，血漿脂質中の不飽和脂肪酸比率が上昇。 ②群は，血漿中 TG の低下，LDL 粒子サイズが改善。 健常人において，通常脂肪牛乳 500 mL，2 週間の摂取は血漿脂質中脂肪酸組成に変化を与え得る。無脂肪牛乳摂取は，TG 代謝の改善および LDL の小粒子化抑制に影響し得る。
H15-8	都内某区健康センターにおける減量プログラム参加者 38（男性 6/女性 32）例，平均年齢 51.6±7.9 歳，平均 BMI 26.3±2.6 糖代謝に影響する薬剤服用なし 運動習慣あり 42.1％，飲酒平均 1 合/日以上 0％，喫煙者 7.9％	食事調査より，食事の GI と食事評価係数の相関係数を調べた。開発した教材「ご飯食を基本にした低 GI 食のすすめ―食後の血糖上昇を抑えよう」の食事や血中指標に対する影響を評価した。	食事調査，身体計測，血糖値，インスリン	栄養素等摂取量平均エネルギーは 1887±304 kcal，タンパク質のエネルギー 15.3±2.0％，脂質 27.8±5.3％，炭水化物 53.8±7.4％であった。 飽和脂肪酸の栄養摂取量は教育前と比べ，教育後に有意に低下。食事の GI の平均値は教育後に有意に低下。総糖質摂取量に対する低 GI 食品による糖質摂取量の占める割合は有意に増加。また知識テストの点数も有意に上昇。 本研究で開発した教材を用いた GI 教育は日本人の新しい栄養教育法としての有効性が期待される。
H16-11 H17-7	糖尿病境界領域者，2 型糖尿病患者で，空腹時血糖あるいは HbA1c 高値例（空腹時血糖：110 mg/dL 以上かつ 140 mg/dL 以下，あるいは HbA1c：5.8％以上かつ 7.9％以下），未治療，非薬物療法下にあるもの。 除外基準：合併症（網膜症，腎症，神経障害），心疾患および脳血管疾患の既往あり，妊娠中，現在継続的な栄養教育を受けているもの	3 ヵ月間の栄養教育を実施し，血中指標，身体組成，アンケート調査結果を評価した。 ①本研究で開発した教材を用いた GI 教育群 19 例 ②通常教育群 21 例	血液検査（HbA1c，空腹時血糖，TC，LDL-C，HDL-C，TG），身長，体重，体脂肪率，生活習慣，食事調査，食事評価指標，質問紙調査	HbA1c は①群が②群と比べて有意に改善。①群の発酵乳・乳酸菌飲料の摂取量は②群と比べて有意に増加。 食後の血糖上昇を抑えることを目的とした牛乳・乳製品を活用した GI を用いた栄養教育を通常の栄養教育と組み合わせることにより，血糖コントロールが有意に改善した。本研究で開発した教材を用いた GI 教育は比較的軽度の 2 型糖尿病および境界型における血糖コントロールの改善に有効であり，栄養教育としての有用性が示された。

TC：総コレステロール，TG：トリグリセリド，PL：リン脂質，HDL-C：HDL コレステロール，LDL-C：LDL コレステロール，GI：グリセミックインデックス

表 3-4　ヒトを対象とした牛乳・乳製品摂取と生活習慣病予防に関する委託研究報告（介入研究関連）

ID	対象，例数	検討方法	検査・評価方法	結果，結論
H17-8	健常人男性 11 例，28〜51 歳	通常牛乳（無脂乳固形分 8.3% 以上，脂肪分 3.5%以上，生乳 100%）500 mL 単回摂取。食後 2 時間以上経過後，摂取。摂取前と摂取後 0.5，1，2 時間目に採血	生化学項目，生体金属，アミノ酸組成，アルブミン結合亜鉛，高分子タンパク質結合亜鉛	牛乳摂取により，血漿中 Ca と無機 P は有意に上昇。鉄は低下。血清亜鉛は Mg と正の相関関係。血清亜鉛の 75%，20%，5%がアルブミン，高分子タンパク質，アミノ酸やペプチドと結合し，遊離型はほとんど存在しない。
H18-2	減量教室受講の成人女性 170 例，44.8 ±8.1 歳	3 ヵ月間の減量介入。4 群点数法による食事バランス指導。 摂取エネルギー：1,200 kcal/日（1 食 400 kcal，うち乳製品 80 kcal） 運動プログラム：ウォーキング，レジスタンス運動約 45 分間，総運動時間 75〜90 分間。 運動消費エネルギー約 1,000 kcal/週 牛乳・乳製品摂取量に応じて 4 群に分類①84 g 以下，②85〜237 g，③238〜364 g，④365 g 以上	BMI，腹囲，全身の体脂肪率，脂肪量，除脂肪量，骨塩量，骨密度を DXA にて測定。内臓脂肪面積，皮下脂肪面積を CT にて測定。 収縮期血圧，拡張期血圧，各種コレステロール，TG，空腹時血糖。自転車エルゴメーターによる最大酸素摂取量。 乳酸閾値時の酸素摂取量。秤量法による 3 日間の牛乳・乳製品の摂取量	148 例のデータ解析。 牛乳・乳製品摂取は骨塩量，皮下脂肪面積，HDL-C，LT 時酸素摂取量の変化量と有意な相関関係。骨塩量の変化量は②群と④群との間に有意差。④群の減量効果と他の 3 群との間に有意差なし。 減量期間中の牛乳・乳製品の摂取は体重減少のしやすさに影響しない。減量による血清脂質指標の改善に影響しない。
H18-6	福岡大学運動部の男子 6 例，18〜20 歳，牛乳非常飲者	45 日間牛乳 1 L/日摂取	体脂肪，骨梁面積率，運動時血清グルコース，血清遊離脂肪酸，血中オステオカルシン，血清 BCAA，血中 CK	牛乳常飲者は体脂肪率が低く，骨梁面積率が高い傾向を示した。 牛乳摂取は体脂肪率および骨代謝に影響を及ぼす可能性が示唆された。
H19-4	健常成人 32（男性 18/女性 14）例 平均年齢 24 歳	単回負荷試験 ①牛乳，②低脂肪乳，③Ca 調整乳，④豆乳をそれぞれ 200 mL 摂取	身長，体重，ウエスト周囲径，血圧，アンケート（既往歴，家族歴，嗜好（喫煙，飲酒）），TC，TG，HDL-C，血糖，LPL，ApoB48，遊離脂肪酸，成長因子，活性型グレリン，PYY	TC，TG，HDL-C，血糖，活性型グレリン，PYY の経時的な変化は飲料間で認められなかった。血糖値も各飲料間で変化に差はなく，30 分でやや上昇するのみで飲用後の高血糖を来さなかった。グレリンは豆乳以外の群で摂取後に低下傾向であり，PYY は牛乳以外で低下傾向であった。ApoB48 は牛乳のみ負荷後高値を示し，その変化は低脂肪乳よりも有意に高値であった。 牛乳は食後高脂血症，高血糖を来さず，グレリン濃度を低下させており，摂食の減少に効果的である可能性が示唆された。一方，ApoB48 は牛乳のみ摂取後高値であり，乳製品の脂質含有量によって腸管由来の LP の合成分泌が促進される可能性が考えられた。

Ca：カルシウム，P：リン，Mg：マグネシウム，TG：トリグリセリド，HDL-C：HDL コレステロール，LT：乳酸閾値，BCAA：分岐鎖アミノ酸，CK：クレアチンキナーゼ，TC：総コレステロール，LPL：リポタンパクリパーゼ，PYY：ペプチド YY，LP：リポタンパク質

表 3-5　ヒトを対象とした牛乳・乳製品摂取と生活習慣病予防に関する委託研究報告（介入研究関連）

ID	対象，例数	検討方法	検査・評価方法	結果，結論
H19-9	BMI 18.5～20.0 の女子大学生	①牛乳摂取・低体脂肪群 15 例 ②牛乳摂取・高体脂肪群 14 例 ③牛乳摂取習慣のない対照群 10 例 ①と②群には牛乳 500 mL/日，6 ヵ月間摂取させた。開始時，3 ヵ月後，6 ヵ月後に身体計測，血液検査，生活・身体状況，心理状況・疲労および食事摂取状況について評価した。	健康状態の簡単なアンケート，身長，体重，体脂肪量，筋肉量，骨量，皮脂厚，骨密度，身体・生活状況に関するアンケート，心理状況・疲労に関するアンケート，一般血液検査，アディポサイトカイン，血清の抗酸化バランス，食事調査（エクセル栄養君 FFQg 調査票），毛髪の Ca 含量・Mg 含量	皮脂厚法で求めた高体脂肪群の体脂肪率は 6 ヵ月後に有意に低下した。 牛乳摂取による体脂肪制御の可能性が考えられる。
H21-3	食生活改善（減量）教室受講希望者 81 例 男性 36 例 （50.7±10.7 歳，BMI 27.3±3.0） 女性 45 例 （50.8±9.3 歳，BMI 28.6±3.4）	男性 1,680 kcal/日，女性 1,200 kcal/日，4 群点数法を用いたバランス食の指導。14 週間/期。週 1 回 90 分の講話と実習。Ⅰ期（5～8 月），Ⅱ期（9～12 月）。 4 群は男女それぞれ 10 週目の牛乳・乳製品摂取量中央値より多い群（男 10 例，女 15 例）と少ない群（男 11 例，女 14 例）。	食事調査（4，10 週目）：3 日間の自記式食事記録秤量法，五訂増補日本食品成分表を用いて総摂取エネルギー量，三大栄養素摂取量，牛乳・乳製品摂取量を算出。 身体活動推定：1 軸加速計，運動記録，METs 法。 身体測定，血圧，血糖値，炎症マーカー，アディポサイトカイン	データ解析対象 50（男性 21/女性 29）例 牛乳・乳製品摂取量が男女ともに期間中有意に増加。 牛乳摂取量の影響：血圧や血液検査項目では明らかな群間差なし。 牛乳・乳製品の適量摂取は減量の妨げにならない。減量による血圧や血液検査数値の改善効果に影響しない。
H22-11	健常女子学生 9 例，20.1±0.8 歳，非喫煙者	同一被験者で 1 日以上空けてクロスオーバー。前夜 21 時以降絶食，飲水可。翌朝 8 時身体測定，9 時試験食摂取。 【研究 1】 試験食：①市販ハム卵サンド 1 パック＋水 200 mL，②市販ハム卵サンド 1 パック＋水 200 mL＋ミニトマト 60 g，③市販ハム卵サンド 1 パック＋牛乳 200 mL＋ミニトマト 60 g 【研究 2】 試験食：④市販ハム卵サンド 1 パック＋牛乳 200 mL＋ミニトマト 60 g，⑤市販ハム卵サンド 1 パック＋野菜ジュース 200 mL＋ミニトマト 60 g	【研究 1】 血糖値（食直前，食後 15，30，45，60，90，120，150，180 分），AUC（1 食，炭水化物 20 g，100 kcal あたり），VAS による満腹感（食直前，食後 30，60，90，120，180 分）の AUC 【研究 2】 身体・体組成測定，自律神経活動（心電図 RR 間隔計測），呼吸商（RQ），エネルギー消費量（キャノピーを用いた呼気ガス測定；安静時および食後 60 分間），血糖値，VAS による満腹感，DIT；体重・分あたり，100 kcal あたり	【研究 1】 血糖値：1 食あたりでは AUC に群間差なし，糖質 20 g あたりの AUC（180）は試験食③がほかの 2 群より有意に低値，100 kcal あたり AUC（180）でも試験食③で有意に低値。満腹感：試験食③はほかの 2 群より有意に強い満腹感。試験食②は①に対して増強傾向。 【研究 2】 ④群の DIT は⑤群に比して高値。100 kcal あたりでは増加傾向。④群の RQ は⑤群に比して低値。食後の交感神経活動は④群が⑤群より高値，副交感神経活動は低値。④群の満腹感は⑤群に比して高値。④群の血糖値は⑤群より低値。補正血糖値も低値。 結論：日本人の一般的な食事＋牛乳は，血糖コントロール，エネルギー代謝の両面から有効性が証明され，肥満および糖尿病などの予防，改善に寄与しうる。

Ca：カルシウム，Mg：マグネシウム，AUC：曲線下面積，DIT：食後誘発性熱産生，VAS：ヴィジュアルアナログスケール

6. 牛乳・乳製品と生活習慣病—今後の課題

上西　一弘　女子栄養大学栄養生理学研究室

要　約

・牛乳 200 mL に含まれるコレステロール量は 25 mg にすぎず，コレステロールの目標量（成人男性 750 mg/日未満，成人女性 600 mg/日未満）を考えても，量的には牛乳のコレステロールは大きな問題にはならないと考えられる。
・過去の研究からは，健康な若年成人では 1 日 600 mL 程度までの牛乳飲用は血清コレステロールには影響しないと考えられる。
・日本人の生活習慣の変化と，血液成分の測定法の急速な発展を考えると，牛乳摂取と血清コレステロール，脂質代謝についての関係は再検討の必要がある。
・日本人を対象にした研究では，牛乳・乳製品摂取頻度が高い人のほうが血清トリグリセリドは低い値であったが，海外の報告では牛乳・乳製品摂取とトリグリセリドの関係はみられていないため，今後の検証が必要である。
・牛乳・乳製品摂取はカルシウムのみならず，良質のタンパク質の供給にもつながるため，ロコモティブシンドロームの予防，改善につながる可能性がある。

Keywords　コレステロール，脂質代謝，カルシウム，メタボリックシンドローム，ロコモティブシンドローム

1　牛乳とコレステロール

ここでは牛乳・乳製品摂取と生活習慣病の関係における今後の課題について考えてみたい。牛乳・乳製品の摂取，特に牛乳を多く飲用すると血清コレステロール（総コレステロール，あるいは LDL コレステロール）の値が上昇する可能性があるかどうかという問題は，古くから議論されてきたところである。牛乳のコレステロール含量は 100 g あたり 12 mg であり，1 本（200 mL）の飲用の際に摂取するコレステロール量は 25 mg に過ぎない。この量は鶏卵 1 個(コレステロール量約 200 mg)の 8 分の 1 の量である。ちなみに「日本人の食事摂取基準（2010 年版）」では，コレステロールの目標量は 1 日あたり成人男性 750 mg 未満，成人女性で 600 mg 未満である。したがって，量的には牛乳のコレステロールは大きな問題にはならないと考えられる。

J ミルクの過去の委託研究において，内藤らは健康な成人に 1 日 400〜1,000 mL の牛乳を 3 ヵ月間負荷し，血清総コレステロールの変動を観察している[1]。男女とも 400〜600 mL の牛乳を飲み続けて 4 週目あるいは 8 週目には，ややコレステロール値が上昇しているが，12 週目には，ほぼ元の値に低下している（図 1）。また，この時体重は変化していない。これらの研究結果からは，健康な若年

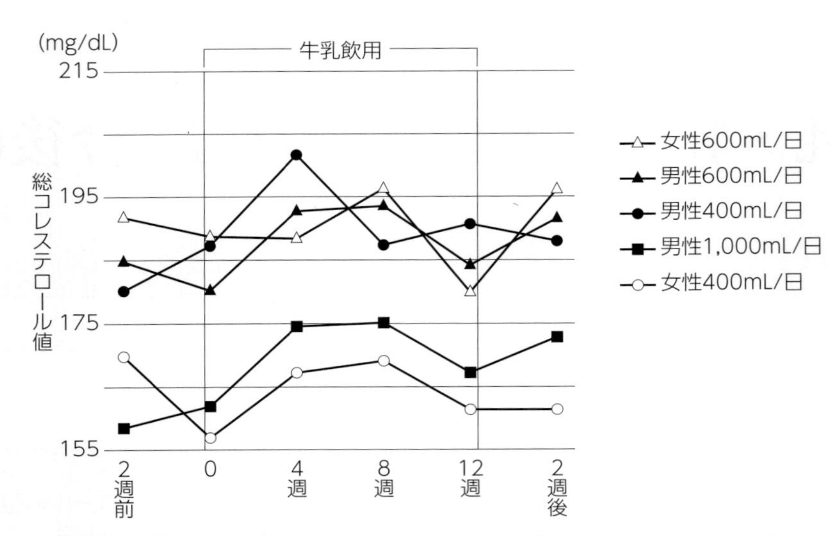

図１　牛乳飲用による血清総コレステロール値の変動（文献１より引用改変）
男性24人（21〜29歳）を牛乳１日摂取量400 mL，600 mL，1,000 mLの３群に，女性12人（21〜27歳）を牛乳摂取量１日400 mL，600 mLの２群に無作為に分けた。

成人では１日600 mL程度までの牛乳飲用は血清コレステロールには影響しないと考えられる。

しかし，内藤らの研究以降，日本人の食生活，身体活動レベルなど生活習慣も様変わりしている。また，コレステロールおよびリポタンパク質に対する新しい知見，それぞれの役割についての考え方なども変化してきている。さらにコレステロール，リポタンパク質の測定方法も急速に進歩してきている。したがって，牛乳摂取と血清コレステロール，さらには脂質代謝については再検討の必要があるといえる。

Ⅱ-2.（3）で紹介した，牛乳・乳製品摂取とメタボリックシンドロームの関係を検討した報告では，牛乳・乳製品摂取量が多いほうが，HDLコレステロールは高い値を示しており，コレステロール分画での検討が必須と考えられる。また，脂質異常の対象者や，閉経期および閉経以降の女性での検討も必要であろう（過去16年間の日本酪農乳業協会の委託研究をⅡ-5で紹介している。これらの中にはコレステロールについて検討したものも散見される）。

2　抗肥満効果のメカニズムの解明

牛乳，乳製品，さらにはカルシウムの摂取による抗肥満効果については，31のランダム化比較試験（RCT）あるいは比較対照代謝試験の結果，カルシウム摂取による有意な抗肥満効果がみられたものが16研究，有意ではないが効果がみられたものが６研究，影響なしが９研究で，観察研究，疫学研究では45研究（74%）で有意な抗肥満効果がみられたと報告されている[2]。しかし，そのメカニズムについてはいまだに解明されているわけではない。このメカニズムの解明も重要な課題といえるだろう。

さらには，より対象を広げて，メタボリックシンドロームおよびその関連項目について，牛乳摂取による効果のメカニズムの解明も課題である。Crichton GEらのシステマティックレビュー[3]では，2009年７月までに報告された13の報告のうち，７つの論文では，乳製品の摂取はメタボリックシンドロームの発症，有病率と負の関係があること，すなわち乳製品摂取の多い例のほうが，メタボリックシンドロームの有病率は低いという結果を示していた。そのほか，関係はないという論文が３つ，不明確な検討を行っていたものが３つという結果であった。これらの海外の報告では牛乳・乳製品摂取状況と血清トリグリセリドには関係はみられていない報告が多いが，日本人を対象とした私たちの報告では，牛乳・乳製品摂取頻度が高い人のほうが，血清トリグリセリドは低い値であった[4]。この効果の違いについても検証が必要であろう。

3 ロコモティブシンドローム予防の可能性

メタボリックシンドロームとともに重要なテーマはロコモティブシンドロームである。ロコモティブシンドロームは運動器症候群ともいわれ，骨や筋肉の障害や機能低下により要介護のリスクが高まった状態とされており，骨粗鬆症と変形性関節症に限った該当者数は4,700万人と推定されている[5)]。この人数はメタボリックシンドロームの推定該当者数2,100万人よりも多い数字である。牛乳・乳製品の摂取はカルシウムのみならず，良質のタンパク質の供給にもつながり，ロコモティブシンドロームの予防，あるいは改善にもつながっている可能性がある。骨粗鬆症はもちろん，変形性膝関節症などと牛乳・乳製品の摂取状況との関係を検討することも重要であろう。

以上に述べたように，牛乳・乳製品と多くの生活習慣病には関連があることがわかっている。しかし，食生活以外の生活習慣との関連や，そのメカニズムの解析は決して十分とはいえない。今後は，系統的な研究が必要と考えられる。

文献

1) 内藤周幸，鈴木正成：牛乳摂取の血清脂質に及ぼす影響についての用量反応試験．平成4年度牛乳栄養学術研究会委託研究報告書：1–8，1993
2) Heaney RP, Rafferty K：Preponderance of the evidence：an example from the issue of calcium intake and body composition. Nutr Rev 67：32–9, 2009
3) Crichton GE, et al.：Dairy consumption and metabolic syndrome：a systematic review of findings and methodological issues. Obesity Reviews 12：e190–e201, 2011
4) 上西一弘，ほか：牛乳・乳製品摂取とメタボリックシンドロームに関する横断的研究．日本栄養・食糧学会誌 63：151–9, 2010
5) 吉村典子：コホート研究からみたロコモティブシンドローム：大規模住民調査ROADより．臨床と研究 89：1478–81，2012

第Ⅲ章
健康の維持と睡眠，睡眠に対する食生活の影響

1. 睡眠とはどのような生命現象か

白川　修一郎　睡眠評価研究機構／国立精神・神経医療研究センター精神保健研究所

要　約

- 睡眠は動物（哺乳類）としての進化の過程で獲得した特徴と，人間としての進化の過程で獲得した特徴が，混在した生命現象である。
- 睡眠は脳幹に存在する神経性メカニズムと多くの物質が関与した液性メカニズムにより発現し，生体リズムの強い影響下にある。
- 睡眠は食と密接に関係している。
- 日本人の睡眠時間は世界的にみて不足しており，質は悪化している。
- 睡眠は身体健康と精神健康の維持に強い影響をもつ。

Keywords　睡眠発現機構，生体リズム，食行動，身体健康，精神健康

1　睡眠とは[1)]

睡眠は単なる静止状態ではない。また，単に覚醒できなくなった状態でもない。人間の睡眠は，複雑な過程が関係した生命現象であり，進化の過程で動物として獲得した形質と，人間が脳を特異的に発達させてきた過程で獲得した形質が混在した現象である。特に人間の脳においては，前頭連合野と頭頂連合野はニホンザル以下の動物種とくらべ特異な発達を示し，大脳皮質での占める割合が極めて高い。極論になるかもしれないが，前頭連合野と頭頂連合野の働きが，ヒトを動物種の中でも特異な存在である人間として定義づけているのである。ヒトが人間として生きることで酷使される前頭連合野と頭頂連合野の働きを十分に発揮させることができるように，人間は他の哺乳類と幾分異なる特異な睡眠を獲得してきた。さらに，体温調節機構も長時間の持続的な活動を可能とするように，特に進化してきた。このような進化の過程を経て，人間の睡眠は次のような特徴をもつようになった。

1.1　動物（哺乳類）としての進化の過程で獲得した特徴

a．エネルギー維持

睡眠とは，食料（餌）が確保できない時間帯にエネルギーをできるだけ使わない状態を維持するために，進化の途上で動物が獲得した生命現象である。そのため，睡眠は食と密接に関係している。

b．体温の低下

体がエネルギーをできるだけ使わないためには，体のエネルギー産生を低下させると効率的である。エネルギー産生は体温を下げると抑制することができ，睡眠では皮膚の表面から体熱を外に放散し体温を下げるメカニズムを作り出した。人間は眠くなった時に末梢動脈が拡張し，手のひらなどの四肢の外皮が暖かくなり深部の体熱を外部に放散する。また，睡眠の前半で多量に発汗し気化熱で体熱を放出する。それは，体温を積極的に下げようとする睡眠のメ

カニズムが働くためである。そのため，体熱を外に逃がしにくい環境（高温多湿の夏場など）や寒冷環境下で末梢動脈が収縮すると深部体温が下がらず，眠りに入り難い。

c. 筋肉の弛緩

体の中でエネルギーを最も使用する器官の一つは筋肉である。一方，動物は本来が動く物であるために，ほとんど動かない状態を目覚めたままで数時間も保つことは大変難しく，そのような状態は強いストレス（拘束ストレス）にもなる。長時間，動かない状態を保つためには，筋肉の緊張を積極的に低下（弛緩）させ，動けない状態を作ったほうが効果的であり，筋肉の疲労も解消されやすい。

d. 刺激に対する反応の鈍化

体が動かない状態にあると，敵に襲われた時に逃避や防御ができないので，捕食されやすい。一般に捕食動物は，動く物を見分けやすいように視力（動体視力）を発達させてきた。そこで，睡眠中に敵に見つかりにくいように，外部からの小さな刺激には脳や体が反応しない状態を動物は積極的に作ってきた。

e. 中途覚醒

一方で，野火などの大きな危険が迫るなど外部から一定以上の刺激があった時に，睡眠から目覚めることができないと，困った状態になる。睡眠の状態が質的に悪化すると，わずかな生体内外の刺激で中途覚醒がしばしば引き起こされて不眠が生じるのも，睡眠本来のこの特徴が原因である。

1.2 人間としての進化の過程で獲得した特徴

a. 大脳皮質を休息させる

睡眠は，脳内の睡眠発現メカニズムの働きで発生し調節されている現象で，個体の生理的な必要性により生じる現象である。睡眠発現のメカニズムは古い脳の部分（脳幹）に集中し，睡眠には脳の新しい部分（大脳皮質）を休息させ，働きを回復させるための役割がある。睡眠では，脳が休息することで覚醒のレベルが低下した状態となる。そのため，眠気が強い状態では脳が適切に働かなくなる。

b. 交感神経を休息させる

睡眠には，起きている時にしっかりと働いた交感神経（自律神経の一つ）を休息させる働きがある。睡眠中に交感神経が十分に休息しないと，自律神経の働きに失調が生じる（自律神経失調）。

c. 生体リズム現象間の同調が外れやすい

睡眠は生体リズムを駆動している脳の中にある時計（生体時計）に強く影響されて生じている現象である。生体時計は体内に多数存在し，時計遺伝子はほぼ全ての細胞に存在する。しかし，人間の成人ではマスタークロックの支配力が弱く，睡眠・覚醒リズムと他の生体リズム現象間の同調が外れやすいという特徴をもつ。

d. 成長ホルモンの分泌，記憶の定着

人間の睡眠にはノンレム（NREM）睡眠とレム（REM）睡眠が存在する。睡眠前半の深いノンレム睡眠で成長ホルモンが集中して分泌される。成長ホルモンは，タンパク質合成促進による細胞の損傷修復，脂質の代謝，筋肉・骨の成長と脳神経系の発達に大きく関係する。睡眠後半にはレム睡眠の出現が多くなり，明瞭な夢があり，記憶（特に手続き記憶）の定着と索引の作成，すなわち学習が促進される。また，ノンレム睡眠も陳述記憶（知識としての記憶）の定着と想起に重要な役割を果たしていることが，近年明らかになっている。

2 ノンレム睡眠とレム睡眠[2)]

人間の場合，ノンレム睡眠は眠りの深さにより段階1～4に分類される（最近の米国睡眠医学会の睡眠障害の検査法では，ノンレム睡眠の段階3，4をまとめてN3とし，段階1をN1，段階2をN2としている）。別に質的に異なる睡眠としてレム睡眠が存在している。脳波，眼球運動とオトガイ筋の筋電位を同時に記録することで，ノンレム睡眠の各段階とレム睡眠を分類することができる。

生理的に正常な状態での覚醒から睡眠へ切り替わりは，最初に浅いノンレム睡眠から始まり，ノンレム睡眠がしばらく続くとレム睡眠が出現する。ノンレム睡眠の始まりからレム睡眠の終わりまでを睡眠周期と呼ぶ。睡眠大徐波が数多く出現しているノンレム睡眠は段階3と4で徐波睡眠とも呼ばれ，この時期は大きな騒音や強い刺激を加えても目覚めさせることは困難である。レム睡眠は，脳波が一見浅いノンレム睡眠の脳波に似ているので，動物の場合，逆説睡眠（paradoxical sleep）と呼ばれることもある。睡眠周期は，一晩で3～5回観察され，健常な若年男子では70～110分の分布を示し，平均はほぼ90分である。

深い睡眠である徐波睡眠から無理に目覚めさせられた場合，眠気は最も強く目覚め感も最悪である。レム睡眠から目覚めさせられた時も眠気が強い場合が多く，さらに筋肉の脱力感や身体的違和感もあり，必ずしもスッキリと目覚められる訳ではない。レム睡眠の脳波はノンレム睡眠の段階 1 の脳波に似ており，脳の活動性が上昇しているようにみえるが，必ずしも浅い睡眠ではないのである。

睡眠の経過とノンレム睡眠とレム睡眠の出現量との関係も調べられている。深睡眠である徐波睡眠は睡眠の前半に多く出現し，レム睡眠の出現は朝方に多くなる。徐波睡眠は，入眠後の躯幹部の体温（深部体温）の下降時に多く出現し，この時には発汗も多いことが知られている。一方で，レム睡眠の出現は深部体温の最低点から上昇に転じる頃から増えて持続も長くなり，レム睡眠時にみられる急速眼球運動やツウィッチ（twitch）と呼ばれる指がピクピク動いたり顔の筋がピクピクする単一筋の攣縮（れんしゅく）も多く出現する。すなわち，深部体温の下降が徐波睡眠の出現を促し，上昇がレム睡眠を出やすくしているのである。

3　睡眠の神経性メカニズム[3)]

睡眠を発現させる神経メカニズムは，覚醒を発現し維持する神経メカニズムと密接に関係している。両者の相互的な抑制作用あるいは活動のバランスの結果として，睡眠や覚醒が起こってくると推定される。生理的な状態では，覚醒メカニズムの活動が相対的に優位になると覚醒が生じ，睡眠メカニズムの活動が優位になると睡眠が起こると考えられる。この考えは，十分な時間と質の良い睡眠を取ることができた夜の翌日は，眠気を感じずに気分良く活力ある意欲的な一日を過ごすことができるという体験からも支持されるであろう。脳内のメカニズムの解明と体験的な現象から，睡眠と覚醒は常に相互補完的な関係にある。

睡眠を発現させるノンレム睡眠とレム睡眠の神経メカニズムは，現在知られるところでは，その大部分が間脳・中脳・橋・延髄などの脳幹部に存在する。脳幹部には，生命維持に直接関係する循環器や呼吸器の上位中枢，自律神経と体温調節の中枢などが存在し，進化発達的には古い脳神経系である。この脳幹（旧脳）に，外環境からの複雑な刺激に適切に対応し，種として生き延びるうえで有利となるように，適応のために動物が進化させてきた新しい脳である大脳を効果的に休息させるための睡眠の中枢が存在している。

3.1　ノンレム睡眠

様々な脳の破壊実験や電気刺激実験から，ネコやラットではノンレム睡眠の神経メカニズムは視床下部前部の視索前野と，さらに前方の前脳基底部に存在することがわかった（前脳上部調節系）。視床内側部には深睡眠時に発現する睡眠徐波や，睡眠の半分近くを占めるノンレム睡眠の段階 2 を特徴付ける睡眠紡錘波を発生させるメカニズムが局在している。また，延髄網様体にもノンレム睡眠の発現に関与する神経メカニズム（縫線核群等）が存在する。

ノンレム睡眠の発現に関与している脳内神経伝達物質は，以前はセロトニンが有力視されていた。しかし，Jouvet が唱えた，脳幹部の縫線核を起始核とするセロトニンニューロン群がノンレム睡眠の主たる神経メカニズムであるとする説は，現在では否定されている。それは，縫線核のセロトニンニューロンが覚醒時に活動するニューロンであり，ノンレム睡眠時にはほとんど活動しないことが明らかにされたからである。セロトニンの役割としては，液性伝達メカニズムを通して前脳上部調節系にある睡眠発現に関与する物質メカニズムに働きかけている可能性が有力である。

最近の学説では，ノンレム睡眠に関連した神経伝達物質あるいは液性情報伝達物質としては，γ-アミノ酪酸（GABA）や，コリン作動性ニューロンの伝達活動をシナプスレベルで抑制するアデノシンなどが有力視されているが，まだ確定されたものはない。ノンレム睡眠のメカニズム，特に覚醒から睡眠への切り替え，すなわち入眠の生理的な状態での神経性メカニズムは現在でもまだ不明なままなのである。もちろん，睡眠から覚醒への切り替え，すなわち目覚めの神経性メカニズムは，ほとんど解明されていない。

3.2　レム睡眠

一方，レム睡眠の発現メカニズムに関しては，その動態の特異性や夢みとの関係から，多くの研究者が解明に関わってきた。動物脳の切断実験や破壊実験から，レム睡眠の中枢は橋・延髄の下位脳幹に存在することは，ほぼ確実である。レム睡眠時に特有の動きをみせる様々な生理現象，急速眼球運動の出現や筋の緊張抑制，呼吸・心拍の乱れなども，この部位にその中枢が存在する。脳波を観察すると覚醒状態に近い状態にあるにもかかわらず明らかに眠っているので，動物では逆説睡眠と呼ばれることもある。

酒井は，レム睡眠やレム睡眠中に出現する特異な生体現象が，2つのメカニズムで構成されていることを明らかにした[4]。積極的にレム睡眠の発現と維持を司っている実行系と，通常はその発現を抑制しているが，その抑制作用の解除によって発現を促進したり可能にしたりする許容系の2つである。このレム睡眠の発現に関連した神経メカニズムは，大部分が中脳の橋背内側被蓋野に存在する青斑核アルファ傍核などの青斑核複合体と延髄網様体諸核に分布している。これらの部位を破壊すると，筋緊張が消失しなかったり，レム睡眠特有の浅い睡眠に類似した脳波や，動物で観察される急速眼球運動に先立って主に後頭部に連続的に出現するスパイク様の脳波であるPGO波などのレム睡眠中の諸現象が一部現れなくなったり，完全に消失したりすることが確認されている。神経伝達物質としては，レム睡眠の実行系にはアセチルコリンやグルタミンが関係している。

3.3 睡眠中枢，覚醒中枢

脳幹部に睡眠の神経メカニズムの中枢が存在し，大脳皮質を脳幹部の脳が眠らせていることを述べてきた。このような睡眠の神経メカニズムの中枢を探索する1960年代，1970年代の研究では，主にネコを使って，脳の様々な部位にメスを入れて部位ごとの神経線維連絡を切り離し，大脳皮質の脳波にノンレム睡眠やレム睡眠（動物では逆説睡眠）がどのような様式で出現するかを検討していた。この分野の代表的な生理学者のMoruzziは，脳梁を切断した場合の睡眠脳波を報告している[5]。脳梁は左右大脳半球の内側面中央部にあり，哺乳動物以上の高等動物に存在し人間の脳で特によく発達している。脳梁は左右大脳半球を交連線維で連絡し，左右の脳が協調して働くために情報を交換している。驚くべきことに，脳梁を完全に切断したネコでは片方の大脳半球では眠っている脳波が記録され，他方の大脳半球では覚醒しているという不思議な現象がみられることを報告している。

この現象と類似の睡眠は海獣類でみられ，イルカやクジラなどの海獣類の一部では脳梁での左右大脳半球間の神経連絡がほとんどなく，左右の脳を独立して働かせることができることが知られている。自然環境では，イルカやクジラは右の脳を眠らせ，左の脳は目覚めた状態で泳ぎながら周りを警戒し水面に上がって呼吸するという，人間には不可能な眠りの取り方をしている。

これらの研究の結果は，睡眠の中枢は神経メカニズムが主要な役割を果たしており，かつ左右の脳にそれぞれ睡眠と覚醒の神経中枢が存在していることを示す。また，自然環境に適応する進化の過程で，睡眠の神経中枢のあり方や出現様式を，人間を含めた動物が形作ってきたことを現しているのであろう。

4 睡眠の液性メカニズム[6]

4.1 睡眠誘発物質

断眠後や睡眠中の動物の脳や体液中の抽出物を動物の体内や脳室内に注入すると，睡眠が誘発されることが古くから研究されてきた。このような物質を睡眠誘発物質と呼ぶ。なかでも，デルタ睡眠誘発ペプチド，ムラミルペプチド，酸化型グルタチオン，ウリジンなどはよく研究され，最近では，いくつかのペプチドホルモンやプロスタグランジン（PG）が注目されている。日本では，井上が中心となって研究が進められてきた酸化型グルタチオンの睡眠修飾作用や[7]，早石が発見して研究が行われてきたPGD_2の催眠効果と睡眠修飾作用[8]がよく知られている。

酸化型グルタチオンは，ラットでは休息期の明期に多く，活動期の暗期に減少し，脳内に感受性をもつ神経細胞が存在し睡眠調節に関係している内側視索前野や，生体リズムのマスタークロックのある視交叉上核（suprachiasmatic nucleus：SCN）に分布している。また，マイクロダイアリシス（実験動物を生かしたままの状態で，微小透析膜を用いて微量の神経伝達物質の測定を行ったり，神経細胞間に微量の神経作用物質を注入したりする方法）的に視床下部に注入すると興奮性の神経伝達物質であるグルタミンが減少して睡眠が増加することが判明している。井上らは，酸化型グルタチオンは興奮系であるグルタミン作動系に作用し，シナプスレベルで神経伝達を抑制し睡眠を誘発あるいは促進するとしている。さらに，酸化型グルタチオンは神経細胞の過活動で生じる神経毒を解毒する作用をもち，覚醒によって蓄積した神経毒を眠ることで酸化型グルタチオンが解毒し，神経細胞が壊死することを防御している可能性を指摘している。すなわち，ボルベリの2過程モデルにおける睡眠圧の蓄積過程に相当するプロセスSや睡眠中の脳の疲労回復機能が，睡眠の液性メカニズムに対応していると考えることもできる。

PGには主なサブタイプとしてPGD_2，PGE_2，$PGF_{2\alpha}$があり，前脳基底部の脳膜にPGD_2の受容体が存在する。受容体に結合したPGD_2の信号は，アデノシンにより腹側外側視索前野のアデノシンA_{2A}受容体に伝達される。腹側外側視索前野の神経細胞の発火が盛んになると，GABA作動性とガラニン作動性のニューロンを通して，視床下部後部にあり覚醒メカニズムの一つである乳頭結節（tuberomammillary nucleus）の神経活動が抑制され，ノンレム睡眠が誘発されると考えられる。

最近，オレキシン（orexin/hypocretin）と，レム睡眠の異常を主症状とするナルコレプシーとの関係が明らかにされてきている。ナルコレプシーを容易に起こすイヌで，オレキシン受容体（orexin-2/hypocretin-2 receptor, OXR2/hcrtr2）の遺伝子に突然変異が生じていること，代表的な覚醒剤でナルコレプシーの治療に用いられているモダフィニールが乳頭結節の神経活動を増加させること，一方で覚醒系の代表的な神経伝達物質であるヒスタミン作動性神経細胞が分布する乳頭結節には，オレキシン受容体の大量の分布がみられることも判明している。オレキシン含有細胞は，視床下部外側部に存在し，大脳皮質，大脳辺縁系，レム睡眠や覚醒と関連する青斑核や縫線核へ神経の終末を高密度に投射している。これらのことからも，オレキシンとその受容体が，覚醒維持とレム睡眠の調節や制御に何らかの重要な役割を果たしている可能性が高いと考えられる。睡眠の液性メカニズムは，睡眠のメカニズムの分子遺伝学的解明に最も近接した研究分野で，現代睡眠研究の中心課題の一つとなっている。

4.2　睡眠に関係する脳内物質

これまでに述べてきたように，睡眠と覚醒の液性メカニズムに関係する神経伝達物質やペプチドは多く，それらの働きを十分に理解することはなかなか困難である。そこで，現在までに知られていて，覚醒とノンレム睡眠，レム睡眠に関係があると推定されている脳内物質について，以下に示し，読者の理解の一助にしたい。

a. アセチルコリン（acetylcholine）

アセチルコリン神経細胞は，視床の調節を通して覚醒とレム睡眠時の脳波の脱同期化を引き起こす。また，レム睡眠やレム睡眠中に出現する特異な生体現象は，その発現と維持を積極的に司っている実行系と，通常はその発現を抑制しているがその抑制作用の解除によってレム睡眠の発現を促進したり可能にしたりする許容系から構成されている。レム睡眠の発現に関連した神経メカニズムは，大部分が橋背内側被蓋野に存在する青斑核アルファ傍核などの青斑核複合体と延髄網様体諸核に分布し，レム睡眠実行系にはアセチルコリンやグルタミンが関係すると推定される。

b. アデノシン（adenosine）

ATP（アデノシン三リン酸）が分解され産生されるアデノシンは，カフェインによる覚醒に対する拮抗作用を示すとともに，A_{2A}受容体を介して前脳基底部のPGD_2感受性部位を活性化させ，ノンレム睡眠を誘発すると報告されている。睡眠中枢の活性化，あるいは覚醒中枢への抑制がA_{2A}受容体を介して行われている可能性が指摘されている。

c. ドーパミン（dopamine）

ドーパミンシステムの機能不全（パーキンソン病など）が，しばしば睡眠の崩壊を引き起こす。また，睡眠中に生じる特有の神経疾患のむずむず脚症候群や周期性四肢運動障害では，ドーパミン・アゴニスト（神経受容体での作用を強める働きを示すもの）の作用をもつ薬剤が改善効果を示す。一方で，多くの覚醒剤は脳内でのドーパミン分泌の上昇を引き起こす。

d. ノルエピネフリン（norepinephrine）

青斑核に多く存在する興奮性の神経伝達物質。青斑核のノルエピネフリン神経細胞は，覚醒中に活動しノンレム睡眠では活動が低下する。一時はレム睡眠の発現との関連が推定されていたが，レム睡眠中は活動が静止した状態を示す。脳の皮質覚醒に強く関与するモノアミン系の神経伝達物質である。

e. セロトニン（serotonin）

延髄の青斑核を起始核とするモノアミン系神経細胞の神経伝達物質。覚醒中に活動が最も高くなり，ノンレム睡眠やレム睡眠では活動が低下する。覚醒中の注意（attention）機能を調節する神経伝達物質と考えられる。一方で，セロトニンの特異的な再取込みを阻害し，セロトニンの活性を上昇させる抗うつ剤のSSRIsは，レム睡眠やカタプレキシー（脱力発作）を減少させ，徐波睡眠を増加させることが報告されている。

f. ヒスタミン（histamine）

覚醒に関連する興奮性の伝達物質。炎症等により免疫細胞から分泌されることが知られている。また，視床下部腹側のGABA作動性神経により働きが抑制される。抗ヒスタミン剤によるヒスタミンH1受容体のブロックにより鎮静作用を示し，入眠を促進する。抗ヒスタミン剤は重篤な副作用がなく，耐性が生じやすくすぐに効き目が薄れやすいので，市販の睡眠改善薬として使われている。

g. オレキシン/ヒポクレチン（orexins/hypocretins）

分子量の小さなペプタイドで，脳や脊髄に広く投射している。ヒポクレチン・システムの機能不全によりカタレプシーを伴うナルコレプシーを引き起こすと推定されている。

h. グルタミン（glutamine）

主要な興奮性の神経伝達物質であり，延髄に起始核をもち，中脳網様体，視床，大脳皮質に神経線維を投射し，睡眠中の中途覚醒に関係する神経伝達物質と考えられる。

i. γ-アミノ酪酸（GABA：γ-aminobutyric acid）

人間の脳における最も代表的な抑制性神経伝達物質。近年のベンゾジアセピン系睡眠導入剤，非ベンゾジアゼピン系睡眠導入剤の大部分は，GABAA受容体の塩素チャンネルを介しての作用により入眠を引き起こす働きを示している。GABA自体は，人間においては脳血液関門を通過せず，脳内に取り込まれることはほとんどない。

j. グリシン（glycine）

脊髄における抑制性の主要な神経伝達物質。レム睡眠中に分泌が促進され脊髄の運動神経に過分極を生じさせ行動抑制（筋肉の緊張抑制）の働きを示す。

k. インターロイキンなど（interleukin）

インターロイキン-1（IL-1）は，視床下部と延髄縫線核のセロトニン神経細胞の受容体機能調節に関与し睡眠に関係するとされる。インターロイキン-6（IL-6）はノンレム睡眠を引き起こすこと，過度の日中の眠気を示す睡眠障害で増加することが報告されている。インターロイキンの合成には，小腸のインターニューロンが主に関与している。

l. メラトニン（melatonin）

松果体から分泌される性腺発達抑制ホルモンで，動物の発情期の発現に関与している。一方で，SCNに存在するサーカディアンリズムの発振メカニズムの強い支配を受け，睡眠とは無関係の著明な日内変動を示す。50ルクス以上の光により，光量（照度×時間）依存的に分泌が抑制される。SCNにメラトニン受容体が存在し，0.5 mg程度の外部からの投与によりサーカディアンリズムの位相（メラトニンであれば一定以上の分泌が開始される時刻をサーカディアンリズムが計時する時刻（circadian time：CT）の0時とし，そのCT0が生活時間のどの時刻に相当するか）を変位させる。サーカディアンリズムの位相の変位は，サーカディアンリズムの時刻に依存し位相反応曲線を示すが，光による位相反応曲線とは逆位相で，深部体温下降期の投与では位相の前進を，上昇期には後退を示す。分泌はサーカディアンリズムの時刻での深夜が最も高く，日中にはほとんど分泌されない。健常者であれば，血清中のメラトニン値は若年者で200 pM程度，高齢者で150 pM程度と報告されている。メラトニンには入眠を直接的に促進する働きはないが，覚醒系へ働きかけて沈静化を促し，入眠しやすい状態を作るとともに睡眠の安定性を促進する作用をもつことが最近報告されている。

5 生体リズムと睡眠[9)]

生体リズムは，ホメオスタシス（恒常性）と同様に，われわれ人間が地球環境の中で適切に生きていくための基本的な生命現象の一つである。生体リズムは，藍藻などの原核生物から高等な哺乳類まで共通してみられる現象であり，生命体の内部に発振機構を有し，生命現象の周期的変動に自律性をもつものを指す。すなわち，外界の環境変化が消失しても，周期的な生命現象変動を示す。

生体リズムはその周期によって分類され，20時間未満のものをウルトラディアンリズム（ultradian rhythm），20〜28時間のものをサーカディアンリズム（circadian rhythm），28時間を超える周期のものをインフラディアンリズム（infradian rhythm）と呼ぶ。ヒトのウルトラディアンリズムには，120分の眠気の変動リズム，REM-NREM睡眠周期，周期的な胃の収縮運動，高次神経機能ではほぼ90分周期の渦巻残効の持続時間の変動などがよく知られている。インフラディアンリズムの代表例は，冬眠や月経

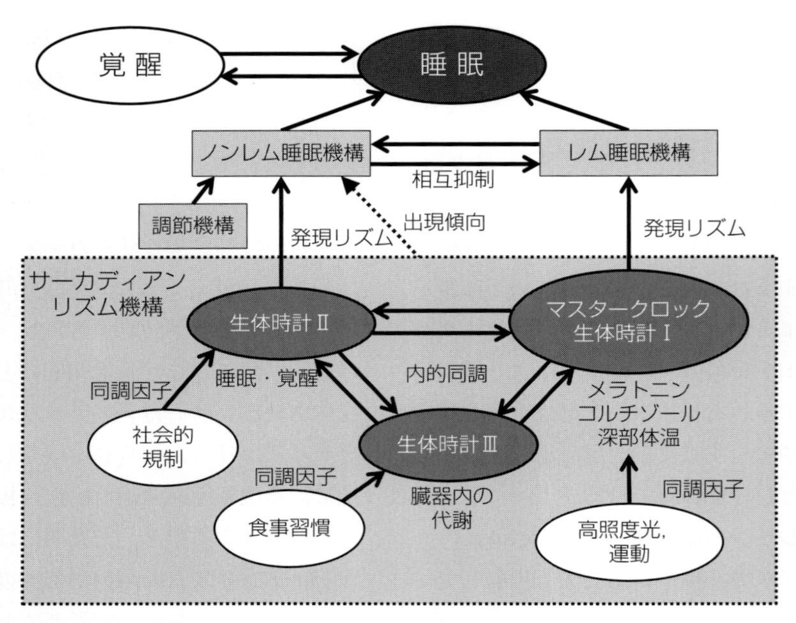

図１　サーカディアンリズムの時計機構モデル

睡眠にはノンレム睡眠とレム睡眠が存在し，その脳内メカニズムは異なっている。また，睡眠の発現に強く影響するサーカディアンリズムの発振機構（生体時計）も複数存在する。視床下部視交叉上核に存在し，明暗サイクルや運動サイクルを同調因子として深部体温やメラトニン分泌リズムを支配する生体時計が，人間ではマスタークロックである。局在部位は同定されていないが，睡眠・覚醒サイクルを同調因子としノンレム睡眠の発現を支配する生体時計，肝臓や小腸などの臓器に存在して食事習慣を同調因子とし糖質や脂質などの代謝リズムを支配する生体時計が知られている。睡眠はこれらの機構の協同した作用で発現し，その持続や質も左右されることが判明している。

周期などである。

生体リズムの中で最もよく研究されているものは，地球の自転周期への適応現象である約 24 時間の周期をもつサーカディアンリズム，すなわち概日リズムである。ヒトのサーカディアンリズムは，環境が変動せず一定の状態にあるような条件下では，およそ 25 時間の周期を示すことが知られている。したがって，われわれ人間は地球の自転に規定される 24 時間の昼夜の周期に適応するために，体内の約 25 時間のリズムを外界の 24 時間の周期に毎日同調させ生活していることになる。われわれのサーカディアンリズム現象のうち，最も観察しやすい現象は睡眠・覚醒リズムであり，体温や心拍数，血圧の自律神経系機能のリズムである。

図１にサーカディアンリズムの時計機構のモデルを示す。われわれの体内に存在し，サーカディアンリズムを発生させる生体時計の一つは，脳内の視床下部の SCN に存在すると考えられている。また，サーカディアンリズム現象の観察から，人間は２つのタイプの発振機構をもつと考えられている。第１のタイプは strong oscillator とも呼ばれている機構で，SCN のサーカディアンリズム発振現象と強くカップリングし，松果体からのメラトニン分泌リズム，副腎皮質のコルチゾール分泌リズム，深部体温リズムやレム睡眠の出現親和性リズムなどを支配している。第２のタイプは weak oscillator とも呼ばれている機構で，ノンレム睡眠の出現親和性リズム，成長ホルモン，プロラクチン分泌リズムや皮膚温のリズムを支配し，サーカディアンリズム現象とのカップリングが弱い時計機構と考えられている。肝臓や小腸に存在する代謝リズムを支配する生体時計も weak oscillator の一つである。これらの発振機構は，同調機構の働きにより環境周期への同調機能をもっており，サーカディアンリズムの大きな特徴の一つとなっている。サーカディアンリズムを環境周期に同調させる因子を同調因子と呼び，ヒトでは 2,500 ルクス以上の光曝露や食事のタイミング，社会的接触や運動などが知られている。

藍藻などの原核生物やゾウリムシなどの下等生物，両生類，鳥類，は虫類，哺乳類などの動物，アリやハチなどの昆虫の行動にはサーカディアンリズムが観察される。大多数の地球生命体の行動リズムは，餌やエネルギーを効率的に摂取し，餌やエネルギーを摂取しにくい時間帯には行動を抑制して極力エネルギーを消費させないために獲得された遺伝的形質である。巣に帰ってきたミツバチが，蜜のありかの方向を示すミツバチ・ダンスもサーカディアンリズムと太陽の位置で規定され，クマやリスの冬眠，鳥の渡りの時期の決定などは，インフラディアンリズムと食との関係がみられる典型例である。

6 食と睡眠および生体リズムとの関連

睡眠は食から得られるエネルギーを効率的に利用するために，進化の過程で獲得してきた生命現象である。また，摂食行動は睡眠と同様に生体リズムに支配される生命現象である。なお，活動・休止リズムは，生命の発現とともに出現した現象と考えられている。摂食は食欲により左右される行動だが，睡眠あるいは覚醒状態，外環境での餌の摂取可能性も食事行動（摂食行動）に強く影響を及ぼす。摂食行動は血糖値やエネルギー代謝の影響による空腹・満腹感（信号）により，触発あるいは抑制される。哺乳類では視床下部外側野（lateral hypothalamus：LH，空腹中枢）と視床下部腹内側核（ventromedial hypothalamus：VMH，満腹中枢）に神経中枢が存在するとされる。

摂食行動のタイミングや時間あたりの摂取量は，自由摂食の場合には明瞭なサーカディアンリズムを示す。また，食欲亢進ホルモンであるグレリン（ghrelin）は，絶食下でも習慣的食事時刻に対応し増減するサーカディアンリズムを示すことがヒトで報告されている。インスリン活性も朝食直後に高いサーカディアンリズムを示す。ラットなどの齧歯類では，活動期である暗期に摂食行動や飲水行動が集中する。特に，暗期の開始直後および終了直前にピークを示すことが判明している。摂食行動のサーカディアンリズムは，光を同調因子とするSCNによる支配が主なものだが，肝臓に存在する生体時計は摂食行動を同調因子としている。代謝のサーカディアンリズムも摂食行動が強い同調因子となっているのである。

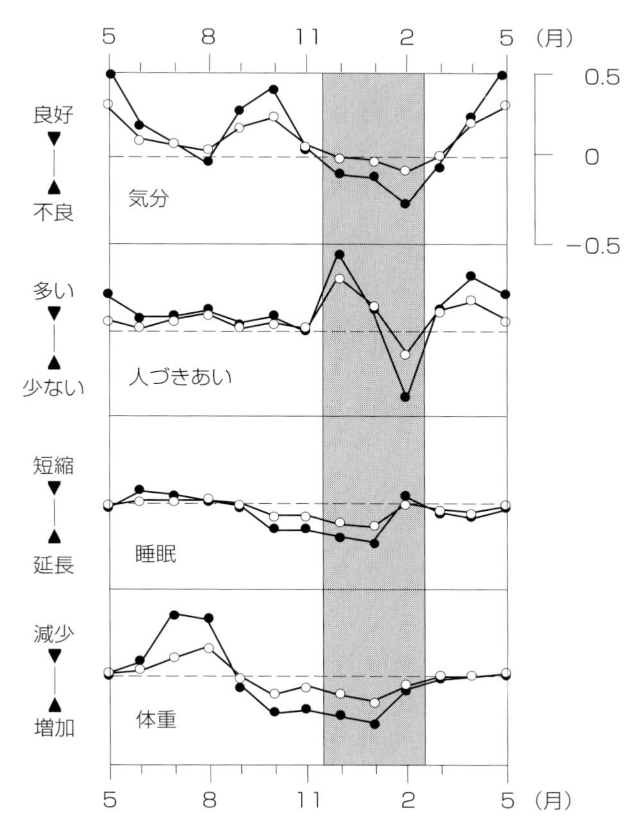

図2　気分，人づきあい，睡眠量，体重の季節性変動
黒丸は特に顕著な季節変動を示すグループ。

食事の摂取量と関係の深い体重には季節により変動のあることが知られている[10]。**図2**は，札幌，秋田，東京，鳥取の男女668人の，気分，人づきあい，睡眠量および体重の季節性変動を示す。これによると体重は春に減少して初秋から増加に転じ，冬期に最も増加する。特に顕著な季節変動を示すグループは日本人のほぼ13%に相当し，男性より女性に多いという特徴を持っている。これは季節性感情障害の冬型の臨床特徴にみられる，睡眠時間の延長，糖分や炭水化物に対する嗜好性の増大，食欲亢進，体重増加などの特徴と類似している。ヒトの消化管における糖質の消化・吸収にも季節変化が存在し，冬期に低下することが知られている。

一方で，野外での食事行動の四季の変動には，外環境での摂食の可能性も強く影響する。フィンランドコウモリの行動の年変動についての報告によると，夜行性であるコウモリは暖かい期間には夜間に摂食行動が集中するが，夜間に昆虫の活動が鈍る寒い時期には，明期にも摂食行動を示

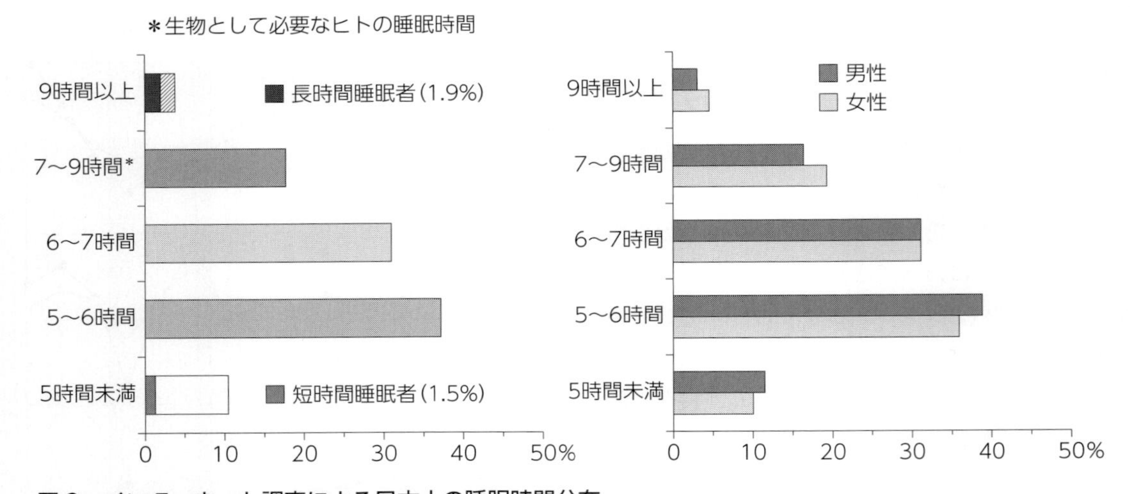

図３　インターネット調査による日本人の睡眠時間分布
調査人数２万4,231人（男性１万3,000人，女性１万1,231人），16～75歳。平日の睡眠時間について時間別に回答者の割合をヒストグラムで示した。左図は男女合計，右図は男女別。

す[11)]。摂食行動にも概年リズムが存在し，消化酵素活性にも季節性変動がみられるが，摂食行動は外環境の様々な要因に大きく左右され，概年リズムは修飾されているのである。

7　日本人の睡眠不足の現状

米国のNational Institutes of Health（NIH）や，米国睡眠医学会がサポートするNational Sleep Foundationの2006年の報告では，日中に清明な覚醒状態を保持するために必要な１日の睡眠時間は，1～3歳の幼児で12～14時間，3～5歳の学童前期で11～13時間，6～12歳の学童期で10～11時間で，学童期と重複するが11～17歳のティーンエイジャーで8.5～9.25時間であると報告されている。また，成人や高齢者でも7～9時間が必要とされる。さらに，Kripkeらの米国の100万人以上を対象とした疫学研究では，健康に被害のない睡眠時間は6.5～8時間未満であり，最適睡眠時間は7時間であることが報告されている[12)]。

現実の日本社会では，理想的な睡眠時間を確保することが難しいが，6歳を過ぎてからも睡眠量は１日10時間程度は必要で，この必要量は発達期から思春期前期まで大きな変化はない。小学生の場合，原則的に１日７時間以下の睡眠が続くと様々な脳機能への悪影響が現れ，５時間以下になると翌日にすぐに影響が生じると考えられる。

2006年春に東京都品川区の小・中学生の睡眠習慣を調査した筆者らの結果では，日常的に睡眠が２時間以上不足していると思われる，睡眠量１日８時間以下の小学生は，3，4年生で5%を超え，5年生で10%に達し，6年生では23%を超えていた。また，中学生では１日6.5時間以下の睡眠しか取っていない生徒は，１年生で3%以上，２年生で6%を超え，３年生ではほぼ14%であった。調査の時期は晩春で，受験の追い込み期や試験期ではなく，文部科学省の「早寝，早起き，朝ごはん」キャンペーンが行われている時期であった。多くの小・中学生が２時間以上の睡眠不足の状態で日常的に登校し，生活している実態が日本の子供達の睡眠の常態なのである[13)]。

さらに成人でも睡眠不足の状況にあることは子供と変わらない。筆者らが2004年に調査した，16～75歳の全国インターネットユーザー男女２万4,231人の平日の睡眠時間を**図３**に示す。現在の日本では，成人年齢の大多数の人がインターネットを使っているので，日本の社会や経済の主体をなす人たちと考えてよいであろう。これによると，日中に強い眠気を感じずに質の良い生活を送るため必要と考えられる7～9時間の睡眠時間を取っていた人は，20%を下回っている。現在の日本人は，5人に１人以下しか適切な睡眠時間を確保できていないことを示している。最も多いのは5時間台で，40%弱の日本人が平日には1～2時間不足した睡眠時間しか取れていないようである。5時間未満の睡眠時間で，ほぼ毎日過ごしている人も10%程度いる。

睡眠科学の分野では，日常的に5時間未満の睡眠しか取らず，それでも日中に強い眠気を感じず正常に日常生活を送れている人を短時間睡眠者（ショートスリーパー）と称す。しかし，日本人の10%が短時間睡眠者というわけではない。休日に長時間の睡眠を取って，平日に不足した睡眠負債を休日に返済している人が大多数である。休日も平日と変わらない程度の睡眠時間しか取っていない人は1.5%いるが，過去の多くの論文などから類推すると，本来の短時間睡眠者は全体の0.5%程度だと考えられる。残り1%の人は，極端に睡眠が不足している状態を平日も休日も続けざるを得ない状況にあるのかもしれない。

8 睡眠と身体健康

心の健康は脳の機能と密接に関係しているが，脳が健康であるためには身体の健康も重要である。睡眠は，心身を効果的に休息させることを目的に進化してきた生命現象であり，健全な睡眠は身体健康の基盤ともなっている。それは，睡眠が身体損傷の修復の働きをもち，免疫とも密接に関係しているからである。

世界保健機関（WHO）の国際共同研究で，不眠患者の50%が1年以内に睡眠障害以外で医療的治療にかかっていたことが1995年に報告されている[14]。睡眠障害は免疫機能を減弱させ，生体防御や生体維持機能を低下させ，健康全般に影響する。米国の2009年の報告[15]で，ライノウイルス（鼻風邪のウイルス）に曝露した後に，症状の発症率と睡眠の状態を22～55歳の男女153人で検討した実験では，睡眠効率（どれだけグッスリ眠れていたかの指標）が92%以下の質的低下を示す人は，98%以上の良好な睡眠状態を示す人に比べて症状発症のオッズ比が5.5以上にのぼることが判明している。新型インフルエンザの予防に，良好な睡眠が大切であることが，この実験からも示されている。

長期の不眠や睡眠時無呼吸などの睡眠関連呼吸障害は，高血圧，虚血性心疾患（突然死の原因の一つ）や脳血管性認知症の重大なリスク要因となっている[16]。国内の4,000人以上の4年間の追跡調査でも，入眠障害のある人は1.96，睡眠維持障害のある人は1.88のオッズ比で高血圧を発症しやすいという結果が報告されている[17]。日本の糖尿病患者の大多数を占める2型糖尿病の発症リスクも，2,600人以上の8年間の追跡調査で，入眠障害のある人はオッズ比で2.98，睡眠維持障害のある人は2.23と発症しやすいという結果であった[18]。

睡眠障害や睡眠不足は代謝系や食欲に影響し，生活習慣病の最重要要因である肥満の重大な原因の一つであることが，近年明らかとなっている。肥満と睡眠不足との関係については，本邦ではあまり知られていないので，少し詳しく記述する。1971～72年，1976～80年，1988～94年，1999～2000年，2001～02年，2003～04年の米国での肥満調査で，2～5歳，6～11歳，12～19歳の年齢層での体重超過児童の比率は，1971～72年には各年齢層とも5%内外であったが，2003～04年には2～5歳で15%弱，6～11歳，12～19歳では15%を大きく超えていた。原因として，これまでも報告されていた食事摂取量の増加，間食，身体活動量の減少に加え，日常的睡眠時間の短縮があげられた[19]。

成人の調査では，1971～75年に調査した32～59歳の男女9,588人の対象者について，1987年（8,073人）と1992年（6,981人）にBMIと睡眠時間との関係を，コロンビア大学の研究グループが疫学的に追跡調査している。その報告[20]では，7～9時間の睡眠時間の群に比べ4時間以下の群は肥満率が73%も高く，5時間睡眠群の肥満率は50%も高いことが判明している。

また，30～60歳の男女1,024人を対象としたスタンフォード大学医学部の疫学調査[21]で，8時間睡眠群と比べて5時間睡眠群では，血中グレリン（食欲亢進ホルモン）が14.9%増加し，血中レプチン（食欲抑制ホルモン）が15.5%減少することが報告されている。人為的にサーカディアンリズムを不均衡にした実験では，血中レプチンが17%減少し，インスリン分泌は増加したにもかかわらずグルコースが上昇した[22]。また，それぞれ3時間48分，6時間52分，8時間52分の睡眠を取らせた実験で，レプチンの連続血中濃度のピークは，睡眠時間が短いほど低下すること，成長ホルモンの分泌のピークは6時間52分の睡眠で最も高いことが報告されている[23]。さらに，2夜の4時間睡眠と10時間睡眠を取らせ，その後，日中のレプチン，グレリンの血中濃度と空腹感および食欲の推移を測定した実験では，4時間睡眠後の血中レプチンは低下してグレリンは上昇し，空腹感および食欲は増進していた[24]。なお，両条件とも空腹感および食欲は午後に高く，空腹感は測定終了の午後 9 時が最も高いレベルであった。

子供でも睡眠不足は同様の現象を引き起こす。14〜18 歳のサウジアラビアの少女 126 人を対象にした調査[25]で，1 日 5 時間未満睡眠の群の 1 日の総摂取エネルギーは 2,124 kcal であったのに対し，5〜7 時間睡眠群では 2,053 kcal であり，7 時間以上睡眠群では 1,929 kcal であった。主要栄養素摂取パターンにも差があり，摂取エネルギーの増量は炭水化物によるものであったと報告している。さらに，グレリンの血中濃度は，睡眠時間が短いほど高値を示していた。また，6〜12 歳の 304 人の 5 年後の追跡調査を行った研究では，睡眠時間 9 時間以上の子供と比べて 7.5 時間以下の子供では，肥満のオッズ比が 3.3 に高まることが報告されている。

子供の睡眠時間と肥満との関係について，1980〜2007 年の間に発表された論文についてメタ分析を行った報告[26]では，短時間の睡眠しか取っていない子供の肥満のオッズ比は，十分に睡眠を取っている子供に比べ 1.58 と高くなること，少年（2.50）のほうが少女（1.24）よりオッズ比が高いこと，10 歳以上（1.62）のほうが 10 歳未満（1.51）よりやや高いことが報告されている。

就寝時刻が遅く睡眠が不足している子供では，極度の眠気により食欲が抑制されること，朝食を取る時間がないことなどの理由で，朝食の欠食率が高いことも報告されている[27]。夕方以降に食欲が増進して食事パターンが変化し，夕食のエネルギー摂取量が増加傾向を示す。睡眠が不足すると日中の運動量は減少してエネルギー消費は低下し，糖質の代謝パターンもエネルギー蓄積方向にシフトする。これらの現象は，睡眠不足が食欲ホルモン分泌の増減や食欲・空腹感の増大に影響することに加え，食行動や代謝パターンの変化でも肥満が促進されることを示している。さらに，子供の不規則な睡眠習慣や睡眠不足は，食欲ホルモンのみならず，成長ホルモンの分泌にも影響することが報告されており，睡眠は子供の成長に大きく影響を及ぼす可能性のあることが明らかになってきている。

9　睡眠と心の健康

睡眠を 1 日 7〜8 時間取っていても，その睡眠が質的に悪化している場合には，睡眠による脳機能の回復の役割が十分に果たされていないことになるので，睡眠不足と同等の影響を脳に及ぼすことになる。大学生の睡眠時間について，南米，北米，欧州，アジアの国々 24 ヵ国の国際比較が 2006 年に報告されている[28]。日本の大学生の睡眠時間は，24 ヵ国中最短で，男子 6 時間 12 分，女子 6 時間 5 分であり，全ての国で 7 時間以上であった欧米諸国に比べて極端に不足している状況であった。また睡眠時間の不足に対応して，日本人学生は自己の健康感も悪化しており，24 ヵ国中最悪の状態であった。

睡眠が質的に悪化すると，心の健康に関係した様々な障害が生じやすいことが，男女事務系労働者 4,868 人の疫学調査から報告されている[29]。その危険率（オッズ比）は，病欠が 1.89，身体的不健康感が 4.28，精神的不健康感が 4.98，職業活動性低下が 2.35，人間関係悪化が 2.44，事故（加害者・被害者）率が 1.48 となっている。質的に悪化した睡眠状態を引き起こす主な原因（オッズ比 1.5 以上）は，独身者 1.61，中等度の精神的ストレス 2.52，重度の精神的ストレス 5.64，仕事に対する不満足度 1.62，寝室環境不良 1.60 であり，性別，高血圧，喫煙の影響は少なく，最終学歴，仕事のタイプ，カフェイン，アルコールの影響はみられない。改善要因としては，運動習慣が 0.81〜0.84，昼休みの習慣的仮眠が 0.66 とされている。この疫学調査でみられる障害の多くは，これまでの医学研究で報告されている睡眠不足による脳機能への悪影響が要因となって引き起こされている現象と類似のものである。

男女 4,722 人を対象とした日本人労働者の日中の眠気についての疫学調査では，過度の眠気を感じている人は，男性で 13.3%，女性で 7.2%にのぼっている[30]。多くの日本人労働者が，睡眠不足の状態で働いていることをこの調査は示している。

「うつ」や自殺と睡眠不足との関係も調べられている。睡眠不足が原因で，抑うつ症状が悪化してうつ病を発症し自殺に至るのか，あるいは抑うつ症状や自殺祈念が生じるような精神状態下で睡眠が悪化しやすい心身状態や生活環境が生じやすいのかは，現在のところ解明できていない。しかし，両者に関係があることは国内の疫学調査でも報告されている。Kaneitaは2万4,686人の調査で，6時間以下の睡眠時間の人では抑うつ傾向が高いことを報告している[31)]。国外の疫学調査では，日中に過度の眠気のある高齢者の「うつ」発症リスクのオッズ比は2.05であることが2011年に報告されている[32)]。これらの報告から，前述した眠気の疫学調査の結果で示された男性13.3%，女性7.2%の日本人労働者は「うつ」発症の危険性が高いと考えられる。

さらに，睡眠の状態とうつ症状の発生頻度についての2012年の疫学調査報告[33)]では，健常睡眠者の6.3%がうつ症状を呈するのに対し，機会性不眠の人は13.0%が，重度の機会性不眠の人では25.2%が，長期不眠に罹患している人では36.6%となっており，健常睡眠者の6倍近い人がうつ症状を発症していると報告されている。自殺者の半数は，うつを発症していたとのWHOの2012年の報告もあり，うつと自殺とには密接な関係があることが知られている。

1万5,597人の疫学的追跡調査で，睡眠維持が悪化している人の自殺危険率は，オッズ比で男性1.6，女性3.1と有意に上昇することが2005年に報告[34)]された。7万4,977人のノルウェー国民の追跡調査で，睡眠に問題をもつ人の自殺リスクのオッズ比は，たまに睡眠に問題が生じる人1.9，時々生じる人2.7，しょっちゅう生じる人は4.3と報告されている[35)]。このように，長期に渡る睡眠不足あるいは睡眠の質的悪化は，脳全体の機能として表出される精神機能へも極めて危険な影響を及ぼす可能性は高い。逆に，できるだけ良い状態の睡眠を確保できていれば，うつや自殺のリスクを激減させることができることを，これらの疫学調査報告は示している。

文　献

1）白川修一郎：睡眠改善学総論．基礎講座 睡眠改善学（日本睡眠改善協議会 編），pp.9–15，ゆまに書房，2010
2）白川修一郎：正常睡眠．睡眠学（日本睡眠学会 編），pp.25–30，朝倉書店，2009
3）Siegel JM：Sleep Mechanisms and Phylogeny. In：Principles and Practice of Sleep Medicine, 5th Edition（Kryger MH, Roth T, Dement WC ed.）, pp.76–138, Elsevier Saunders, 2010
4）Sakai K, Crochet S, Onoe H：Pontine structures and mechanisms involved in the generation of paradoxical（REM）sleep. Arch Ital Biol 139：93–107, 2001
5）Moruzzi G：The sleep–waking cycle. Ergeb Physiol 64：1–165, 1972
6）北浜邦夫：睡眠物質と神経メカニズム．脳と睡眠，pp.29–41，朝倉書店，2009
7）Inoué S, Honda K, Komoda Y：Sleep as neuronal detoxification and restitution. Behav Brain Res 69：91–6, 1995
8）Urade Y, Hayaishi O：Prostaglandin D_2 and sleep/wake regulation. Sleep Med Rev 15：411–8, 2011
9）福田一彦：睡眠と生体リズム．基礎講座 睡眠改善学（日本睡眠改善協議会 編），pp.33–51，ゆまに書房，2010
10）白川修一郎，ほか：日本人の季節による気分および行動の変化．精神保健研究 39：81–93，1993
11）Daan S：Adaptive strategies in behavior. In：Biological Rhythms. Handbook of Behavioral Neurobiology（Aschoff J, ed.）, pp.275–98, Plenum, 1981
12）Kripke DF, et al.：Mortality associated with sleep duration and insomnia. Arch Gen Psychiatry 59：131–136, 2002
13）白川修一郎：眠りで育つ子どもの力．東京書籍，2008
14）Mental Illness in General Health Care：an international study（Üstün T, Sartorius N, ed.）, John Wiley & Sons, 1995
15）Cohen S, et al.：Sleep habits and susceptibility to the common cold. Arch Intern Med 169：62–67, 2009
16）Wake up America：A National Sleep Alert, Vol. 2. Working Group Reports. Report of the National Commission on Sleep Disorders Research（Dement WC, chairman）, US Department Health and Human Service, 1994
17）Suka M, et al.：Persistent insomnia is a predictor of hypertension in Japanese male workers. J Occup Health 45：344–50, 2003
18）Kawakami N, et al.：Sleep disturbance and onset of type 2 diabetes. Diabetes Care 27：282–3, 2004
19）Van Cauter E, Knutson KL：Sleep and the epidemic of obesity in children and adults. Eur J Endocrinol 159：S59–S66, 2008
20）Gangwisch JE, et al.：Inadequate sleep as a risk factor for obesity：analyses of the NHANES I. Sleep 28：1289–96, 2005
21）Taheri S, et al.：Short sleep duration is associated with reduced leptin, elevated ghrelin, and increased body mass index. PLoS Med 1：e62, 2004
22）Scheera FAJL, et al.：Adverse metabolic and cardiovascular consequences of circadian misalignment. PNAS 106：4453–58, 2009
23）Spiegel K, et al.：Impact of sleep debt on metabolic and endocrine function. Lancet 354：1435–9, 1999
24）Spiegel K, et al.：Brief communication：Sleep curtailment in healthy young men is associated with decreased leptin levels, elevated ghrelin levels, and increased hunger and appetite. Ann Intern Med 141：846– 50, 2004
25）Al–Disi D, et al.：Subjective sleep duration and quality influence diet composition and circulating adipocytokines and ghrelin levels in teen–age girls. Endocr J 57：915–23, 2010
26）Chen X, et al.：Is sleep duration associated with childhood obesity? A systematic review and meta–analysis. Obesity（Silver

Spring）16：265-74, 2008
27）田中秀樹，ほか：思春期における心身の健康保全に係わる適正な睡眠確保の為の生活習慣についての検討．学校メンタルヘルス 3：57-62，2000
28）Steptoe A, et al.：Sleep duration and health in young adults. Arch Intern Med 166：1689-92, 2006
29）Doi Y, et al.：Impact and correlates of poor sleep quality in Japanese white-collar employees. Sleep 26：467-71, 2003
30）Doi Y, Minowa M：Gender differences in excessive daytime sleepiness among Japanese workers. Soc Sci 56：883-94, 2003
31）Kaneita Y, et al.：The relationship between depression and sleep disturbances：a Japanese nationwide general population survey. J Clin Psychiatry 67：196-203, 2006
32）Jaussent I, et al.：Insomnia and daytime sleepiness are risk factors for depressive symptoms in the elderly. Sleep 34：1103-10, 2011
33）Fernandez-Mendoza J, et al.：Clinical and polysomnographic predictors of the natural history of poor sleep in the general population. Sleep 35：689-97, 2012
34）Fujino Y, et al.：Prospective cohort study of stress, life satisfaction, self-rated health, insomnia, and suicide death in Japan. Suicide Life Threat Behav 35：227-37, 2005
35）Bjorngaard JH, et al.：Sleeping problems and suicide in 75,000 Norwegian adults：a 20 year follow-up of the HUNT I study. Sleep 34：1155-9, 2011

2. 睡眠の評価法

白川　修一郎　睡眠評価研究機構/国立精神・神経医療研究センター精神保健研究所

要　約

・睡眠状態を評価する方法で中心となっているのは，標準化された質問紙による評価法と，客観的な情報が得られやすい生理的評価法である。
・睡眠の心理的評価法として，睡眠健康調査票，睡眠日誌やOSA睡眠調査票による睡眠内省の連続測定などがある。
・睡眠の生理的評価法としては，睡眠ポリグラフィ（PSG）がゴールデンスタンダードである。
・睡眠の評価を行うにあたり，一晩で済むものは極めて少なく，長期にわたる実験計画を企画する必要のある場合が多い。
・睡眠の評価を行うにあたっては，睡眠科学の十分な知識に基づいて，目的に応じた最適な実験計画を策定し，適切な評価法を選定し，睡眠全般を見据える視点と緻密な観点をもって研究を遂行することが肝要である。

Keywords　睡眠ポリグラフィ，アクチグラフィ，サーカディアンリズム

はじめに

睡眠は複雑系の生命現象であり，その評価技術も目的により異なってくる。**表1**に示すように，目的や分野により睡眠の評価方法も異なる。例えば，非医療分野における睡眠の定常的状態の評価についても，次のような様々な方法がある。

心理的評価としては，睡眠健康調査票，睡眠日誌やOSA睡眠調査票による睡眠内省の連続測定などが知られている。睡眠の量的変化や規則性を客観的に評価する目的では，アクチグラフィ（actigraphy）が多用される。また，心電図のRR間隔変動周波数での睡眠中の交感神経活動と副交感神経活動による睡眠の質的評価も行われている。さらに，コストを度外視すれば睡眠評価のゴールデンスタンダードである睡眠ポリグラフィ（polysomnography：PSG）の長期連続記録による評価も可能である。

生体リズムの評価でも，被験者の生体リズム志向の評価には朝型・夜型質問紙（morningness/eveningness questionnaire：MEQ）が用いられ，数ヵ月にわたる睡眠覚醒リズムの規則性，位相や周期の評価には睡眠日誌（sleep log）が用いられる。睡眠覚醒リズムの客観的な評価には，アクチグラフィや深部体温記録が用いられることが多い。

また，生体リズムの一つであるサーカディアンリズム（概日リズム）の位相評価には，コンスタントルーチン条件（行動や測定環境を極度に統制した条件）での深部体温測定や血中あるいは唾液中のメラトニン分泌濃度の多点測定が用いられる。このように，目的により評価方法は大きく異なるとともに測定条件の統制法も異なる。一般に，睡眠や覚醒の状態を生理的あるいは心理的に評価する場合には，

表 1　睡眠の評価軸

A．非医療分野における睡眠の評価
①睡眠の定常的状態評価（長期の睡眠状態の評価）
②睡眠の変動的状態評価（一晩の睡眠状態の評価）
③睡眠の量的評価
④生体リズムの評価
⑤睡眠環境の評価
⑥睡眠習慣の評価
B．医療分野における睡眠の評価
①不眠症状の評価
②過眠症状の評価
③睡眠異常の評価
④覚醒異常の評価
⑤睡眠中の異常生理現象の評価
⑥睡眠中の異常内分泌現象の評価
⑦睡眠異常の遺伝子学的評価
⑧睡眠量不足の評価
⑨生体リズム異常の評価
⑩睡眠環境異常の評価
⑪不適切な睡眠習慣の評価
C．睡眠の評価技術
①心理的評価（患者の主訴やクライアントの睡眠満足感評価）
②生理的評価
③内分泌的評価
④生体リズム評価
D．睡眠の構造面からの評価
①入眠評価
②睡眠維持・安定性評価
③起床評価
④睡眠量の評価
⑤睡眠の規則性評価
⑥睡眠効果の覚醒機能からの評価

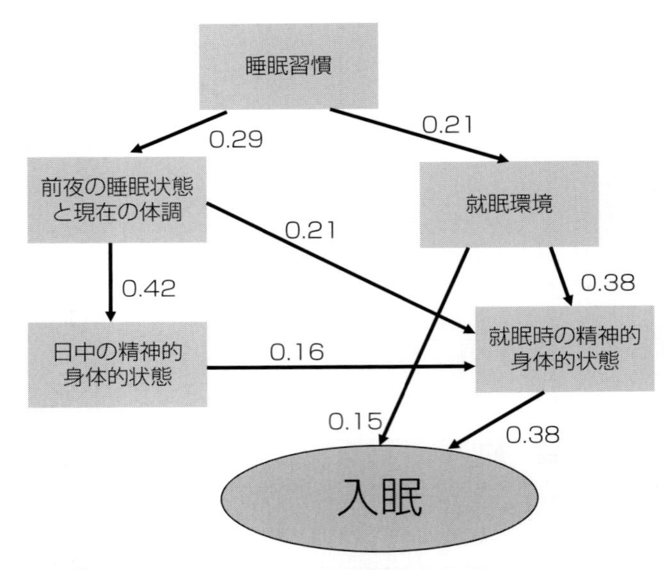

図 1　入眠に影響を及ぼす要因とその寄与率（文献 1 より引用改変）

数日から 1 週間の生活統制を行い，サーカディアンリズムの影響を極力排除して行われる。

構造面からの睡眠評価では，入眠をとってみても様々な要因が影響を及ぼしている。円滑な入眠や入眠感の満足度は，**図 1** に示すように就眠時の精神的・身体的状態により 38％が決められ，就眠環境の影響が 15％を占めるが，就眠時の精神的・身体的状態や就眠環境も睡眠習慣や前夜の睡眠状況，日中の精神的・身体的状態により左右される[1]。これらの要因を統制したうえで心理的・生理的評価を行わなければ，本質的な入眠の評価を行うことは困難である。

上記のように，直前の睡眠を含む先行する動態により強く影響を受ける覚醒状態およびその基幹をなす生体リズムを評価する方法は一様ではない。しかし，現実的にはクライアントのニーズや満足度を反映しやすい標準化された質問紙による評価法，評価レベルの違いにより用いられる測定法は異なるが，客観的な情報が得られやすい生理的評価法が睡眠状態を評価する方法の中心となっている。

1　全般的評価

1.1　睡眠障害症状の評価

睡眠状態の評価法の開発は，主に睡眠の異常，すなわち睡眠障害をスクリーニングし，検査する目的で発展してきた経緯をもつ。睡眠障害の状態全般や睡眠の質あるいは健康度を評価する目的で作成され，疫学や睡眠臨床現場で多用されている自記式質問紙として，ピッツバーグ睡眠質問票（Pittsburg sleep quality index：PSQI）[2]が存在する。PSQI は，1989 年に Buysse らにより発表され，その後各国言語に翻訳され，睡眠障害のスクリーニング用として広く世界中で使用されている。日本語版[3]は，土井らにより翻訳され国内での信頼性と妥当性について検証されて 1998 年に報告された。

原本の PSQI は，過去 1 ヵ月間の睡眠の状態についての臨床症状に対応した 19 項目の質問事項で構成されている。過去 1 ヵ月の睡眠習慣に関する 4 項目は，具体的に数値を記入する形式で答えさせる。睡眠における問題について，それぞれの原因について質問し，「なし」，「1 週間に 1 回未満」，「1 週間に 1～2 回」，「1 週間に 3 回以上」という頻度で選ばせる項目と，睡眠の質のように「非常に悪い」から「非常に良い」までの 4 選択肢の中から選ばせる形式となっている。得点化に用いられる 18 項目は，睡眠の質，入眠時間，睡眠時間，睡眠効率，睡眠困難，睡眠薬の使用，日中覚醒困難の7つの臨床症状に応じたカテゴリに分類され，各カテゴリは得点化される。7カテゴリの得点は加算され，その合計得点がPSQIの総合得点として算出され，この総合得点が主に評価に用いられる。

睡眠の質については，睡眠の質の全体評価1項目で，入眠時間については，30分以内に眠ることができなかったかどうか，過去1ヵ月の眠りにつくまでに要した時間で算出して得点化している。睡眠時間は，睡眠習慣についての項目中の就寝時刻と起床時刻から算出され得点化される。睡眠効率は，睡眠時間の項目の回答を上記の就寝～起床時刻で除したものとなっている。睡眠困難には，睡眠に問題を引き起こす原因となる9項目が用いられている。睡眠薬の使用は1項目であり，日中覚醒困難も2項目である。19項目目は，同居人がいるか否かの質問で，同居人がいる場合には同居人への質問が5項目続く。同居人への質問は，「いびき」，「呼吸停止」，「足のびくつき」，「ねぼけや混乱」，「その他のじっと眠っていない状態」の頻度についての項目となっているが，得点化には使用されていない。日本語版では，得点化に使用される18項目が翻訳され使用されている。

このようにPSQIは，各カテゴリ項目別に用いるには構成項目数が少ないカテゴリも多く，原則的に総合得点で評価するべき尺度である。カテゴリ項目は，症状評価後の補助的情報として使うことが望ましい。

PSQIの医学的信頼性は，米国の睡眠臨床現場で52例の健常人，54例の睡眠に問題をもつうつ患者と62例の睡眠障害患者で確認されている。総得点6点以上が睡眠障害ありと判定した場合の診断上の感度（sensitivity）は89.6%であり，特異性（specificity）は86.5%と高い診断力を示す。また，ドイツで行われたPSQIの妥当性の検討では，「精神障害の診断と統計の手引き」（DSM）Ⅳで原発性不眠と診断された患者80例に，PSQIと睡眠日誌および終夜PSGを施行したところ，PSQIの総合得点の再現性が0.87で，感度は98.7%，特異性は84.4%を示したことが報告されている。PSQIは，英語以外の言語に翻訳しても，不眠を主訴とする睡眠障害，うつ病あるいは抑うつや不安などによる不眠の診断に有効な評価尺度と考えられている。

一方で，日中の過度の眠気を主訴とする睡眠障害，睡眠時間帯が不規則な概日リズム睡眠障害，睡眠不足による訴

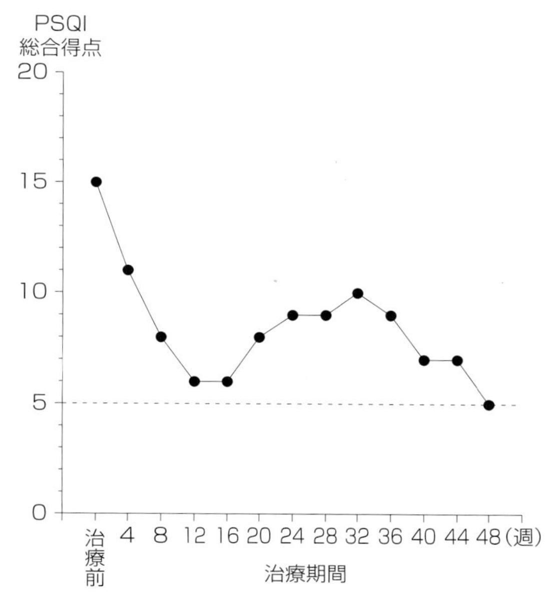

図2　ピッツバーグ睡眠質問票（PSQI）を用いた治療効果の評価

えなどには適当でないとされる。また，むずむず脚症候群（restless legs syndrome）などの特異な睡眠障害では，その病態を把握しきれない面をもつ。

PSQIは，不眠の臨床診断に有用な評価尺度であるが，不適切な睡眠習慣による特徴把握や得点化にやや弱点をもつこと，5点以下のいわゆる正常な睡眠状態と考えられる範囲での直線性に難のあることなどから，睡眠障害の予防や改善介入効果などの軽度の睡眠健康の変動の判定などには適していない。

PSQIの応用例として，ホルモン補充療法および睡眠導入剤服用で明瞭な治療効果の認められなかった不眠愁訴を伴う更年期障害患者の睡眠改善例を示す。補助的な治療として，交感神経活動亢進抑制作用と副交感神経活動賦活作用を有する香気成分であるセドロールを，夜間睡眠中に寝室で揮散させ，睡眠障害症状についてPSQIを用いて長期にわたり評価したものが**図2**である。この例では，セドロール夜間揮散前のPSQI総合得点は15点であり，睡眠障害症状を明瞭に示していた。セドロール夜間揮散12週後，16週後にはPSQI総合得点は6点に改善したが，その後7点から10点の間を上下し，48週後には正常な睡眠状態とされる5点にまで改善した。このように，PSQIは睡眠臨床において治療効果を判定し最適な治療法を探るうえでも有用な尺度で，症状を長期にわたり評価することが容易であ

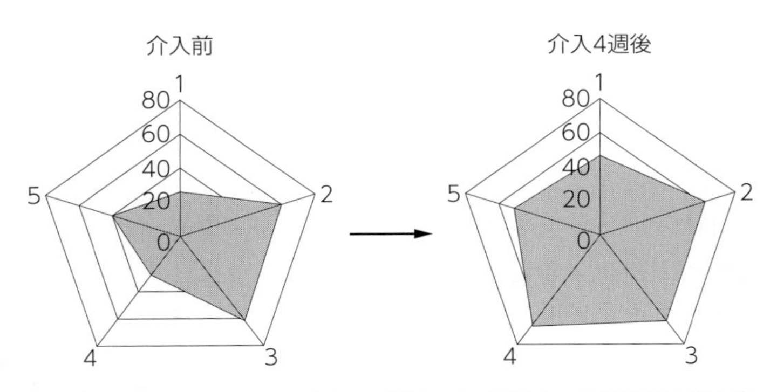

1：睡眠維持の健康度　2：睡眠の正常性　3：睡眠中の呼吸器系の健康度
4：目覚めの健康度　5：寝つきの健康度

図３　睡眠健康悪化高齢者に対する睡眠習慣改善介入の効果の睡眠健康調査票による評価例

り患者における負担も少ない。睡眠の状態評価を行う尺度の多くは，PSQI のような手続きを経て開発されている。

1.2　睡眠健康，就眠習慣の評価

高齢者の不眠予防を目的として，睡眠改善介入の効果評価尺度として睡眠健康調査票[4,5)]が開発され標準化されている。この尺度は 16 項目 6 因子（睡眠維持の健康度，睡眠の正常性，睡眠位相の健康度，睡眠中の呼吸器系の健康度，目覚めの健康度，寝つきの健康度）より構成され得点化されている。高齢者では，睡眠位相の健康度因子は使用されない。

高齢者に，認知・行動療法に基づく睡眠習慣改善介入を行った例を**図３**に示す。この例では，各５因子の睡眠健康度を標準化得点に変換し表示しており，50 点はこの年齢群での平均健康度であり，介入前は睡眠維持の健康度，目覚めの健康度，寝つきの健康度とも 1 SD 以上悪化しているが，介入 4 週後の評価では３因子ともほぼ改善しており，認知・行動療法に基づく睡眠習慣改善介入技法がこの例では効果的であったことが判定できる。このように，睡眠健康がやや悪化した高齢者の睡眠障害予防や睡眠改善の効果評価に有用な尺度である。

2　一晩の睡眠状態の心理的評価

PSQI は，過去１ヵ月の睡眠の状態を内省し記入する自記式質問票であり，短期間の睡眠の状態を評価するには適していない。入院患者を対象として，直前の 24 時間の睡眠の状態を把握するための尺度として St. Mary 病院睡眠質問票（SMH）[6)]が開発され，日本語版[7)]も作成されている。SMH は 14 項目で構成され，直前の睡眠における入眠困難や睡眠維持障害，睡眠の質を臨床的に把握するのに適している。また，高い再現性が保証されており，睡眠臨床において使いやすい尺度である。

日々変動する睡眠内省を把握するために本邦で標準化された尺度として，OSA 睡眠調査票第２版[8)]と MA 版[9)]が開発されている。OSA 睡眠調査票第２版は，就床前の調査と起床直後の 31 項目の睡眠感調査より構成され，眠気，睡眠維持，気がかり，全体的熟眠感，入眠の５因子に分類され得点化されている。選択肢は，両極６件法で精度は高く，信頼性，整合性，再現性も検証され保証されているが，記入に時間がかかり時間的制約の多い臨床現場ではやや不向きである。また，著作権の関係で，学術研究，医療研究，教育に使用が限定されている。この弱点を解消するために，両極４件法 16 項目で構成される OSA 睡眠調査票 MA 版が開発され，中高年・高齢者で標準化手続きがとられている。OSA 睡眠調査票 MA 版は，起床時眠気，入眠と睡眠維持，夢み，疲労回復，睡眠時間の５因子に分類され得点化し使用される。起床直後に記入させ，記入時間は数分程度であり，日々の睡眠内省を評価する目的で使用するのに有用である。

また，入眠困難に焦点をあて，入眠感の評価に特化し標準化された入眠感尺度[1)]も開発されている。入眠感尺度は単極４件法９項目で構成され起床時に記入する。睡眠の質

の評価に入眠が大きく影響する場合も多く，香気成分や認知・行動療法による入眠促進効果判定のように，高感度の入眠感尺度を必要とする評価に用いられている。

3 一晩の睡眠状態の生理的評価

3.1 測定環境

睡眠と環境は密接に関係しており，種々の要因で睡眠は変化する。検査結果の信頼性を高めるためには，防音設備（検査室内での騒音レベルは 30 dB 以下），電気的シールド，空調設備，測定室内の被験者と験者の会話のインターホン，および被験者の睡眠中の異常行動を観察するためのビデオカメラ装置とレコーダを備えることが望ましい。測定室内の温度・湿度は一定に保ち（温度 22～24℃，湿度 50％程度），睡眠中に大きな変動がないことが重要である。また，睡眠中の室内の照度は 3 ルクス以下で，真っ暗よりもわずかに明かりのあったほうが被験者は検査による不安を解消しやすい。ベッドはやわらかすぎて腰が沈むものは避け，十分寝返りができる程度のスペースと反発力のある硬さが，負荷の少ない睡眠を記録するためには必要である。無味乾燥な雰囲気の検査室は，心理的不安を与え被験者の入眠を妨害する。同様に，測定室のスペースも十分に確保し，心理的圧迫感を与えないような工夫が必要である。

第 1 夜の記録は，検査室環境への順応が不充分なため睡眠にゆがみが生じ（第 1 夜効果）[10]，第 2 夜にもその影響が残る場合が多い。被験者固有の睡眠，特に睡眠構造や内容の量的な検査を目的とする場合には，第 3 夜以降の記録を対象とすることが望ましいとされているが，実際には困難な場合も多い。検査当日は，昼寝・激しい運動・飲酒を禁止し，検査前数時間は入浴・カフェイン含有飲料および喫煙も制限する。また，中枢神経作用のある薬物の影響を除外した記録を取るときは，少なくとも 2 週間の休薬期間が必要となる。さらに，睡眠記録を取る時間帯も検査目的によって異なってくる。一般に，就眠許可から起床までの記録時間帯の決定は，検査日直前の 1，2 週間の睡眠日誌を参考として決めるのが望ましい。日によって変化する睡眠覚醒リズム障害のある場合は，24 時間記録が必要となることもあり，ナルコレプシーや睡眠時無呼吸症候群などの過眠性疾患では，昼間の 1，2 時間の睡眠記録が鑑別診断に役立つ場合もある。

3.2 睡眠ポリグラフィ（PSG）

脳波的睡眠段階の判定には，ポリグラフ計が最低必要となる。検査の目的によって後述するような種々の生体現象の追加記録が必要となり，ポリグラフ計のチャンネル数は多いものがよい。記録時間は通常 8 時間以上で，現在では大部分がディジタル記録され，日本睡眠学会の標準データフォーマットやヨーロッパ国際睡眠学会の標準データフォーマットが公開されている。

睡眠段階の判定には脳波，眼球運動，筋電位の同時記録が不可欠である。睡眠脳波の記録において睡眠段階の判定が主目的の場合は，Rechtschaffen & Kales の国際判定基準マニュアル[11]に基づき，10/20 法による C3−A2 または C4−A1 から記録する。安静覚醒閉眼時に中心部脳波に占める α 波の割合が 50％未満である被験者の場合や中途覚醒の多い患者の段階 1 と覚醒の判別などでは，後頭部脳波を参考にすることも多い。その場合には，O1−A2 または O2−A1 からの記録を同時に行うことが必要となる。

以上の記録を 10 秒，20 秒あるいは 30 秒ごとに，国際判定基準に従って判定・分類する。この国際判定基準は，視察判定を前提に作成されたため，幾分あいまいな判定基準を含んでおり，判定者によって睡眠段階の判定が異なる場合がある。これらの問題点を改善するための補足定義が日本睡眠学会コンピュータ委員会から報告されている[12]。各睡眠段階の代表的な記録と，睡眠構造の判定によく用いられる睡眠変数も報告書でまとめられている。睡眠障害の臨床検査においては，米国睡眠医学会（American Academy of Sleep Medicine：AASM）の判定基準を用いることが最近では多くなっている。

睡眠脳波は，年齢や状況，個人差により様々に変化し，睡眠段階の正確な判定には，適切な指導者のもとでの長期間，多数例の判定経験を必要とする。マニュアルや書籍からの知識のみでは正確な判定は困難であり，コンピュータによる自動判定も学術的には信頼性が低く認められていない。入眠過程に限っても判定はかなり難しい。

図 4 に入眠過程の PSG の変化を示す。上段は，覚醒からノンレム睡眠の浅・軽睡眠である段階 1，段階 2 に至る睡眠経過で，下段は入眠過程のそれぞれの状態での脳波等の特徴を示す。入眠過程は覚醒から睡眠への移行期にあた

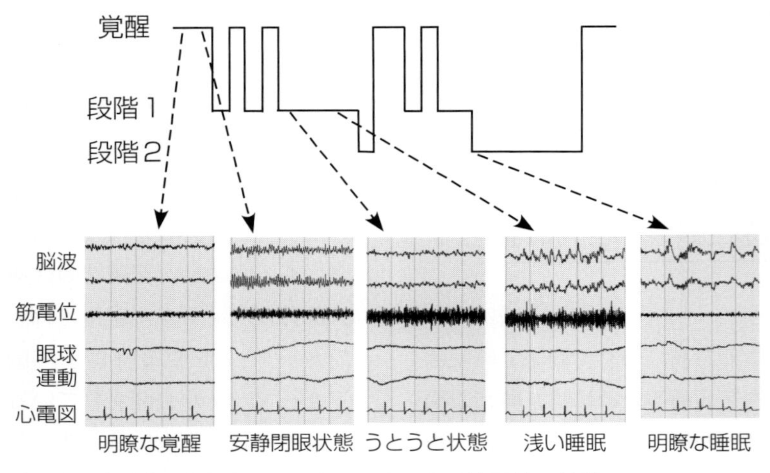

図４　入眠期の睡眠経過と脳波，眼球運動，筋電位の特徴

り，安定した状態変化ではない。明瞭な覚醒時には大脳皮質の各部位は独自に活動し，一定以上の神経細胞群が同期して発火することはない。脳波は神経細胞の電位変化の集合として現れ，そのため脳波は脱同期した状態，すなわち低振幅で様々な速い周波数成分をもつ波の集合であるβ波が主体となる。

目を閉じてあれこれ考えずにボーとした状態（安静閉眼状態）になると，大多数の成人では後頭部優位にα波が出現する。この段階では，まだ覚醒した状態である。睡眠の圧力が優位になり脳機能が低下してくると神経細胞群の発火の同期性が進み脳波は低周波（θ波）化するようになる。うとうとした状態がこの時期に相当する。さらに入眠過程が進行すると，体内外の刺激に対して同期した高振幅の脳波（頭頂部鋭波）が頭頂部を中心に出現するようになる。このような時の脳は心身のコントロールが困難な状態で，大脳皮質からの視床等に存在する感覚系の中継核に対する抑制も減弱しており，外部から強い刺激が入ると過剰な驚愕反応が出現することがある。完全に入眠したと見なされるのは，視床周辺核のGABA神経細胞群に起源をもつ睡眠紡錘波が出現する時期である。このように，入眠過程一つをとっても，判定にはかなりの経験が必要である。

3.3　その他の生体現象の記録

睡眠時無呼吸症候群などの睡眠中に呼吸障害を生じる患者が存在することなどにより，睡眠時の呼吸の状態を観察・記録することは重要な事項の一つである。呼吸の状態を把握するために，左右鼻孔部と口唇部に３つのサーミスタを固定し，呼気と吸気の温度変化によって換気曲線を記録する。これに加えて胸廓，腹壁にそれぞれストレンゲージを装着し呼吸運動を記録することにより，睡眠時無呼吸の有無，タイプが判定できる。閉塞型無呼吸の場合は換気停止中も呼吸運動を伴うが，中枢型無呼吸の際には換気の停止とともに胸郭，腹部の呼吸運動も停止する。混合型無呼吸の場合は，最初は中枢型で始まるが途中から閉塞型に移行する。このほか，マイクロフォンなどを用いて「いびき」を記録する。

また，パルスオキシメーターは，血液中の酸化・還元ヘモグロビンの吸光度の差を利用して動脈血の酸素飽和度（SaO_2）を経皮的に測定する装置で，これを指尖または耳朶に装着する。この装置により，非観血的かつ無侵襲にSaO_2を測定することができ，呼吸障害に伴う低酸素血症などの連続的モニターが容易に行える。SaO_2は，無呼吸のエピソードの間低下し，無呼吸の終わりに上昇する。しかしパルスオキシメーターによるSaO_2の検出では多少の遅れがでるため，PSG記録上は呼吸とSaO_2のパターンの間に解離が起きる。

睡眠中に下肢の不随意運動が繰り返し起こる周期性四肢運動障害（periodic limb movements：PLMs）や下肢のむずむずした不快感（異常知覚）や不随意運動のために入眠障害が起こるむずむず脚症候群などが疑われる場合は，両側下肢前脛骨筋の表面筋電位を記録する。PLMsでは，左右いずれかの下肢，あるいは同期して，持続0.5〜5秒の筋放電がおよそ20〜40秒の間隔で周期的に繰り返し出現し，覚醒反応を伴う。また，むずむず脚症候群では，一側

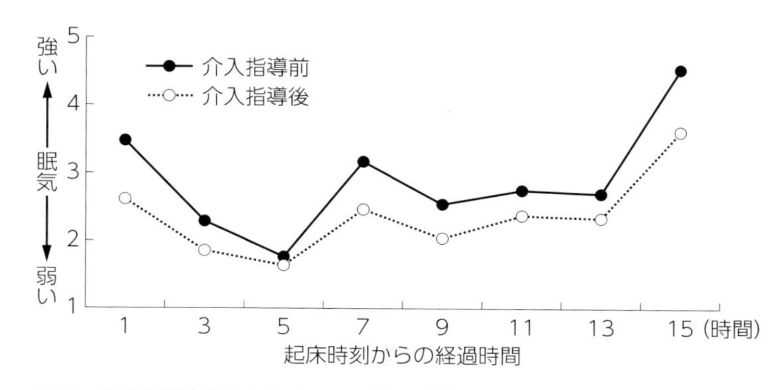

図 5　不眠高齢者を対象とした睡眠改善介入の日中の眠気の改善効果のスタンフォード眠気尺度（SSS）を用いた評価例

の下肢から他方の下肢へと交代制に変化する持続的な筋放電が出現する。

心電図は，睡眠中に起こる狭心症，不整脈などの心疾患が疑われる場合や，睡眠中の自律神経機能の解析を行う場合に記録する。導出法は双極導出で，左右上肢あるいは左右の鎖骨上に電極を装着する。得られた記録から，心拍数，R-R 間隔，R-R 間隔変動係数，R-R 間隔変動スペクトル解析[13]などを求め，自律神経機能を評価する。

4　日中の過度の眠気の心理尺度による評価

日中の過度の眠気を心理的側面から検査するために，いくつかの眠気の主観的評価法が開発されている。スタンフォード眠気尺度（Stanford sleepiness scale：SSS）[14]は，主観的な日中の眠気を捉えるための尺度で，「まどろんでいる，起きていられない，すぐに寝てしまいそうだ」という状態から「やる気があり，活発で，頭がさえていて，眠くない感じ」まで 7 段階に分かれており，被験者はその時の眠気の程度に従って選択する。

SSS を翻訳し，日本人に合わせ標準化した関西学院眠気尺度（Kwanseigakuin sleepiness scale：KwSS）[15]は，22 項目からなる多項目方式の眠気尺度であり，微妙な眠気の変化を測定する必要のある場合に有用である。**図 5** に，不眠高齢者を対象として睡眠改善介入を行い，SSS を用いて日中の心理的眠気を経時的（起床から 1 時間ごと）に測定した例を示す。睡眠改善介入後の高齢者の日中の眠気は全般的に低下しており QOL が改善されていることがわかる。

また，産業保健分野での使用を目的として開発された眠気尺度としてカロリンスカ眠気尺度（Karolinska sleepiness scale：KaSS）[16]があり，日本語版も作成されている。日本語版は，日本人で生理的眠気との整合性が確認されており[17]，「非常にはっきり目覚めている」から「とても眠い（眠気と戦っている）」までを 9 段階に分類したもので，現場でも使いやすい仕様となっている。

睡眠臨床で多用されているエプワース眠気尺度（Epworth sleepiness scale：ESS）[18]は，閉塞型睡眠時無呼吸症候群の日中の眠気をスクリーニングするために開発された尺度である。単極 4 件法 8 項目から構成され，日常生活に即した具体的な状況をイメージして回答する形式となっている。各項目はリッカート等間隔尺度で得点化（0～3 点）され，8 項目の得点を単純累計し総合得点とする。内的整合性と再現性が保証されており，11 点以上を過度の眠気ありと評価する場合に，感度と特異度が最も高くなるとされる。一方で，生理的眠気検査のゴールデンスタンダードとされる睡眠潜時反復テスト（multiple sleep latency test：MSLT）との妥当性の検討では，必ずしも一致する結果が得られていない。なお，ESS 日本語版（JESS）も開発されており，NPO 法人健康医療評価研究機構が，登録受理・配布に関する業務を独占的に行う機関として，版権者から認められている。商業目的，または政府機関で JESS を使用する場合は，使用登録の手続きが必要となる。

5　日中の過度の眠気の生理的評価

5.1　睡眠潜時反復テスト（MSLT）

MSLT は，過度の日中の眠気を引き起こすような疾患の診断および日中の眠気の評価をするために施行する検査である[19]。日中 2 時間毎に被験者・患者を入眠させ，その入眠潜時を調べることにより客観的な眠気を評価する。また，ナルコレプシーの場合には入眠時レム期（sleep onset REM period：SOREMP）が出現することも診断の助けとなる。

MSLT の実施に際しては，検査 1，2 週間前からの睡眠状態を睡眠日誌記録により把握し，検査条件を統一するために，検査前夜に被験者の睡眠スケジュールに合わせて PSG を施行する。睡眠に影響を与えるような薬物を服用している場合は最低 2 週間の断薬をし，検査当日は飲酒や喫煙を禁止する。検査は朝起床時より 1.5～3 時間後に第 1 回目の検査を行い，2 時間の間隔を開けて少なくとも 4 回の検査を行う。検査室は静かで暗く，室温調節できることが必要である。

PSG の記録は，C3−A2 または C4−A1 の脳波，眼球運動，おとがい筋電図に加え O1−A2 または O2−A1 の脳波，心電図の記録を同時に行う。いびきが認められるときには呼吸音と換気曲線，胸郭および腹部の呼吸運動を記録する。入眠潜時は，検査室の消灯時刻から検査終了基準までの時間，すなわち 30 秒を 1 区間として連続して 3 区間出現した睡眠段階 1 の最初の区間までの時間とする。日中の眠気を主に判定するとき，すなわち入眠潜時をみるときはこの時点で検査を終了する。

入眠潜時が 10～20 分（MSLT の終了まで睡眠が出現しない場合は，入眠潜時を 20 分とする）の場合は，正常と判定する。平均 5 分未満の場合は病的な日中の眠気（重度の眠気）と診断される。5～10 分の場合は，病的な眠気と正常とのボーダーラインの過度の眠気とされるが，10 分未満でも病的とする意見もあり，反復性過眠症や特発性過眠症また睡眠時無呼吸症候群などの診断基準では，MSLT で平均入眠潜時 10 分未満が病的な眠気とされている。またレム潜時は上述した睡眠開始点からレム睡眠の出現時点までの時間とされる。ナルコレプシーの検査などで，入眠時レム期が出現するか否かを主にみる場合は，入眠の時点から 15 分経過するまで検査を続ける。ナルコレプシーにおける MSLT の特徴としては，入眠潜時が 5 分未満，入眠時レム期が 4 回の検査中 2 回以上出現することなどがあげられる。しかしこれらは必ずしもナルコレプシーに特異的というわけではなく，入眠時レム期は夜間睡眠が分断される睡眠時無呼吸症候群などでも出現する場合がある。

5.2　α 波減弱テスト（AAT）

生理的眠気を測定するために開発された MSLT は，仰臥位での測定や入眠潜時を判定するために，短時間ではあるがノンレム睡眠の段階 1 の出現を観察する必要のあること，測定時間も最低 20 分間を必要とするなど，労働衛生現場実験や睡眠科学研究の場において困難な場合も多い。α 波減弱テスト（alpha attenuation test：AAT）は，上記の問題を解決するために考案された手法で，自然な座位の状態で，生理的な眠気を測定できる点に特徴がある[20]。AAT は，O1−A2 あるいは O2−A1 から導出される脳波中の α 帯域（8～12 Hz）について FFT による周波数パワ値を求め，閉眼時と開眼時の比を算出する手法である。原法では，閉眼，開眼それぞれ 2 分間の記録を 3 回繰り返し（計 12 分間），FFT の平均パワ値を算出する。閉眼時と開眼時とのパワ値の比が高い時には，覚醒レベルは高いと判定される。MSLT により測定された入眠潜時の変動や作業能力との相関，ナルコレプシー患者と健常人との差異も調べられているが，MSLT に比べて精度や再現性がやや低い。

5.3　覚醒維持検査（MWT）

覚醒維持検査（maintenance of wakefulness test：MWT）は，生理的眠気を覚醒維持の観点から測定するために開発された検査法である[21]。2005 年に Standards of Practice Committee of the American Academy of Sleep Medicine により患者を対象とした場合の検査手順のガイドラインが提案されている[22]。検査手順は MSLT とほぼ同様に，被験者の習慣的起床時刻から 1.5～3 時間後より開始し，2 時間ごとに 4 回の検査を行う。1 回の検査時間は 40 分を限度とし，被験者には静かに座ってできる限り長く目覚めていること，前方を見て明かりを直接見ないようにし，顔をたたいたり歌ったりなどの覚醒するための異常な対策を行わないように指示されるなどの点が，MSLT とは異なる。MSLT と同様に，30 秒ごとの判定区間中で睡眠と判定される部

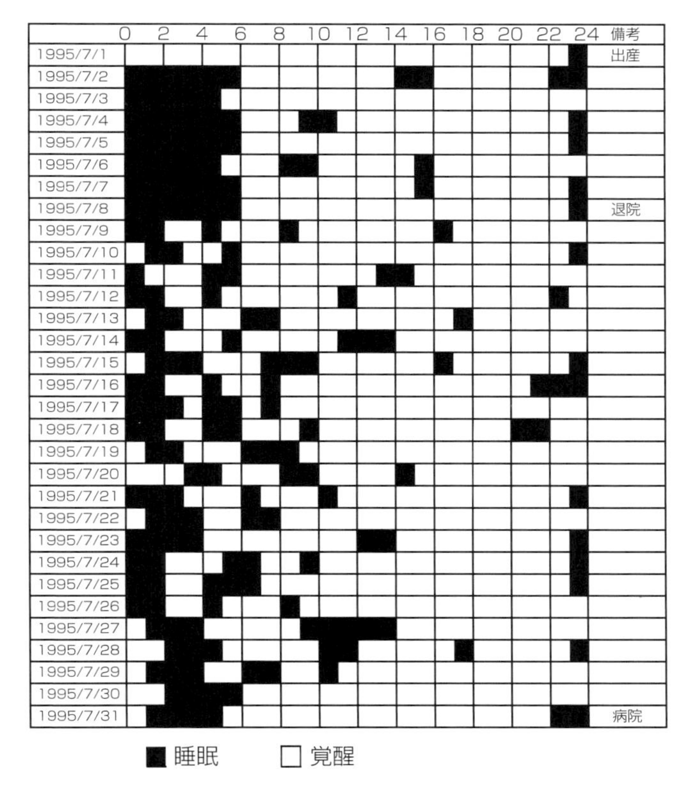

図 6　初産婦の出産後の睡眠覚醒スケジュールの睡眠日誌による評価例

分の累積時間が 15 秒を超えた判定区間を入眠とし，消灯から入眠までの潜時を入眠潜時とする。

6　睡眠覚醒リズムの評価

生体リズム，なかでも約 24 時間の周期を示すサーカディアンリズム（概日リズム）は，睡眠の基盤となっている。交代勤務による睡眠不足や睡眠の質的低下，サーカディアンリズムの非正常化などの評価では，長期にわたる睡眠の記録が要求される。

6.1　睡眠日誌（sleep log，sleep diary）

数ヵ月，数年にわたる長期間の睡眠・覚醒スケジュールを的確に把握するための簡便な方法である[23]。被験者自身あるいは家族，看護者により記録する。交代勤務などによる概日リズム睡眠障害や認知症高齢者の睡眠覚醒スケジュール障害の診断および治療効果の判定には必須である。睡眠は本能的現象であり，日常的現象でもあるので，睡眠日誌により日々の記録を取っていない場合には，しばしば数日前の睡眠現象でも想起できないことがある。概日リズム睡眠障害の診断では，睡眠相後退症候群では 2 週間以上の，非 24 時間睡眠覚醒症候群では 6 週間以上の睡眠日誌による睡眠位相の観察が，診断上最小限必要とされている。

不規則型睡眠覚醒パターンの診断では，睡眠エピソードの分断性が重要な診断基準となっており，単なる入眠・起床時刻の記載のみでは条件を満足せず，睡眠日誌の記載が必要とされる。睡眠日誌の解析には，睡眠エピソードの分断回数，24 時間の平均睡眠時間，入眠・起床時刻の平均と変動および位相，カイ二乗ペリオドグラムなどによる睡眠覚醒スケジュールの周期解析などが用いられる。**図 6** に，初産婦の出産後の睡眠覚醒スケジュールの睡眠日誌による評価例を，サンプルとして示す。出産して退院した後の自宅での睡眠が新生児の育児のために分断され，睡眠時間が日々極端に不足していることが観察できる。また，検査室での PSG 記録の開始・終了時刻を決定する場合にも，睡眠日誌を使用し，PSG を行う前に 1 週間程度記録させる。被

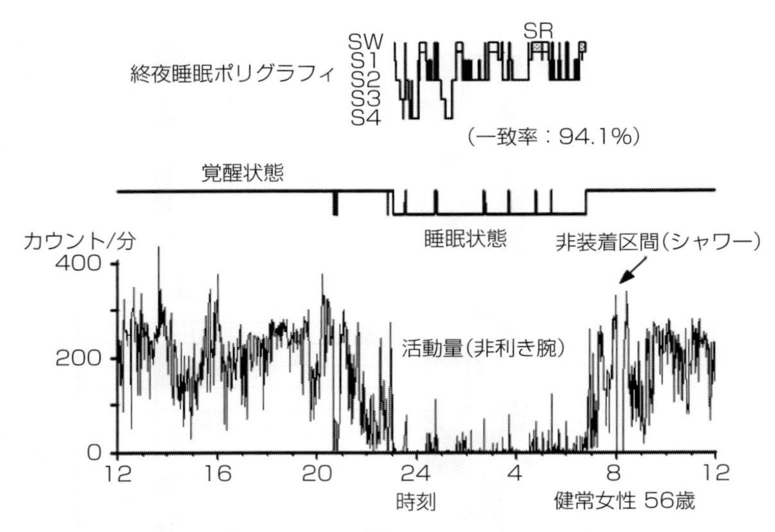

図7　アクチグラフで測定した連続活動量からの睡眠・覚醒の判別結果と終夜睡眠ポリグラフィとの比較例（睡眠と覚醒は Cole らの報告に準じて推定）

験者の睡眠覚醒スケジュールに従った時間帯に検査を行うことで，被験者の生体リズムの影響を排除した検査を行うことができる。

6.2　朝型・夜型尺度

Horne と Ostberg[24]の朝型・夜型質問紙（MEQ）を基に項目の修正と追加を行い，日本人の反応を基に標準化された生体リズムのタイプを測定する朝型・夜型尺度[25]が作成されている。朝型・夜型尺度の検査は，生活スタイルのリズム志向を検討するのに有効で，概日リズム睡眠障害の診断においても有用な情報を与える。

7　睡眠の客観的長期評価

睡眠の長期評価が求められる機会が近年増えてきている。そのために開発された測定法にアクチグラフィがある。連続活動量の計測による睡眠・覚醒状態の測定と判別は，ここ10年で国際的にほぼ定着した。脳波，眼球運動，筋電位の同時記録による PSG が睡眠測定のゴールデンスタンダードであることに変わりはないが，PSG にも弱点が数多く存在する。その弱点の一つを解消するための手段として活動量の連続記録による睡眠・覚醒状態の判別（アクチグラフィ，アクチメトリ：actimetry）が用いられている。ヒトを対象とした PSG では，覚醒，ノンレム睡眠段階1～4，レム睡眠，運動時間（MT）に分類され，睡眠時間や各睡眠段階の出現の量やパターンを詳細に判定することができる。しかし一方で，高齢者や児童における記録で顕著にみられるように，実験室や検査室での記録と自宅での自然睡眠とで差異が認められる場合の多いこと，被験者や検者への負担が大きく，長期にわたる連続記録が困難なことなどの弱点ももつ。睡眠を質的・量的に評価する場合，数夜のみの短期の記録では困難なことも多く，測定コストも極めて高くつく。また，覚醒機能が減弱している高齢者の場合には，夜間睡眠だけの記録では睡眠の特徴を把握することはできず，24時間にわたる睡眠の評価が重要となる。

ヒトの睡眠研究で現在用いられている活動量測定用機器には多くの種類が存在し，これらの機器を用いた研究報告も国際誌に限っても数百編にのぼる。文献中での使用の最も多い活動量測定用機器は，A. M. I. のアクチグラフ（actigraph）で，多種類販売されているが，基本的には同一の測定方式である。1978年の Kripke らの報告以来多くの睡眠研究論文で使用され，多くは細かい作業等によるアーチファクトの混入を避けて非利き手の手首（Wrist Actigram）に装着して用いられている。活動量の連続記録から Cole ら[26]の基準や Sadeh ら[27]の基準を用い，睡眠と覚醒を推定させ入眠時刻や起床時刻を算出し，対象者の長期間にわた

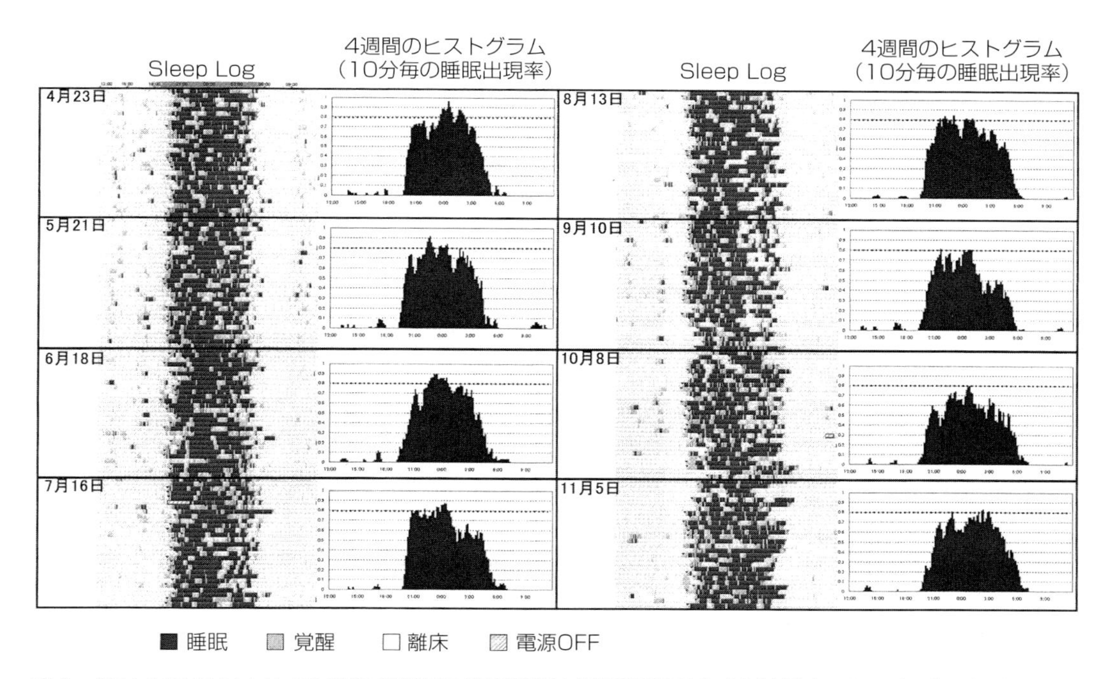

図8　眠りSCANによる32週間の睡眠の連続記録と睡眠出現率の24時間内のヒストグラム（パラマウントベッド提供）

る睡眠スケジュールを客観的に評価することができる。Sonia Ancoli-Israelの総説[28]では，アクチグラフとPSGでの睡眠と覚醒の判別の一致率は，健常成人では0.89～0.98，臨床における睡眠障害の患者では0.78～0.88，乳児あるいは小児では0.90～0.95とされている。図7に，筆者らが測定した56歳の健常女性のアクチグラフ記録とPSGによる睡眠段階経過を示す。この例での一致率は，0.94と非常に高く，睡眠区間や中途覚醒を判別するのに十分に信頼できる測定法であることが理解できる。

最近，非装着型のマットレス（敷き寝具）下設置型アクチグラフ機器も開発されている。非利き腕に装着する従来の活動量連続測定装置は，長期にわたり連続して睡眠を測定する場合，高齢者や小児では被験者の負担が大きいことが問題となる。非装着型のマットレス（敷き寝具）下設置型アクチグラフ機器を使用することにより，ベッド上で被験者が眠っている時しか測定できないという限界はあるが，被験者に負担を全く与えずに，連続活動量を測定することにより睡眠・覚醒を長期に測定することが可能となってきた（図8）。被験者と検者に全く負担が生じないので，32週間（224日間）の睡眠の連続測定が可能となっている[29]。このように，長期間にわたって夜間の主睡眠と昼間のベッドの使用を観察できることで，被験者の睡眠の状態を的確に把握でき，睡眠を改善するための具体的な介入手法を検討することが可能となっている。

8　睡眠評価の実験計画

睡眠の評価を行うにあたり，一晩で済むものは極めて少ない。睡眠は日々変動し日中の状態や前夜の睡眠，睡眠をとりまく環境などにより大きな影響を受ける生命現象である。睡眠の評価を行うにあたっては，長期にわたる実験計画を企画する必要のある場合が多い。一方で，対象が女性の場合は，月経周期や妊娠，閉経などにより生物学的な影響を強く受ける。さらに，温度や日長・日照時間などによる影響で季節性の変動も示す。

図9に光による起床感の改善策の評価実験の一例を示す。この実験計画は，睡眠への初期および短期的な効果を評価することを目的として企画されたものであり，目覚まし条件はクロスオーバー・カウンターバランスとし，順序効果を排除している。また，測定目的が異なる心理尺度と生理指標を多数用い評価している。

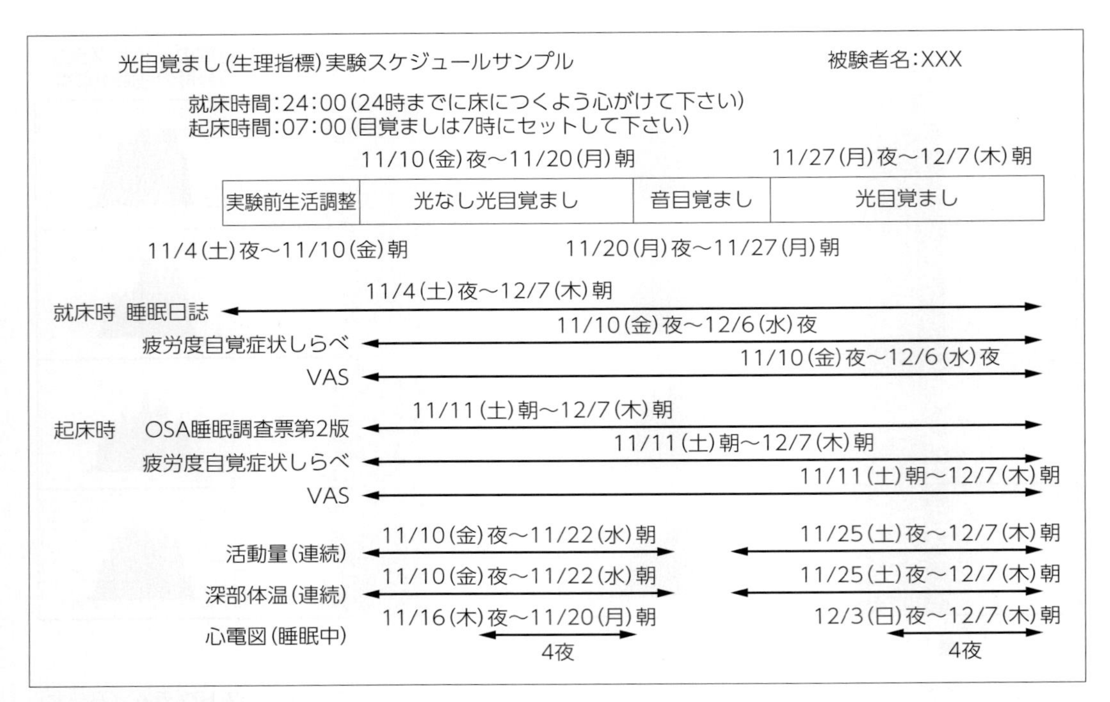

図９　睡眠評価実験の一例

睡眠は複雑系の生命現象であり，一つの現象が改善しても他方が悪化する場合も多く，多面的な計測評価が必要となる。国際医学学術雑誌のデータベースであるMedlineに限っても，Title/Abstractでsleepを検索してヒットする学術論文の件数は，2013年３月の時点で９万5,000件近くになっており，多量の睡眠に関する科学的情報が蓄積されている。睡眠の評価を行うにあたっては，様々な評価方法が科学的に確立されているが，睡眠科学の十分な知識に基づいて，目的に応じた最適な実験計画を策定し，適切な評価法を選定し，睡眠全般を見据える視点と緻密な観点をもって研究を遂行することが肝要である。

文　献

1) 山本由華吏，ほか：入眠感調査票の開発と入眠影響要因の解析．心理学研究 74：140-7，2003
2) Buysse DJ, et al.：The Pittsburgh Sleep Quality Index：a New instrument for psychiatric practice and research. Psychiatry Res 28：193-213, 1989
3) 土井由利子，ほか：ピッツバーグ睡眠質問票日本語版の作成．精神科治療学 13：755-63，1998
4) 白川修一郎，ほか：中年期の生活・睡眠習慣と睡眠健康．平成7年度〜平成9年度文部省科学研究費補助金（基盤研究（A））睡眠習慣の実態調査と睡眠問題の発達的検討(主任研究者 堀忠雄)，pp.58-68，1998
5) Tanaka H, Shirakawa S：Sleep health, lifestyle and mental health in the Japanese elderly：ensuring sleep to promote a healthy brain and mind. J Psychosom Res 56：465-77, 2004
6) Ellis BW, et al.：The St. Mary's Hospital sleep questionnaire：a study of reliability. Sleep 4：93-7, 1981
7) 内山真，ほか：睡眠および睡眠障害の評価尺度．臨床精神医学講座 13 睡眠障害（太田龍朗，大川匡子 編），pp.489-98，中山書店，1999
8) 小栗貢，ほか：OSA 睡眠調査票の開発—睡眠感評定のための統計的尺度構成と標準化．精神医学 27：791-9，1985
9) 山本由華吏，ほか：中高年・高齢者を対象としたOSA 睡眠感調査票（MA 版）の開発と標準化．脳と精神の医学 10：401-9，1999
10) Agnew H, et al.：The first night effect：an EEG study of sleep. Psychophysiology 2：263-6, 1966
11) Rechtschaffen A, Kales A：A mannual of standardized terminology, techniques and scoring system for sleep stages of human subjects. US Government Printing Office, 1968
12) Hori T, et al.：Proposed supplements and amendments to "A Manual of Standardized Terminology, Techniques and Scoring System for Sleep Stages of Human Subjects", the Rechtschaffen and Kales (1968) standard. Psychiatry Clin Neurosci 55：305-10, 2001.
13) 早野順一郎：心電図 R-R 間隔変動のスペクトル解析．自律神経機能検査第２版（日本自律神経学会 編），pp.57-64，文光堂，

1995
14) Hoddes E, et al.：Quantification of sleepiness：a new approach. Psychophysiology 10：431–6, 1973
15) 石原金由，ほか：眠けの尺度とその実験的検討．心理学研究 52：362–5，1982
16) Gillberg M, et al.：Relations between performance and subjective ratings of sleepiness during a night awake. Sleep 17：236–41, 1994
17) Kaida K, et al.：Validation of the Karolinska sleepiness scale against performance and EEG variables. Clin Neurophysiol 117：1574–81, 2006
18) Johns MW：A new method for measuring daytime sleepiness：the Epworth sleepiness scale. Sleep 14：540–5, 1991
19) American Sleep Disorders Association：Clinical use of the multiple sleep latency test. Sleep 15：268–76, 1992
20) Stampi C, et al.：A new quantitative method for assessing sleepiness：the alpha attenuation test. Work & Stress 9：368–76, 1995
21) Mitler MM, et al.：Maintenance of wakefulness test：a polysomnographic technique for evaluation treatment efficacy in patients with excessive somnolence. Electroencephalogr Clin Neurophysiol 53：658–61, 1982
22) Littner MR, et al.；Standards of Practice Committee of the American Academy of Sleep Medicine：Practice parameters for clinical use of the multiple sleep latency test and the maintenance of wakefulness test. Sleep 28：113–21, 2005
23) 宮下彰夫：睡眠日誌．睡眠学ハンドブック（日本睡眠学会 編），pp.542–5，朝倉書店，1994
24) Horne JA, Ostberg O：A Self–assessment questionnaire to determine morningness–eveningness in human circadian rhythms. Int J Chronobiol 4：97–110, 1976
25) 石原金由，ほか：日本語版朝型—夜型（Morningness–Eveningness）質問紙による調査結果．心理学研究 57：87–91，1986
26) Cole R J, et al.：Automatic sleep/wake identifucation from wrist activity. Sleep 15：461–9, 1992
27) Sadeh A, et al.：The role of actigraphy in the evaluation of sleep disorders. Sleep 18：288–302, 1995
28) Sonia Ancoli–Israel：Actigraphy. In：Principles and practice of sleep medicine. fourth edition.（Kryger MH, Roth T, Dement WC, ed.）, pp.1459–67, Elsevier Saunders, 2005
29) 白川修一郎：マットレス（敷き寝具）下設置型アクチグラフィの有用性と応用例．睡眠医療 6：351–6，2012

3. 牛乳・乳製品のリラックス・安眠効果

桐原　修　協同乳業株式会社研究所

要　約

・牛乳・乳製品の安眠効果の検討は既に1930年代にスタートしており，神経伝達物質に関する研究の進展とともに，睡眠ホルモンとしてのセロトニンとメラトニンが重要な役割を果たしていることがわかってきた。
・睡眠ホルモンはトリプトファンを原料として産生されるが，トリプトファンの脳への取り込みが重要な因子であり，その取り込みには長鎖中性アミノ酸（チロシン，フェニルアラニン，ロイシン，イソロイシン，バリン），炭水化物，および脂質が影響している。
・ホエイタンパク質のα-ラクトアルブミンが多量のトリプトファンを含むことから，これを用いた睡眠促進の研究が行われている。
・β-ラクトグロブリン，ラクトフェリン，およびκ-カゼインを酵素分解したペプチドで，抗不安作用，抗ストレス，および学習促進効果などについての研究が進められている。
・Jミルクでのリラックス・安眠効果分野での研究は，平成7（1995）年度に牛乳中の短鎖脂肪酸の脳機能性食品としての研究がスタートし，入眠促進や神経生理学的研究などが行われており，今後この分野での研究はますます盛んになるものと考えられる。

Keywords　睡眠，トリプトファン，ホエイタンパク質，α-ラクトアルブミン，β-ラクトグロブリン

はじめに

乳は哺乳類がこの世に生を受けて口にする初めての食物であり，栄養源であるばかりでなく生体防御や代謝調節に関わる様々な成分を含有している。なかでも牛乳は母乳の代替としての研究に加え，成分や構造などの基礎研究をもとに，様々な加工技術や装置などが導入され，各種の製品開発も進んだことから，われわれの生活になくてはならないものとなっている。

牛乳・乳製品の研究は骨代謝や栄養学的観点，あるいは乳酸菌やビフィズス菌の保健効果に関する研究とともに，最近では生活習慣病や免疫調節との関連での研究も盛んに進められ，その効果が一般にも認知されるようになってきている。

一方，現代においては様々なストレスにさらされることから生活リズムの乱れも起こっており，栄養・食生活とともに休養と心の健康づくりのために，厚生労働省では「21世紀における国民健康づくり運動（健康日本21）」[1]に取り組んでいる。また，研究現場においても心の健康をテーマにした研究に注意が向けられるようになってきており，睡眠状態を長期的に改善する生活スタイルの提言，あるいは快眠技術の改良も重要な研究課題として取り組みが進められている[2]。

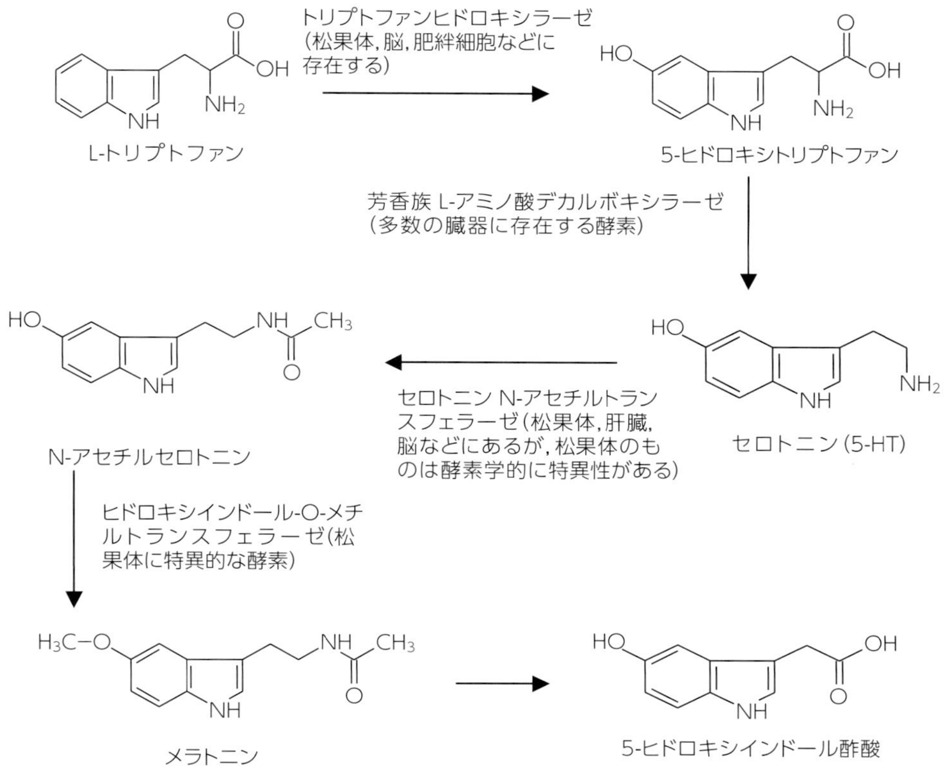

L-トリプトファン

トリプトファンヒドロキシラーゼ（松果体，脳，肥絆細胞などに存在する）

5-ヒドロキシトリプトファン

芳香族 L-アミノ酸デカルボキシラーゼ（多数の臓器に存在する酵素）

セロトニン（5-HT）

セロトニン N-アセチルトランスフェラーゼ（松果体，肝臓，脳などにあるが，松果体のものは酵素学的に特異性がある）

N-アセチルセロトニン

ヒドロキシインドール-O-メチルトランスフェラーゼ（松果体に特異的な酵素）

メラトニン

5-ヒドロキシインドール酢酸

図 1　メラトニンの生合成経路（文献 3 より引用改変）

本稿では，神経生理的活動に関与する内因性化合物について簡単に述べたうえで，乳・乳製品および関連成分の睡眠や抗不安，抗ストレス，あるいは学習促進効果などに関する内外の研究について記載する。

1　睡眠・覚醒に関連する内因性化合物

睡眠への影響に関する最も重要な物質としては，セロトニン（5-hydroxytryptamin：5-HT）とメラトニンがあげられ，これらはトリプトファン（Trp）を原料につくられる。**図 1** に脳内に取り込まれたトリプトファンとそれらの生合成経路[3)]を示す。脳内へのトリプトファン取り込みに関する研究[4〜6)]により，トリプトファンとともにインスリンや炭水化物を含まないタンパク質を同時に投与することで，脳内のトリプトファン濃度が上がり，次いで 5-HT 濃度とその主代謝産物である 5-ヒドロキシインドール酢酸の上昇が確認されている[7,8)]。

また，食物に混在する他の長鎖中性アミノ酸（チロシン，フェニルアラニン，ロイシン，イソロイシン，およびバリン：LNAA）との比が高いほど脳内への取り込みが大きいことが明らかになり，**図 2** のような脳内 5-HT 濃度の変化図式が示されている[6)]。

Crisp[9)]はその総説の中で，5-HT やトリプトファンの注入の影響についてレム睡眠の上昇[10,11)]と，逆にレム睡眠の減少[12)]を報告しているが，5-HT の合成を止める p-クロロフェニルアラニンを用いるとレム睡眠が減少することから，これらの投与がレム睡眠とは正の相関，ノンレム睡眠とは負の相関をもつとしている。

その他の神経伝達物質については，España と Scammell[13)]が詳しく解説しているが，その中の睡眠・覚醒に関連する物質について簡単に記しておく。

1.1　神経伝達物質

a. アセチルコリン

覚醒とレム睡眠を促進するコリン作動性の神経細胞群は前脳基底部と脳幹に最も多く，次いで橋脚被蓋核に含まれている。これらの神経細胞群はアセチルコリンを放出する

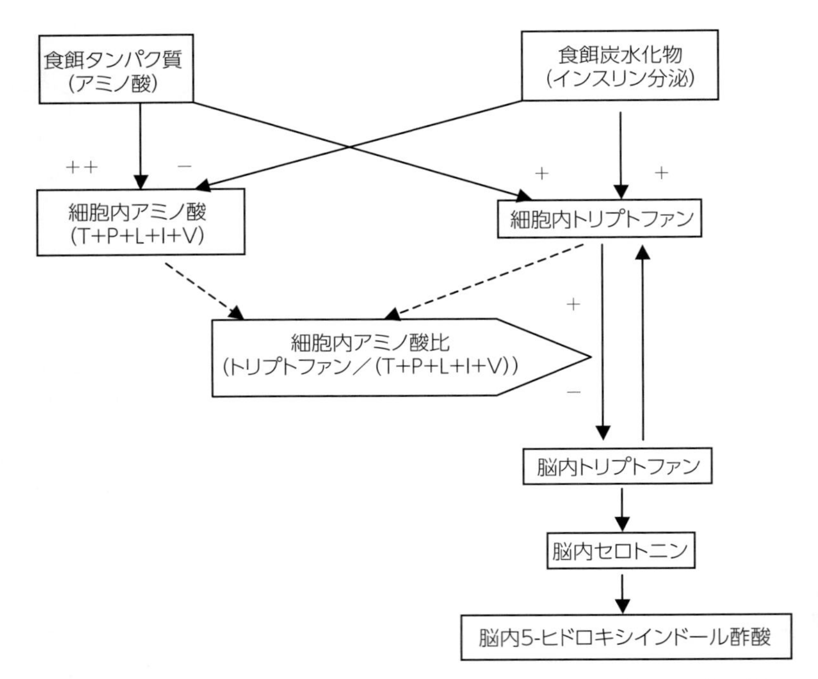

T：チロシン，P：フェニルアラニン，L：ロイシン，I：イソロイシン，V：バリン

図２　ラットでの脳内セロトニン変化の模式図（文献６より引用改変）

ことで学習，記憶，および認知などに関与しているが，大部分のコリン系神経細胞は覚醒とレム睡眠の間に活性化されている。

b.　ノルエピネフリン

ノルエピネフリンが産生される部位は青斑核であり，青斑核神経細胞の活性化は細胞外ノルエピネフリン放出量と直線関係にあり，重要な行動刺激，認知，あるいはストレスに対処するような条件下で覚醒を促進する際に特に重要となる。

c.　ヒスタミン

視床下部後方に存在する隆起乳頭体核がヒスタミンを産生し，覚醒促進に必須の役割を担っていると考えられている。

d.　セロトニン（5–HT）

5–HT は背側縫線核，および脳幹中央部に存在する他の縫線核により産生され，ムード，不安，激情，および食欲を含む行動面への影響力をもつ。5–HT は初期の研究ではノンレム（レム）睡眠を誘発するとされていたが，最近の研究では一般に目覚めを促進し，レム睡眠を抑制することが示されている。

e.　ドーパミン

ドーパミンの覚醒促進については明確ではないが，細胞外濃度は覚醒時に高く，ノンレム睡眠時に低いことから，いくつかのドーパミン神経細胞が覚醒活性をもっていることが示唆されている。中脳水道灰白質にあるドーパミン産生神経細胞を傷つけると覚醒状態が減少することから，ここが一つの候補となっている。

f.　オレキシン/ヒポクレチン

オレキシンは Sakurai ら[14]により 1998 年に発見されているが，視床下部外側から後側にかけて存在する神経細胞で産生され，摂食とともに覚醒と睡眠の制御に必須の役割を担っている。

このほかに睡眠を促進するものとして，青斑核下位に存在する細胞で産生される抑制系の神経伝達物質である γ–アミノ酪酸（GABA），メラニン濃縮ホルモン（MCH），およびアデノシンが記載されている。また，免疫細胞，神経および星状細胞により放出されるシグナルペプチドであるインターロイキン–1 β や，TNF–α を含むいくつかのサイトカイン，あるいはプロスタグランジン D_2 が睡眠を促進することが動物実験により確認されている。睡眠と覚醒の神

表1　睡眠・覚醒における神経伝達物質の分泌活性特性

	覚醒	ノンレム睡眠	レム睡眠
アセチルコリン	↑↑	—	↑↑
モノアミン	↑↑	↑	—
オレキシン/ヒポクレチン	↑↑	—	—
メラニン濃縮ホルモン	—	—	↑↑
腹外側視索前核/正中視索前核	—	↑↑	↑↑

神経伝達物質分泌活性：↑↑；活発，↑；緩慢，
—；なし（少ない）

経伝達物質の活性特徴を**表1**に示す。

覚醒中はアセチルコリン，ノルエピネフリンおよび5-HTを含むモノアミン，およびオレキシンが産生され，MCHや腹外側視索前野/正中視索前野（VLPO/MNPO）神経細胞や，他の睡眠促進細胞はGABAなどの抑制系の神経伝達物質を放出し，モノアミンやコリン系睡眠促進細胞を阻害する。

また，レム睡眠中はアセチルコリンやMCHの放出が盛んで，VLPO/MNPOでは抑制性伝達物質が盛んに放出されるが，モノアミンやオレキシンは放出されず，ノンレム睡眠時には同様にVLPO/MNPOが活発で，その他はほとんど放出されておらず，これらが複雑に絡み合って睡眠と覚醒のリズムを制御している。

2　牛乳・乳製品と睡眠に関する研究の展開

食事と睡眠に関する最近の総説[15]では，伝統的な睡眠を促進する食品として，まず牛乳が取り上げられている。これによると，牛乳の睡眠促進効果についての最初の実験は既に1930年代には始められており，コーンフレークを牛乳に混ぜたものを成人に飲ませた際の強い睡眠促進が認められている[16]。1970年代には，大麦や小麦の麦芽粉末を加えたホットミルクが，睡眠中の特に午前4時から7時の早朝に起こる小さな動きの回数を減少させたことから，牛乳の睡眠促進効果[17]が報告されている。Southwellらはこの効果の可能性として，飢餓収縮による睡眠中の動きの抑制効果と，飲料に含まれるアミノ酸が神経伝達物質に変換されたためではないかと述べている。

Brezinova と Oswald は前述と同様に，シリアルを添加した牛乳であるホーリックについて電気生理学的測定（脳波と筋の緊張）を行い，ホーリックを飲んだ成人群（平均年齢22歳）では，入眠時間や覚醒の時間短縮と睡眠維持の効果が認められ，安眠効果が確認されたことを報告している[18]。また，比較的高齢（平均年齢55歳）の群では若い人に比べると睡眠時間は短いものの，平均睡眠時間で10分以上長くなっており，睡眠干渉時間がホーリックを飲んだ群で短く，特に睡眠後半の3時間に干渉される時間が短く，睡眠促進効果があったことを報告している。

その後，先述のトリプトファン投与効果に関して，乳を基本食としての試験が盛んに行われるようになる。まず，Yogman と Zeisel は新生児の脳内取り込みについて，トリプトファンと拮抗するバリンを与えた場合の睡眠パターンについて検討している[19]。通常配合にこれらのアミノ酸を配合したものを与えた時の3時間までの睡眠パターンについて比較したところ，トリプトファンを与えた新生児群では対照群より早く入眠して睡眠時間も長くなったが，バリンを配合した新生児群では，逆に入眠に要する時間が長くなり睡眠時間が短くなったことを報告している。

同様に，Steinbergらは粉乳に異なる濃度のトリプトファンを添加したものと，母乳，あるいは市販の育児用粉ミルク（育粉）を比較対照とした試験を行っている[20]。この試験において，市販の育粉，あるいはトリプトファンを含まない処方粉乳の乳児では母乳栄養児に比べ，有意に低い細胞内含量となった。また，最も高いトリプトファン処方粉乳を与えた乳児が有意に高い細胞内Trp/LNAAを示し，睡眠潜時（就床から睡眠開始までの時間）も18.7分と，少ないトリプトファン添加粉乳を与えた乳児の値（27.7分）より有意に短く，睡眠促進効果のあったことを報告している。

また，トリプトファンの代謝産物であるメラトニンを低濃度で直接投与した試験[21]で，睡眠促進の結果が得られたことから，Valtonenらは高齢者を対象に，市販の牛乳を500g飲用しても睡眠と注意力に差がなかったが，市販の牛乳に替えてメラトニンを多く含む牛乳を飲用した際の試験で，翌日の活動が顕著に上昇したことを報告している[22]。

一方，脳内の代謝エネルギーについて調べたHaismaらは，母乳のみを与えた群（BM群）と母乳に牛乳を加えた群（BCM群）に分けて，9ヵ月齢の乳児のエネルギー消費を呼気熱量計にて比較している[23]。結果はBM群に比べて

BCM群ではエネルギー消費が増大しており，脂肪を含まないタンパク質の摂取がエネルギー消費を増大させることから，成長後の肥満との関連や「代謝プログラミング」に対する注意を喚起している。

また，Butteらも母乳と育粉の比較による乳児の睡眠構成を研究し，母乳栄養児でレム睡眠が短く，ノンレム睡眠の割合が長くなっていること，食品熱量効果と睡眠代謝速度では差を認めなかったが，エネルギー代謝と成長パターンに差が認められたことを報告している[24,25]。さらに，幼少期の食餌が後年の肥満や病気と関係することは何人かの研究者[26,27]により指摘されているが，否定的な意見[28]もあり結論には至っていないとしている。今後さらに検討が必要なテーマと考えられる。

最近Crichtonらは，乳（全脂肪乳，脱脂/低脂肪乳，その他豆乳など），および乳製品（チーズ，ヨーグルトと乳デザート，クリームおよびアイスクリーム，およびその他乳製品）摂取と，認識能力について調査・解析した結果について，乳・乳製品を少なくとも1日に1回とる人は，ほとんどとらない人に比べ，認識能力が高かったことを報告している[29]。

そのほかには，川野らが便秘に対する発酵乳の飲用効果に関して，ストレスが負の影響を与えるとした検討において，体重，BMI変化量，欠食率，起床時間，および睡眠時間についてみているが，発酵乳飲用群とプラセボ群とではいずれの項目においても，有意差がなかったことを報告している[30]。また，発酵乳飲料の睡眠・生活状態に与える効果に関する検討において，乳成分や発酵過程による何らかの成分が睡眠改善効果への関与を示唆する報告[31,32]もなされている。

これまでみてきたように，牛乳に含まれる成分や発酵などの加工によって生じる成分と，睡眠や注意力などストレスを含むヒトの精神活動や休息との関連が明らかにされている。次項ではその成分の中でもマクロな成分としてのタンパク質に着目した研究の進展について述べたい。

3　睡眠促進およびストレス解消食品としてのタンパク質

3.1　α–ラクトアルブミン（α–LA）の有用性

前述の通り，睡眠中に生成する5–HTやメラトニンはトリプトファンを前駆体とする代謝産物である。トリプトファンはホエイタンパク質のα–ラクトアルブミン（α–LA）に多く含まれる。このため，1990年代に入ると盛んに利用研究が進められている。

Heineらは乳児の栄養におけるα–LAに関する論文の中で，牛乳を母乳の理想的な代替とするためには，ヒトの乳のアミノ酸パターンをつくり上げることが必要であり，母乳の組成がカゼインをほとんど含まないため，ホエイタンパク質主体の組成にすべきことを指摘している[33]。母乳と牛乳のアミノ酸組成をみると，母乳ではトリプトファンに加えシステインが多くメチオニンが少ないが，牛乳のカゼインを除いたホエイタンパク質主体の組成にすれば，近いものがつくり上げられるとしている。また，ヒトの乳は高濃度のホエイタンパク質（総タンパク質の70%）を含んでおり，α–LAはヒトとウシでの相同性は70%以上と，アレルゲンとしての心配もないことも利点としてあげている。

このような観点から，オランダのマーストリヒト大学を中心に研究が行われ，ホエイ中のα–LAが細胞内トリプトファンの有用性を増し，朝の注意力と脳の活動力を高めることを報告している[34～36]。また，Markusらは一連の試験において，ストレス下の気分の改善，認識能力や注意力の向上にα–LAが効果を発揮しており，細胞内のTrp/LNAA比を高めることによって，眠気の減少ならびに注意力や抑うつ気分が改善されたことを報告している[37]。Scruttonらもα–LAの効果について検討し，純粋なトリプトファンと比べると十分ではないものの，緩やかな細胞内トリプトファンの上昇を確認し，情動的な過程に一定の効果を見いだしている[38]。

さらに，折笠と岩附はα–LA，ラクトフェリン，およびリゾチームについて統合失調症治療薬のハロペリドール（Hal）様作用について調べているが[39]，α–LAは弱いながらHal様作用を有しており，Halの副作用を生じることがなくα–LAの新たな応用を開拓するうえで興味深い。

表 2　牛乳栄養学術会議研究会委託研究報告

年度	研究代表者（委託先）	研究テーマ
H7-9	山口正弘（順天堂大学）	牛乳に多量に含まれる短鎖脂肪酸の中枢神経（行動）に及ぼす影響
H11	山口正弘（順天堂大学）	脳機能性食品としての牛乳に特異的に含まれる短鎖脂肪酸
H14	鏡森定信（富山薬科大学）	ホットミルク・ミルクカクテル飲用の睡眠の質への作用に関する実験的研究
H19	長谷川信（神戸大学）	新規の牛乳による入眠促進機構の解明とその入眠促進因子の単離
H20	長谷川信（神戸大学）	新規の牛乳による入眠促進機構の解明とその入眠促進因子の単離
H20	中村和照（筑波大学）	夕食の時刻が睡眠時エネルギー代謝に及ぼす影響
H21	大日向耕作（京都大学）	牛乳タンパク質由来の精神的ストレス緩和ペプチドに関する神経生理学的研究
H22	大日向耕作（京都大学）	牛乳由来の新しい精神的ストレス緩和ペプチドの作用機構に関する研究

3.2　β-ラクトグロブリン（β-LG）由来ペプチド[40]

Yamauchi ら[41]は，β-ラクトグロブリン（β-LG）のキモトリプシン加水分解物であるβ-ラクトテンシン（β-LT；His-Ile-Arg-Leu）の神経調節作用について，抗不安作用[42]，抗ストレス作用[43]，さらには学習促進効果[44]などを報告している。

また，β-LT は脳腸ペプチドとして知られるニューロテンシン[45]と相同性を示すことから，学習促進や抗不安作用などの神経調節作用について検討し効果が確認されている。学習促進効果については，ドーパミン D_2 拮抗薬で阻害されたことから，ドーパミン D_2 受容体を介したものであり，さらにセロトニン系の関与と，抗不安作用についてはドーパミン D_1 受容体を介したものであることが確認されている[42]。

3.3　その他の神経調節ペプチド[40]

牛乳 κ-カゼインのトリプシン消化物である casoxin C の C 末端アミノ酸 5 残基（Tyr-Val-Leu-Ser-Arg）に，強力な抗不安作用が見いだされている。本ペプチドの抗不安作用は，このペプチドが δ オピオイド受容体に親和性を示さず，また拮抗薬で阻害されないことから，内因性 δ オピオイドリガンドの遊離促進により中枢 δ 受容体を活性化しているものと考えられている。なお，この作用はプロスタグランジン（PG）類の関与はないとされているが，新規の抗不安機構の解明に期待がもたれている。

このほか，ヒトラクトフェリンのトリプシン消化物から得られた 2 種類のペプチドにも，PG 系の受容体を介した抗不安作用が見いだされている。また，牛乳ラクトフェリンをペプシンおよびトリプシンで分解することにより生じる，アンジオテンシン変換酵素（ACE）阻害作用をもつ Leu-Arg-Pro-Val-Ala というペンタペプチドが見いだされ，lactopril と命名された。このペプチドは ACE による分解を受けて，Leu-Arg-Pro が産生されるが，これが強力な ACE 阻害活性を有する。本ペプチドは腹腔内投与（0.15 mg/kg）と経口投与（15 mg/kg）により受動回避実験において記憶増強作用を示したが，Leu-Arg-Pro はその作用を示さず，この作用はコレシストキニン受容体の拮抗薬により阻害されることから，コレシストキニンの分解を抑制し，その脳内レベルを高めることにより記憶増強作用を示しているものと考えられている。

4　リラックス・安眠効果に関する研究

表 2 に J ミルクによるリラックス・安眠効果分野での委託研究を示す。平成 7（1995）年度に研究がスタートし，平成 22（2010）年度までに 8 テーマが進行している[46]。

まず，「牛乳に多量に含まれる短鎖脂肪酸の中枢神経（行動）に及ぼす影響」は，酪酸の影響をみたものであるが，ラットにおいて運動能力の向上と自発運動量の減少を見いだし，牛乳中に含まれる鎮静作用を有する脂肪酸について検討されたものである。大脳基底核の黒質の機能を中心に，脳微小透析法（GABA の測定）と *in vivo* voltammetry（5-HT，ドーパミン測定）により，腹腔内に酪酸 Na を注射したラットでの 5-HT とドーパミンの増加が認められ，直接あるいは代謝産物の中枢神経の種々の回路網を介して情動に影響（鎮静作用）を及ぼしている可能性が指摘されている。次いで，平成 11（1999）年度にはラットでの試験に加え，酪酸ドリンク飲用でのヒトの脳波に及ぼす影響が検討され，走運動やリラクゼーションと関係する後頭部の α 波の高まりを観察している。

平成 14（2000）年度「ホットミルク・ミルクカクテル飲用の睡眠の質への作用に関する実験的研究」では，200 mL のホットミルク（牛乳）飲用は，睡眠潜時（寝付き），睡眠効率（就寝時間中に占める睡眠時間の割合）や睡眠覚醒時間割合などの指標で対照に比較して高値を示し，睡眠の質の向上が認められた。アルコール飲用（エタノール換算 12 g 含有）では質を低下させる方向に作用したが，200 mL のホットミルク飲用はそれを緩衝する作用を示した。

平成 19（2007）年度「新規の牛乳による入眠促進機構の解明とその入眠促進因子の単離」では，α-LA から産生される入眠促進ペプチドの検索が実施されている。α-LA の酵素分解物を経口投与した鶏において，小腸遠位部のグルカゴン様ペプチド 1（GLP1）の前駆体 mRNA 量を，またプレプログルカゴンの mRNA を有意に増加させたことから，この分解物の入眠因子の特定の可能性が示されたとしている。

次いで，平成 20（2008）年度には同テーマで α-LA の酵素分解物から，プレプログルカゴンの遺伝子発現を促すペプチドの分画が実施され，本作用を有する複数のペプチドの存在が示唆されている。また，平成 20（2008）年度「夕食の時刻が睡眠時エネルギー代謝に及ぼす影響」というテーマで肥満との関連で試験が進められ，就寝直前の夕食の摂取がエネルギー消費量や酸化基質の内訳，あるいは血糖値などに影響を与えており，食餌の栄養組成とともに摂取時間の重要性が報告されている。

なお，平成 21，22（2009，2010）年度には前項に記載した牛乳由来の摂食ペプチドや精神的ストレス緩和ペプチドについての試験が行われている。

おわりに

過去 40 年間に成人の睡眠不足が顕著に増加してきていることに加えて，昨今の 10 代の若者の睡眠不足も指摘されている[47]。睡眠時間の短縮は，肥満[48]ばかりでなく循環器障害，がん，筋肉や骨疾患，および腸疾患[49～51]などを含む慢性疾患にも関わるため，睡眠は健康の関心事として取り上げられている[52]。

わが国においても，食生活や運動不足などに起因する生活習慣病が増加していることから，この予防のために厚生労働省では栄養・食生活や休養・心の健康づくりなど 9 分野について，具体的な数値目標を設定した取り組みを進めている。

早川と井上[53]は Breslow 健康指数と生活習慣病危険因子，および生活習慣との関連について調べ，運動習慣と 7～8 時間の睡眠習慣の頻度が特に低かったことを指摘している。また，Breslow 健康指数が高いほど身体的な健康度が高くて死亡率が低く[54]，睡眠時間が 6 時間以下の男性と 9 時間以上の女性では死亡率が有意に高いという報告[55]についても記載している。

国内の成人における健康観と食生活に関する調査研究[56]において，健康のために摂取している食品群では野菜，豆，魚介類，海藻類などと並んで乳類・乳製品があげられるなど，牛乳・乳製品は身体に良いものとして認識されている。また，生活習慣との関連における若年層の乳・乳製品の摂取が，精神的自覚症状の訴えを少なくする傾向が示される[57]など，乳・乳製品と睡眠，あるいは神経生理学的研究は着実に進んできている。

「健康日本 21」でも指摘されているように現代人の生活習慣はけっして満足できる状況とはなっていない。このように，高齢化とともに各種のストレスにさらされる現代社会においては，睡眠の改善，並びにストレスや不安の軽減，および認知力の向上に関する研究はますます重要度を増しており，リラックス・安眠効果分野での研究が進展することにより，乳・乳製品がこれまで以上にわれわれの生活に貢献することを期待したい。

文 献

1) 厚生労働省：地域における健康日本 21 実践の手引き. http://www.kenkounippon21.gr.jp/kenkounippon21/jissen/
2) 文部科学省：生活・社会基盤研究（生活者ニーズ対応研究）日常生活における快適な睡眠の確保に関する総合研究. 科学技術振興調整費第Ⅱ期成果報告書，平成 14 年 6 月
3) 生化学データブックⅡ（日本生化学会 編），pp.599，東京化学同人，1989
4) Fernstrom JD, Wurtman RJ：Brain serotonin content：physiological dependence on plasma tryptophan levels. Science 173：149–52, 1971
5) Fernstrom JD, Wurtman RJ：Brain serotonin content：increase following ingestion of carbohydrate diet. Science 174：1023–25, 1971
6) Fernstrom JD, Wurtman RJ：Brain serotonin content：physiological regulation by plasma neutral amino acids. Science 178：414–6, 1972
7) Madras BK, et al.：Elevation of serum free tryptophan, but not brain tryptophan, by serum nonesterified fatty acids. Adv Biochem Physicopharmacol 11, 143–51, 1974
8) Wurtman RJ, Fernstrom JD：Effects of diet on brain neurotransmitter. Nutr Rev 32：193–200, 1974
9) Crisp AH：Sleep, activity, nutrition and mood. Br J Psychiatry Suppl 137：1–7, 1980
10) Mandell MP, Mandell AJ, Jacobson A：Biochemical and neurophysiological studies of paradoxical sleep. Recent Adv Biol Psychiatry 7：115–22, 1965
11) Hartman E：Mechanism underlying the sleep–dream cycle. Nature 212：648–50, 1967
12) Oswald I, et al.：Effect of l–tryptophan upon human sleep. Electroencephalogr Clin Neurophysiol 17：603, 1964
13) España RA, Scammell TE：Sleep neurobiology from clinical perspective. Sleep 34：845–58, 2011
14) Sakurai TA, et al.：Orexins and orexin receptors：a family of hypothalamic neuropeptides and G protein–coupled receptors that regulate feeding behavior. Cell 92：573–85, 1998
15) Peuhkuri K, Sihvola N, Korpela R：Diet promotes sleep duration and quality. Nutr Res 32：309–19, 2012
16) Laird D, Drexel H：Experimenting with food and sleep I. Effects of varying types of foods in offsetting sleep disturbances caused by hunger pangs and gastric distress–children and adults. J Am Diet Assoc 10：89–94, 1934
17) Southwell PR, Evans CR, Hunt JN：Effect of hot milk drink on movements during sleep. Br Med J 20：429–31, 1972
18) Brezinova V, Oswald I：Sleep after a bedtime beverage. Br Med J 20：431–3, 1972
19) Yogman MW, Zeisel SH：Diet and sleep patterns in newborn infants. N Engl J Med 309：1147–9, 1983
20) Steinberg LA, et al.：Tryptophan intake influences infants' sleep latency. J Nutr 122：1781–91, 1992
21) Zhadanova IV, Wurtman RJ, Wagstaff J：Effects of a low dose of melatonin on sleep in children with Angelman syndrome. J Pediatr Endocrinol Metab 12：57–67, 1999
22) Valtonen M, et al.：Effect of melatonin–rich night–time milk on sleep and activity in elderly institutionalized subjects. Nord J Psychiatry 59, 217–21, 2005
23) Haisma H, et al.：Complementary feeding with cow's milk alters sleeping metabolic rate in breast–fed infants. J Nutr 135：1889–95, 2005
24) Butte NF, et al.：Energy expenditure and deposition of breast–fed and formula–fed infants during early infancy. Pediatr Res 28：631–40, 1990
25) Butte NF, Smith EO, Garza C：Energy utilization of breast–fed and formula–fed infants. Am J Clin Nutr 51：350–8, 1990
26) Arenz S, et al.：Breast–feeding and childhood obesity–a systemic review. Int J Obes Relat Metab Disord 28：1247–56, 2004
27) Grummer–Strawn LM, et al.：Does breastfeeding protect against pediatric overweight? Analysis of longitudinal data from the Centers for Disease Control and Prevention Pediatric Nutrition Surveillance System. Pediatrics 113：e81–6, 2004
28) Victora CG, et al.：Anthropometry and body composition of 18 year old men according to duration of breast feeding：birth cohort study from Brazil. BMJ 327：901, 2003
29) Crichton GE, et al.：Relation between dairy food intake and cognitive function：The Maine–Syracuse Longitudinal Study. Int Dairy J 22：15–23, 2012
30) 川野直子，ほか：ストレスレベル別便秘傾向者に対する発酵乳の飲用効果. 栄養学雑誌 70：3–16，2012
31) 増山明弘，甲斐俊幸：発酵乳飲用が高齢者の睡眠・生活状態に与える効果. 人間生活工学 7：16–9，2006
32) Yamamura S, et al.：The effect of Lactobacillus helveticus fermented milk on sleep and health perception in elderly subjects. Eur J Clin Nutr 63：100–5, 2009
33) Heine WE, Klein PD, Reeds PJ：The importance of α–lactalbumin in infant nutrition. J Nutr 121：277–83, 1991
34) Booji L, et al.：Diet rich in α–lactalbumin improves memory in unmediated recovered depressed patients and matched controls. J Psychopharmacol 20：526–35, 2006
35) Markus CR, et al.：The bovine protein α–lactalbumin increases the plasma ratio of tryptophan to the other large neutral amino acids, and in volunerabble subjects raises brain serotonin activity, reduces cortisol concentration, and improves mood, under stress. Am J Clin Nutr 71：1536–44, 2000
36) Markus CR, Olivier B, de Haan EH：Whey protein rich in α–lactalbumin increases the ratio of plasma tryptophan to the sum of the other large neutral amino acids and improves cognitive performance in stress–vulnerable subjects. Am J Clin Nutr 75：1051–6, 2002
37) Markus CR, et al.：Evening intake of α–lactalbumin increases plasma tryptophan availability and improves morning alterness and brain measures of attention. Am J Clin Nutr 81：1026–33, 2005
38) Scrutton H, et al.：Effects of α–lactalbumin on emotional processing in healthy women. J Psychopharmacol 21：519–24, 2007
39) 折笠修三，岩附慧二：α–ラクトアルブミン，ラクトフェリンおよびリゾチームのハロペリドール様作用. Milk Science 61：1–9，2012
40) 和田圭司：脳発達を支える母子間バイオコミュニケーション. 戦略的創造研究推進事業 CREST 研究領域「脳の機能発達と学習メカニズムの解明」研究終了報告書，2011

41）Yamauchi R, et al.：Characterization of β-lactotensin, a bioactive peptide derived from bovine β-lactoglobulin, as a neurotensin agonist. Biosci Biotechnol Biochem 67：940-3, 2003
42）Hou IC, et al.：β-lactotensin derived from bovine β-lactoglobulin exhibits anxiolytic-like activity as an agonist for neurotensin NTS_2 receptor via activation of dopamine D_1 receptor in mice. J Neurochem 119：785-90, 2011
43）Yamauchi R, et al.：Effect of beta-lactotensin on acute stress and fear memory. Peptides 27：3176-82, 2006
44）Ohinata K, et al.：beta-lactotensin, a neurotensin agonist peptide derived from bovine beta-lactoglobulin, enhances memory consolidation in mice. Peptides 28：1470-74, 2007
45）Carraway R, Leeman SE：The isolation of a new hypotensive peptide, neurotensin, from bovine hypothalami. J Biol Chem 248：6854-61, 1973
46）J ミルク：学術研究報告書 テーマ別 2．リラックス安眠効果 http://www.j-milk.jp/tool/gakujyutsu/berohe0000001lvi.html
47）Kim S, DeLoo LE, Sandler DP：Eating patterns and nutritional characteristics associated with sleep duration. Public Health Nutrition 14：889-95, 2010
48）Bonnet MH, Arand DL：We are chronically sleep deprived. Sleep 18：908-11, 1995
49）Patel SR, Redline S：Two epidemics：are we getting fatter as we sleep less? Sleep 27：602-3, 2004
50）Morrison JA, et al.：Metabolic syndrome in childhood predicts adult metabolic syndrome and type 2 diabetes mellitus 25 to 30 years later. J Pediatr 152：201-6, 2008
51）Morrison JA, Friedman LA, Gray-McGuire C：Metabolic syndrome in childhood predicts adults cardiovascular disease 25 years later：the Princeton Lipid Research Clinics Follow-up Study. Pediatrics 120：340-5, 2007
52）Cheung YB, et al.：A longitudinal study of pediatric body mass index values predicted health in middle age. J Clin Epidemiol 57：1316-22, 2004
53）早川瑞希，井上和男：Breslow 健康指数と生活習慣病危険因子および食生活習慣との関連．厚生の指標 55：1-8，2008
54）Breslow L, Enstrom JE：Persistence of health habits and their relationship to mortality. Preventive Medicine 9：469-83, 1980
55）Amagi Y, et al.：Sleep duration and mortality in Japan：the Jichi Medical School Cohort Study. J Epidemiol 14：124-8, 2004
56）大野佳美，井澤美佐代，大坪芳江：40 歳代および 50 歳代男女の健康および食生活に対する意識とその関連性．日本食生活学会誌 15：84-91，2004
57）林辰巳，ほか：高校生の肥満，血圧高値者における食生活，生活習慣ならびに疲労自覚症状について．栄養学雑誌 60：92-7，2002

4. 発酵乳の脳神経機能に及ぼす影響

横越　英彦　中部大学応用生物学部食品栄養科学科

要　約

- 発酵乳中には多くのペプチドが存在する。
- ミルクペプチドには抗不安作用がある。
- 動物実験において，発酵乳ホエイは単回投与でも，長期投与でも学習記憶力が向上する。
- 動物実験において，発酵乳ホエイの投与により脳内セロトニン量が増加する。
- 発酵乳はヒトにおいても脳機能改善効果を有する可能性がある。

Keywords　発酵乳，抗不安作用，記憶障害予防，学習記憶力向上，脳内神経伝達物質

はじめに

ヨーロッパでは昔から，寝る前にホットミルクを飲むとリラックスしてよく眠れると言われている。たしかに，乳飲み子を見ていると授乳後や授乳中によだれを垂らして心地よく寝ているように思われる。当初，睡眠とセロトニンとの関係が提唱されており，それについて調べた研究がある。Chauffard と Leathwood らの報告（1989，未発表）では，夕食時に炭水化物だけを与えるか，それに 0.5 g，または 1.0 g のトリプトファンを含む物を与え，2 時間後の眠気に対する強度を測ったら，トリプトファン添加の食事を与えられた群は用量依存的に眠気の強度が増していた。このことは，トリプトファンからセロトニンが合成された結果と思われる。

一方，乳による睡眠改善作用についての研究も行われ，乳タンパク質の酵素分解物であるペプチドがその一因であることが明らかにされた。すなわちカゼイン分解ペプチドであるデカペプチド「Trp-Leu-Gly-Trp-Leu-Glu-Gln-Leu-Leu-Arg」に睡眠改善作用が見いだされた。乳児の場合には，トリプシンの作用によりミルクカゼインから生成し，大人の場合には，主にペプシンによって生じ，睡眠改善作用だけでなく，抗ストレス作用のあることも明らかになった。このペプチドの作用機序は，必ずしも解明されてはいないが，γ-アミノ酪酸（GABA）受容体への作用と考えられている。すなわち，GABA は抑制性の神経伝達物質の一つであり，このペプチドが $GABA_A$ 受容体に親和性のあることから，GABA 反応の調節に関与している可能性がある[1]。

抗不安作用を調べるために条件付け逃避防御行動（CDB）モデルラットを用いた研究がある。脱脂粉乳（プラセボ）投与に対し，ベンゾジアゼピン系抗不安薬ジアゼパム（3 mg/kg 体重）を対照とし，ミルクペプチド（15 mg/kg 体重）投与群では，明らかな抗不安（抗ストレス）作用が観察された（図 1）[2]。この結果を受けて，ヒトでの臨床試験も行われた。普段から強いストレスを感じている被験者を対象に，二重盲検・クロスオーバー試験を行った結果，1 日 150 mg のミルクペプチドを 30 日間摂取することにより，血中コルチゾール（ストレスホルモン）の低下や抗不安作用が観察された[3]。

高血圧は心筋梗塞，脳卒中などの血管障害の最も重要な

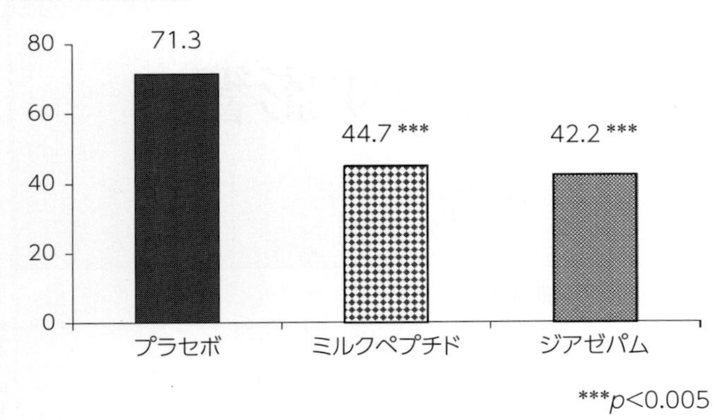

図 1　ミルクペプチドの抗ストレス作用（文献 2 より引用改変）

リスクファクターであり，血圧を低く維持することはこれらの疾病予防に重要である。高血圧の多くを占める本態性高血圧は年齢とともに増えるが，その発症には生活習慣と食習慣が大きく影響する。乳製品摂取と高血圧抑制の関係が疫学的に認められており，高血圧者では乳製品の摂取が少ない[4]。米国においては食事で高血圧を予防するプログラムが行われており（Dietary Approaches to Stop Hypertension：DASH），果物，野菜，低脂肪乳製品が多く，コレステロール・飽和脂肪酸・総脂肪量の少ない食事が推奨されている。実際に DASH 食による介入試験において血圧の降下が認められている[5]。乳製品中の抗高血圧に関与する成分としては，カルシウムがその原因の一つとして推定されている。それ以外にも重要な成分のあることが明らかにされてきているが，ここでは割愛し，主に発酵乳と脳機能を中心に取り上げる。

1　発酵乳とは

乳酸菌の発酵により生み出される発酵乳は，世界各地で古くから健康に良い効果をもつ食品であると考えられてきた。その生理機能に関する科学的研究は，20 世紀初頭にフランスのパスツール研究所のメチニコフが提唱した「不老長寿説」[6]を契機に進められてきた。それは，長寿村の人々が昔から発酵乳を多量に摂取していることに着目し，発酵乳を摂取すると腸内の腐敗が抑制され老化が抑えられることを提唱したものであった。また，これまでに発酵乳の有用性として寿命延長をはじめとした多岐にわたる生理機能が報告されている[7]。

現在，わが国では高齢化が進み，2010 年の国勢調査推計では 65 歳以上の人口は総人口の 23.1％となり，世界で最も高い水準となっている。それにしたがって，認知症を代表とする学習・記憶障害を伴う疾患が増加しており，厚生労働省の調査によると 2010 年では患者数が 200 万人程度，2015 年には 250 万人，2020 年には 300 万人を超すと推定されている。これまで認知症の治療あるいは進行を止める薬の開発が数多く進められてきたが，薬剤には副作用も多く，QOL 向上のためには安心して安全に摂取できる脳機能改善食品の開発がますます強く期待されている。

発酵乳には，発酵過程で生じるいろいろな成分によって，様々な生理機能を有する可能性が考えられ，各企業が多くの発酵食品を販売している。本稿では，発酵乳の脳機能改善作用を明らかにした事例として，「カルピス酸乳」に関する研究を紹介する。発酵乳を動物実験にて評価する際に，発酵乳中に存在する乳酸菌成分の作用ではなく，発酵によって生じる上清成分に効果があることを過去の試験により見いだしていたため[8,9]，乳酸菌菌体成分や乳タンパク質成分などを除いた遠心分離上清（ホエイ）を用いた。脱脂乳に *Lactobacillus helveticus* を含むスターターを添加して発酵させてできた発酵乳，および脱脂乳に乳酸を添加した未発酵乳について，それぞれホエイの凍結乾燥物を水に再溶解させ，単回投与用サンプルとした。また，各ホエイ粉末を基礎飼料に混ぜ，長期投与用サンプルとした。

2　発酵乳の脳機能改善作用

2.1　評価法

一般的に，学習記憶については下等動物から高等動物に至るまで類似したメカニズムが数多く存在するため，小動物を用いた学習記憶に関する実験結果は，ヒトへの効果の外挿において有用とされている[10]。具体的な評価法としては，Y 字迷路試験，十字迷路試験，新奇物質認識試験，能動的・受動的回避試験，放射状迷路試験，モリス水迷路試験などが知られているが，いずれも一つの試験だけでその効果を判定することは難しく，認知症治療薬の評価の際には複数の試験でその効果を検証することが重要であるとさ

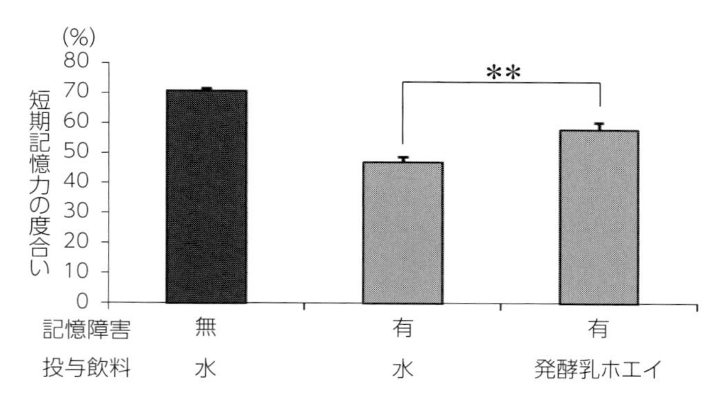

図 2　発酵乳ホエイによる記憶障害予防作用

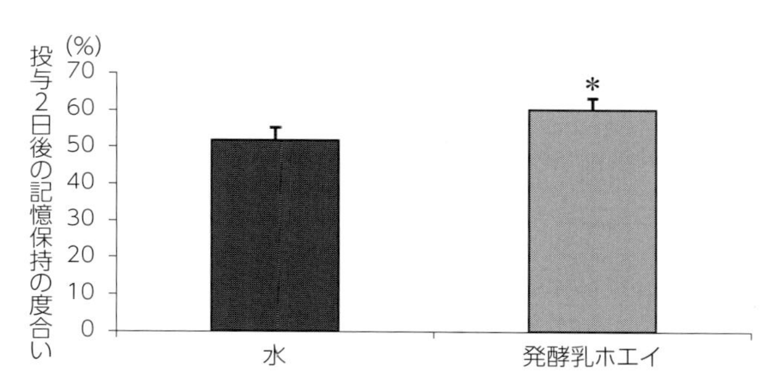

図 3　発酵乳ホエイによる記憶力向上効果

れている。

2.2　発酵乳の単回投与による脳機能への影響

a. 記憶障害予防効果[11]

記憶力の評価には，短期記憶を評価する系として知られているY字迷路試験[12]を用いた。また，記憶障害を誘発させるため，アセチルコリン作動性ムスカリン受容体拮抗薬であるスコポラミンをマウスに投与した。このスコポラミン誘発記憶障害モデル動物は，ドネペジルをはじめとしたアルツハイマー病治療薬を開発する際の評価に広く用いられている。

ddY系雄マウス（7週齢）を，スコポラミン無処置対照群，スコポラミン処置対照群，スコポラミン処置発酵乳ホエイ群，スコポラミン処置未発酵乳ホエイ群の4群に分け，各サンプルをマウスにゾンデにて胃内単回投与し，30分後に記憶障害を誘発するため1.0 mg/kgのスコポラミンを皮下投与した。さらに30分後にY字迷路上でマウスを8分間自由に探索させ，スコポラミンで誘発した短期記憶障害の予防作用を評価した。

その結果，スコポラミン処置発酵乳ホエイ群において，スコポラミン処置対照群と比べて，短期記憶の指標である自発的交替行動率の有意な上昇が認められた（**図2**）。さらに発酵乳ホエイの効果には用量依存性が認められた。以上の結果より，スコポラミン投与により記憶障害を誘発したマウスにおいて，発酵乳ホエイが予防的に働くことが明らかとなった。また，この効果は未発酵乳ホエイでは認められなかったことから，発酵によって新たに生じる効果と推察された。

b. 学習記憶力向上効果[11]

学習記憶力の評価には，視覚的認知記憶を評価する系として知られている新奇物体認識試験[13]を用いた。本試験は，マウスが新奇物体を探索するという特性を利用したもので，他の多くの学習記憶力評価系と異なり，強化因子（報酬，電気ショック，水ストレスなど）を用いない特徴を有している。

ddY系雄マウス（7週齢）を対照群，発酵乳ホエイ群に分け，各サンプルをマウスにゾンデにて胃内単回投与した60分後に，訓練試行として2つの物体を5分間探索させて記憶させた。その48時間後に覚えさせた物体のうち1つを新奇物体に置き換え，保持試行として5分間探索させ，それぞれの物体に対して行った探索行動の時間を測定し，新奇物体に対する探索時間割合をもって記憶保持の指標とした。その結果，発酵乳ホエイ群において対照群と比べて有意な探索時間割合の上昇が認められ（**図3**），学習記憶力を増強する可能性のあることが明らかとなった。

2.3　発酵乳の長期投与による脳機能への影響

これまで，発酵乳ホエイの単回投与におけるマウスの記憶力への影響を示してきたが，長期投与の効果として，ラットに幼齢期から発酵乳ホエイ食を与え，学習記憶力へ及ぼす影響を評価した試験について紹介する。学習記憶力の評価系としては，作業記憶の評価系であるオペラント型明度弁別試験[8,9,14]，空間学習記憶の評価系であるモリス水迷路試験[8,9,15]を用いた。

a. オペラント型明度弁別試験

オペラント型明度弁別試験は，オペラント型学習箱（スキナー箱）内の前面にあるランプのONおよびOFFを弁別する学習課題である（**図4**）。スキナー箱の前面に光呈示窓

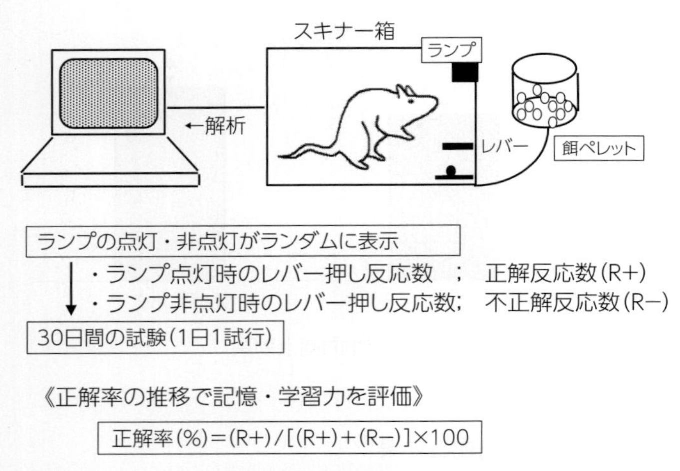

図 4　オペラント型明度弁別学習試験方法

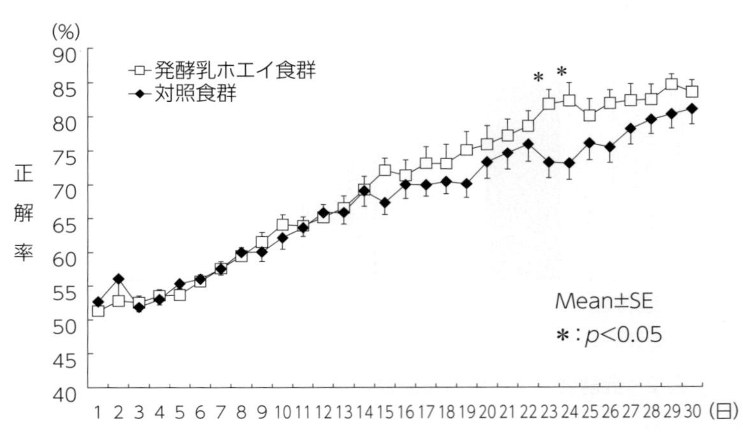

図 5　オペラント型明度弁別学習試験結果

があり，ランプが ON，OFF する。ランプ ON 時にラットがレバーを押せば，報酬として餌ペレットが獲得できるが，OFF 時は餌が獲得できない。ON 時の反応を正反応，OFF 時の反応を負反応として，正解率（全反応に対する正反応の割合）で評価する。学習課題は，20 秒ずつ 20 回をランダムに組み合わせて，同じ回数の光刺激呈示を行い，これを 1 日 1 試行として 30 日間連続して行った。実験動物にはウイスター系雄ラット 3 週齢を用い，実験群は対照食群，10％発酵乳ホエイ食群の 2 群を設けた。

図 5 の縦軸は正解率を表しているが，2 群ともに日数を経るごとに正解率が上昇しており，ラットはランプが点いているときにレバーを押すと餌が出ることを学習していることがわかる。対照食群と発酵乳ホエイ食群を比べてみると，発酵乳ホエイ食群は対照食群に対して，試行 14，15 日目以降から高い正解率を示すようになり，試行 22，23 日では有意に発酵乳ホエイ食群が高い正解率を示した[8,14]。

以上の結果のように，発酵乳ホエイには，新しい機能として記憶・学習力を増強する可能性のあることがわかった。

b.　モリス水迷路試験

オペラント型明度弁別試験で認められた発酵乳の効果が他の学習課題の場合に認められるか，また，効果が発酵によってもたらされるものかを検討する目的で，別の学習課題であるモリス水迷路試験を行った[16]。

実験群は，対照食群，発酵乳ホエイ食群，未発酵乳ホエイ食群の 3 群を設定し，ウイスター系雄ラットを 3 週齢から 3 ヵ月間飼育した。未発酵乳ホエイには，脱脂乳に乳酸を添加し，発酵乳と同様の処理を行って得たホエイ粉末を用いた。飼育開始後，1 ヵ月目，2 ヵ月目，3 ヵ月目にモリス水迷路課題を与えた。モリス水迷路課題は，直径 160 cm のプールの中に直径 9 cm の避難場所を設置し，避難場所は水面下 1 cm のところで水面からは見えないようにしておく。

水の入ったプールの中にラットを入水させると，ラットは溺れないように泳ぎまわって，やがて避難場所に到達する。試行を繰り返すごとにラットは周りの環境を手掛かりにして，避難場所の位置を記憶・学習していく。避難場所までの到達時間の推移で，記憶・学習能力を評価した。

それぞれの試験時期において，試行を繰り返すごとに到達時間は短くなっており，避難場所の位置を記憶・学習していることがわかった。飼育 2 ヵ月後の試行 1，2 で発酵乳ホエイ食群に到達時間の有意な短縮が認められた。飼育 3 ヵ月後でも試行 2，4 で有意差が認められた。飼育 2 ヵ月後の試行 1 は試験 1（飼育 1 ヵ月後）から 1 ヵ月経っても，避難場所の位置を他群に比べより記憶していたと考えられる。

さらに，避難場所を取り除いてラットを入水させると，周りの状況を手掛かりに避難場所を探すが，もともと避難場所の位置を記憶しているラットは避難場所のあった区域を長時間泳ぎ続ける。飼育 2 ヵ月後，避難場所を取り除いた後の避難場所区域の占有率（全遊泳時間中の比率）は発酵乳ホエイ食群が有意に高くなり，避難場所の位置をより記憶していると考えられた（**図 6**）。

これらの効果は，未発酵乳ホエイ食群では認められず，発酵乳の効果であると考えられる。

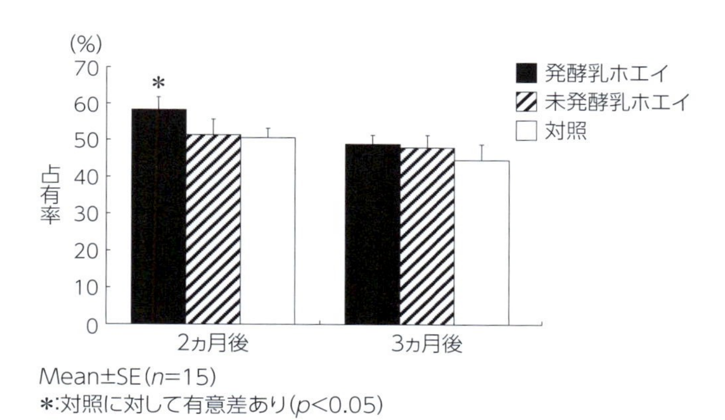

図6　モリス水迷路学習試験結果（避難場所区域の占有率）

3　脳内カテコールアミン，インドールアミンへの影響

これまで述べてきたように，発酵乳ホエイには記憶・学習力を増強する効果のあることがわかった。また，これらの効果には脳内のカテコールアミンやインドールアミンが何らかの関与をしていることが考えられる。そこで，作用機序，有効成分を探る手掛かりとして，記憶・学習力に関与するといわれている脳内神経伝達物質が，発酵乳ホエイ摂取によりどのように変動するかを検討した[8,17]。

実験動物には，ウイスター系雄ラット6週齢を用い，実験群には対照群，発酵乳ホエイ群，未発酵乳ホエイ群の3群を設けた。サンプルをゾンデにて胃内単回投与し，2時間後に屠殺して脳を摘出した。脳は8部位（青斑核，海馬，扁桃核，線条体，大脳皮質，小脳，脳幹，視床下部）に分画した後，カテコールアミン，インドールアミンを測定した。カテコールアミンおよび代謝物は，8部位の全てで群間による差は認められなかった。

一方，インドールアミンであるセロトニンは8部位の中の青斑核，脳幹，視床下部において，発酵乳ホエイ群が未発酵乳ホエイ群に比べて有意に高値を示した（図7）。

セロトニンの代謝物である5-ヒドロキシインドール酢酸（5-HIAA）を含めた脳内の5-ヒドロキシインドール総量においても，青斑核，線条体，脳幹で発酵乳ホエイ群が高値を示しており，発酵乳ホエイ投与により，脳内セロトニン量が増加することがわかった。

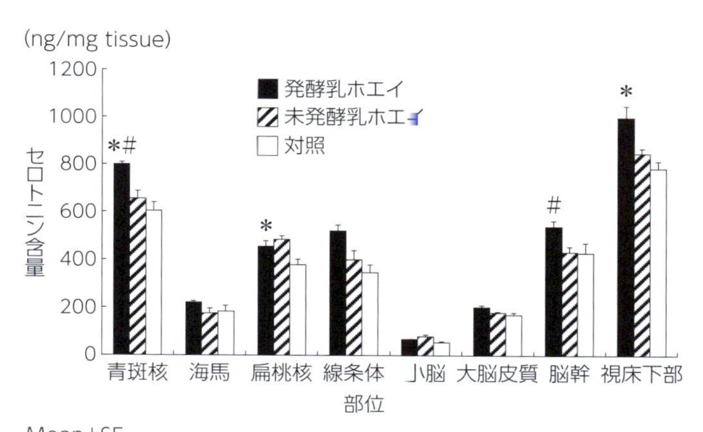

図7　発酵乳ホエイ投与による脳内セロトニン量の変動

おわりに

これまでに，記憶・学習力を向上させる食品成分や，脳機能を活性化する食品成分がいくつか見つかっているが[8]，発酵乳としては初めての知見であり，通常われわれが摂取している食品でもあり興味深い。発酵乳ホエイは単回投与，および長期摂取することで，記憶・学習力が向上すること，また，脳内セロトニンが増加することがわかり，発酵乳ホエイの効果は，本来の乳成分によるものではなく，発酵により生じる何らかの効果であることが示唆された。

発酵乳には，整腸効果，抗腫瘍効果，血中コレステロール低減効果，高血圧抑制効果などの生理機能のあることがわかっており，有効成分としては，発酵乳の中に存在する乳酸菌などの微生物そのもののほかに，発酵の過程で生じてくる物質が考えられる。また，発酵乳の中でも微生物の菌種や菌株によって効果が異なっており，様々な発酵乳にいろいろな生理機能のあることが考えられる。今回はタンパク質分解活性の強い *L. helveticus* を用いた発酵乳に効果が認められており，発酵過程でできたペプチドが有効成分ではないかと考えている。食品と脳機能の関係を考える場合に，脳内の物質レベルでの作用と，行動レベルでの作用に関する知見が数多くあるものの，それぞれが独立しており，これらを体系立てて研究開発を行っていく必要がある。また，食品の機能の場合は，腸管での吸収や刺激も重要な因子と考えることができ，この分野の研究開発の進展も重要であると考える。

以上，発酵乳の脳機能へ与える影響について動物実験結果をまとめたが，記憶障害予防作用に関してはアルツハイマー病治療薬に用いられている試験系で作用が認められたことから，認知症改善食品として利用できる可能性が期待される。また，幼齢期から長期摂取することで，学習記憶力向上効果が認められたことから，脳の発育に重要な時期である乳幼児期に発酵乳を摂取することにより，その後の豊かな脳の形成に寄与する可能性も期待される。

一般的に記憶力を向上させる効果を有する食品として，魚に多く含まれるエイコサペンタエン酸（EPA）やドコサヘキサエン酸（DHA），卵黄や大豆に含まれるホスファチジルセリン，イチョウ葉エキスなどが報告されているが[18]，サプリメントの形態で摂取されている事例が多い。一方，発酵乳は食経験が豊富であり，安心・安全な食品として脳機能を維持・向上させ，QOLを高めるのに役立つ可能性がある。今後は発酵乳のヒトでの脳機能改善効果を検証していくことが期待される。

文　献

1）Clare DA, Swaisgood HE：Bioactive milk peptides：a prospectus. J Dairy Sci 83：1187–95, 2000
2）Craft RM, Howard JL, Pollard GT：Conditioned defensive burying as a model for identifying anxiolytics. Pharmacol Biochem Behav 30：775–80, 1988
3）Lanoir D, et al.：Long term effects of a bovine milk alpha–S1 casein hydrolysate on healthy low and high stress responders. Stress 5（suppl）：124, 2002
4）Ackley S, Barrett–Connor E, Suarez L：Dairy products, calcium, and blood pressure. Am J Clin Nutr 38：457–61, 1983
5）Appel LJ, et. al.：A clinical trial of the effects of dietary patterns on blood pressure. DASH Collaborative Research Group. New Engl J Med 336：1117–24, 1997
6）Metchnikoff E：The Prolongation of Life：Optimistic Studies. Springer Publishing, 2004, Originally published, GP Putnam's Sons, 1908
7）高野俊明：乳酸菌の機能とその応用 カルピス酸乳の生理機能と応用．食品工業 39：48–52，1996
8）森口盛雄，ほか：脳の機能と酸乳成分．栄養と健康のライフサイエンス 4：171–6，1999
9）増山明弘：5.4 酸乳と脳機能．脳機能と栄養（横越英彦 編），pp.295–303，幸書房，2004
10）田熊一敞，ほか：学習・記憶行動の評価法．日薬理誌 130：112–6，2007
11）大澤一仁，ほか：第64回日本栄養・食糧学会大会講演要旨集：121，2010
12）Itoh J, Ukai M, Kameyama T：Dynorphin A–（1–13）potently prevents memory dysfunctions induced by transient cerebral ischemia in mice. Eur J Pharmacol 234：9–15, 1993
13）Tang YP, et al：Genetic enhancement of learning and memory in mice. Nature 401：63–9, 1999
14）安井正明，ほか：日本農芸化学会1996年度大会講演要旨集：189，1996
15）安井正明，ほか：第51回日本栄養・食糧学会大会講演要旨集：223，1997
16）Morris R：Developments of a water–maze procedure for studying spatial learning in the rat. J Neurosci Methods 11：47–60, 1984
17）安井正明，ほか：第50回日本栄養・食糧学会大会講演要旨集：174，1996
18）脳と栄養ハンドブック（古賀良彦，高田明和 編），サイエンスフォーラム，2008

第IV章

免 疫 調 節

牛乳・乳製品と免疫調節

戸塚　護　東京大学大学院農学生命科学研究科

要　約

- ヒトの免疫系には先天的な自然免疫系と，後天的に備える獲得免疫系がある。
- 免疫系は全身免疫系と，有害なものは排除して無害なものには応答しない複雑な働きを担う粘膜免疫系に分けられる。
- 整腸作用，免疫調節作用などをもつ乳酸菌やビフィズス菌などのプロバイオティクスや有用腸内細菌は，難消化性オリゴ糖などのプレバイオティクスによって増殖し，その作用が促進される。
- 母乳には免疫グロブリンやリゾチーム，補体，ラクトフェリン，ビフィズス因子など，様々な感染防御因子が含まれており，免疫が未発達の新生児を守る。
- 牛乳中サイトカインのヒト腸管免疫系に対する作用はほとんど未解明で，今後の解明が期待される。

Keywords　自然免疫，獲得免疫，プロバイオティクス，プレバイオティクス，免疫グロブリン

1　免疫系とは

1.1　自然免疫と獲得免疫

免疫とは，体内に侵入した病原性細菌やウイルスなどの外敵を排除し，体内に発生したがん細胞などの内敵を除去する仕組みであり，生体防御の中心的役割を担うものである。ヒトなどの高等動物の場合，免疫系は大きく自然免疫系と獲得免疫系に分けることができる。自然免疫とは，排除すべき細菌やがん細胞がもつ固有の分子パターンを認識し，それを標的として働く先天的な生体防御機構である。自然免疫系で標的を認識するセンサー（パターン認識受容体）としては，C 型レクチン受容体（CLR）[1)]や Toll 様受容体（TLR）[2)]，Nod 様受容体（NLR）[3)]，RIG–I 様受容体（RLR）などが知られている。ヒトでは 10 種類確認されている TLR や，Nod1/Nod2 といった NLR は，様々な細菌由来成分を認識し，これらセンサー分子を発現する細胞内のシグナル伝達系を活性化し，炎症性サイトカインや抗菌ペプチドの産生を誘導することによって宿主の生体防御に寄与している。

一方，獲得免疫系とは脊椎動物以上の高等生物にのみ存在するシステムであり，免疫グロブリン（抗体分子：Ig）や T 細胞といった因子が有害細菌などの標的を認識し，これを排除する機能である。獲得免疫の最大の特長は，それぞれの標的に対して選択的かつ効率的に機能し得る特異性である。このような特異性は，抗体分子や T 細胞受容体の遺伝子の再構成により得られた多様な抗原を認識するリンパ球が，それぞれの標的に合わせて選択的に増殖・活性化されることによってもたらされる[4,5)]。

ヒトなどの高等生物では自然免疫系と獲得免疫系の両方が存在するが，感染の初期には自然免疫系が即座に応答し，マクロファージや好中球といった食細胞，ナチュラル

キラー（NK）細胞などが活性化される。その後，感染から数日を経て特異的な抗体やT細胞が産生され，獲得免疫系が機能し始める。

1.2　疾病と免疫系

生体内において，免疫系は高度に制御された調和の中で機能しているが，その調和が乱れると逆に生体にとって有害な働きをもたらすことがある。すなわち，過剰な炎症性サイトカインの産生は宿主の組織傷害を引き起こし，例えばTLR4によって認識されるグラム陰性細菌由来の成分であるリポポリサッカライド（LPS）は，重篤な多臓器不全であるエンドトキシンショックの原因となることが知られている[6]。さらに，慢性的な組織炎症は発がんの主な要因の一つでもある。また，食物や花粉といった無害なものに対する過剰な免疫応答であるアレルギー疾患では，特定の食物や花粉を抗原として認識する特異IgE抗体が肥満細胞上で抗原と架橋的に結合することにより，ヒスタミンなどの化学伝達物質が放出され，様々な症状が誘発される[7]。

2　粘膜免疫

2.1　抗体産生

免疫系は全身免疫系と粘膜免疫系とに大別することができる。全身免疫系では，末梢の感染部位やがん細胞から抗原を取り込んだ樹状細胞が近傍のリンパ節（所属リンパ節）に流入し，そこで未熟なT細胞に抗原を提示してこれを活性化させる。活性化したT細胞（ヘルパーT細胞）はリンパ節内でB細胞を活性化し，これら抗原特異的に活性化されたT細胞やB細胞がリンパ節からリンパ管および血流を介して全身を巡回し，抗体産生などの獲得免疫を担っている[8]。

一方，粘膜免疫は腸管などの局所で働いている。腸管は体内において外界と接する場であり，食物や外気，微生物やウイルスなど様々な外来物質にさらされているほか，100兆個を超える腸内常在細菌が定着する環境でもある。このような環境の中で，食物のように生体にとって必要なものは取り込む，病原微生物や毒素のように有害なものは排除する，さらに腸内常在細菌のように無害なものに対しては応答しない，という複雑な働きを担っているのが粘膜免疫系であり[9]，腸管においては腸管関連リンパ組織（gut-associated lymphoid tissue：GALT）が，鼻腔や咽頭においては鼻咽頭関連リンパ組織（nasal-associated lymphoid tissue：NALT）が，気管や肺においては気管支関連リンパ組織（bronchus-associated lymphoid tissue：BALT）がその場である。これら粘膜免疫組織は全身免疫系にはみられない特有の構造と機能を有しており，GALTではパイエル板（Peyer's patch）と呼ばれる構造が特徴的である。

ヒトの場合，パイエル板は直径数ミリ程度の楕円形をした構造で，小腸粘膜上に多数存在する。パイエル板の中心にはB細胞の集積する濾胞が存在し，その周囲（傍濾胞域）に抗原提示細胞やT細胞が多数集積している。通常，食物成分などは消化酵素によって分解された後，絨毛上皮細胞から吸収されるが，腸管内の微生物や難消化性の抗原などはパイエル板の被覆上皮（上皮細胞層）に存在するM細胞によって取り込まれ，直下の抗原提示細胞を介してT細胞に提示される[10,11]。このT細胞によって活性化された濾胞のB細胞は全身循環を経て再び腸管局所にホーミングし，IgA産生形質細胞へと分化する。IgGが全身免疫の中心であるのに対し，粘膜免疫の中心はこのIgAである。IgAは腸管組織中の形質細胞でJ鎖を含む二量体として産生され，腸管上皮細胞の多量体免疫グロブリン受容体に結合して漿膜側から管腔側へと輸送され，その受容体の断片（分泌片）と結合した分泌型IgA（SIgA）として分泌される[12]。なお，腸内細菌はB細胞の形質細胞への分化と成熟，IgAへのクラススイッチに促進的な作用を有しており[13]，無菌動物では腸管免疫系が未発達であることが示されている。

2.2　経口免疫寛容

腸管免疫においては，病原微生物や毒素のように有害なものは排除する一方で，生体にとって必要な食物や共生する腸内細菌に対しては反応しないという，複雑な制御が行われている[9]。この制御を担っているのが経口免疫寛容である。経口的に摂取された食物抗原や腸内の共生常在細菌を取り込んだ腸管粘膜の樹状細胞は，腸間膜リンパ節においてT細胞に対して抗原提示を行うが，このときに抗原特異的なT細胞のアポトーシス（クローン除去）[14]や不応答化（アネルギー）[15]，制御性T細胞（T reg）の誘導[16]が起こり，これらによって経口免疫寛容が成立すると考えられている。この免疫寛容の不成立あるいは破綻が食物アレルギーの重要な機序と考えられており，近年，食物アレルギー患者に積極的にアレルゲン食物を食べさせ，免疫寛容を誘導して治療しようとする経口免疫療法（経口減感作療法）に注目が集まっている[17]。

3　食品成分による免疫系の調節

3.1　感染防御効果を示す食品成分

a. ビタミン類

ビタミンは食品中に含まれる微量の有機化合物で正常な代謝活動に必須な微量栄養素であり，ほとんどのビタミンは生体内で合成することができないため，食事などから摂取する必要がある。ビタミンAとその代謝物であるレチノイン酸は，粘膜のバリア機能やIgA抗体産生を高め，粘膜免疫において重要な役割を果たしている[18,19]。ビタミンCの摂取はリンパ球の増殖能と好中球の貪食能を高めることが報告されており[20]，風邪などの上気道感染の症状を改善するといわれている。ビタミンEの摂取はリンパ球の増殖性やNK活性，マクロファージ貪食能を促進することが報告されており，特に高齢者の免疫機能の維持・活性化に重要である[21]。

b. ミネラル類

ミネラル（無機質）はビタミンと同様，食事などから摂取する必要のある元素で体の構成成分になり，その機能を正常に保つために欠くことのできない栄養素である。亜鉛はリンパ球の機能を調節するほか，皮膚や粘膜を維持し[22]，乳幼児や高齢者に投与することで感染症の発症が減少することが報告されている[23,24]。セレンは酸化還元反応を制御するグルタチオンペルオキシダーゼなどの酵素の構成成分で抗酸化機能に関与し，ウイルス感染時のセレン欠乏による酸化ストレスの増大は，インフルエンザウイルスなどのウイルスのゲノムや病原性を変化させることが動物実験から示唆されている[25]。

c. プロバイオティクス

プロバイオティクスは適正量を摂取した際に宿主に有益な生理作用をもたらす生きた微生物と定義される。発酵乳で利用されるプロバイオティクスとしては乳酸菌やビフィズス菌があげられ，整腸作用のほか免疫調節作用など多様な生理機能を有する。一部のプロバイオティクスはIgA抗体の分泌促進や自然免疫系の賦活によって，ロタウイルスやピロリ菌などの消化管感染症，インフルエンザウイルスや風邪などの上気道感染症など，様々な感染に対して防御作用を示すことが知られている[26]。乳酸菌とビフィズス菌を組み合わせたプロバイオティクスを小児に投与した臨床試験では，冬季の風邪やインフルエンザ様症状の発症率と発症期間が低減することが報告されている[27]。

d. プレバイオティクス

プレバイオティクスは腸内の有用菌を増やし，ヒトの健康維持に役立つ食品成分であり，難消化性オリゴ糖や一部の食物繊維があげられる。プレバイオティクスの摂取によって，乳酸菌・ビフィズス菌の増殖促進作用といった整腸作用のほか，ミネラル吸収促進作用や脂質代謝改善作用が期待できる。プレバイオティクス添加飼料の投与によって，パイエル板細胞のIgA産生能が向上し，糞便中のIgAが増加することが動物実験で示されている[28]。

3.2　アレルギー予防効果を示す食品成分

a. 植物ポリフェノール類

ポリフェノールはほとんどの植物に含有され，茶葉などに含まれる抗酸化作用をもつ食品成分である。緑茶などに含まれるメチル化カテキンの一種は，即時型アレルギーを引き起こす肥満細胞からのヒスタミンの遊離を抑制し[29]，このメチル化カテキンを多く含む緑茶の摂取はスギ花粉症の症状を軽減することが報告されている[30]。また，ホップ水抽出物に含まれるフラボノール配糖体は好塩基球様細胞からのヒスタミンの遊離を抑制し[31]，スギ花粉症の症状を軽減することが示唆されている[32]。

b. ミネラル類

炎症反応では細胞内で大量の活性酸素が発生することから，活性酸素を除去するスーパーオキシドジスムターゼの活性中心を構成する元素である亜鉛や銅，マンガンは正常な抗酸化機能と免疫応答に重要である[33]。亜鉛のヒトへの投与は酸化ストレスと炎症性サイトカインの産生を抑制し[34]，亜鉛欠乏食を投与したマウスはアトピー性皮膚炎様の症状を発症することが報告されている[35]。

c. プロバイオティクス

プロバイオティクスの抗アレルギー作用については，発症の予防作用と症状の軽減作用について多くの臨床試験によって効果が確認されている。Kalliomäkiらはアトピー素因のある妊婦とその乳児に乳酸菌を投与し，出生児の2歳時点でのアトピー性皮膚炎の発症頻度が乳酸菌の投与によって半減したと報告している[36]。また，乳酸菌やビフィズス菌などのプロバイオティクスが花粉症などのアレルギー症状を軽減することがいくつかの臨床試験で示されている[37,38]。これらの作用機序として，プロバイオティクスの摂取がTh2に偏った免疫バランスを整えることや[39]，免疫反応を調節するT regを誘導することなどが動物実験で示されている[40]。

d. プレバイオティクス

プレバイオティクスは腸内の乳酸菌・ビフィズス菌などを選択的に増やし，宿主の腸内菌叢バランスを調整することで，アレルギーを予防・軽減すると考えられる。プレバイオティクスであるケストースをアトピー性皮膚炎をもつ乳児に投与したところ，症状が有意に改善した[41]。

4 免疫調節機能が報告されている牛乳関連成分

哺乳類の新生児は免疫機能が十分に発達していないため，母乳には免疫グロブリンやリゾチーム，補体，ラクトフェリン，ビフィズス因子など，様々な感染防御因子が含まれている。

4.1 タンパク質

a. 免疫グロブリン

免疫グロブリン（抗体）は乳汁中の主要な感染防御成分で，新生児の腸管や体内で細菌やウイルスに結合することでこれらを不活化する。このように病原菌などに対する抗体を外から与えることで免疫を獲得させることを受動免疫という。乳汁中の免疫グロブリンはIgGとSIgA，IgMから構成され，ヒトではほとんどがSIgAであるのに対し，ウシではその大半がIgGである。ヒトの場合，胎児は胎盤を通じてIgG抗体を受け取り，出生後は母乳からSIgAを獲得する。ウシやブタでは，胎盤を通じた免疫グロブリンの受け渡しはなく，出産後に母乳からIgGとSIgAを獲得する。出生後，初乳から獲得したIgG抗体は新生仔の腸管から吸収され血液に移行し感染を防御する。初乳の免疫グロブリン濃度は常乳と比べると著しく高く，免疫が未発達の新生児を守っている。

ヒトの腸管内で牛乳中の抗体が感染を防御するためには，消化酵素などに対して耐性をもつ必要があるが，牛乳中の抗体は胃酸によって失活せず，消化酵素によるタンパク質分解にも比較的耐性をもっている[42]。なお，牛乳中の抗体は製造加工時のUHT殺菌（138℃，4秒）やHTST殺菌（72℃，15秒）ではほとんど活性が失われるが[42]，LTLT殺菌（63℃，30分）では牛乳抗体は十分な機能をもっていたと報告されている[43]。

b. ラクトフェリン

ラクトフェリン（LF）は哺乳類の乳汁や唾液，涙などの分泌液，好中球の二次顆粒などに広く分布し，ポリペプチド鎖にガラクトース，マンノース，シアル酸などからなる糖鎖が結合した構造をもつ，分子量約8万の鉄結合性の糖タンパク質である。牛乳中のLF含有量は人乳中よりも低いがその機能は類似しており，抗菌・抗ウイルス作用や鉄吸収調節作用，免疫調節作用，抗炎症作用，細胞増殖調節作用，骨代謝改善作用，脂質代謝改善作用など，実に多様な生理機能が報告されており，多機能タンパク質とも呼ばれる[44]。

LFはグラム陰性菌やstreptococciなど一部のグラム陽性菌に対して抗菌作用を示す。当初の研究では，LFが細菌の生育に必要な鉄を奪うことによる静菌的な作用であると考えられていたが[45]，現在ではこのキレート作用のほかに，N末端側の塩基性アミノ酸を多く含む領域がグラム陰性菌の細胞壁（LPS）に損傷を与えることが明らかにされた[46]。その後このような機序で抗菌作用を示すペプチドとして，LFのペプシン消化で生成されるラクトフェリシンが同定された[47]。また，LFはインフルエンザウイルス[48]やC型肝炎ウイルス[49]，ロタウイルス[50]，ヒトサイトメガロウイルス[51]などと相互作用することで抗ウイルス作用を示すが，LF中の相互作用する部位は糖鎖部位やペプチド部位などウイルスごとに異なっている。

マクロファージなどの免疫担当細胞はLF受容体をもつことから，LFは免疫調節作用を有することが考えられる。LFは炎症性サイトカインである腫瘍壊死因子（TNF-α）やインターロイキン-1β（IL-1β）などの産生を抑制して抗炎症作用を示す[52]。またLFはインターフェロン-γ（IFN-γ）やIL-18などを介してNK細胞やT細胞を活性化することから[53]，ウイルス感染防御作用や抗腫瘍作用が期待できる。マウスを用いた動物実験では，LF やその加水分解物を経口投与すると腸管上皮細胞での IL−18 産生が増加し腫瘍の転移を抑制した[54〜56]。また，マウスへの LF の腹腔内投与はマウスサイトメガロウイルスに対して抗ウイルス作用を示した[57]。

c. ラクトパーオキシダーゼ

牛乳中に含まれるラクトパーオキシダーゼ（LPO）は，過酸化水素とチオシアン酸塩から強い殺菌作用をもつヒポチオシアン酸を生成することで抗菌または静菌作用を示す。LPO は過酸化水素による酸化ストレスで Caco−2 細胞から誘導される IL−8 産生を抑制し，抗炎症作用が示唆されている[58]。デキストラン硫酸ナトリウムによって誘発される大腸炎モデルマウスを用いた試験では，LPO の経口投与によって抗炎症性サイトカインである IL−10 の産生促進や T reg の増加がみられ，症状が軽減することが示されている[59]。

4.2　ペプチド

牛乳タンパク質や消化酵素などで分解されたペプチドの中には，抗菌作用や貪食促進作用，抗体産生調節作用など，様々な免疫調節作用を示すものが報告されている。

a. 抗菌・抗ウイルス作用

牛乳中の αs_1−カゼインや αs_2−カゼイン，κ−カゼイン，α−ラクトアルブミンの酵素分解物から抗菌作用を示すペプチドが分離されている。κ−カゼインに凝乳酵素キモシンを作用させた時に生成され，チーズホエイなどに含まれるシアル酸結合ペプチドである κ−カゼイングリコマクロペプチド（GMP）は，口腔細菌の付着を阻害する[60]。κ−カゼイン，αs_1−カゼイン，αs_2−カゼインそれぞれの消化物である κ−カゼシジン[61]，イスラシジン[62]，カソシジン[63]に抗菌作用があることが示されている。また GMP はインフルエンザウイルスによる赤血球凝集反応を阻害することが示されている[64]。

b. 貪食促進作用・細胞傷害作用

カゼインの消化物や，α−ラクトアルブミンや β−ラクトグロブリンといったホエイタンパク質の消化物の中から，マクロファージや好中球の貪食作用を促進するペプチドが報告されている。β−カゼインのトリプシン消化物に含まれるペプチドは，マクロファージの貪食作用を促進し，マウスの *Klebsiella pneumoniae* 感染を防御する[65]。α_{s1}−カゼインの消化物であるイスラシジンは，貪食作用と免疫反応を亢進させることでマウスのカンジダ感染を防御することが示されている[62]。一方で κ−カゼシジン[61]やラクトフェリシン[66]では株化腫瘍細胞などのアポトーシスを誘導することが報告されている。

c. リンパ球の増殖調節作用・抗体産生促進作用

牛乳タンパク質の消化物の中には，リンパ球に直接作用して細胞の増殖や抗体産生に影響を及ぼすものが知られている。GMP は脾臓細胞やパイエル板細胞の LPS などによる増殖応答を抑制した[67]。α_{s1}−カゼインや β−カゼインのホスホセリンを多く含む領域のペプチドが T 細胞と B 細胞の増殖を促進し，免疫グロブリンの産生を促進した[68]。牛乳カゼインのトリプシン消化によって生成されるカゼインホスホペプチド（CPP）もこれらのペプチドと同様の作用をもつが，ホスファターゼ処理によりその作用が消失することから，リン酸化が CPP の免疫調節作用に寄与していると考えられる[69]。*Salmonella typhimurium* 由来の LPS を経口投与したマウスに，0.09％の CPP を含む飼料を経口投与したところ，糞便中総 IgA 抗体量および抗 LPS−IgA 抗体量が増加したことが報告されている[70]。

4.3　糖質

牛乳中の糖質のほとんどは乳糖であるが，ヒトの母乳には乳糖に加えてオリゴ糖や糖タンパク質，糖脂質といった糖質が含まれている。母乳中のオリゴ糖は小腸で吸収されずに大腸に到達し，ビフィズス菌の選択的な栄養源となるため，プレバイオティクスとして機能する。乳児腸内のビフィズス菌は，病原性菌や腐敗産物を生成する有害菌などの増殖を抑えることから，乳中のオリゴ糖は腸内のビフィズス菌を増やすことで感染防御に寄与している。母乳栄養児は人工栄養児よりも糞便中のビフィズス菌数が多く，人工栄養児でも哺乳する人工乳中にガラクトシルラクトースを添加することでビフィズス菌が増加することが報告されている[71]。また，ウシの初乳にもガラクトシルラクトースが他の中性オリゴ糖とともに含まれることが知られている[72]。

乳に含まれる糖質の中には腸管上皮への病原性細菌の付着を阻害し，感染を防御するものが含まれる。ヒトミルクオリゴ糖の糖鎖は宿主細胞表層の糖鎖受容体と構造的な類似性をもっており，病原性細菌が宿主細胞に結合する際に細胞表層糖鎖の“おとり”として働くことが推測される[73]。ラクトアドヘリンは母乳中の乳脂肪球皮膜に含まれるムチン様糖タンパク質で，母乳中のラクトアドヘリン量と乳児のロタウイルス罹患率の間に相関があることが報告されており[74]，ウイルス表面に作用して宿主細胞への接着を阻害していることが示唆されている[75]。母乳中のスフィンゴ糖脂質であるガングリオシドは，大腸菌やコレラ菌のエンテロトキシンの阻害に関与することが示されている[76]。また，乳に含まれるオリゴ糖の中には腸管上皮への付着性をもち，病原性細菌などの作用を競合的に阻害しているものもみられる。大腸菌のエンテロトキシンは腸管上皮細胞上のグアニリルシクラーゼに作用することで下痢などを引き起こすが，母乳由来のフコシル化オリゴ糖はこの部位に結合することで大腸菌エンテロトキシンの結合を阻害する[77]。

4.4 免疫ミルク

免疫ミルクは，妊娠中の雌牛に無毒化した病原性細菌のワクチンを接種して採取したもので，免疫に用いた病原性細菌に対する抗体を大量に含んでいる。ヒトロタウイルスで過免疫した雌牛の初乳から調製した濃縮液を，急性のロタウイルス胃腸炎で入院した乳児に投与したところ，ウイルス排出持続期間が有意に減少したことが報告されている[78]。

5 今後の研究展望

牛乳には多様な微量成分が含まれており，それらの免疫系に対する作用については未解明の部分が多く残されている。特に様々な牛乳中サイトカインのヒト腸管免疫系に対する作用はほとんど未解明であり，今後の研究による解明が期待される。乳に含まれるプレバイオティクスであるミルクオリゴ糖については，腸内細菌による利用機構が明らかにされたものもあり，今後その構造と腸内細菌による利用機構，免疫調節効果などをさらに明らかにする必要がある。一方，プロバイオティクスの免疫調節機能については，その詳細なメカニズムの解明とともに各個人に有効な菌株の選択方法，有効な投与方法，プロバイオティクスがどのような疾患に有効かなど，実際にヒトの健康に資するようにするために解明すべき課題が多い。

乳は，乳児にとってはそれのみの摂取で生命を維持できる「完全食品」であり，生命維持に必須の免疫系の発達，調節にも深く関わっていることは明らかである。それぞれの乳成分やその代謝産物が免疫系に及ぼす効果を一つ一つ地道に解いていくことにより，乳の免疫系への作用の全体像が明らかにされることを期待したい。

文　献

1）Fujita T：Nat Rev Immunol 2：346–53, 2002
2）Akira S, Uematsu S, Takeuchi O：Cell 124：783–801, 2006
3）Franchi L, et al.：Immunol Rev 227：106–28, 2009
4）Tonegawa S：Nature 302：575, 1983
5）Goldrath AW, Bevan M J：Nature 402：255–62, 1999
6）Miyake K：Curr Drug Targets Inflamm Allergy 3：291–7, 2004
7）Stone KD, Prussin C, Metcalfe DD：J Allergy Clin Immunol 125：S73–80, 2010
8）Vitetta ES：Adv Immunol 45：1–105, 1989
9）Mason KL, et al.：Adv Exp Med Biol 635：1–14, 2008
10）Wolf JL, et al.：Science 212：471–2, 1981
11）Beier R, et al.：Am J Physiol 275：G130–7, 1989
12）Kaetzel CS：Immunol Rev 206：83–99, 2005
13）He B, et al.：Immunity 26：812–26, 2007
14）Chen Y, et al.：Nature 376：177–80, 1995
15）Schwartz RH：Sci Am 269：62–3, 66–71, 1993
16）Izcue A, Coombes JL, Powrie F：Annu Rev Immunol 27：313–8, 2006
17）Skripak JM, et al.：J Allergy Clin Immunol 122：1154–60, 2008
18）Stephensen CB：Annu Rev Nutr 21：167–92, 2001
19）Iwata M, et al.：Immunity 21：527–38, 2004
20）de la Fuente M, et al.：Can J Physiol Pharmacol 76：373–80, 1998
21）Meydani SN, Han SN, Wu D：Immunol Rev 205：269–84, 2005
22）Shankar AH, Prasad AS：Am J Clin Nutr 68：447S–63S, 1998
23）Roy SK, et al.：Eur J Clin Nutr 53：529–34, 1999
24）Prasad AS, et al.：Am J Clin Nutr 85：837–44, 2007
25）Beck MA, Levander OA, Handy J：J Nutr 133：1463S–7S, 2003
26）保井久子：乳酸菌とビフィズス菌のサイエンス（乳酸菌学会編），pp.514–21，京都大学学術出版，2010
27）Leyer GJ, et al.：Pediatrics 124：e172–9, 2009
28）Hosono A, et al.：Biosci Biotechnol Biochem 67：758–64, 2003
29）Sano M, et al.：J Agric Food Chem 47：1906–10, 1999
30）山本（前田）万里ほか：日本食品科学工学会誌 52：584–93, 2005

31) Segawa S, et al.：Biosci Biotechnol Biochem 70：2990–7, 2006
32) Segawa S, et al.：Biosci Biotechnol Biochem 71：1955–62, 2007
33) Puertollano MA, et al.：Curr Top Med Chem 11：1752–66, 2011
34) Prasad AS, et al.：Free Radic Biol Med 37：1182–90, 2004
35) Takahashi H, et al.：J Dermatol Sci 50：31–9, 2008
36) Kalliomäki M, et al.：Lancet 357：1076–9, 2001
37) Ishida Y et al.：Biosci Biotechnol Biochem 69：1652–60, 2005
38) Xiao JZ et al.：Clin Exp Allergy 36：1425–35, 2006
39) Fujiwara D, et al.：Int Arch Allergy Immunol 135：205–15, 2004
40) Feleszko W, et al.：Clin Exp Allergy 37：498–505, 2007
41) Shibata R, et al.：Clin Exp Allergy 39：1397–403, 2009
42) Korhonen H, Marnila P, Gill HS：Br J Nutr 84：S75–80, 2000
43) Yolken RH, et al.：N Engl J Med 312：605–10, 1985
44) García-Montoya IA, et al.：Biochim Biophys Acta 1820：226–36, 2012
45) Kirkpatrick CH, et al.：J Infect Dis 124：539–44, 1971
46) Ellison RT, Giehl TJ, LaForce FM：Infect Immun 56：2774–81, 1988
47) Bellamy WR, et al.：Biochim Biophys Acta 1121：130–6, 1992
48) Kawasaki Y, et al.：Biosci Biotechnol Biochem 57：1214–5, 1993
49) 阿部健一，ほか：ミルクサイエンス 53：348–53，2004
50) Sperti FR, et al.：Biochim Biophys Acta 1528：107–15, 2001
51) Hasegawa KW, et al.：Jpn J Med Sci Biol 47：73–85, 1994
52) Crouch SP, Slater KJ, Fletcher J：Blood 80：235–40, 1992
53) Legrand D, Mazurier J：Biometals 23：365–76, 2010
54) Tsuda H, et al.：Biochem Cell Biol 80：131–6, 2002
55) Iigo M, et al.：Clin Exp Metastasis 17：35–40, 1999
56) Wang WP, et al.：Jpn J Cancer Res 91：1022–7, 2000
57) Shimizu K, et al.：Arch Virol 141：1875–89, 1996
58) Matsushita A, et al.：Int Dairy J 18：932–8, 2008
59) Shin K, et al.：Int Immunopharmacol 9：1387–93, 2009
60) Neeser JR, et al.：Infect Immun 56：3201–8, 1988
61) Matin MA, Monnnai M, Otani H：Animal Science Journal 71：197–207, 2000
62) Lahov E, Regelson W：Food Chem Toxicol 34：131–45, 1996
63) Zucht HD, et al：FEBS Lett 372：185–8, 1995
64) Kawasaki Y, et al：Biosci Biotechnol Biochem 57：1214–5, 1993
65) Migliore-Samour D, Floc'h F, Jollès P：J Dairy Res 56：357–62, 1989
66) Yoo YC, et al.：Biochem Biophys Res Commun 237：624–8, 1997
67) Otani H, et al.：J Dairy Res 62：349–57, 1995
68) Hata I, Higashiyama S, Otani H：J Dairy Res 65：569–78, 1998
69) Hata I, Ueda J, Otani H：Milchwissenschaft 54：3–6, 1999
70) Otani H, Nakano K, Kawahara T：Biosci Biotechnol Biochem 67：729–35, 2003
71) 三橋重之，ほか：腸内フローラと栄養（光岡知足 編），pp.45–71，学会出版センター，1983
72) Saito T, Itoh T, Adachi S：Carbohydr Res 165：43–51, 1987
73) Morrow AL, et al.：J Nutr 135：1304–7, 2005
74) Newburg DS, et al.：Lancet 351：1160–4, 1998
75) Kvistgaard AS, et al.：J Dairy Sci 87：4088–96, 2004
76) Otnaess AB, Laegreid A, Ertresvåg K：Infect Immun 40：563–9, 1983
77) Crane JK, et al.：J Nutr 124：2358–64, 1994
78) Hilpert H, et al.：J Infect Dis 156：158–166, 1987

索引

和文

あ

アクチグラフィ　183, 192
アディポカイン　113
アディポサイトカイン　113, 114, 116
アポトーシス　2, 12, 216
アポリポタンパク質　24, 132
アミノ酸スコア　98, 99
アルカリホスファターゼ　10, 45, 49
一次機能　139, 140, 143
インクレチン　143
飲酒　84, 93, 121, 145, 146, 149
インスリン抵抗性　113, 114, 133, 140, 143, 147, 151
インスリン様成長因子　11, 56
インタクト PTH　21
インターロイキン　13, 175, 198, 215
ウエスト周囲径　115, 116
運動
　——習慣　18, 74, 104, 146, 151, 180, 202
　——の影響　22
　——不足　89, 117, 145, 146, 152
　エアロビック——　22
　有酸素（性）——　118, 152, 153
　レジスタンス——　22, 153
運動器症候群　167
栄養素密度　26, 28
エストロゲン　10, 12, 21, 44, 48, 52, 55～60, 114
エストロゲン欠乏　46, 49, 64
オステオカルシン　10, 21, 22, 45, 47, 57, 77, 80, 137, 151
オステオポンチン　10

か

学習記憶力向上効果　207, 210
獲得免疫　212
過食　117, 145, 146
カゼインホスホペプチド　13, 29, 31, 52, 126, 216
活性型ビタミンD　61
カテプシンK　6, 11, 14, 19, 47
カルシウム　13, 18～21, 29, 49, 57, 58, 78, 80
　——吸収率　18, 29, 30, 41, 52, 55, 60, 78, 80
　——サプリメント　50, 58, 68, 109, 127
　——（の）推奨量　18, 19, 50, 54, 68
　——代謝　17, 22, 55, 59
　——動態　55
冠動脈性心疾患　131
記憶障害予防　207, 210
喫煙　62, 64, 84, 87～89, 127, 145, 146, 149
機能性ペプチド　30, 31, 126
牛乳・乳製品脂肪　131
牛乳・乳製品のカルシウム　18, 29
牛乳ペプチド　137
虚血性心疾患　68, 100, 179
血圧　103, 110, 120, 127
血清脂質　50, 131, 134
血糖コントロール　140, 147
健康寿命　82, 98
高 1,25(OH)$_2$D 血症　55
降圧効果　103, 126, 129
高インスリン血症　113, 151
高カルシウム血症　50, 59
抗菌ペプチド　31, 120, 212
高血圧　104, 112, 127, 147, 179, 205
　——の予防・治療　129
　妊娠——症候群　56, 58
高血糖　112, 117, 127, 156
更年期　43, 48, 185
高比重リポタンパク質　132
抗肥満効果　110, 119, 126, 137, 146, 166
抗不安作用　201, 205
高齢者　19, 64, 67, 101, 149, 156, 186
抗 RANKL 抗体　46
国民健康・栄養調査　29, 104, 105, 107, 108, 116, 127
骨芽細胞　2, 10, 30, 44
骨型アルカリホスファターゼ　21, 47, 81
骨基質タンパク質　10, 13, 47, 77
骨吸収
　——（の）亢進　20, 46, 49, 55, 56, 57, 64
　——促進　17, 56
　——マーカー　18, 21, 22, 31, 46, 47, 57, 60
　——（の）抑制　19, 30, 52
骨形成
　——促進　30

――タンパク質　11
――の抑制　56
――マーカー　18, 21, 46, 47, 57, 58, 60
骨折　26, 45, 48, 50, 60, 66, 85, 86, 88, 91, 102
――の危険因子　93, 149
――発生率　81, 92, 93
――抑制効果　50, 81
――（の）予防　68, 71, 79, 93, 94, 96
――リスク　54, 61, 66, 81, 84, 86, 93
椎体――　46, 49, 67, 71, 89
骨粗鬆症
――性骨折　23, 79, 85, 89
――（の）治療　50, 61
――治療薬　17, 81, 93, 96
――（の）予防　35, 49, 62, 68, 70, 102
授乳性――　54, 60
続発性――　23
妊娠性――　57, 58
閉経後――　10, 20, 61
骨代謝　2, 10, 17, 26, 38, 43, 54, 64, 77, 95
――異常　44
――（の）改善　152, 215
――回転　46, 57, 81
――関連遺伝子　23
――疾患　78
――制御システム　11
――調節因子　10
――調節作用　30
――動態　54
――マーカー　11, 19, 30, 45, 56, 81
骨密度　18, 23, 26, 48, 51, 56, 65, 79, 84, 91
――上昇　19
――測定　45
――（の）低下　18, 21, 64, 65, 66, 68, 93
――の変化率　65
大腿骨――　52
大腿骨頸部――　24
低――　47
橈骨――　40, 61
腰椎――　21, 22, 49, 62, 68, 79
骨リモデリング　44, 45, 64
コレステロール吸収阻害ペプチド　31, 120

さ

最大骨量　20, 22, 34, 38, 62, 70, 80, 92
サーカディアンリズム　175, 176, 179, 183, 191
酸化ストレス　44, 48, 49, 214, 216
三次機能　139, 140, 143
脂質異常症　44, 109, 125, 135, 146, 152, 156
脂質代謝　96, 131, 146, 166, 214, 215
脂質代謝異常　113, 115, 116
支持療法　96
自然免疫　212, 214
脂肪細胞　3, 113, 116, 126
若年者　20, 76, 92, 175
授乳性骨粗鬆症　54, 60
循環器疾患　32, 100, 106, 129, 147
小児生活習慣病　151
食行動　180
心疾患　81, 106, 109, 189
冠動脈性――　131
虚血性――　68, 100, 179
身体活動　71, 149
身体健康　179
睡眠
――効率　179, 185, 202
――障害　179, 184
――潜時　190, 199, 202
――発現　171, 172
――不足　145, 178, 202
――ポリグラフィ　183, 187, 192
――誘発物質　173
ノンレム――　171, 172, 197, 199
レム――　171, 172, 197, 199
ステロイドホルモン　12
生活習慣病胎児期発症起源説　62
生活習慣病の種類　146
生体リズム　171, 173, 175, 177, 183, 191
続発性骨粗鬆症　23

た

大腿骨骨密度　52
大腿骨頸部骨密度　24
第二次性徴　35
橈骨骨密度　40, 61
低カルシウム血症　78
低骨密度　47
低比重リポタンパク質　132, 151
糖化ストレス　48
糖尿病　109, 113, 120, 147, 156, 179

動物性タンパク質　99, 102
動脈硬化の抑制　81
動脈硬化（の）リスク　114, 133, 135
トランス脂肪酸　131, 133, 134, 137
トリプトファン　99, 197, 199, 200, 205

な

内臓脂肪型肥満　112
乳塩基性タンパク質　13, 18, 30
乳清（ホエイ）　14, 30, 133, 143
乳糖　18, 29, 31, 52, 137, 139, 216
尿管結石　55, 59
妊娠高血圧症候群　56, 58
妊娠性骨粗鬆症　57, 58
粘膜免疫　213
脳血管疾患　68, 99, 100, 101, 116, 145
脳血管障害　48, 133
脳内神経伝達物質　172, 209
ノンレム睡眠　171, 172, 197, 199

は

破骨細胞　2, 5, 6, 10, 18, 30, 44, 46
発酵乳　132, 134, 137, 200, 205, 214
発酵乳ホエイ　207
非運動性活動熱産生　150
ビタミンA　11, 12, 27, 28, 131, 214
ビタミンD　11, 23, 28, 32, 77, 78
　——過剰摂取　59
　——受容体　11, 78
　——受容体遺伝子多型　24, 78, 80
　——と骨代謝　77
　——不足　45, 55, 62, 78
　——目安量　54
　活性型——　61
ビタミンK　12, 45, 50, 80
　——依存性グラタンパク質　10
肥満細胞　213
複合影響　84, 87, 89
副甲状腺機能亢進症　18, 56, 59, 64
副甲状腺ホルモン　10, 17, 64, 78, 126, 128
副甲状腺ホルモン関連タンパク質　11, 56
プレバイオティクス　214, 215, 216
プロバイオティクス　214
分娩　54, 57, 59, 61
閉経後骨粗鬆症　10, 20, 61
ペプチド　120, 201, 205, 216
　機能性——　30, 31, 126
　牛乳——　137
　抗菌——　31, 120, 212
　ミルク——　205
ホエイ（乳清）　30, 133, 143
ホエイタンパク質　14, 18, 30, 200, 216

ま

マルチプルリスクファクター症候群　113
ミルクペプチド　205
メタボリックシンドローム
　——診断基準　114, 116
　——の原因　117
　——の治療　117
免疫　14, 55, 62, 137, 179, 212
　——機能　30, 179, 214, 215
　——グロブリン　215
　——細胞　175, 198
　——調節　32, 196, 215, 216
　——ミルク　217
　獲得——　212
　自然——　212, 214
　粘膜——　213

や

有酸素（性）運動　118, 152, 153
腰椎骨密度　21, 22, 49, 62, 68, 79

ら

ライフステージ　44, 49
ラクチュロース　31, 32
ラクトース　31, 139
ラクトフェリン　14, 30, 200, 215
リポタンパク質　150, 166
　高比重——　132
　低比重——　132, 151
リン　32, 44, 51, 79
リン酸カルシウム　10, 13, 29, 30, 32
レジスタンス運動　22, 153
レム睡眠　171, 172, 197, 199
ロコモティブシンドローム　82, 167

欧文・その他

1,25(OH)$_2$D　17, 56, 58, 59, 60, 79
I 型コラーゲン　2, 44, 46
I 型コラーゲン架橋 C-テロペプチド　60
I 型コラーゲン架橋 N-テロペプチド　18, 47
actigraphy　183
AP1 ファミリー　4
ATF4　3
BMI　21, 93, 107, 109, 115, 146, 179
BMP　4, 11
body mass index（BMI）　21
CPP　13, 29, 31, 52, 126, 216
CTX　60
DASH　128, 129, 132, 206
DOHaD　62
GI　140, 141, 147
GIP　143
glycemic index　140
IDF　114, 115
IGF　11
IGF-1　56, 81
Inactivity Physiology　149, 150
MBP　13, 14, 18, 30
MRFS　113, 114
NCEP ATP Ⅲ　114, 115
NEAT　150
Notch　5
NTX　18, 21, 47, 60
Osterix（OSX）　4
peak bone mass　34, 38, 70
PPARγ　4
PTH　10, 17, 56, 58, 60, 61, 64, 78
PTH-related protein（PTHrp）　56, 59
PTH 抑制効果　79
RANKL　3, 5, 6, 11, 14, 45, 47, 96
Runx2　3, 11
WHO　58, 114, 150, 179, 181
Wnt　5
Wnt シグナル　47, 96
Wnt 受容体　47
α-ラクトアルブミン　135, 136, 200, 216
β-ラクトグロブリン　201, 216
γ-アミノ酪酸　172, 175, 198, 205

牛乳乳製品健康科学会議総説集

牛乳と健康 わが国における研究の軌跡と将来展望

2015 年 2 月 23 日　発行　　2015 年 3 月 31 日　2 刷

編　集　牛乳乳製品健康科学会議：折茂　肇・桑田　有・清水　誠・中村丁次・細井孝之・宮崎　滋
一般社団法人Ｊミルク
〒 104-0045　東京都中央区築地 4-7-1　築地三井ビル 5 階
電話 ：03-6226-6351
FAX：03-6226-6354

制作・発行　ライフサイエンス出版株式会社
〒 104-0045　東京都中央区日本橋小舟町 8-1　ヒューリック小舟町ビル 6 階
電話 ：03-3664-7900
FAX：03-3664-7734

印刷・DTP　三報社印刷株式会社

装　丁　山口真理子

カバー写真　TOMOHIRO IWANAGA/a.collectionRF/amanaimages

ISBN978-4-89775-333-1